中国大坝安全监测仪器及系统的发展

吕刚 ◎ 主编

河海大学出版社
·南京·

内容提要

本书是一部介绍我国大坝安全监测仪器及自动化测量系统快速发展历程及其对我国水电建设事业四十多年来高速发展所作出的贡献的专著,详细叙述了各系列监测仪器及自动化测量系统的测量原理、关键技术及刻苦攻关历程。重点介绍了我国自主创新研制的极高灵敏度及精度、高稳定性、零漂移的电容式大坝安全监测系列仪器及测量系统,创造性地将电容式仪器用于大坝安全监测三维位移测量中。本书还介绍了达到国际领先水平的差阻式大坝系列监测仪器及测量系统、真空激光准直测量系统,达到国际先进水平的振弦式大坝系列监测仪器及测量系统,大坝及工程安全监测自动化系统等的研制开发过程。本书收集了几十座大型水电工程安装南瑞公司自主研发的测量仪器及系统得到的多年珍贵的监测资料,并将南瑞公司产品与国内外同类产品的性能进行了比较。

本书可作为各大设计院、高校、科研院所、工程施工单位和运行管理单位中从事大坝安全监测领域工作的专业技术人员的重要参考书。

图书在版编目(CIP)数据

中国大坝安全监测仪器及系统的发展 / 吕刚主编
. -- 南京:河海大学出版社,2023.12
ISBN 978-7-5630-8523-1

Ⅰ.①中… Ⅱ.①吕… Ⅲ.①大坝－自动化监测系统－发展－研究－中国 Ⅳ.①TV698.1

中国国家版本馆 CIP 数据核字(2023)第 212645 号

书　　名	中国大坝安全监测仪器及系统的发展
书　　号	ISBN 978-7-5630-8523-1
责任编辑	金　怡
特约校对	张美勤
封面设计	张育智　周彦余
出版发行	河海大学出版社
地　　址	南京市西康路1号(邮编:210098)
电　　话	(025)83737852(总编室)　(025)83722833(营销部)
经　　销	江苏省新华发行集团有限公司
排　　版	南京布克文化发展有限公司
印　　刷	广东虎彩云印刷有限公司
开　　本	787毫米×1092毫米　1/16
印　　张	18.25
字　　数	414千字
版　　次	2023年12月第1版
印　　次	2023年12月第1次印刷
定　　价	128.00元

作者简介：

吕刚，1942年生，江苏金坛人，教授级高工，1966年毕业于清华大学土木建筑专业。毕业后在北京水电部水电科学研究院结构材料所从事结构材料试验研究工作，1967年调入南京水工仪器厂（现国电南京自动化股份有限公司），从事差阻式仪器的研制生产工作。后担任国网南京自动化研究院大坝及工程监测研究所所长，南京南瑞集团公司大坝工程监测分公司总经理。曾担任水电部大坝安全专委会副主任，国际大坝委员会大坝安全监测分会中国委员，国家核心期刊《大坝观测与土工测试》主编，获国务院津贴，获省部级科技进步奖11余项，核心专利技术20余项。

前言
PREFACE

中国常规能源资源以煤炭和水力资源为主,水力资源仅次于煤炭,占有十分重要的地位。中国水力资源极其丰富,储量世界第一,经济可开发装机容量40 179.5万kW,大型、特大型水电站绝大多数分布在我国西南部地区。科学研究表明,造成全球变暖问题的主要原因,是人类过度使用化学燃料,排放了大量温室气体,为此全球大多数国家签署了《京都议定书》。从各部门CO_2排放量看,交通运输和电力是主要排放大户。中国的CO_2排放量极大,减排压力极大,中国能源结构不合理是导致CO_2大量排放的主要原因。

2010年中国发电总装机容量中,火电占比高达73.4%,而发达国家仅占21%,世界平均也仅占28%。因此,中国能源发展的战略思路是大力发展水电、风电、太阳能等可再生能源,积极推进核电建设,合理发展替代能源,优化能源结构,实现多种能源互补,保证能源稳定供应。水电技术成熟,开发成本低,效率高,电能质量好,是改善中国能源结构、减少温室气体排放的重要手段,也是我国增加电力装机的大户。

以下是历年来我国水电装机数据,引自《中国水力发电科学技术发展报告》2012年版[1]。

1949年解放时我国水电装机容量仅16.3万kW;

1980年改革开放初期,全国装机容量6 587万kW,其中水电装机容量2 032万kW,占30.8%;

1981—1990年,10年增加水电装机容量1 573万kW;

1991—2000年,10年增加水电装机容量4 330万kW;

2001—2010年,10年增加水电装机容量13 665万kW,2010年我国发电装机容量为9.66亿kW,其中水电装机容量已达到2.16亿kW,占全国总装机容量的22.4%;

2011—2020年,增加水电装机容量16 400万kW;

2021—2030年,规划增加装机容量7 000万kW;

2031—2050年,规划增加装机容量7 000万kW。

从1980年改革开放初期到2020年40年间,我国增加水电装机容量约36 000万kW,相当于建成360座百万装机容量的水电站。我国抽水蓄能电站至2020年投产规模超过3 000万kW。从1980年到2020年,我国建成大中型水电站及抽水蓄能电站装机总容量达38 735万kW,相当于建成大型百万装机水电站或抽水蓄能电站387座。

我国在此40年水电飞跃发展时期,亟需大量技术先进的安全监测仪器及自动化系统,水电领域要求仪器系统测量精度高,可长期服役在大坝高低温、高湿度等恶劣环境下,稳定可靠地给出监测数据,为大量大中型、特大型工程施工阶段到蓄水及以后长期稳定可靠运行阶段提供安全可靠的测量数据,确保大量水工建筑物长期安全可靠运行。

以锦屏工程为例,锦屏一级大坝是举世闻名的世界第一混凝土高拱坝,该工程是创造了十项世界第一的特大型水电工程,该项目采用了南瑞集团公司的差阻式系列仪器、振弦式系列仪器及测量系统。南瑞公司提供各类差阻式仪器共12 059台套,各类振弦式仪器共11 636台套,总合同额超过1亿元。以上可见,我国水电建设事业飞跃发展,所需先进的各类大坝安全监测仪器及系统的数量之多,规模之大,及由此产生的经济效益和社会效益之大,都令人称奇。

作者1966年从清华大学毕业,被分配到北京水电部水电科学研究院(现中国水利水电科学研究院)结构材料所工作。该所主要从事业务包括我国大中型水电站结构研究、模型试验、水工建筑物安全性态监测及资料分析、材料研究等。1967年,作者由水电部重新分配到南京水工仪器厂(现国电南京自动化股份有限公司)。该厂主要根据水电部(现水利部)指示生产水工及土工观测仪器,当时作者被分配至该厂的大坝仪器车间,研制生产差阻式仪器。后来水电部将"文革"中下放到水工厂的北京水电部电力科学研究院、华北电力设计院、北京水电科学院等的技术人员,组建成水电部南京自动化研究所[现国网电力科学研究院有限公司(南瑞集团有限公司)]。作者在大坝安全监测研究所及水电部大坝安全监测资料分析中心工作,该所当时是部属全国唯一的研究大坝安全监测仪器及系统的单位。后来作者被任命为大坝及工程监测研究所所长及大坝工程监测分公司总经理。50多年来,作者全身心投入我国大坝安全监测仪器及系统研究、开发、生产及大量推广应用等工作。

20世纪80年代以前,我国的大坝监测技术及仪器设备落后,如重要的变形、渗流等监测项目均为人工观测,自动化监测设备均是空白。差阻式应力应变测量仪器仅能用便携式仪表进行半自动测量。其测量结果经烦琐计算才能转换成应力使用,精度低,且具有微观和局部特性,不能作为评估大坝安全的主要手段。差阻式仪器测量方式落后,不能远距离自动化遥测。1983年3月,欧洲共同体派出来自法国、意大利的3位大坝监测方面专家,考察了我国大坝安全监测专业,向水电部提出一些宝贵建议。1983年11月水电部派部生产司、科技司、水电部南京自动化研究所的领导和专家3人组团回访,并和欧共体商谈合作事宜,作者有幸参与了回访的全过程。

意大利是世界上最早推动大坝安全监测自动化的国家。知名的意大利大坝确定性模型发明人Faneli教授给考察团成员介绍了用大坝变形、扬压等"外观"自动化设备监测数据,结合坝体结构力学参数,用确定性模型来计算、监控大坝安全的技术。在意大利、法国,考察团参观了仪器生产厂家的许多种类的变形、扬压监测仪器等设备。在法国参观了格勒诺布尔全国大坝资料分析中心,并去了比利时欧共体总商谈合作事宜。当时欧共体馈赠了我国一些仪器设备,其中有3台法国Telemac公司生产的电磁感应式垂线坐标仪,考察团回国后给了龙羊峡电站2台。后龙羊峡电站又自购了13台该仪器设备,当时的价格为13万元人民币/台。

面对国外先进的大坝安全监测技术、设备,以及高昂的设备价格,考察团成员回国后深感压力巨大。我国若大量新建水电工程,必急需大量先进可靠的设备,而光靠引进不太可能。为此水电部在国家"七五"攻关项目中,列出了测量大坝变形急需的自动化仪器及测量系统研制项目。电容感应式系列变形监测仪器及测量系统作为重点项目立项攻关。作者作为项目负责人投入了研制、开发、生产工作,并将仪器运用于大量工程。对于该项目,国家鉴定结论为:该电容感应式系列仪器及自动化测量装置为创新产品,其技术性能国际领先,为我国水电建设大发展提供了先进可靠的手段。

就举遥测垂线坐标仪一项为例,南瑞研制成先进的电容感应式垂线坐标仪,其性能远超过当时国内外所有该类型仪器,在国内市场占有率在90%以上,至今已生产了3541台。按20世纪80年代末龙羊峡水电站购买的15台垂线坐标仪和三峡水电站2003年购买的国外两家公司的CCD垂线坐标仪价格计算,其均价在12万元/台左右,如要引进3541台坐标仪,需人民币4.2492亿元。仅垂线坐标仪一项产品就为国家节约4亿多元人民币,因此国产电容感应式垂线坐标仪其性价比远超国外垂线坐标仪。

作者当时还承担起大坝第一代差阻式系列监测仪器的研制开发、重大技术创新及产品性能改进提升等大量工作。随着我国大量大型、特大型工程的兴建,我国差阻式仪器量程加大,耐高压水平提高,大部分仪器结构需要重新设计,仪器的主要技术指标需要修改,仪器材料工艺、工装需要改进,还要大量应用激光自动化焊接等新技术。随着仪器需求量急剧增加,高精度、大量程自动率定设备要加大力度研制生产。针对差阻式仪器长电缆测量存在的问题,我们通过研制开发新装置,保证了差阻式仪器远距离测量的高精度和高稳定性。

我国水电工程坝体内部监测设备早期一直采用差阻式系列仪器,以获得应力应变、温度、渗流渗压等宝贵的资料。之后,我国一些大型水利工程开始逐步采用国外进口仪器。因国内一些振弦式仪器生产厂家的仪器长期稳定性等指标不达标,当时国内工程几乎全部选用国外公司产品,导致我国水电工程不仅要为购置进口振弦式仪器设备支付高昂费用,而且很难得到及时的供货及周到的维护服务。为改变我国水电工程大量振弦式仪器依赖进口的状况,填补国内高性能振弦式系列仪器产品方面的空白,作者在大坝及工程监测研究所所长岗位退下来后,全力以赴主持研发振弦式系列仪器。该产品经开发、研制并通过鉴定后,大批量投入生产及工程应用。该系列仪器核心技术拥有十三项专利保护,成果获江苏省科技进步二等奖。到目前为止,已生产几十种品种规格、三十多万台套的国际先进的振弦式仪器用于我国大中型、特大型水电工程、抽水蓄能电站、大型引水工程等,为我国水利水电事业高速发展提供了可靠的保证,彻底改变了该系列产品依赖进口的局面。此外,作者还主持开发了高精度、高稳定的电位器式变形监测系列产品。

本书记述了我国水电事业40多年来突飞猛进发展过程中,为满足大批大中型、特大型水电工程、抽水蓄能电站、大型引水工程等从施工到蓄水再到长期运行中工程监测的需要,本书作者与大坝及工程监测研究所从事安全监测工作的科技人员,多年来不畏艰难、勇于创新,开发了一大批创新的、具有国际先进水平的大坝安全监测系列仪器及监测系统。作者于1983年与水电部两位领导访问法国、意大利，与欧共体商谈协作事宜时，我国所有大坝均为人工观测，自动化监测仪器设备均为空白，经过南瑞集团大坝及工程监测研究所的技术人员几十年奋斗，建成了我国大坝安全全系列监测仪器及测量系统。第一代差阻式监测仪器及测量系统，其技术国际领先。第二代研制的振弦式监测仪器及测量系统，其技术国际先进，许多仪器在结构、工艺、主要技术指标方面超过国外产品。第三代创新开发研制的电容式三维系列变形监测仪器，其技术国际领先。研发的真空激光准直系统，其技术指标国际领先。作者一辈子艰辛创业、努力创新，为我国水电建设事业高速发展作出了自己的贡献，心中充满了由追求事业所获得的成就感和幸福感。

  本书重点叙述了大坝安全监测中创新的电容式变形系列仪器及测量系统、振弦式系列仪器及测量系统、差阻式系列仪器及测量系统的测量原理，较详尽地叙述了产品的研究开发的过程及其与国内外同类产品的性能比较。收集了南瑞公司研制的系列产品在国内几十座工程应用中多年的珍贵监测资料，给出了南瑞公司生产的差阻式、振弦式仪器装配原图，以便于使用仪器的工程设计单位、科研院所、工程现场的技术人员更好地了解和使用仪器。

  "电容式系列大坝安全监测仪器及测量系统的研制"中，测量装置部分内容主要由研究员级高工刘果完成，他在小电容传感测量技术方面作出了重大创新。

  "差阻式大坝全系列仪器及测量系统"中，测量装置部分内容主要由教授级高工潘普南、研究员级高工邓检华等完成。

  "振弦式大坝全系列仪器及测量系统"中，测量装置部分内容主要由研究员级高工蓝彦完成。

  真空激光准直系统的主要研究人员有：邹念椿、王梅枝、卢欣春等。"真空激光准直系统"章节由研究员级高工卢欣春完成。

  "大坝及工程安全监测自动化系统"部分内容主要由研究员级高工郑健兵和研究员级高工蓝彦编写。

  南瑞集团研究员级高工刘观标、研究员级高工刘广林、研究员级高工刘望亭、研究员级高工刘果参加了电容式变形系列、振弦式系列、差动电阻式系列监测仪器及测量系统的部分研制工作和大批量仪器生产组织及大量的国内外市场推广、工程运用工作。研究员级高工、大坝安全监控专家赵斌博士在南瑞大坝监测仪器及系统在世界各国推广应用方面作出了贡献。教授级高工邹念椿、教授级高工彭虹、研究员级高工卢有清在仪器研制方向把控、国家标准制定、产品质量把关、大坝监测设计咨询和市场推广方面做了大量工作。

  李杰、郑水华、夏明等在仪器研制生产过程中，在仪器材料、加工、装配、工艺、高精度仪器自动化率定设备方面做了大量艰苦细致的工作，为南瑞大坝自动化监测仪器创世界名牌产品作出了贡献。

  原大坝及工程监测研究所许多技术人员都参与了上述系列仪器及测量系统的研制、生产和市场推广工作。

  谨对以上同事的参与、支持和帮助及付出的艰辛劳动致以诚挚的谢意！

本书完稿和出版特别感谢刘观标总经理、崔岗副总工的大力支持。崔岗在大坝监测仪器及系统在国内外市场推广方面做了大量艰巨的工作,也参与了国内外大量工程仪器安装调试和组织协调工作,作出了贡献。

本书中大量的编写工作及工程资料收集、工程监测资料分析主要由沈慧完成,凌骐、郭成、蔡纯也参与了以上许多工作,在此致以诚挚的谢意!

限于作者技术水平,本书缺点和不足之处,欢迎读者指正。

目录
CONTENTS

1 我国水电事业 40 多年来的高速发展 ……………………………………………… 001
    1.1 中国水力资源概况 …………………………………………………………… 001
    1.2 中国的能源结构 ……………………………………………………………… 001
    1.3 水电是改善能源结构的重要手段 …………………………………………… 001
    1.4 我国水电事业 40 多年来的高速发展 ……………………………………… 002
    1.5 我国抽水蓄能电站 40 多年来的高速发展 ………………………………… 003
    1.6 水利、水电的快速发展有力提升我国大坝安全监测技术水平 …………… 003

2 电容式系列大坝安全监测仪器及测量系统的研制 ………………………………… 004
    2.1 研究背景 ……………………………………………………………………… 004
        2.1.1 20 世纪 80 年代我国大坝安全监测仪器及系统的状况 …………… 004
        2.1.2 赴法国、意大利考察大坝监测技术及仪器设备 …………………… 004
        2.1.3 电容感应式变形系列监测仪器及测量系统的研究背景 …………… 005
    2.2 电容感应式变形系列监测仪器"七五"攻关立项前的技术储备 …………… 005
        2.2.1 电容式混凝土拉压应力计的研制 …………………………………… 005
        2.2.2 混凝土拉压应力计研制难度及关键技术 …………………………… 006
        2.2.3 电容式拉压应力计测量系统 ………………………………………… 007
        2.2.4 电容式拉压应力计测量成果 ………………………………………… 010
    2.3 电容式大坝安全监测仪器及测量系统的研制开发 ………………………… 011
    2.4 电容感应式变形监测仪器及测量系统的研制 ……………………………… 013
        2.4.1 仪器核心技术攻关 …………………………………………………… 013
        2.4.2 电容感应式变形监测仪器及测量系统发展的三个阶段 …………… 014
    2.5 电容感应式变形系列监测仪器 ……………………………………………… 015
        2.5.1 电容感应式垂线坐标仪 ……………………………………………… 016
        2.5.2 电容感应式引张线仪 ………………………………………………… 019
        2.5.3 电容感应式静力水准仪 ……………………………………………… 023
    2.6 电容感应式仪器在水电工程中的应用 ……………………………………… 026
        2.6.1 新丰江水电站 ………………………………………………………… 026
        2.6.2 水口水电站 …………………………………………………………… 039

  2.6.3 大化水电站 ·· 040
  2.6.4 龙羊峡水电站 ·· 046
  2.6.5 东江水电站 ·· 057
  2.6.6 富春江水电站 ·· 066
  2.6.7 小湾水电站 ·· 067
  2.6.8 青溪水电站 ·· 073
 2.7 电容感应式静力水准在我国城市地铁、桥梁、高铁、高层建筑等大型工程中的应用 ·· 085
  2.7.1 静力水准系统首次在国内地铁沉陷监测中的应用 ················ 085
  2.7.2 电容感应式静力水准仪在我国地铁、桥梁、高铁、高层建筑等大型工程中的广泛应用 ·· 100
 2.8 电容感应式垂线坐标仪、引张线仪、静力水准仪与国内外各型仪器性能比较 ·· 102
  2.8.1 某大型船闸变形监测概况 ··· 102
  2.8.2 五种类型垂线坐标仪运行情况分析 ······································· 106
  2.8.3 南瑞电容感应式仪器在某大型船闸的应用 ··························· 109
  2.8.4 智能型电容感应式垂线坐标仪与国内外各型垂线坐标仪性能比较 ·· 109
  2.8.5 电容感应式静力水准仪与差动变压器式静力水准仪性能比较 ··· 110
  2.8.6 小结 ·· 113

3 差阻式大坝全系列监测仪器及测量系统 ·· 115
 3.1 差阻式仪器测量原理 ··· 115
 3.2 差阻式仪器五芯电缆测量技术 ··· 116
 3.3 差阻式仪器的耐高压技术 ··· 117
 3.4 我国差阻式压应力计的研制 ··· 117
 3.5 南瑞差阻式系列仪器 ··· 119
  3.5.1 NZS 系列差阻式应变计、无应力计、钢板计 ······················· 119
  3.5.2 NZJ 系列差阻式测缝计(位移计) ·· 120
  3.5.3 NZR 系列差阻式钢筋计及锚杆应力计 ································· 121
  3.5.4 NZP 系列差阻式渗压计 ·· 121
  3.5.5 NZYL 系列差阻式应力计 ··· 122
  3.5.6 NZMS 系列差阻式锚索测力计 ··· 124
 3.6 差阻式系列仪器材料、工艺、自动化装配生产线等方面新技术的应用 ··· 125
  3.6.1 差阻式系列仪器结构、材料、工艺重大改进 ······················· 125
  3.6.2 差阻敏感部件自动绕钢丝装置设计及应用 ··························· 128
  3.6.3 差阻类传感器组装流水生产线的设计及应用 ······················· 129

4 振弦式大坝全系列监测仪器及测量系统 ·········· 130
4.1 引言 ·········· 130
4.2 振弦式仪器的研制 ·········· 131
4.3 南瑞振弦式系列仪器 ·········· 132
4.3.1 NVS 系列振弦式小应变计、无应力计、钢板计 ·········· 132
4.3.2 NVS 新型振弦式大应变计 ·········· 132
4.3.3 NVJ 系列振弦式位移计 ·········· 134
4.3.4 NVP 系列振弦式渗压计 ·········· 135
4.3.5 NVWY 系列精密振弦式水位计 ·········· 137
4.3.6 NVR 系列振弦式钢筋计 ·········· 137
4.3.7 NVMS 系列振弦式锚索测力计 ·········· 139
4.3.8 NVWG 型振弦式精密量水堰仪 ·········· 140
4.3.9 大型灌渠水量计量系统 ·········· 142
4.3.10 振弦式静力水准监测系统 ·········· 144
4.4 振弦式传感器自动化装配流水线设计及应用 ·········· 146

5 差阻式、振弦式仪器长期稳定性考核 ·········· 147

6 差阻式及振弦式仪器在我国锦屏特大水电工程中的应用 ·········· 154
6.1 锦屏水电站概况 ·········· 154
6.1.1 锦屏一级水电站 ·········· 154
6.1.2 锦屏二级水电站 ·········· 155
6.2 锦屏水电站工程安全监测 ·········· 155
6.3 监测仪器设备的应用 ·········· 156
6.3.1 振弦式仪器 ·········· 156
6.3.2 差阻式仪器 ·········· 156
6.3.3 安全监测管理中心 2010 年工作总结的部分内容 ·········· 157

7 真空激光准直系统 ·········· 172
7.1 用途 ·········· 172
7.2 真空激光准直监测系统测量原理 ·········· 172
7.3 波带板设计原理 ·········· 174
7.4 结构 ·········· 174
7.5 "系统"精度 ·········· 175
7.5.1 激光准直监测系统端点精度对系统的影响 ·········· 176
7.5.2 折光差对系统精度的影响 ·········· 177

  7.5.3 CCD 坐标系统对监测系统精度的影响 ·· 178
  7.5.4 波带板对测量精度的影响 ··· 179
 7.6 真空技术分析 ·· 179
  7.6.1 真空系统设计的主要参数 ··· 179
  7.6.2 真空管道的极限真空度 ·· 179
  7.6.3 真空管道抽气口附近的有效抽速 ·· 180
  7.6.4 抽气时间的计算 ··· 180
 7.7 真空激光准直监测系统技术指标 ··· 181
 7.8 系统软件功能 ·· 182
 7.9 真空激光准直监测系统工程应用 ··· 182

8 其他类型仪器 ·· 186
 8.1 3DM 测缝计 ·· 186
 8.2 电位器式位移计 ··· 188
 8.3 土石坝监测仪器 ··· 189
  8.3.1 NSC 型水管式沉降测量装置原理、分类及构成 ································· 189
  8.3.2 NYW 型引张线式水平位移测量装置 ·· 192

9 大坝及工程安全监测自动化系统 ··· 195
 9.1 安全监测自动化系统的概念 ··· 195
 9.2 DAMS-Ⅳ型大坝安全监测自动化系统 ·· 195
  9.2.1 系统特点 ·· 195
  9.2.2 DAU2000 数据采集单元 ··· 196
  9.2.3 DAU3000 数据采集单元 ··· 203
 9.3 NDA 系列智能数据采集模块 ··· 205
  9.3.1 NDA1104 卡尔逊式仪器数据采集智能模块 ···································· 205
  9.3.2 NDA1203 差动电感式数据采集智能模块 ······································· 207
  9.3.3 NDA1303 差动电容式数据采集智能模块 ······································· 209
  9.3.4 NDA1403 振弦式数据采集智能模块 ··· 211
  9.3.5 NDA1514 二线制变送器电流信号数据采集智能模块 ······················ 214
  9.3.6 NDA1564 和 NDA6700 水管式沉降测量装置测控模块 ··················· 216
  9.3.7 NDA1603 电位器式传感器数据采集智能模块 ································ 216
  9.3.8 NDA1663/NDA6710 引张线式水平位移计测量装置测控模块
    ·· 219
  9.3.9 NDA1700 数据采集智能模块 ·· 219
  9.3.10 NDA1705 数据采集智能模块 ··· 220
  9.3.11 NDA2003/NDA2004 混合式测量主模块 ······································ 221

  9.3.12 NDA2013/NDA2014 混合扩展模块 ……………………………… 224
 9.4 NWA 系列无线数据采集装置 …………………………………………… 227
  9.4.1 NWA3111 差阻式无线采集适配器 ……………………………… 227
  9.4.2 NWA3411 振弦式无线采集适配器 ……………………………… 228
  9.4.3 NWA3511 标准量式无线采集适配器 …………………………… 229
  9.4.4 NWA3711 数字量式无线采集适配器 …………………………… 230
  9.4.5 NJX11-15PW-G 无线点式测斜仪 ……………………………… 232
  9.4.6 NWA4100 无线通信网关 ………………………………………… 233

10 结语 ……………………………………………………………………………… 235

参考文献 ………………………………………………………………………………… 237

附图 ……………………………………………………………………………………… 238
 （一）步进电机式垂线坐标仪 ……………………………………………………… 238
 （二）磁场差动式垂线坐标仪 ……………………………………………………… 247
 （三）瑞士 CCD 式垂线坐标仪、加拿大 CCD 式垂线坐标仪 …………………… 255
 （四）电容感应式垂线坐标仪及引张线仪 ………………………………………… 262

1 我国水电事业 40 多年来的高速发展

1.1 中国水力资源概况

根据 2003 年中国水力资源复查成果,中国水力资源技术可开发装机容量 54 164 万 kW,年发电量 24 740 亿 kW·h;经济可开发装机容量 40 179.5 万 kW,年发电量 17 534 亿 kW·h。

大型水电站绝大多数分布在我国西南地区,水力资源集中在金沙江、雅砻江、大渡河、澜沧江、乌江、长江上游、南盘江红水河、黄河上游、怒江等。特别是西部金沙江中下游装机规模近 6 000 万 kW,雅砻江、大渡河、黄河上游、澜沧江、怒江的装机规模均超过 2 000 万 kW。这些地区的装机容量占中国技术可开发量的 50%。

1.2 中国的能源结构

至 2010 年底,中国能源剩余探明可采储量中,原煤为 1 145 亿 t,原油为 20 亿 t,天然气为 2.8 万亿 m^3。

中国常规能源(其中水力资源为可再生能源,按使用 100 年计算)剩余可采总储量的构成为:原煤 61.6%,水力资源 35.4%,原油 1.4%,天然气 1.6%。中国常规能源资源以煤炭和水力资源为主,水力资源仅次于煤炭,占据十分重要的地位。

2010 年中国能源生产总量 29.7 亿 tce,其中煤炭量占 76.5%,石油占 9.8%,天然气占 4.3%,水电、核电、风电等占 9.4%。

1.3 水电是改善能源结构的重要手段

中国水力资源极其丰富,储量世界第一,而且开发利用程度较低,具有广阔的开发前景。与其他可再生能源相比,水电不仅技术成熟,开发成本低,效率高,而且电能质量好。在今后很长一段时间内,水电是改善中国能源结构,减少温室气体排放的重要手段。

科学研究表明,造成全球变暖问题的主要原因是人类过度使用化石燃料,排放了大量温室气体。为此全球大多数国家签订了《京都议定书》。从各部门 CO_2 排放量看,交通运输和电力是主要排放大户。中国的 CO_2 排放量较大,减排压力极大。中国能源结构不合理是导致 CO_2 大量排放的主要原因。2010 年中国发电总装机容量中,火电高达 73.4%,而发达国家仅占 21%,世界平均也仅占 28%。

因此,中国能源发展的战略思路应当是大力发展水电、风电、太阳能等可再生能源,积极推进核电建设,合理发展替代能源,优化能源结构,实现多种能源互补,保证能源稳定供应。

1.4　我国水电事业 40 多年来的高速发展

我国的水电事业 40 多年来发展迅速,有以下数据可充分说明:

1949 年解放时,我国水电装机容量仅 16.3 万 kW;

1980 年改革开放初期,全国总装机容量 6 587 万 kW,其中水电装机容量 2 032 万 kW,占 30.8%。

1981—1990 年,10 年增加水电装机容量 1 573 万 kW;

1991—2000 年,10 年增加水电装机容量 4 330 万 kW;

2001—2010 年,10 年增加水电装机容量 13 665 万 kW,相当于建成 136 座百万装机容量的水电站;

2010 年我国发电装机容量为 9.66 亿 kW,其中水电装机容量已达 2.16 亿 kW,占全国总装机容量的 22.4%。

2010 年以后 40 年,中国的水电发展规划如下:

2011—2020 年规划并实施增加水电装机容量 16 400 万 kW;

2021—2030 年规划增加装机容量 7 000 万 kW;

2031—2050 年规划增加装机容量 7 000 万 kW。

至 2020 年,中国新增投产主要水电站如下(按主要河流):

(1) 大渡河干流:双江口、猴子岩、长河坝、硬梁包、大岗山等,共新增水电站装机规模 1 827 万 kW;

(2) 黄河干流:羊曲、积石峡等共新增水电站装机规模 650 万 kW;

(3) 金沙江干流:梨园、阿海、金安桥、龙开口、鲁地拉、溪洛渡、向家坝等共新增水电站装机规模 5 475 万 kW;

(4) 澜沧江干流:黄登、苗尾、小湾、糯扎渡等共新增水电站装机规模 1 876 万 kW;

(5) 怒江干流:马吉、亚碧罗、赛格等共新增水电站装机规模 658 万 kW;

(6) 雅砻江干流:两河口、牙根、杨房沟、锦屏一级、锦屏二级、官地等共新增水电站装机规模 1 884 万 kW;

(7) 乌江干流:沙沱等共新增水电站装机规模 210 万 kW;

(8) 长江干流:三峡(地下厂房)等共新增水电站装机规模 588 万 kW。

1.5 我国抽水蓄能电站 40 多年来的高速发展

抽水蓄能电站是世界公认的可靠调峰水电站。它启动迅速，爬坡卸荷速度快，运行灵活可靠，既能调峰，又能填谷。

抽水蓄能电站本身不增加发电量，抽水蓄能电站的发展目标与国家规划开发的风电、核电、太阳能发电及"西电东送"规模有关，与电力系统负荷水平、负荷特性、安全稳定运行的要求有关。

我国抽水蓄能电站的建设及发展如下：

至 2010 年底，抽水蓄能电站总装机已达 1 694.5 万 kW；

至 2015 年底，抽水蓄能电站总装机达到 2 300 万 kW；

截至 2021 年底，抽水蓄能电站总装机达到 3 639 万 kW。

1.6 水利、水电的快速发展有力提升我国大坝安全监测技术水平

40 多年来，我国水电事业高速发展，大型、特大型水电工程大量兴建，高坝大库不断涌现，抽水蓄能电站、引水工程大量出现。我国建坝的数量、规模、速度和筑坝技术都位居世界前列。水电大发展也为我国大坝及工程安全监测专业的发展提供了广阔的空间和市场。95% 以上我国自主研发的先进监测仪器设备和监测系统安装在我国特大型、大中型水电工程、抽水蓄能电站、引供水工程及其他水利工程上，为工程长期安全可靠运行提供了保证。

2 电容式系列大坝安全监测仪器及测量系统的研制

2.1 研究背景

2.1.1 20世纪80年代我国大坝安全监测仪器及系统的状况

20世纪80年代以前,我国的大坝监测技术基本上还在延续过去的验证设计、辅助施工和为科研服务的阶段,尚未上升到为监测大坝安全服务的高度。因此,具有宏观特性、能直观反映大坝安全状况的重要监测项目,如变形、渗流等均为人工观测,自动化监测设备都是空白。差动电阻式应力应变监测仪器虽可借助于便携式仪表实现半自动测量,但其成果需经过一系列繁复计算才能转换成应力使用,且具有微观和局部的特性,因此,它并不作为评估大坝安全的主要手段。

2.1.2 赴法国、意大利考察大坝监测技术及仪器设备

1983年3月,欧洲共同体派来自法国、意大利的三位大坝监测方面的专家考察了我国大坝监测专业状况,提出了一些建议。1983年11月,水电部派部生产司、科技司和水电部南京自动化研究所(现国网电力科学研究院)的领导和专家三人组团回访。作者参与了回访的全过程。

在意大利,大坝确定性模型发明人Fanelli教授给考察团介绍了用大坝变形、扬压等"外观"自动化设备监测数据,结合坝体结构力学参数,用确定性模型来计算、监控大坝安全的技术。意大利是最早推动大坝安全监测自动化的国家,考察团参观了步进马达光学跟踪式垂线坐标仪、二对圆环电磁感应式坐标仪、法国最早生产的CCD垂线坐标仪和Telemac公司生产的电磁感应式坐标仪、意大利SIS公司的静力水准仪,监测渗漏扬压、基岩变位等物理量的各种自动化监测设备。考察团还参观了意大利一座高拱坝(Chiotas,坝高130 m),该坝监测自动化程度很高。在坝上安装由单片机控制的测量变形、扬压等监测量的仪表,通过信号线传输到几十千米外的都灵地区监测中心,用确定性模型计算、监控大坝的安全。

法国在格勒诺布尔设立全国大坝资料分析中心,全国所有坝的资料传到该中心用模

型处理,并对大坝安全进行预报。在比利时布鲁塞尔与欧共体官员商谈协作事宜时,水电部想引进法国一整套软件给水电部大坝监测资料分析中心(设在原水电部南京自动化研究所,当时是水电部直属唯一一个大坝资料分析中心和大坝仪器研究室),后因价格问题没有谈成。欧共体回赠了我国一些仪器设备,其中有三台法国 Telemac 生产的电磁感应式垂线坐标仪。回国后将两台坐标仪给龙羊峡水电站使用,后来龙羊峡又购买了 13 台 Telemac 的垂线坐标仪,当时的价格是每台十三万元人民币。面对国外先进的大坝安全监测技术,考察团成员回国后感到压力巨大。我国以后兴建的水电工程必将安装大坝自动化监测设备,但仅靠大量引进价格昂贵的进口设备不太可能。为此,水电部在当时的国家"六五""七五"攻关中设立了测量大坝变形、扬压等急需的仪器设备及测量系统的研发项目,电容感应式系列仪器及测量系统作为重点项目立项攻关。

2.1.3 电容感应式变形系列监测仪器及测量系统的研究背景

20 世纪 30 年代开发研制的差阻式大坝安全系列仪器及测量仪表,在 80 年代仪器结构及测量方式经重大改进,性能指标有了明显提升,在水电站大量大型混凝土建筑物中得到广泛应用。随着电子测量技术的发展,1980 年后,振弦式系列仪器及测量系统仪器结构、测量原理和方式也有了重大革新,仪器的灵敏度及精度大幅提高。上述系列仪器经 80 年代的创新改进,能够满足水电站等大型建筑物及各领域大量土建工程监测的需要。

20 世纪 80 年代,随着水电站大坝等大型建筑物监测方法的进步和意大利 Faneli 教授发明的确定性模型、监控方法的广泛应用,水工建筑物三维变形自动化测量仪器的需求量也激增。

大坝三维变形测量中,要求测量仪器与大坝上安装的垂线、引张线进行非接触式测量,而差阻式仪器和振弦式仪器的测量原理都是钢丝通过两端块张紧受拉压变形测出物理量,无法实现非接触式测量。作者通过 1983 年回访法国、意大利,考察了意大利公司生产的步进马达式垂线坐标仪,但该仪器在大坝高湿度环境下,仪器性能不过关;法国当时生产的 CCD 坐标仪,法国专家明确告知此仪器不防潮,仅用在干燥环境的核电站。

回国后"七五"攻关立项,开发了包括电容感应式双向垂线坐标仪、三向垂线坐标仪、单向引张线仪、双向引张线仪、测量垂直位移的电容式静力水准仪、变位计、量水堰仪及自动测量装置等。在国家组织的"七五"攻关鉴定中,结论为:其技术性能国际领先。该系列仪器是国内外所有同类型产品中,核心防潮技术和长期稳定可靠测量方面唯一过关的系列产品,经三十多年大量水利水电工程应用,现已占据国内市场的 90% 以上。

2.2 电容感应式变形系列监测仪器"七五"攻关立项前的技术储备

2.2.1 电容式混凝土拉压应力计的研制

1966—1967 年,作者在北京水电科学院结构所时,和另两位清华毕业的校友在从事大坝安全监测、资料分析工作和水工结构研究中发现，大坝安全监测中混凝土应力监测的必要性是排在第一位的，混凝土大坝结构设计以混凝土应力为指标。在水工建筑物中，混凝土承受的压应力一般不会超标，而对结构致命的是混凝土出现拉应力。美国卡尔逊博士研制的混凝土压应力计仅能测量混凝土压应力，世界上没有一种能测量混凝土拉应力的设备。如能研制出测量大型水工建筑物中混凝土拉应力的设备，这将是混凝土水工建筑物设计和大坝安全监测史上的一次飞跃。此后，作者和另一清华校友被分到南京水工仪器厂，有条件从事混凝土拉应力计的研制。后来这位校友调回福建老家，只有我一人承担起重任。到水工厂后，水电部南京自动化研究所成立，我们从事大坝仪器研制的同志已研制生产差阻式大、小应变计、钢筋计，只有混凝土压应力计因观测界有人质疑，压应力测量原理无试验论证，而没研制生产。当时水电部全力抓大型工程葛洲坝水电站，急需混凝土压应力计，派人带文件来我所望配合研制生产，所里便将此重责分配给我来攻关。仪器研制首先解决了仪器测量原理是否正确的问题，然后进行仪器结构设计、弹性材料的选择，最后在试件中埋设应力计并用自行研制的大型液压徐变机验证了仪器的正确性。在此过程中，焊接工艺、易污染的水银传压液体革新及抽真空等许多关键技术得到了解决，最终在工程中埋设，并进行成果鉴定、批量生产，解决了葛洲坝工程急需压应力计的问题。

混凝土压应力计是通过两传压板之间仅 0.3 mm 厚的传压腔中的传压液体加压到上传压板中间的小弹性膜片放大变形进行测量。仪器通过应力计厚度与圆板直径之比小于 1/12 及仪器弹性模量与混凝土弹性模量匹配来解决混凝土徐变等非应力应变的影响。该仪器不能测量拉应力。当时需要立项研制的混凝土拉应力计拉压应力测量范围仅 1 MPa（10 kg/cm^2），拉压应力计弹性模量和混凝土弹性模量匹配。这种固体应力计要求拉应力变形测量量程 0～0.002 mm，仪器分辨力要求达到 0.006 μm（6×10^{-6} mm）。

当时国际上电容传感器变形测量在小量程、高分辨力、高稳定传感器及测量技术上已取得进展，国内仍是空白。为此，我们与南京第五十五研究所协作制成电容传感器。由上下两片镀金电容极板及周围一圈镀金接地环与中间极两面镀金的圆形极板组成一组差动电容变化的变位测量传感器，通过该传感器测出混凝土拉压应力计在混凝土结构中受拉压应力产生微小变形，从而测得混凝土的拉压应力。

2.2.2　混凝土拉压应力计研制难度及关键技术

拉压应力计研制是一个难度极大、极具挑战性的项目，其难度及关键技术主要包含三个方面。

(1) 传感器结构设计关键技术

混凝土拉压应力计传感器设计选用弹性性能好的特殊钢材，其弹性模量大于 2×10^6 kg/cm^2，该材料经力学计算以及精密复杂加工形成具有与混凝土弹性模量相匹配的仪器结构，其弹性模量达到 4×10^5 kg/cm^2。仪器采用抽真空密封工艺。

(2) 极高灵敏度、精度及稳定性的电容传感测量技术

拉压应力计仪器量程要求为拉应力 0～1 MPa，压应力 0～3 MPa。测量 1 MPa 拉应

力则要求传感器测量变形量程为 0～0.002 mm,仪器分辨力要求达到 0.006 μm(6×10^{-6} mm)。仪器测量系统的稳定性要达到零漂移,与差阻式仪器系统、振弦式仪器系统的稳定性要求相同。因电容式仪器极高的灵敏度和精度,其零漂移的难度比上述两系列仪器系统更大,任务更艰巨。

(3) 特制传力砂浆的配置

拉压应力计上、下受力极板各黏结一层传力砂浆,使该仪器在大型混凝土结构中能传递 2 MPa 的拉应力。

2.2.3 电容式拉压应力计测量系统

混凝土拉压应力计测量系统采用了高灵敏度、高精度、高稳定性的差动电容变压器比率臂桥及三端测量技术。

(1) 仪器测量系统的工作原理

混凝土拉压应力计利用电容测量原理,采用变压器比率臂桥及三端测量技术。如图 2-2-1 所示,一对平行极板安装在混凝土拉压应力计的底板上,中间极安装在应力计的上板上,中间极与两极板间距离变化产生一对电容的差动变化,应力计的极板与中间极构成电容 1、2,接线端 7、8 由电源 5 提供交流电压。电容比测试仪的感应分压器 3 的接线端 4 接地电位。二接线端 4、9 接到差分放大器 6 上,放大器输出接到伺服系统。调 4 的位置使放大器 6 的输出为零,则由 4 的位置测定的感应分压器比率即为电容 1、2 之比值。通过此测出应力计的微小位移量。

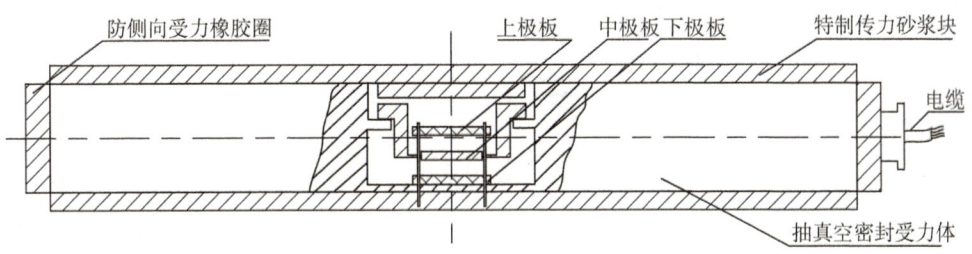

(a) 电容式拉压应力计结构图

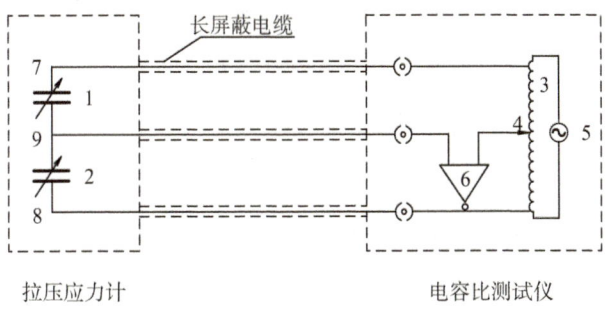

(b) 测量线路图

图 2-2-1　拉压应力计测量系统原理图

(2) 系统测量精度分析

一般电容测量采用如图 2-2-2(a) 所示二端测量, 测量 C_{12} 时因引线与导体 G 间电容 C_{1G}、C_{2G} 产生很大干扰, 为消除测量导线等分布电容影响, 需对结构加以完善的静电屏蔽如图 2-2-2(b) 所示, 通过线路中三端电容比率测量来解决。

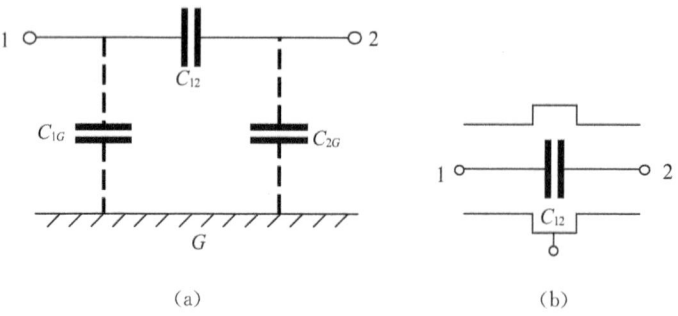

图 2-2-2 电容二端、三端测量电路

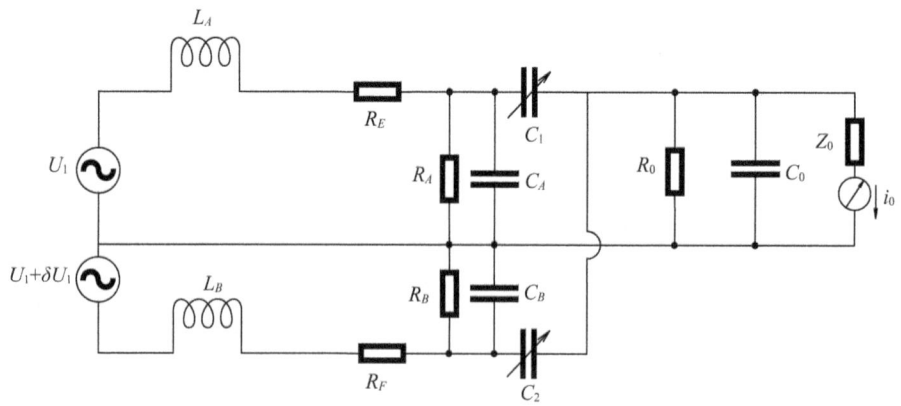

图 2-2-3 感应分压器电容电桥等效电路

图 2-2-3 中 L_A、L_B 代表感应分压器的漏感和电缆自感, R_E、R_F 代表感应分压器的绕阻和电缆铜耗。

C_A、C_B、R_A、R_B 为混凝土拉压应力计二极板引出电缆的分布电容和漏电阻。

R_0、C_0 表示并联在检测器输入端的中间极板引出电缆的分布电容和漏电阻。

δU_1 为感应分压器误差电压。Z_0 为仪器输入阻抗, $\dfrac{N_1}{N_2}$ 为感应分压器的比率值。

图 2-2-2 中 C_{12} 为等效电路 (图 2-2-3) 中 C_1 或 C_2, C_{1G} 相当于 C_A 或 C_B, C_{2G} 为 C_0。当电桥线路平衡时, 略去高阶微量得下式:

$$\frac{C_1}{C_2} = \frac{\delta U_1}{U_1} + \frac{N_2}{N_1}\left[1 + \left(\frac{R_E}{R_A} - \frac{R_F}{R_B}\right) + j\omega\left(\frac{L_A}{R_A} - \frac{L_B}{R_B}\right) + j\omega(C_A R_E - C_B R_F) + \omega^2 C(C_B L_B - C_A L_A)\right]$$

我们所用感应分压器的比率误差 $\frac{\delta U_1}{U_1}<10^{-5}$ 且很稳定，R_A、$R_B>10^8\,\Omega$，R_E、R_F 在个位欧姆数量级，L_A、$L_B<10\,\mu H$，当 $f=(1\sim3)K_C$，引线分布电容为几万 pF 时，$\frac{R_E}{R_A}$、$\frac{R_F}{R_B}$ 在 10^{-8} 数量级，其他几项可看出长电缆分布电容 C_A、C_B 等不对称能引起一些误差，但电容比测试误差一般在 10^{-5} 量级。

测试仪表采用电容三端测量技术和测电容比值的平衡桥原理，使仪器测值稳定可靠，解决了信号远距离传输问题。

应力计中的极板与中间极起始电容仅 $1\sim2$ pF，容抗很大 $\left(X_c=\frac{1}{j\omega C}\right)$，加上长电缆信号的衰减，仪器接收信号很弱，抗干扰能力差。所用屏蔽观测电缆每米分布电容达 100 pF，如 500 m 电缆分布电容就达 50 000 pF，仪器需分辨的传感电容量级为 5×10^{-3} pF，这给仪器研制带来许多困难。将应力计中电容变化转换成电信号输出可用现有的脉冲调宽、环形二极管及阻抗变换等变送器电路，但因仪器电容量极小，用上述电路测量很困难。要消除长电缆分布电容影响，需将变送器与应力计靠在一起。应力计安装在现场较恶劣环境下，在其中增设电子线路会使仪器可靠性相应降低，加上这些电路基本属于不平衡输出，要求激励电压稳频、稳幅，放大器稳定性等指标要高，这一切给测试系统可靠性增加困难。如变送器安装不靠近仪器，用 1∶1 驱动电缆，技术上难度大，成本高。现在我们采用平衡桥原理，使小信号采用高放大倍率（10^5 量级）放大器放大成为可能。对激励电压稳频、稳幅要求降低。

信号远距离传输是遥测仪器测试系统的重要环节。由前面感应分压器电容电桥等效电路可推导出：

$$\Delta u_0 \cong \frac{U\cdot j\omega(C_1+C_2)}{\frac{1}{R_0}+j\omega C_0}\cdot\frac{\Delta d}{d}\times K$$

式中：d——极板间距离；

K——电场分布影响系数；

U——桥压；

Δu_0——桥平衡时检测器需检测的信号。

由上可知屏蔽长电缆使电桥输出信号衰减很多，这要求检测仪表需低噪声高增益的特性。但传输信号电缆线的 R_0、C_0 不参加平衡，不影响测试精度。长电缆信号传输问题可用阻抗变换技术解决。

综上所述，拉压应力计系统小电容、高阻抗的特点要求测试系统具有高放大倍率、低噪声及强抗干扰能力。由于采取很好的屏蔽接地技术及线路上抗工频、杂散信号干扰措施，系统的长期稳定测量得到保证。

我们仪器采用电容感应式原理，电容只决定了电极及仪器的几何尺寸，加上采用电容比值测量方法,使仪器温度系数达 0.005%F.S/℃。这为仪器在严寒和高温环境下高精度高可靠测量提供了保证。

2.2.4 电容式拉压应力计测量成果

下面列出一台混凝土拉压应力计 0～3 MPa(压应力)的标定数据。

表 2-2-1 电容式拉压应力计压应力标定检验数据

压应力(kg/cm^2)	电容比(1)	差值	电容比(2)	重复性误差(2)—(1)
0	40 688		40 692	4
		54		
2	40 634		40 641	7
		58		
4	40 576		40 584	8
		59		
6	40 517		40 526	9
		59		
8	40 458		40 466	8
		62		
10	40 396		40 406	10
		60		
12	40 336		40 347	11
		58		
14	40 278		40 289	11
		57		
16	40 221		40 211	−10
		58		
18	40 163		40 154	−9
		56		
20	40 107		40 097	−10
		56		
22	40 051		40 042	−9
		56		
24	39 995		39 985	−10
		57		
26	39 938		39 928	−10
		58		
28	39 880		39 870	−10
		55		
30	39 825		39 814	−11
Σ	863	—	—	—

非线性误差:8/863=0.927%,重复性误差:11/863=1.27%

由于传感器的精密设计,这台仪器温度系数达 0.01%F.S/℃。特殊传压砂浆层黏结在拉压应力计上下面,在材料试验机上做拉应力试验。一台样机在一年内做四次 0→20 kg/cm^2→0,共 800 次拉应力试验,其结构传力均匀稳定,完全满足量程 0～10 kg/cm^2 的长期监测需求。同时做了几次应力计拉应力试验,其拉应力灵敏度与压应力有一些差别,还要进一步解决应力计拉压应力不一致的问题。

上述拉压应力计原理性试验初步完成,但关于仪器样机设计、高精度及高灵敏度测量系统样机设计还有许多工作要做。后国家"七五"攻关项目电容感应式系列仪器及测量系统因考虑水电工程急需而暂停了拉压应力计的研制。

2.3 电容式大坝安全监测仪器及测量系统的研制开发

在前文提到的电容感应式变形系列监测仪器"七五"攻关立项前的技术储备中,为研制混凝土拉压应力计而研究了极高灵敏度及精度、零漂移、长期稳定的电容传感测量技术。其拉应力变形量为 $0\sim0.002$ mm($0\sim2$ μm),仪器分辨力为 0.006 μm,在此技术基础上开发了电容式渗压计、电容式大应变计等电容式大坝监测仪器产品。

下面给出大坝仪器中最典型的用于压力测量的电容式渗压计和电容式大应变计仪器结构图和测量标定数据。电容式渗压计仪器采用差阻式渗压计外形结构,量程为 $0\sim4$ kg/cm^2,电容式大应变计采用差阻式 NZS-25 型大应变计外形结构。

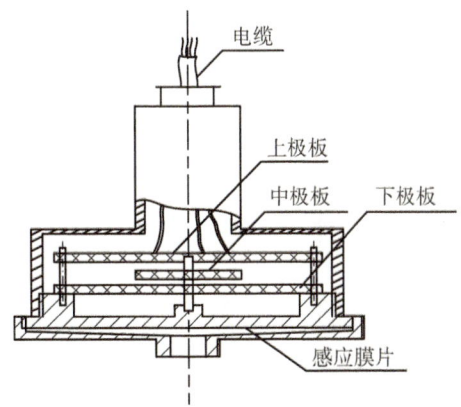

图 2-3-1 电容式渗压计结构图

图 2-3-1 和图 2-3-2 为这两种仪器的结构图,表 2-3-1 和表 2-3-2 为各自的标定数据。

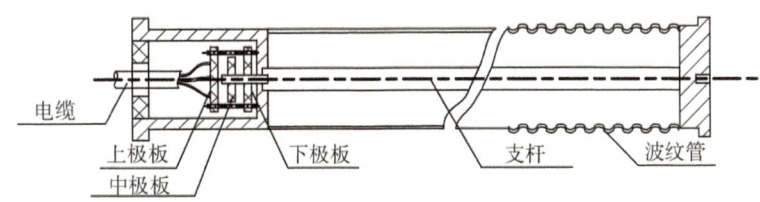

图 2-3-2 电容式大应变计结构图

表 2-3-1 电容式渗压计标定检验数据

压力(kg/cm^2)	电容比(1)	差值	电容比(2)	重复性误差(1)—(2)
0.0	43 220		43 215	5
		1 400		
0.5	44 620		44 630	−10
		1 395		
1.0	46 015		46 025	−10
		1 400		
1.5	47 415		47 427	−12
		1 403		
2.0	48 818		48 829	−11
		1 398		
2.5	50 216		50 228	−12
		1 402		
3.0	51 618		51 630	−12
		1 396		
3.5	53 014		53 024	−10
		1 405		
4.0	54 419		54 430	−11
Σ	11 199	—	—	—

非线性误差:10/11 199=0.089%;重复性误差:12/11 199=0.11%

表 2-3-2　电容式大应变计标定检验数据

加载 位移(μm)	加载 应变(μ)	电容比(1)	差值	电容比(2)	重复性误差(1)—(2)
0	0	80 335		80 250	85
100	400	73 410	6 925	73 320	90
200	800	66 485	6 925	66 395	90
300	1 200	59 575	6 910	59 465	110
400	1 600	52 680	6 895	52 580	100
500	2 000	45 785	6 895	45 690	95
600	2 400	38 780	7 005	38 660	120
700	2 800	31 785	6 995	31 675	110
800	3 200	24 830	6 955	24 725	105
Σ		55 505	—	—	—

非线性误差：110/55 505＝0.198％；重复性误差：120/55 505＝0.216％

表 2-3-3　三种型式渗压计灵敏度、精度比较

	差阻式渗压计	振弦式渗压计	电容式渗压计
仪器灵敏度	4/200＝0.02 kg/cm^2/电阻比	4/3 000＝1.33×10^{-3} kg/cm^2/频率模数	4/11 199＝3.57×10^{-4} kg/cm^2/电容比
仪器非线性误差	2％F.S	0.3％F.S	0.089％F.S

表 2-3-4　三种型式大应变计灵敏度、精度比较

	差阻式大应变计	振弦式大应变计	电容式大应变计
仪器灵敏度	3 $\mu\varepsilon$/电阻比	3 200 $\mu\varepsilon$/3 000＝1.07 $\mu\varepsilon$/频率模数	3 200 $\mu\varepsilon$/55 505＝0.057 7 $\mu\varepsilon$/电容比
仪器非线性误差	2％F.S	0.3％F.S	0.198％F.S

上述两种仪器用原差阻式仪器材料结构，在仪器精密加工技术得以提高，弹性材料选型更优质和热处理工艺、标定位移设备精度、压力传感器标定精度提高的情况下，电容式大坝安全监测仪器精度比差阻式仪器和振弦式仪器更高。

当时我国因水电事业高速发展，急需电容感应式双向（三向）垂线坐标仪、单向（双向）引张线仪、静力水准仪、变位计、量水堰等系列仪器，大批量研制开发生产及大量工程仪器安装调试投入运行已占了我们工作的大部分时间，另外大量急需的差阻式仪器创新改进、振弦式仪器加大批量研制也占据了我们更多的精力。而混凝土拉压应力计科研开发周期长，新产品从开发到现场运用均需要较长时间，工程的急需程度也不及差阻式、振弦式及其他电容式仪器，因此，研制工作只能停下来。

我们花毕生精力研制的电容式大坝安全监测仪器及测量系统，其创新技术及技术上

的特优异性能指标为我国电容式大坝安全监测仪器达到国际领先水平创造了条件。其位移测量灵敏度可达 $0.5\times 10^{-7}\sim 1\times 10^{-6}$ mm 的要求。测大气压灵敏度可达到 $0.5\times 10^{-5}\sim 1\times 10^{-4}$ kg/cm^2。该类仪器的灵敏度高出差阻式仪器、振弦式仪器 1~2 个数量级,精度高出近 1 个数量级。

随着技术的进步,电容式系列仪器及测量系统将发挥更大作用。

2.4 电容感应式变形监测仪器及测量系统的研制

2.4.1 仪器核心技术攻关

在大坝变形监测中,要求仪器常年变形测量高灵敏度、高精度、零漂移,而与其他工业行业不同的是,其上述所需高技术指标是在大坝中常年高、低温,100%高湿度,而仪器结构又不能密封的条件下达到,其研发难度是一般监测仪器无法达到的。下面以电容感应式垂线坐标仪为例进行阐述。

(1) 防潮技术

电容感应式垂线坐标仪、引张线仪等应用在大型水工建筑物内,长期处于高湿度环境中,约有 10%~50% 的仪器长年在近 100% 湿度、仪器部位滴水的恶劣环境下工作。仪器中的极板和中间极金属表面虽然都进行了严格的绝缘处理,所有与接地底板、外屏蔽罩壳的连接都采用了高绝缘连接器件,但常年高湿度环境仍会使极板、连接件表面吸附一层水膜,使仪器绝缘性能下降。为了进一步提升抵抗高湿度环境下绝缘性能下降的能力,对仪器屏蔽线引线结构的绝缘处理做了重大改进,采用了特殊的绝缘器件和绝缘结构。通过多处精细的改进,仪器在高湿度、滴水等恶劣环境下,中间极、极板与地之间的隔离均能保持绝缘性能基本不降。

(2) 仪器测量方式的选择

仪器测量方案采用差动电容传感器与高精度感应分压器组成四臂交流平衡电桥形式,仪器采用了比率测量的方法,这为仪器零漂移、高稳定性打下基础。

从测量方法和误差分析来看,传感器测量有直接测量法、差值测量法和比率测量法三种。用直接测量法因测量时间不同与环境条件变化会引入系统误差;差值测量法由于两个被比较元件外界条件相同,在传感器结构做得很对称时,测量可在很大程度上消除上述系统误差,但所获得的两个量之差仍随外部条件而变动;而采取比率测量法能消除或大大减小在一阶近似条件下被测量依赖于外界条件以乘积因子出现的误差项,因而具有优于差值测量法的抗干扰能力。仪器实测性能证明,测量范围在 100 mm,线性误差为 0.3%F.S,且不存在传动间隙及弹性元件滞后等误差,重复性和滞后误差可忽略不计,温度系数<0.01%F.S/℃。这些性能明显优于国外同类产品,完全可以满足各种大型建筑物测量的需要。

坐标仪中电容传感部件的电容值仅取决于坐标仪结构,只需根据强度、抗蠕变能力及温度系数等性能来选择材料,不用考虑材料电磁特性。由于仪器传感部件采用差动结构及比率测量方法,对材料温度系数指标要求不高,对称的差动结构保证了坐标仪长期测量的稳定性,并较好解决了高阻抗桥的抗干扰及传感电容量极小(不到 1 pF),分辨力要达 10^{-4} pF 等难题。长期零漂<0.10%F.S/a,远小于国外同类产品。

电容感应式垂线坐标仪测量范围从 10～100 mm,极板与中间极之间感应电容小于 1 pF,而一般大型工程从最远端的测量仪器经集线箱到测量装置,屏蔽电缆的长度达 800 m 以上,每米屏蔽电缆分布电容在 100 pF 左右,800 m 电缆达 80 000 pF 左右,其信噪比极低。长电缆极板与中间极漏电容达 10 pF 左右,其附加电容使仪器灵敏度下降一个数量级,长电缆中电感量加入测量线路,使测量电容量的波形产生严重相移,导致仪器测量灵敏度降得更低。借助三端测量技术和平衡交流桥,用高放大倍率、高稳定性放大器提高仪器灵敏度,这就解决了垂线坐标仪小电容、高精度、高稳定测量的难题。

(3) 仪器结构简单

仪器的关键部件仅由安装在测点的感应极板和安装在线体上的中间极组成,没有任何传动部件也无一电子元器件,故障环节少,可靠性高。

(4) 仪器适应环境能力强

用于坝工监测的仪器与其他工业传感器相比,有两大特性:一是要求长期稳定,二是要求适应高低温(−35～+60℃)、高湿度(相对湿度>95%)。电容感应式垂线坐标仪温度系数极小,性能优越。感应部件中的感应极经过了特殊绝缘防潮工艺处理,防潮性能好。

2.4.2 电容感应式变形监测仪器及测量系统发展的三个阶段

电容感应式变形监测仪器是一类非标准量传感器,需同时研制高稳定性、高精度小电容测量的装置,无论是电容式仪器的改进,还是测读装置的更新,都将相互影响,并促使整个测量系统的性能得以提升。它的发展可以归纳为三个阶段。

(1) 集中式仪器测量系统

集中式仪器测量系统是电容感应式仪器早期的测量系统,其测量方式采用数字平衡桥原理,用精度在 $1×10^{-5}$ 以上高精度感应分压器与传感部件差动变化电容组成交流电桥。电桥通过单片机控制感应分压器四组继电器矩阵,测量时使电桥自动平衡,量测传感器电容变化并转换成仪器变形量。在大中型工程中,通常通过 1～2 台电容式数字电桥,以长屏蔽线与各处仪器集线箱连接。每台集线箱用屏蔽线连接 4～8 台电容式仪器。集中式数字采集系统在测量可靠性方面的风险较大,1、2 台测量装置故障将影响整个系统的仪器测量。一般大型工程,从最远端仪器经集线箱到测量装置距离都在 800 m 以上。当时用的三芯、五芯屏蔽线中,要求屏蔽效果达到 90% 以上,但长电缆中间极与极板间漏电容高达 10 pF 左右,而垂线坐标仪、引张线仪、静力水准仪等传感器起始电容在 1 pF 左右,测量的电容变化量在 0.3～0.4 pF,长电缆的这个附加电容使仪器灵敏度下降最高达一个数量级。再加上长电缆中电感量加入测量电路,使测量的电容量产生严重相移,仪器的灵敏度降得更低。借助于交流桥可用高放大倍率、高稳定放大器提高仪器灵敏度。

（2）分布式仪器测量系统

随着国际微电子技术的进步，电子元器件的性价比大幅提高，为监测系统自动化的提升奠定了基础。笔者研究团队于20世纪90年代末推出了分布式电容仪器数据采集装置（DAU）。1台DAU可连接4～8台电容式垂线坐标仪、引张线仪、静力水准仪等仪器，屏蔽电缆长度控制在60 m内。分布式数据采集装置采用非平衡测量方式，这种创新的小电容传感测量方法含有多项核心技术，使仪器的测量精度、稳定性均获得了很大提高，在世界电容传感器测量技术中属重大创新发明。屏蔽电缆短，附加电容小，使仪器的灵敏度比集中式系统提高了许多。分布式系统的推出使仪器测量系统的测量精度、稳定性和系统可靠性得到很大提高。

（3）智能分布式仪器测量系统

传感器智能化是传感器的发展方向。智能传感器是将仪器与测量变送电路组装在一起，它结合了传感器测量技术与信息处理技术，使传感器的补偿、自检、自诊断等功能在现场和远端实现成为可能。21世纪初，笔者研究团队将电容感应式变形监测仪器进一步提升为智能型变形监测传感器。智能型电容式垂线坐标仪、引张线仪、静力水准仪等不需要通过长屏蔽电缆传输模拟信号到远端测量装置进行测量，在仪器现场即能将传感器的电容变化量直接转换为位移等物理量，并以数字量方式向远端传输。前述集中式、分布式测量中，因模拟量长距离传输而存在的线间附加电容和附加电感等交流参数的不利影响全部消除，仪器的测量精度、灵敏度、长期测量的稳定性等均得到更进一步的提高，使该系列产品及测量系统在技术、性能、性价比等方面在国内外同行业中处领先水平。

2.5 电容感应式变形系列监测仪器

南京南瑞水利水电科技有限公司（原南京自动化研究院大坝仪器研究所）研制开发的电容感应式变形系列监测仪器，拥有自主知识产权，从20世纪80年代国家"七五"攻关项目开始研制到大量推广应用，各类仪器销售共计24 660台套，各年度统计见表2-5-1。

表2-5-1 南瑞电容感应式变形系列监测仪器各年度销售统计　　　单位：台套

仪器类型	1985—2011年	2012年	2013年	2014年	2015年	2016—2021年	共计
电容式垂线坐标仪	2 800	159	180	202	200	1 209	4 750
电容式引张线仪	3 560	166	128	301	265	2 410	6 830
电容式静力水准仪	7 760	527	580	683	530	3 000	13 080
电容式变位计、电容式三向测缝计、电容式量水堰渗流量仪等共5 960台套。							

2.5.1 电容感应式垂线坐标仪

电容感应式垂线坐标仪按其用途及测量方向可分为双向垂线坐标仪和三向垂线坐标仪。双向垂线坐标仪主要是用于水平向挠度的变位监测。三向垂线坐标仪除可测量水平向挠度的双向变位外,还可以测量垂直方向的位移。

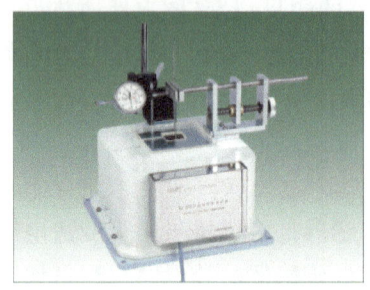

图 2-5-1　智能式双向垂线坐标仪

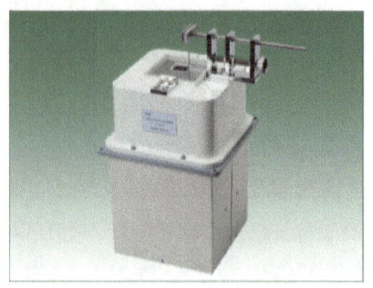

图 2-5-2　智能式三向垂线坐标仪

2.5.1.1 仪器结构及原理

1. 电容感应式双向垂线坐标仪

（1）结构

双向垂线坐标仪是由水平变形测量部件、标定部件、挡水部件以及屏蔽罩等部分组成,坐标仪的测量信号由电缆引出。如图 2-5-3 所示。

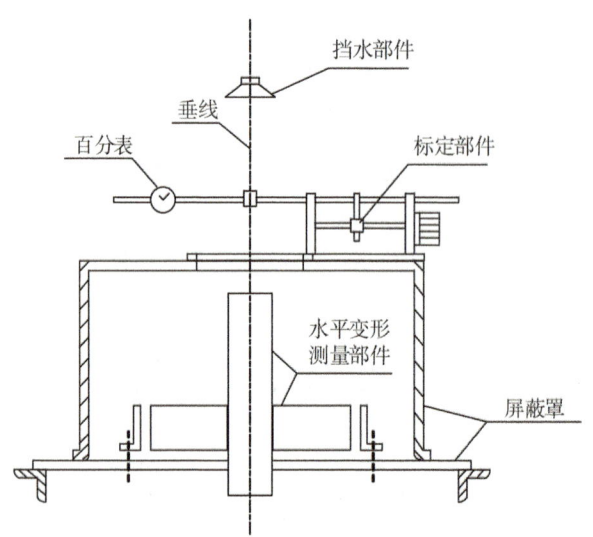

图 2-5-3　电容感应式双向垂线坐标仪结构示意图

（2）工作原理

仪器采用差动电容感应原理、非接触的比率测量方式。如图 2-5-4 所示,在垂线上固定了一个中间极板,在测点上仪器内分别有一组上下游向的极板 1、2 和左右岸向的极板 3、4,每组极板与中间极组成差动电容感应部件,当线体与测点之间发生相对变位时则两组极板与中间极间的电容比值会相应变化,分别测量二组电容比变化即可测出测点相对于垂线体的水平位移变化量(Δx、Δy)。

$$\Delta x = (a_{ix} - a_{基x}) \times K_{fx}$$
$$\Delta y = (a_{iy} - a_{基y}) \times K_{fy}$$

式中:Δx、Δy 为本次测量相对于安装基准时间的变位量;a_i 为本次仪器的电容比值;$a_基$ 为建立基准时仪器的电容比值;K_f 为仪器的灵敏度系数。

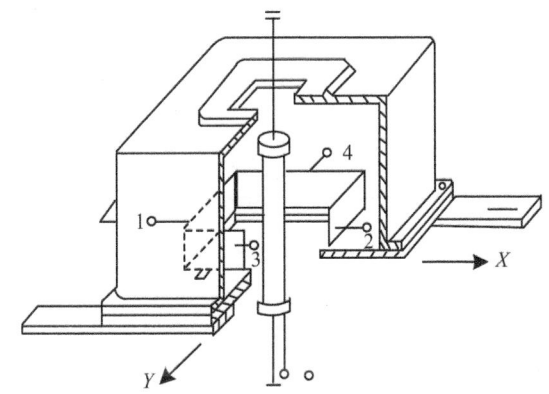

图 2-5-4 电容感应式双向垂线坐标仪原理示意图

2. 电容感应式三向垂线坐标仪

(1) 结构

如图 2-5-5 所示,仪器是由水平及垂直测量部件、标定部件、挡水部件及屏蔽罩等组成,测量信号分别由五芯屏蔽线和三芯屏蔽线引出。

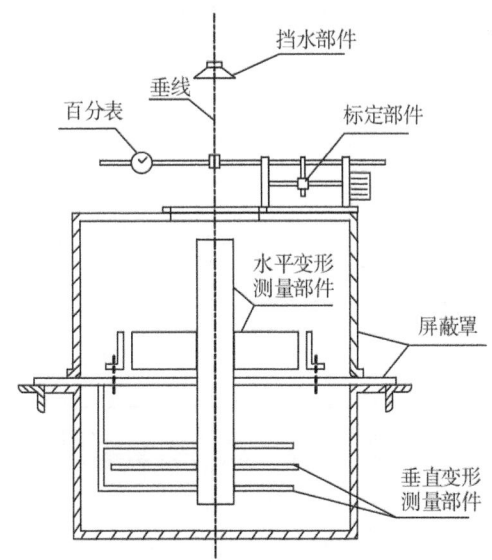

图 2-5-5 电容感应式三向垂线坐标仪结构示意图

（2）工作原理

水平位移测量原理同双向垂线坐标仪。垂直向测量部件是在垂线体上固定了一个圆盘状的中间极板，在测点上位于中间极板两侧安装了一组平行的圆环，当测点相对于线体竖直方向发生变化，则由一组环极与中间圆盘组成的差动电容值发生变化，通过测量电容比，即可测定竖直方向的相对变化量。

智能型垂线坐标仪是在坐标仪内部增加一段 30 cm 五芯屏蔽线及一段 30 cm 三芯屏蔽线，测量模块通过一根长信号电缆线输出信号。

2.5.1.2 电容感应式垂线坐标仪的技术参数

电容感应式双向垂线坐标仪、三向垂线坐标仪的型号及规格指标见表 2-5-2 及表 2-5-3。

表 2-5-2 电容感应式双向垂线坐标仪主要参数

规格及型号		RZ-25S	RZ-50S	RZ-100S
测量范围（mm）	X 方向	25	50	100
	Y 方向	25	50	100
主要参数	最小读数(mm)	0.01		
	精度	≤0.2%F.S		
	温度系数	≤0.01%F.S/℃		
	环境温度	－20～＋60℃		
	相对湿度	95%		

表 2-5-3 电容感应式三向垂线坐标仪主要参数

规格及型号		SRZ-25S	SRZ-50S	SRZ-100S
量程(mm)	X 方向	25	50	100
	Y 方向	25	50	100
	Z 方向	10	25	25
分辨力(mm)		0.01		
精度(%F.S)		≤0.2		
环境温度(℃)		－20～＋60		
相对湿度		95%		

图 2-5-6　垂线坐标仪二维自动标定装置
(行程:X 向 250 mm,Y 向 250 mm;分辨力:0.001 mm;精度:0.01 mm)
(自动标定装置精度经南京计量院鉴定)

2.5.2　电容感应式引张线仪

2.5.2.1　引张线的用途、种类及构成

(1) 用途、种类

引张线法是观测直线型或折线型大坝水平位移的既经济又精确的方法。引张线装置结构简单,适应性强,可布置在坝顶、坝体廊道或坝基廊道中。其端点和正、倒垂线相结合,可观测各坝段的绝对位移,与遥测引张线仪相配合,可实现大坝位移的自动化监测。

引张线法的原理是利用在两个固定的基准点之间张紧一根高强不锈钢丝或高强碳素钢丝或碳纤维高强线体作为基准线,用布设在大坝各个观测点上的引张线仪或人工光学装置,对各测点进行垂直于基准线的变化量的测定,从而可求得各观测点的水平位移量。

依据用途和测量方向不同可分为单向引张线和双向引张线,单向引张线用于测量水平位移,双向引张线既可测量水平位移,也可测量竖直位移。

(2) 引张线装置的构成

根据测量对象和精度的要求,引张线法有无浮托式引张线法、浮托引张线法。整个系统如图 2-5-8 所示。引张线法测量装置由张紧端点、测点、测线、保护部分、固定端五大部分组成。

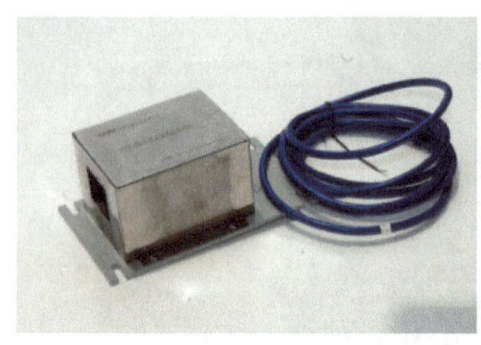
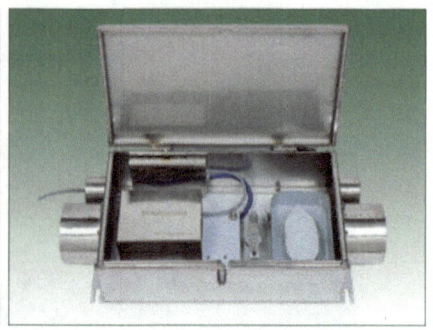

图 2-5-7 智能式引张线仪及测点箱部件

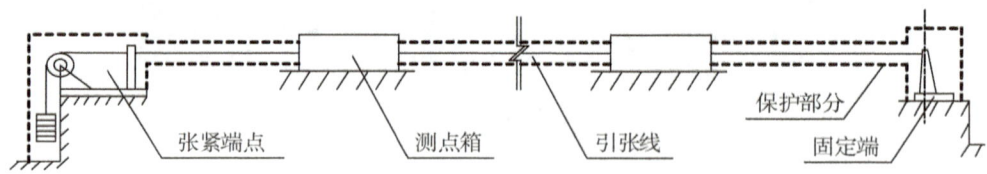

图 2-5-8 引张线测量装置示意图

2.5.2.2 电容感应式单向引张线仪的原理、结构及性能指标

（1）原理

电容感应式单向引张线仪用于测量单向水平位移。该仪器基本原理与电容式垂线坐标仪相同，是采用电容感应原理。测量单元采用比率测量技术，测出测点相对于引张线的变化。引张线的原理示意图见图 2-5-9。

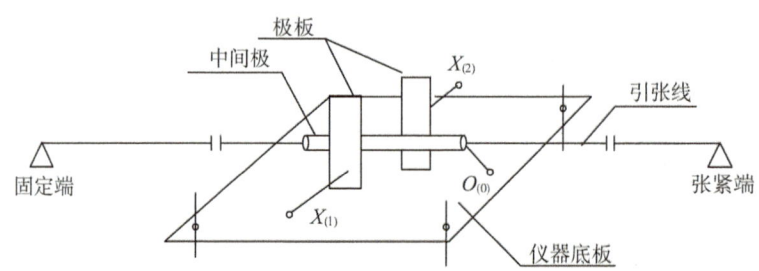

图 2-5-9 电容感应式单向引张线仪原理示意图

在引张线的不锈钢丝上安装遥测电容式引张线仪的中间极，在测点仪器底板上装有两块极板。当测点变位时极板与中间极之间发生相对位移，从而引起两极板与中间极间电容比值变化，测量电容比即可测定测点相对于引张线的位移。

（2）结构

如图 2-5-10 所示，电容感应式单向引张线仪由中间极部件、极板部件、屏蔽罩、仪器底板、电缆、调节螺杆组成，并备有标定仪器用的附件（标定装置）。中间极和一组极板是

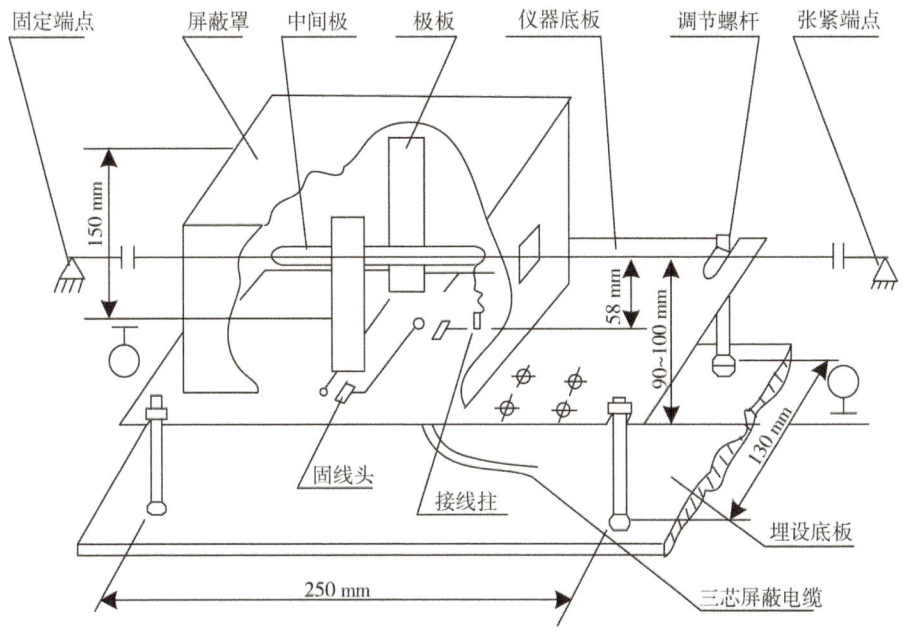

图 2-5-10　电容感应式单向引张线仪结构及安装示意图

图 2-5-11　引张线仪自动标定装置(同垂线坐标仪自动标定装置)

感应部件,将测点相对于基准线(引张线)的位移变化量转变为电容比输出。屏蔽罩是用来消除外界对感应电容量的影响,也有保护感应部件的作用。调节螺杆主要是为了现场安装时调节仪器的高程、水平位置而设置的,仪器底板上四个U形槽主要是仪器初次安装时用来调节仪器测量范围的起始点(即仪器调中)的,也可用于扩展量程。智能型仪器内所用电缆为一根 30 cm 长的三芯屏蔽专用电缆及一根信号输出电缆。附件标定装置用于初次安装时仪器的灵敏度系数、线性误差等主要技术参数的标定。

(3) 仪器的主要性能指标

测量范围:20 mm、40 mm;

最小读数:0.01 mm;

基本误差:≤0.3%F.S;

温度附加误差:≤0.01%F.S/℃;

工作环境:温度:-20~+60℃;相对湿度≤95%;

配用电缆:三芯屏蔽电缆(专用);

仪器外形尺寸:长×宽×高=270 mm×162 mm×152 mm。

2.5.2.3　电容感应式引张线仪性能特点

(1) RY 型电容感应式引张线仪灵敏度高,测量精度好,温度附加误差小,抗干扰能力强,感应部件经过绝缘防潮工艺处理,仪器能在潮湿环境下长期稳定地工作。

(2) 仪器结构简单,安装、使用、维护方便。

(3) 引张线线体系统浮液采用特制的防冻溶液及恒液位方法,在工程实际使用中冬季-35℃不冻结,在冬夏温差达 80℃情况下一年多保持液位恒定不蒸发,不用添加浮液,仪器不用温度修正,使引张线自动化测量实用化。

(4) 现引张线体多采用温度系数极小的碳纤维线体材料,其材料抗拉极限高。引张线采用无浮托结构,无浮托结构减少了监测人员维护工作量。关键是电容感应式引张线仪是所有同类设备中唯一能在高湿度环境下长期可靠运行的设备,为无浮托结构的采用打下了基础。

2.5.2.4　智能式双向引张线仪

(1) 仪器介绍

智能式双向引张线仪常与专用的引张线(无浮托)配套使用,可用于大坝、船闸、边坡及地下洞室等不同部位,对块体垂直于引张线线体方向的水平、垂直位移变化进行精密测量。仪器结构简单、适应环境能力强、测量精度高、长期稳定可靠。

南瑞 RYS-＊＊型电容感应式双向引张线仪采用电容感应原理差动比率测量方式,无二次元器件,测量速度快、结构简单、抗干扰能力强。仪器中的感应部件经过特殊防潮工艺处理,能在相对湿度 95%的坝体内长期可靠工作。

南瑞 RYS-＊＊S 型智能式双向引张线仪是在 RYS-＊＊型的基础上增配了数据变送器智能仪器,可直接输出 RS-485 信号,适合长距离信号传输,也方便接入安全监测自动化系统进行自动数据采集。

(2) 主要技术指标

智能型双向引张线仪是性价比很高的仪器设备,与它配合的三向垂线坐标仪,能提供水平、垂直位移基准。坝上一套双向引张线系统,配合三向垂线,可替代一套单向引张

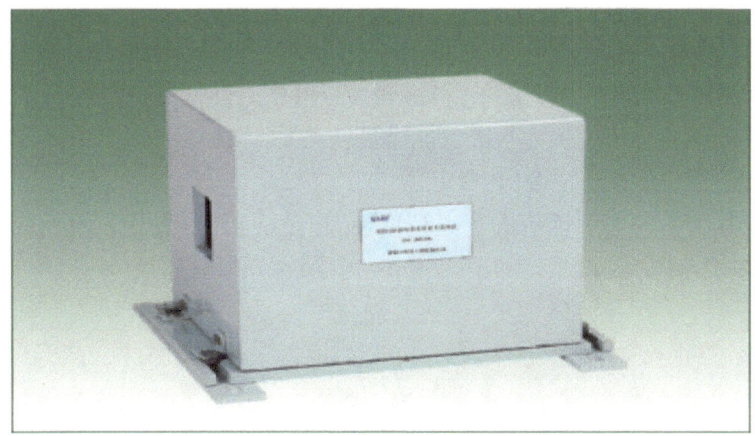

图 2-5-12　电容感应式双向引张线仪

线系统和一套静力水准系统(包括双金属标垂直位移基准),性价比提高一倍。

表 2-5-4　电容感应式双向引张线仪主要参数

规格及型号		RYS-20S	RYS-40S
测量范围(mm)	水平位移	20	40
	垂直位移	20	40
主要参数	最小读数(mm)	0.01	
	精度	≤0.3%F.S	
	温度系数	≤0.01%F.S/℃	
	环境温度	−20~+60℃	
	相对湿度	95%	

现引张线体采用碳纤维高强线,线体长度可比原钢丝更长,且挠度小。用三向垂线作为垂直位移基准,其精度极高,且耐潮湿等恶劣环境。

三向垂线用高强碳纤维线替代铟钢丝材料,测量垂直位移,是一次重大的技术创新。利用这种技术,结合安装电容式三向垂线坐标仪,可准确测出相对于基准点(如 100 m 深倒垂锚固点)的微小变形。水口大坝在基础安装电容式三向测缝计,从而测出垂直位移的微小变化规律,这种思路值得推广应用。

2.5.3　电容感应式静力水准仪

静力水准是一种测量工程建筑垂直位移及倾斜的有效且可靠手段。它利用连通管法,当被测结构发生垂直位移时带动仪器中浮子上下移动,通过各类位移传感器测出此位移。

监测大型建筑物垂直位移对仪器有以下要求。

(1) 要求仪器测量范围宽,从小于 1 毫米到上百毫米;要求测量精度高且长期稳定性极高。

(2) 要求仪器能耐恶劣环境,同时由于仪器内部含有传压液体,要求仪器耐高湿度。

(3) 要求测量系统能抗强电磁场干扰,并具有可靠的抗雷击功能。

南瑞生产的电容感应式静力水准仪能满足以上要求,并拥有以下关键技术。

1. 测量范围宽,具有高精度、高稳定性

为满足工程测量的宽测量范围及高精度、高稳定性要求,我们研发出一种高精度电容位移测量专利技术。仪器原理如图 2-5-13 所示。

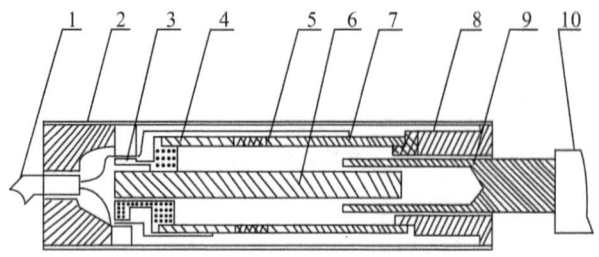

1—电缆线;2—壳体;3—电极安装座;4—环形电极;5—绝缘垫;
6—中心极;7—环形电极;8—屏蔽管孔;9—屏蔽管;10—位移体。

图 2-5-13 位移测量传感器结构图

位移测量电容传感器包括圆柱形中心电极 6,与中心电极同心的前后两个环形电极 4 和电极 7。它们构成两个电容 C_1、C_2。

$$C = 2\pi\varepsilon_r\varepsilon_0 L / \ln(R_A/R_B)$$

式中:R_A——中心电极外径;

R_B——环形电极内径;

ε_0——真空介电常数;

ε_r——介质相对介电常数;

L——环形电极长度。

当仪器位置发生轴向位移时,采用屏蔽管 9 接地方式改变电容 C_2 感应长度,使 C_2 发生变化。C_1 为固定电容,测量电路采用比率测量方式,测出测点位置沿轴向的位移量。从以上测量原理可知,在传感器结构一定的情况下,R_A/R_B 为常数。传感器两电容处于同一环境时,用比率测量方式即可消除介质变化对测量的影响。因此 $C_1/C_2 = L_1/L_2$,机械位移量变化 ΔL_2 与 ΔC_2 呈线性关系,在传感器机械精度加工保证的条件下,传感器测量精度达万分之几成为可能。

静力水准仪中浮子垂直向位移怎样通过高精度位移传感器准确测量出来? 要解决这个难题的关键与浮子连接的位移传感件屏蔽管在传感器中移动时与中间极、电极 1、电极 2 不能接触,否则仪器测量达不到高精度,为此静力水准仪采用如图 2-5-14 所示的结构。

当测点位置发生垂直位移时,液位随之升降,浮子上下运动从而带动其在浮子上端

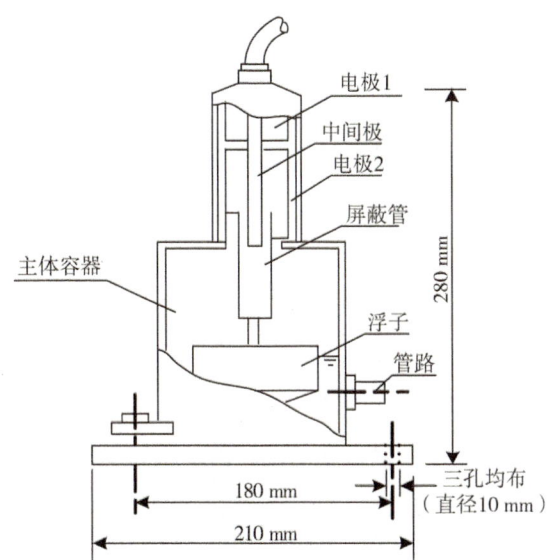

图 2-5-14 静力水准仪结构及原理示意图

图 2-5-15 静力水准自动标定装置
(行程 600 mm;分辨力 0.001 mm;精度 0.02 mm)
(自动标定装置测量精度经南京计量院鉴定)

的电容传感器的屏蔽管相对于中心电极和环形电极 2 轴向移动。因屏蔽管接地,移动过程中电容 C_2 值产生变化。测量电路可以据此测出测点位置沿垂直向的位移量。浮子下端的导向杆、导向球与导向管采用特殊精密加工工艺,使浮子在一定范围内上下移动,摩

图 2-5-16　电容式量水堰自动标定装置
(行程 600 mm;分辨力 0.001 mm;精度 0.02 mm)
(自动标定装置测量精度经南京计量院鉴定)

擦力小到可忽略。该项专利技术使位移传感器实现了非接触测量,实现了无摩擦力的静力水准系统高精度数据传递。电容传感器特点是传感器电容变化仅与机械结构位置有关,其传感件尺寸稳定性容易保证,加上特殊测量系统,使测量稳定性极高,漂移量小于 0.05% F.S/a。

2. 高湿度及一定腐蚀恶劣环境下,仪器可长期可靠工作

仪器位移传感器中三个感应极采用特殊绝缘工艺处理,仪器采用全不锈钢结构,确保仪器在 100%湿度以及一定腐蚀等恶劣环境下仍能长期可靠工作。

3. 仪器系统抗电磁干扰,抗雷击

静力水准仪采用全屏蔽、电容三端测量技术及系统单点接地、绝缘隔离等措施,采用电容智能数据采集模块及相关技术测量,使系统在强电磁场环境下工作稳定。仪器系统自推广以来,特别是其运用在坝顶及高雷区,没有发生一次雷击事故。

2.6　电容感应式仪器在水电工程中的应用

2.6.1　新丰江水电站

2.6.1.1　工程简介

新丰江水电厂是广东省最大的常规水力发电厂,位于广东省河源市境内的亚婆山峡

谷,在东江支流新丰江上,距河源市区 6 km。坝址以上流域面积 5 740 km², 多年平均年径流量 65.6 亿 m³, 多年平均流量 208 m³/s。水库正常蓄水位 116 m, 死水位 93 m, 调节库容 64.89 亿 m³, 为多年调节水库。大坝按千年一遇洪水设计,万年一遇洪水校核。设计洪水流量 10 300 m³/s, 相应水位 121.6 m; 校核洪水流量 12 700 m³/s, 相应水位 123.6 m。电站最大水头 81 m, 最小水头 58 m, 设计水头 73 m。

电站以发电为主,兼有防洪、灌溉、航运、供水、养殖、旅游等综合效益。电站设计装机容量 29.25 万 kW(增容改造后现装机为 31.5 万 kW), 在系统中担负调峰、调频任务。大坝为混凝土单支墩大头坝,高程 124 m, 顶宽为 5 m, 长 440 m, 曾经受 6 级地震考验而安然无恙。右侧设有 3 孔溢洪段。厂房位于河床左侧,安装三台单机容量 7.25 万 kW 及一台单机容量 7.50 万 kW 的机组。

电站由广东省水电设计院设计,新丰江工程局施工。1958 年 7 月开工,1960 年第一台机组发电,1962 年基本建成。从工程开工到第一台机组发电,施工期两年零三个月,是当时我国已建同类型、同规模的水电工程速度最快的一个。至 1977 年 12 月 29 日,4 台机组全部并网发电。

2.6.1.2 实测资料简析

新丰江是电容式坐标仪、引张线仪和监测系统研制成功后第一批应用该仪器设备的大坝之一,从早期安装电容式仪器监测系统起,至今已有近 30 年的资料。从实测资料可看出,仪器系统精度高,在高湿度等环境下长期稳定可靠运行,为工程提供了稳定的安全监测资料。8#坝段倒垂线上安装坐标仪 IP-81, 在正垂线上自下而上安装 PL-87、PL-82、PL-83、PL-84、PL-85 共 5 台坐标仪;在 14#坝段倒垂线上安装坐标仪 IP-141, 在正垂线上自下而上安装 PL-146、PL-142、PL-143、PL-144 共 4 台坐标仪。仪器从 1994 年 1 月到 1999 年 8 月,使用 SRB 集中式采集装置;从 1999 年 9 月到 2011 年 10 月,使用 DAU 分布式采集装置;从 2011 年 11 月起,采用智能模块化测量系统进行测量。

坝顶一条引张线安装了 21 台电容式引张线仪,端点 2 条倒垂线上安装 2 台垂线坐标仪作为引张线的基准。在接近坝基的坝体 63.4 m 高程廊道布置的引张线上安装 6 台电容式引张线仪,两端点处的 2 条倒垂线安装 2 台垂线坐标仪。这 2 条引张线均采用 DAU 分布式采集装置,提供了 15 年大坝稳定、安全、周期性变形规律的宝贵资料。

在大坝等大型水工建筑物中所用的垂线仪、引张线仪、静力水准仪等变形监测仪器,需要具备的最主要特性是仪器测量系统能在高湿度环境中长期稳定可靠运行。该两条正倒垂系统安装 11 台电容式坐标仪,在坝体极端潮湿、滴水的恶劣环境下,创造该行业仪器系统无故障、稳定可靠运行近 30 年的历史记录,为新丰江大坝可靠运行提供了极其宝贵的资料。

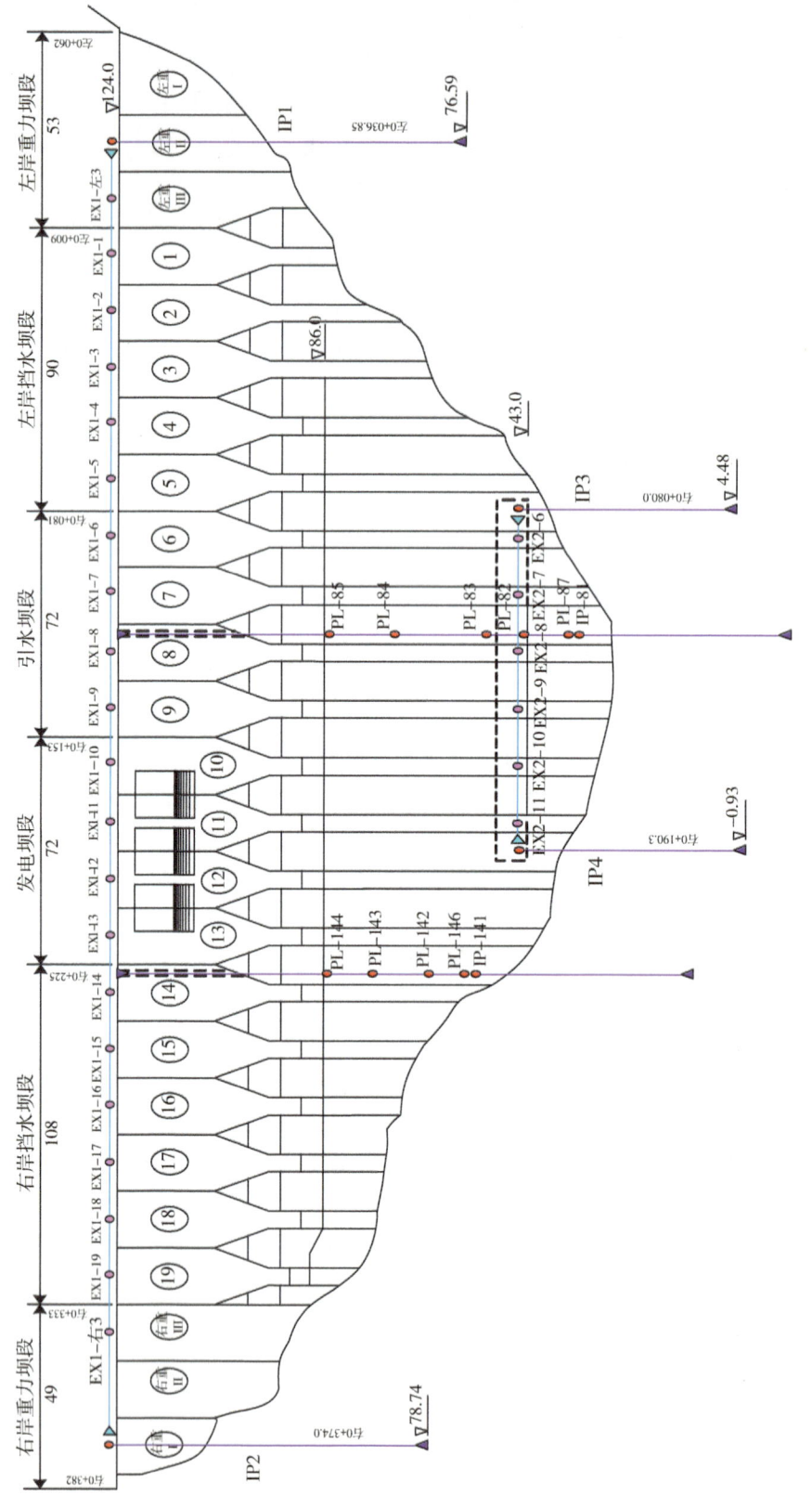

图 2-6-1 新丰江大坝变形监测立面布置图

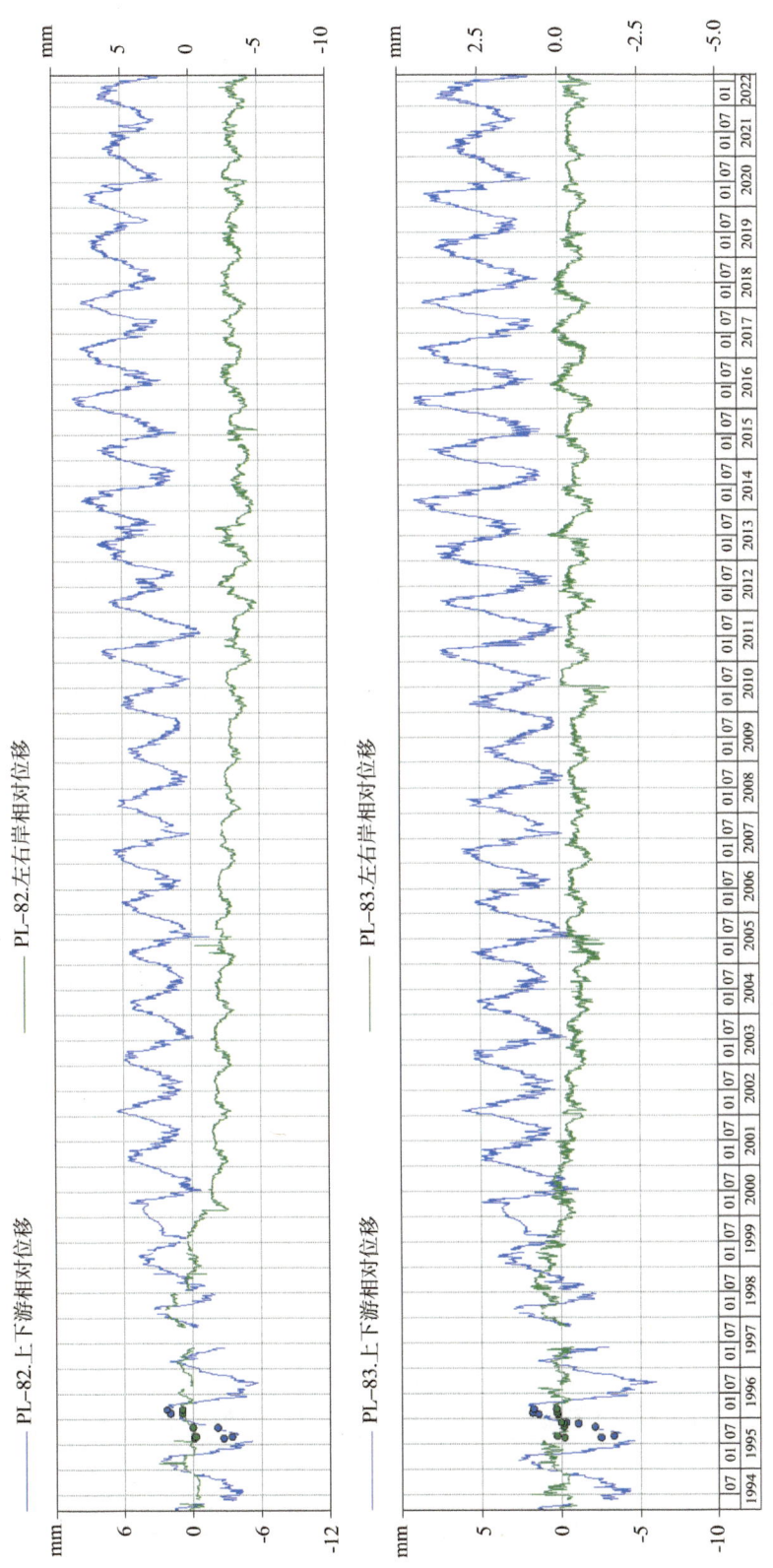

图 2-6-2 PL-82、PL-83 位移过程线图

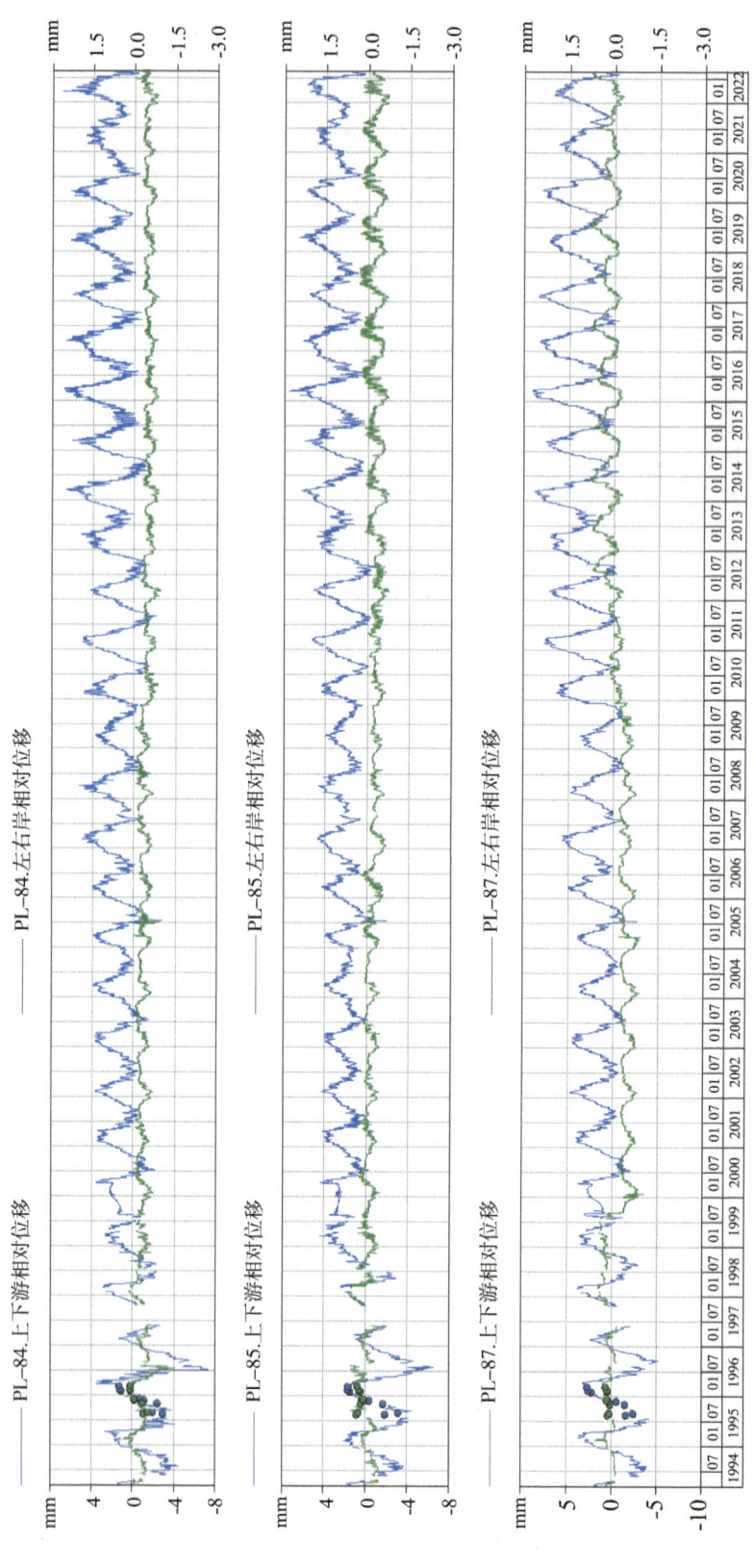

图 2-6-3 PL-84、PL-85、PL-87 位移过程线图

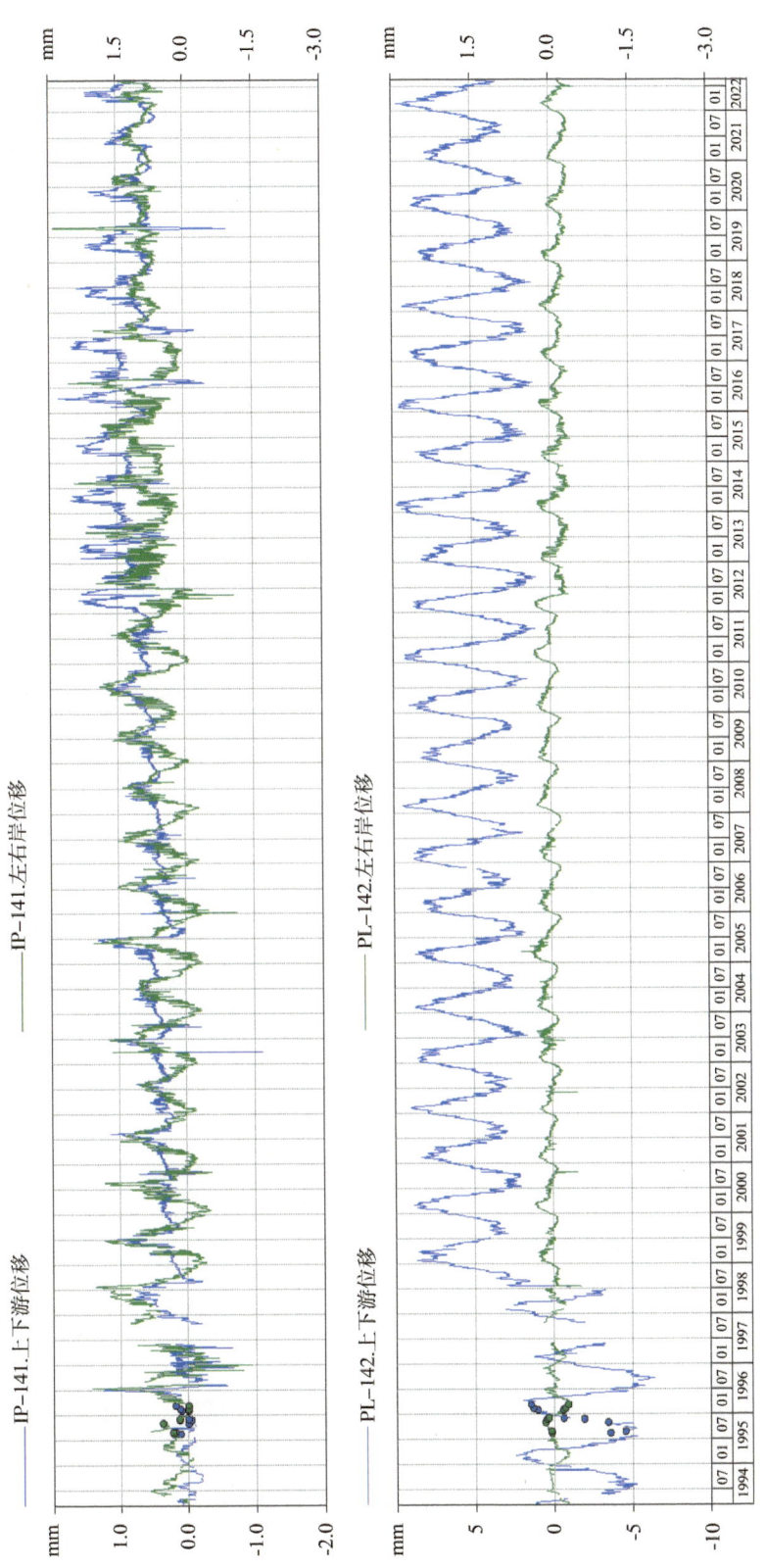

图 2-6-4　IP-141，PL-142 位移过程线图

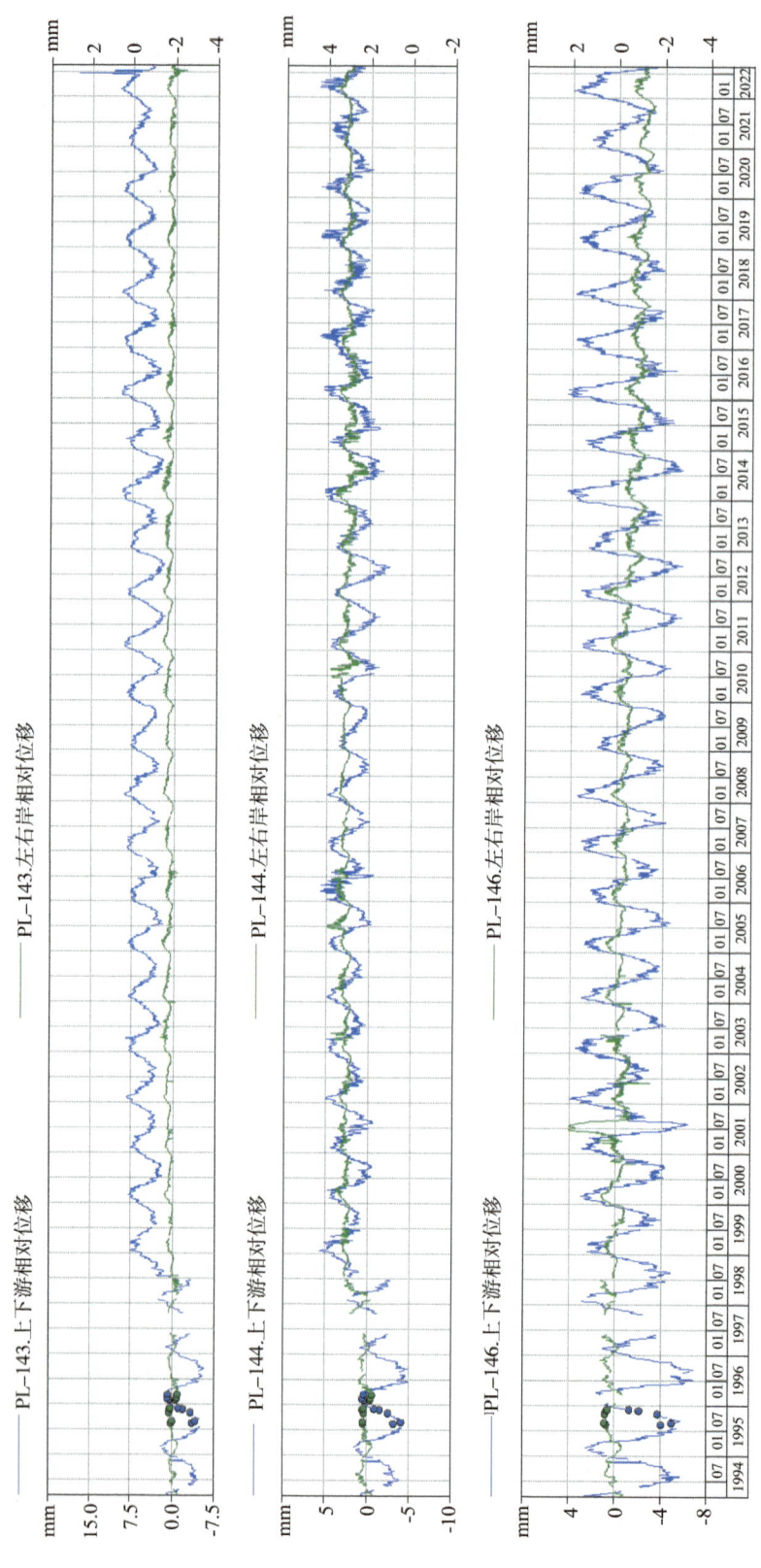

图 2-6-5 PL-143、PL-144、PL-146 位移过程线图

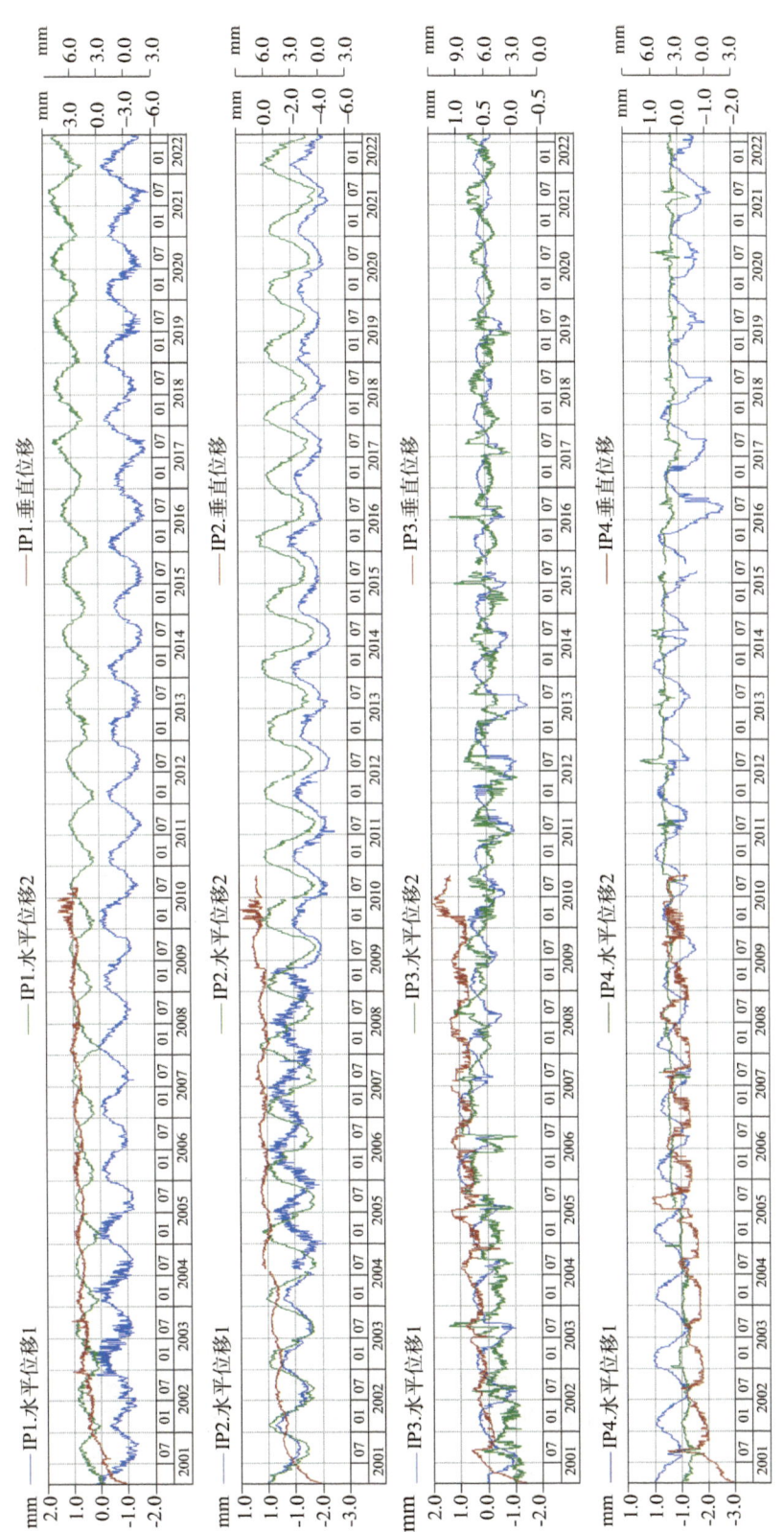

图 2-6-6 IP1、IP2、IP3、IP4 位移过程线图

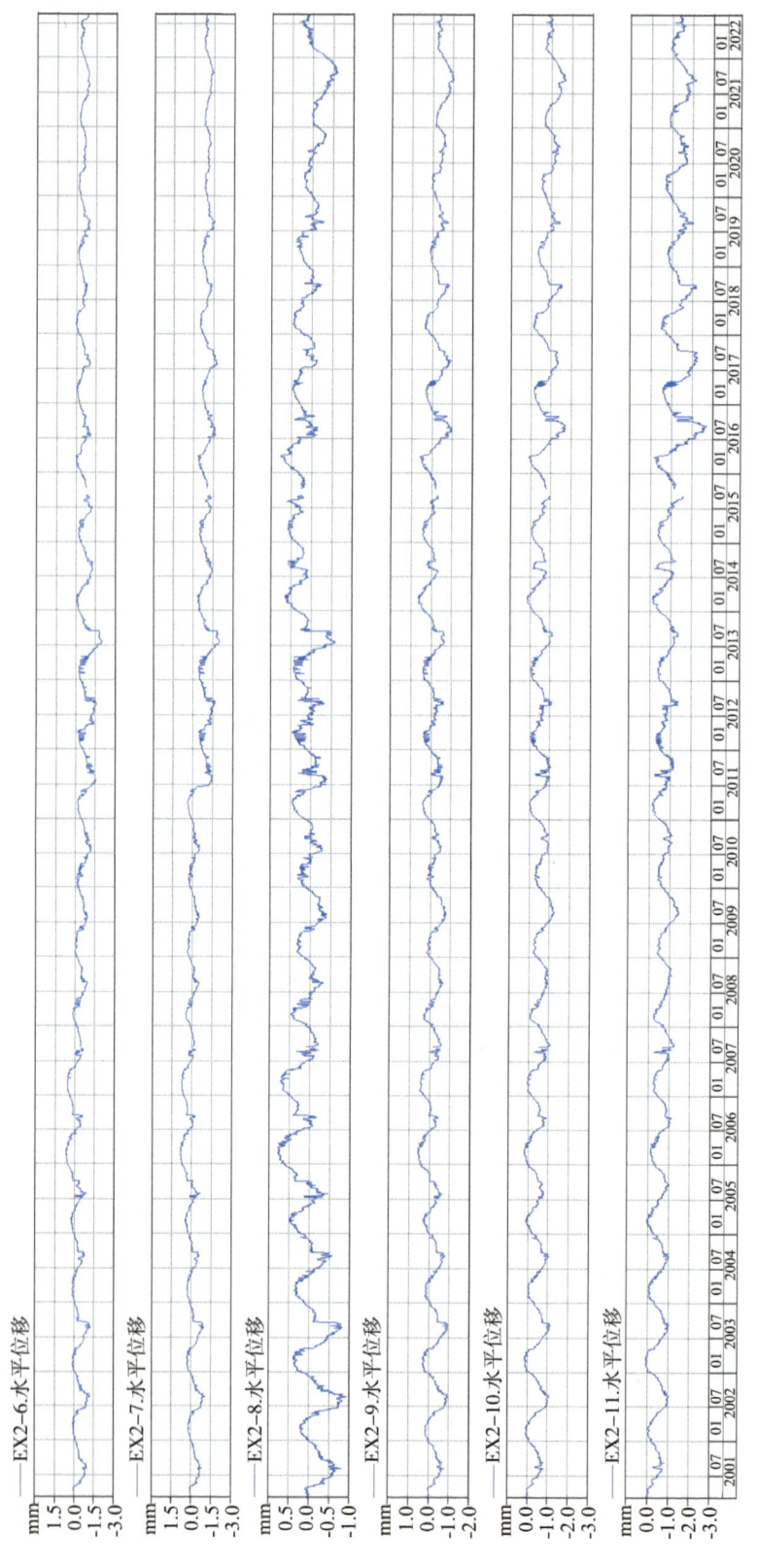

图 2-6-7 EX2-6、EX2-7、EX2-8、EX2-9、EX2-10、EX2-11 位移过程线图

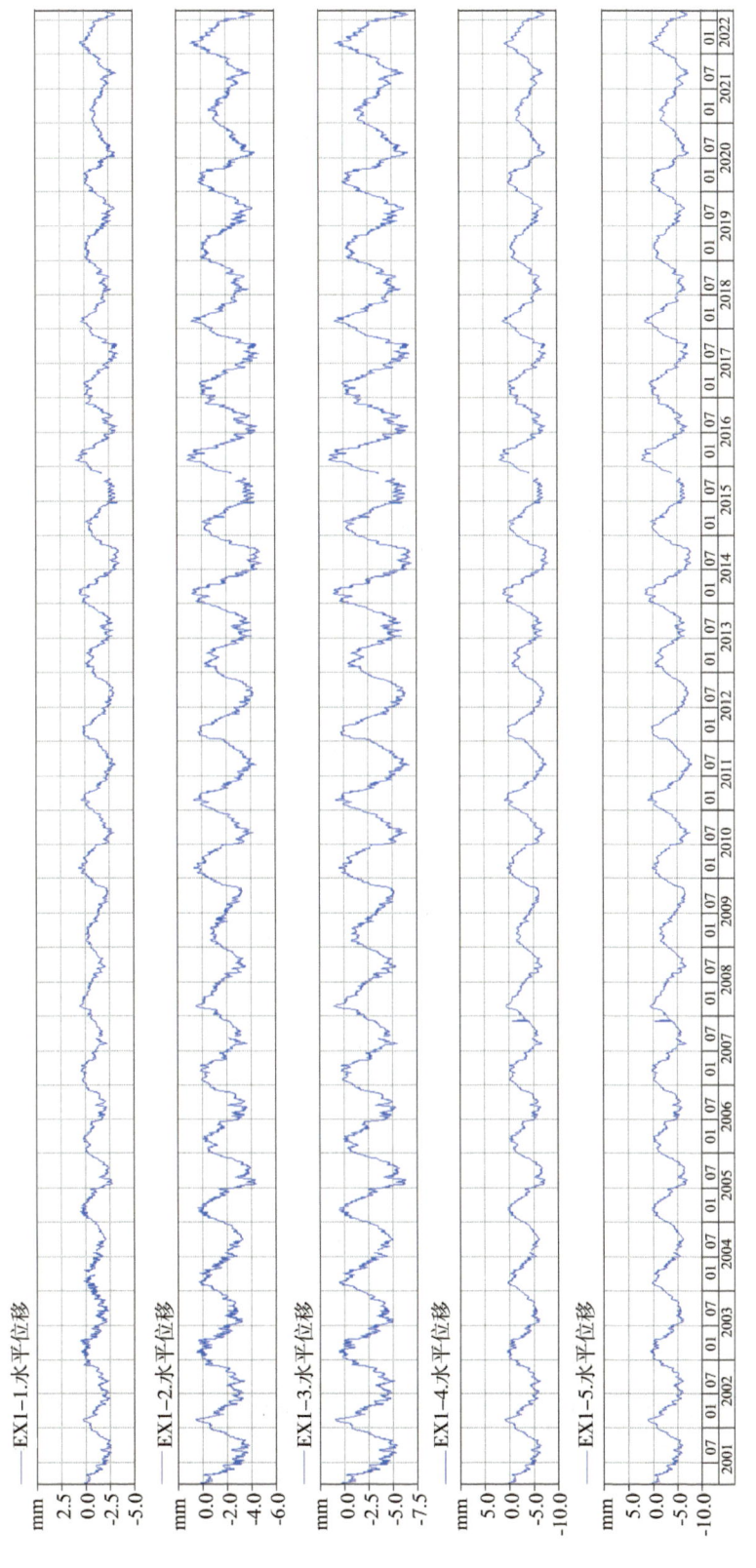

图 2-6-8　EX1-1、EX1-2、EX1-3、EX1-4、EX1-5 位移过程线图

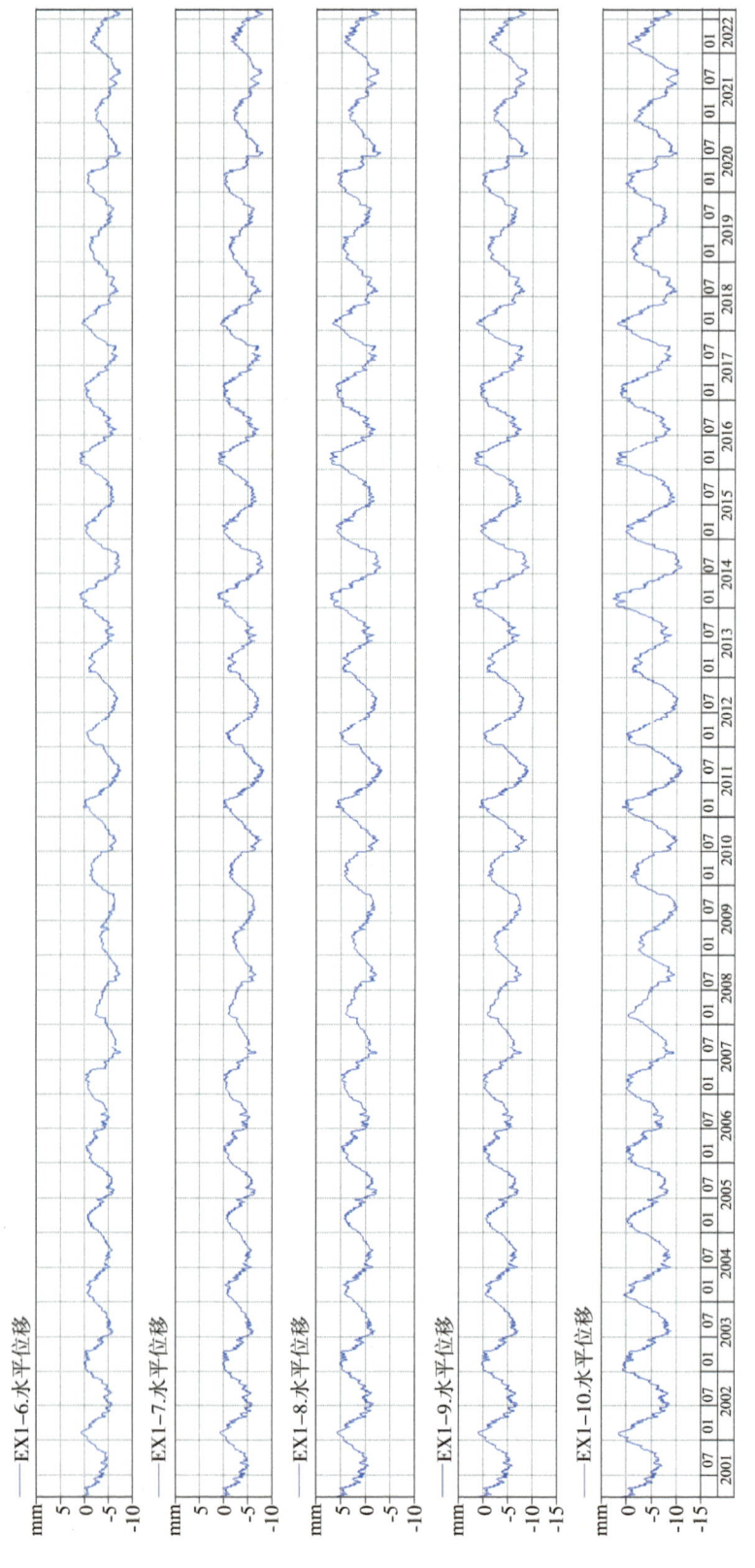

图 2-6-9 EX1-6、EX1-7、EX1-8、EX1-9、EX1-10 位移过程线图

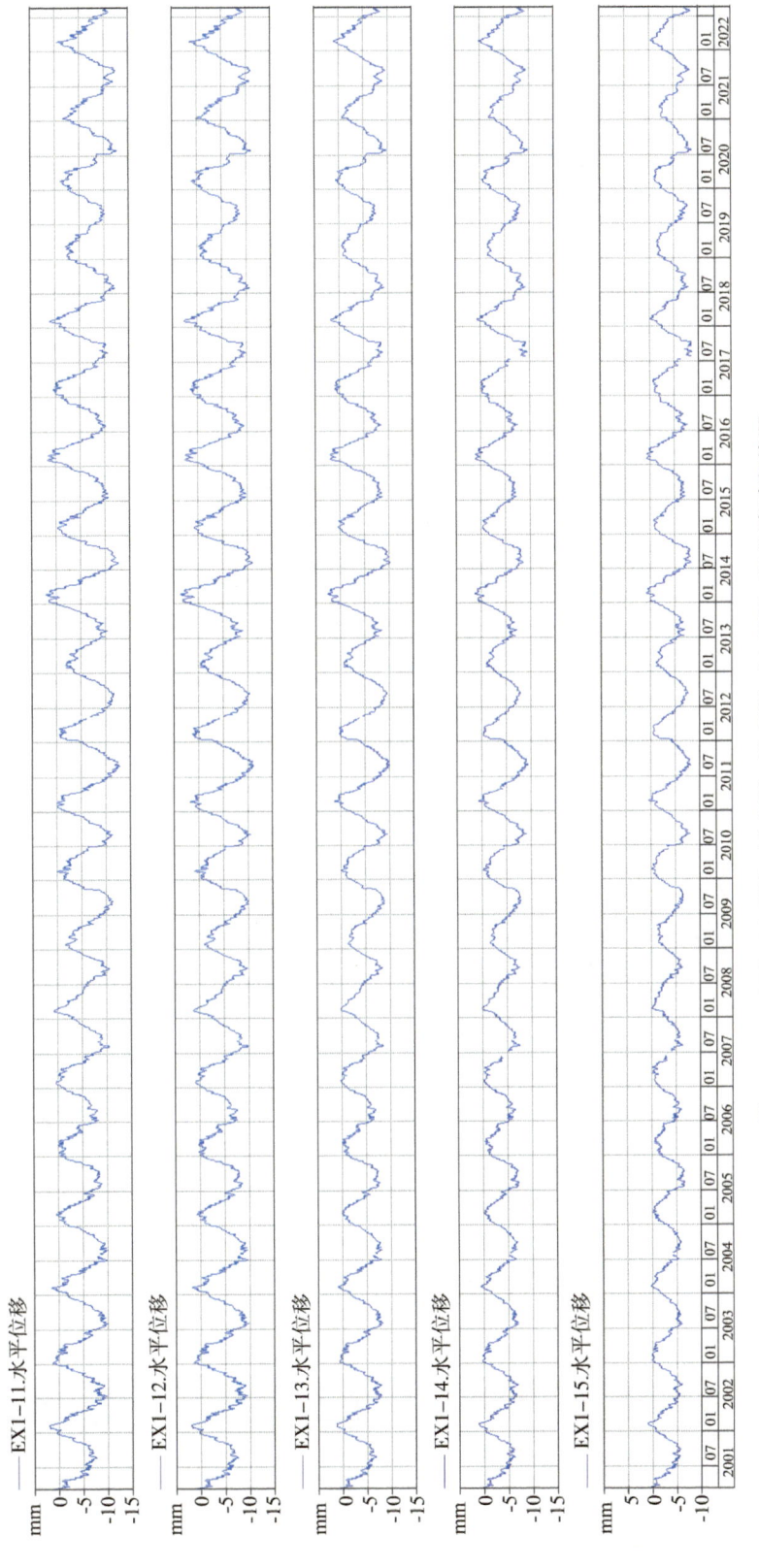

图 2-6-10 EX1-11,EX1-12,EX1-13,EX1-14,EX1-15 位移过程线图

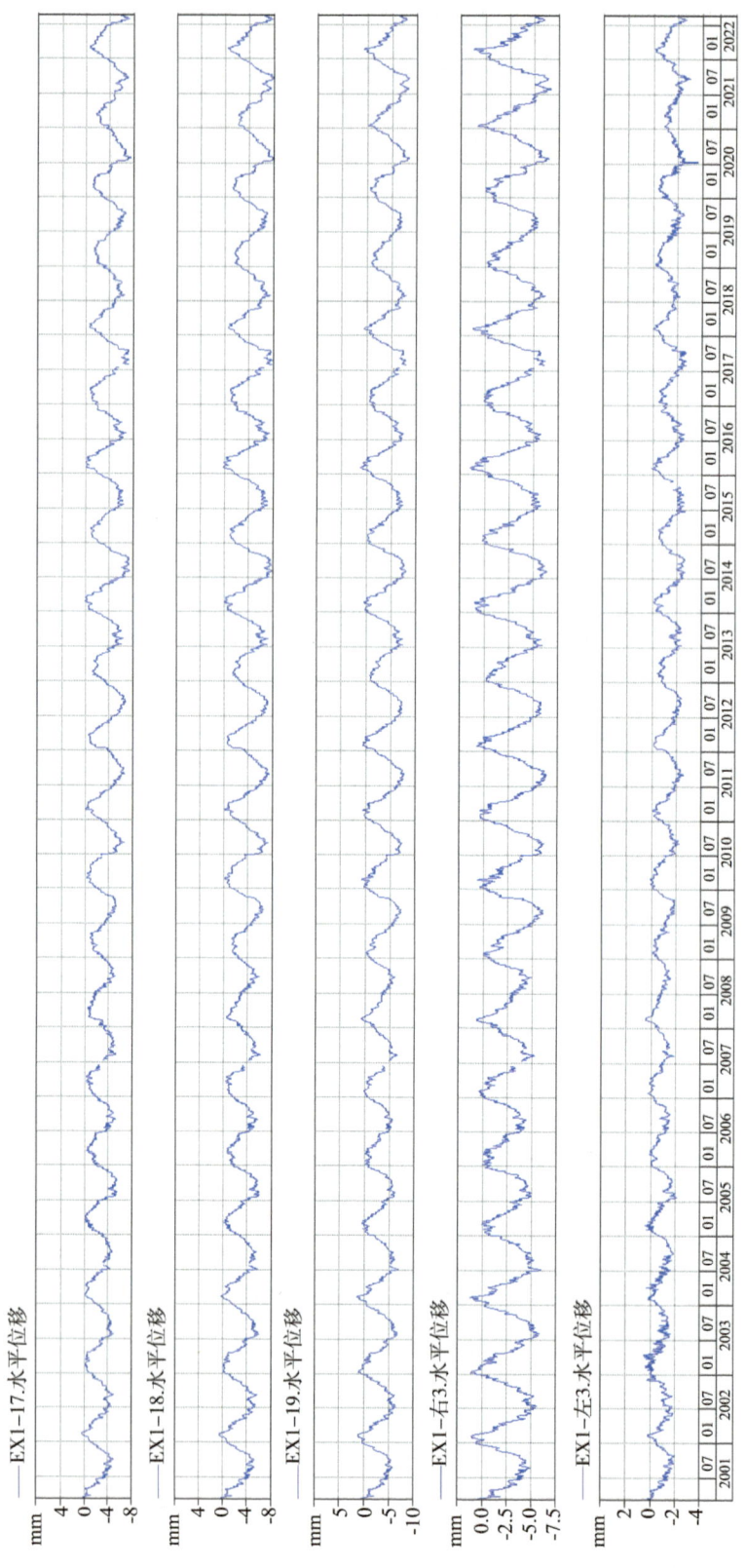

图 2-6-11　EX1-17，EX1-18，EX1-19，EX1-右3，EX1-左3 位移过程线图

2.6.2 水口水电站

2.6.2.1 工程简介

水口水电站位于福建省闽清县境内闽江干流上,上游距南平市 94 km,下游距福州市 84 km。水口水电站坝址控制流域面积 52 438 km^2,占闽江全流域面积的 86%。流域内雨量丰沛,年平均降雨量达 1 758 mm,坝址多年平均流量为 1 728 m^3/s,年径流总量 545 亿 m^3。工程以发电为主,兼有防洪、航运等综合效益。水库正常蓄水位 65 m,汛期(4~7 月)运行限制水位 61 m。电站装机容量 140 万 kW,保证出力 26 万 kW,多年平均发电量 49.5 亿 kW·h,是华东地区最大的水电站。

水口水电站属一等工程。枢纽由大坝、厂房、溢洪道和过坝建筑物组成。主要建筑物按千年一遇洪水设计,万年一遇洪水校核。拦河坝为混凝土实体重力坝,坝顶长 783 m,坝顶高程 74.0 m,最大底宽 72 m,大坝共分 42 个坝段,从左至右 1#~7# 坝段为左岸挡水坝段,8#~21# 坝段为进水口厂房坝段,23#~35# 坝段为溢流坝段,22#、36# 坝段为泄水底孔坝段,37#、38# 坝段分别为船闸和升船机坝段,39#~42# 坝段为右岸挡水坝段。厂房布置在左岸,为坝后式,主厂房全长约 301 m,宽 36 m,高 62.3 m,内安装 7 台单机容量 20 万 kW 的轴流式水轮发电机组;采用单机单管引水方式,钢管内直径 10.5 m。由于下游洪水位较高,厂房采用封闭式钢筋混凝土整体厂房结构。装配场位于厂房左端岸边。6 台 500 kV 主变压器,3 台 220 kV 主变压器,4 台联络变压器,均布置在厂坝间副厂房顶层。以 3 回 500 kV 和 6 回 220 kV 输电线路出线。过坝建筑物布置在右岸,溢洪道为河床式布置,有 12 个表孔,孔口尺寸(宽×高)15 m×22 m;2 个底孔,孔口尺寸(宽×高)5 m×8 m,位于河床右侧紧靠航运建筑物的一个坝段内,进口底高程 25 m,出口消能方式采用挑流。船闸为 3 级,每级闸室长 160 m,宽 12 m,吃水深 3.0 m。升船机布置在船闸右边,船厢有效尺寸为长 124 m、宽 12 m、水深 2.5 m。

水口大坝观测系统包括大坝、船闸、升船机、厂房、引水钢管、高边坡等处多种监测设施,主要项目有:变形监测(包括水平和垂直位移、挠度等)、渗流监测、渗压监测、接缝监测、应力应变温度监测、强震监测、温度和水位监测等。

水口水电站主体工程于 1987 年 3 月 9 日开工。1993 年 8 月,第一台机组投产发电,1996 年 12 月,七台机组并网运行。

2.6.2.2 实测资料简析

水口工程(包括船闸部分)共安装电容式垂线坐标仪 43 台,电容式三向测缝计(尺寸缩小的电容式三向垂线坐标仪)12 台。坝顶共安装 4 条引张线,EX0—EX39-1,共安装电容式引张线仪 41 台,分别由两端 2 条倒垂线 IPL-1、IPR-1 安装电容式垂线坐标仪提供两个水平位移基准点;中间有 3 条正倒垂线组合,PL8-1,IP8-1,PL23-2,IP23-1 及 PL32-1,IP32-1 提供三个水平位移基准点。基础廊道 1 条引张线,安装 EX54—EX61 共 7 台引张线仪,由 IP23-2 和 IP32-2 提供两个水平位移基准点;基础廊道 1 条引张线安装 EX40—EX53 共 13 台引张线仪，由 IP8-1、IP23-1 两条倒垂线上安装的 2 台垂线坐标仪提供水平位移基准点。以上 6 条引张线共安装了引张线仪 62 台及基准点垂线坐标仪 10 台。水口引张线测量系统经历了从 SRB 集中式数据采集系统、DAU 分布式数据采集系统，到最新型的智能分布式数据采集系统，从 1996 年 7 月至今，仪器系统正常运行 26 年，为大坝安全运行提供了宝贵的监测资料。

水口工程有 8 条正倒垂，安装电容式坐标仪 43 台，6 条引张线装置，安装引张线仪 62 台，电容式三向测缝计（尺寸缩小的电容式坐标仪）12 台，加上静力水准仪、双金属标电容式位移计、电容式量水堰仪等共 50 台，水口工程共安装电容式仪器 167 台套。电容式仪器在水口这样一座属一等水电工程的大型混凝土重力坝中，长期无故障稳定可靠运行 26 年，也创该领域的历史记录。

因篇幅有限，现仅从考核电容式仪器核心技术出发，考证电容式仪器抗潮湿性能，列出 6 条引张线中处于极潮湿环境、条件最差的基础廊道的一条引张线 EX40—EX53 的 20 年监测资料（如图 2-6-13 至图 2-6-16 所示），实测过程线充分显示出了电容式仪器在恶劣的潮湿环境下稳定可靠运行二十年的特性。

2.6.3 大化水电站

2.6.3.1 工程简介

大化水电站位于珠江水系西江干流红水河中游、广西壮族自治区大化县，南距南宁市约 100 km，是南盘江红水河水电基地 10 级开发的第六个梯级，上游是岩滩水电站，下临百龙滩水电站。大化水电站以发电为主，兼有航运、灌溉等效益。电站近期装机容量 40 万 kW，保证出力 10.68 万 kW，多年平均发电量 21.06 亿 kW·h。上游天生桥、龙滩等梯级建成后，扩建左岸厂房，增加装机 20 万 kW，最终装机达 60 万 kW，保证出力 34.3 万 kW，多年平均发电量 33.19 亿 kW·h。

坝址基岩主要为三叠系薄层泥岩、灰岩互层，岩性软弱，结构挤压强烈，平缓断层发育，工程地质条件较复杂。

枢纽建筑物由混凝土重力坝和左右岸土坝、混凝土溢流坝、河床式厂房、升船机等组成。坝线全长 1 166 m，坝顶高程 174.5 m。溢流坝布置在河床左侧深河槽部分，长 228.4 m，设有 13 孔开敞式溢流孔，孔口宽 14 m，高 14 m。

2#～7# 坝段坝基有倾向上游（倾角 13°）厚 1～6 cm 的软弱夹层，在坝踵处开挖 10 m 深齿槽回填混凝土，在上游铺以 3 m 的混凝土铺盖。

通航建筑物布置在右岸台地上，由上游引航道、挡水坝段、中间通航渠道、升船机和下游引航道组成。航道全长 1 266.88 m。采用卷扬升降平衡重式垂直升船机，标准船尺寸为 37 m×9.33 m×1.27 m（长×宽×吃水深），最大升程 36.6 m。设计年货运量 390 万 t，最大通航船只为 250 t。

工程于 1975 年 10 月开工，1983 年 12 月第一台机组发电，1986 年底竣工。

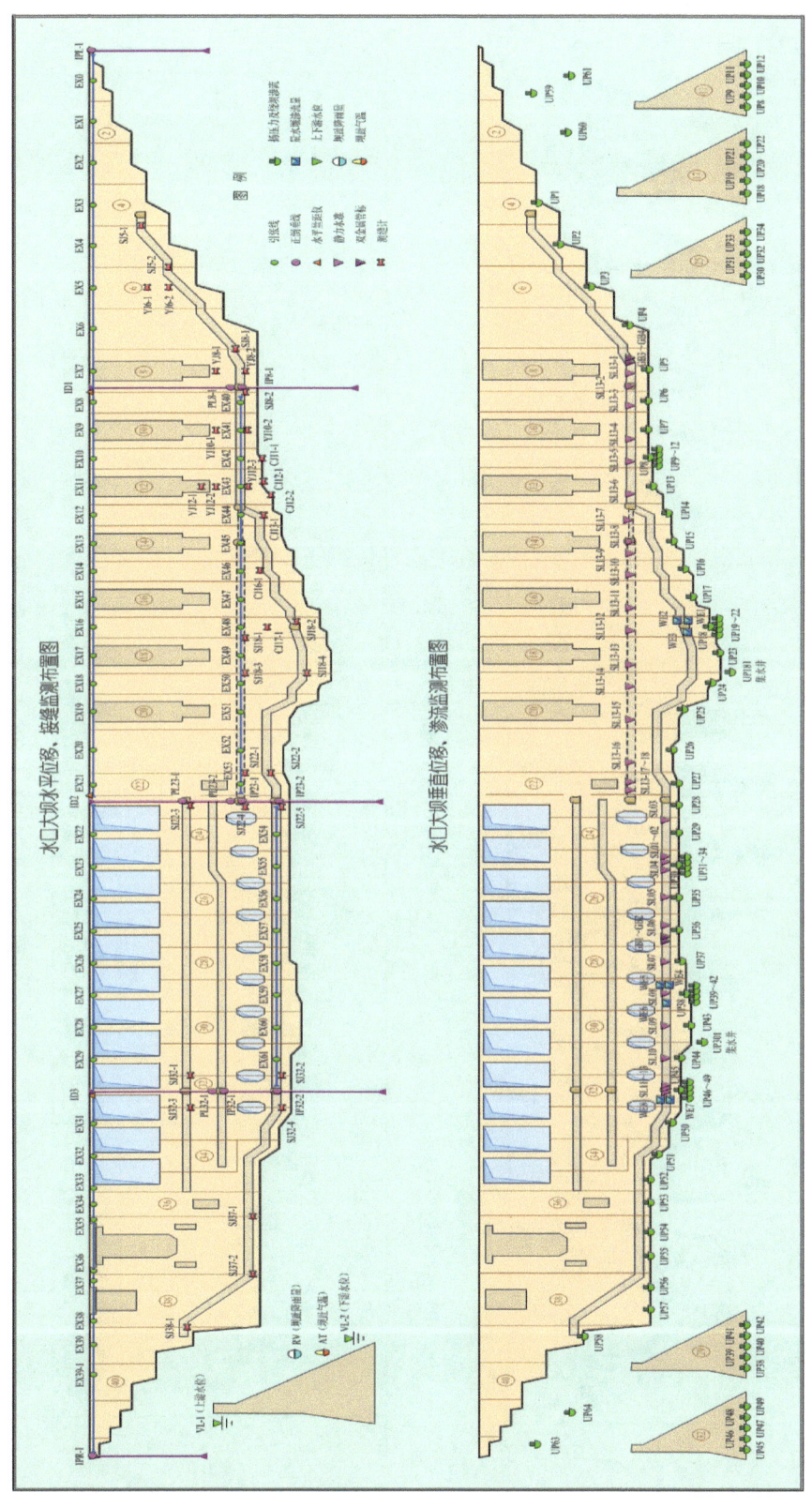

图 2-6-12 水口大坝水平位移、垂直位移、接缝、渗流监测布置图

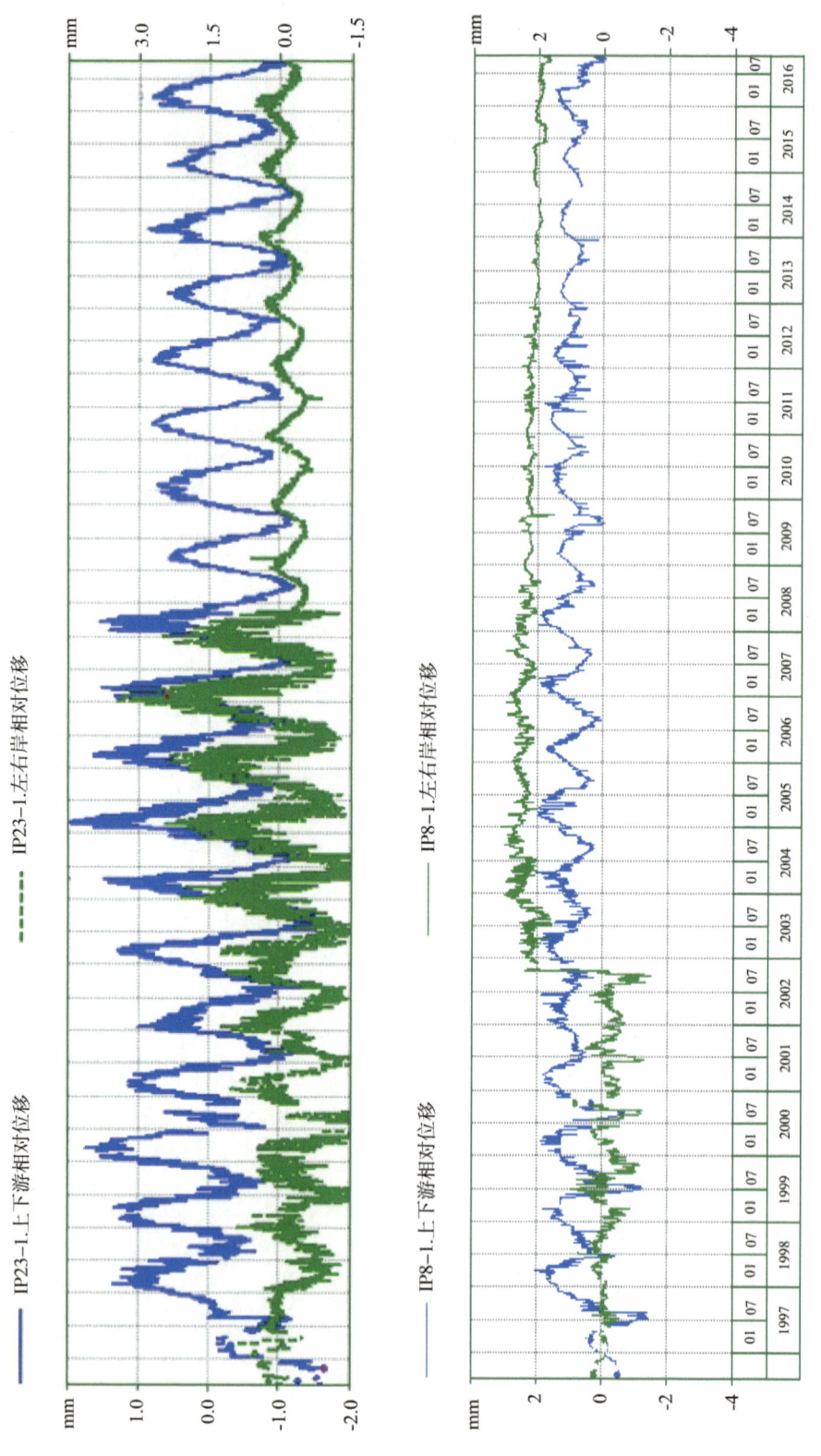

图 2-6-13 IP23-1, IP8-1 位移过程线图

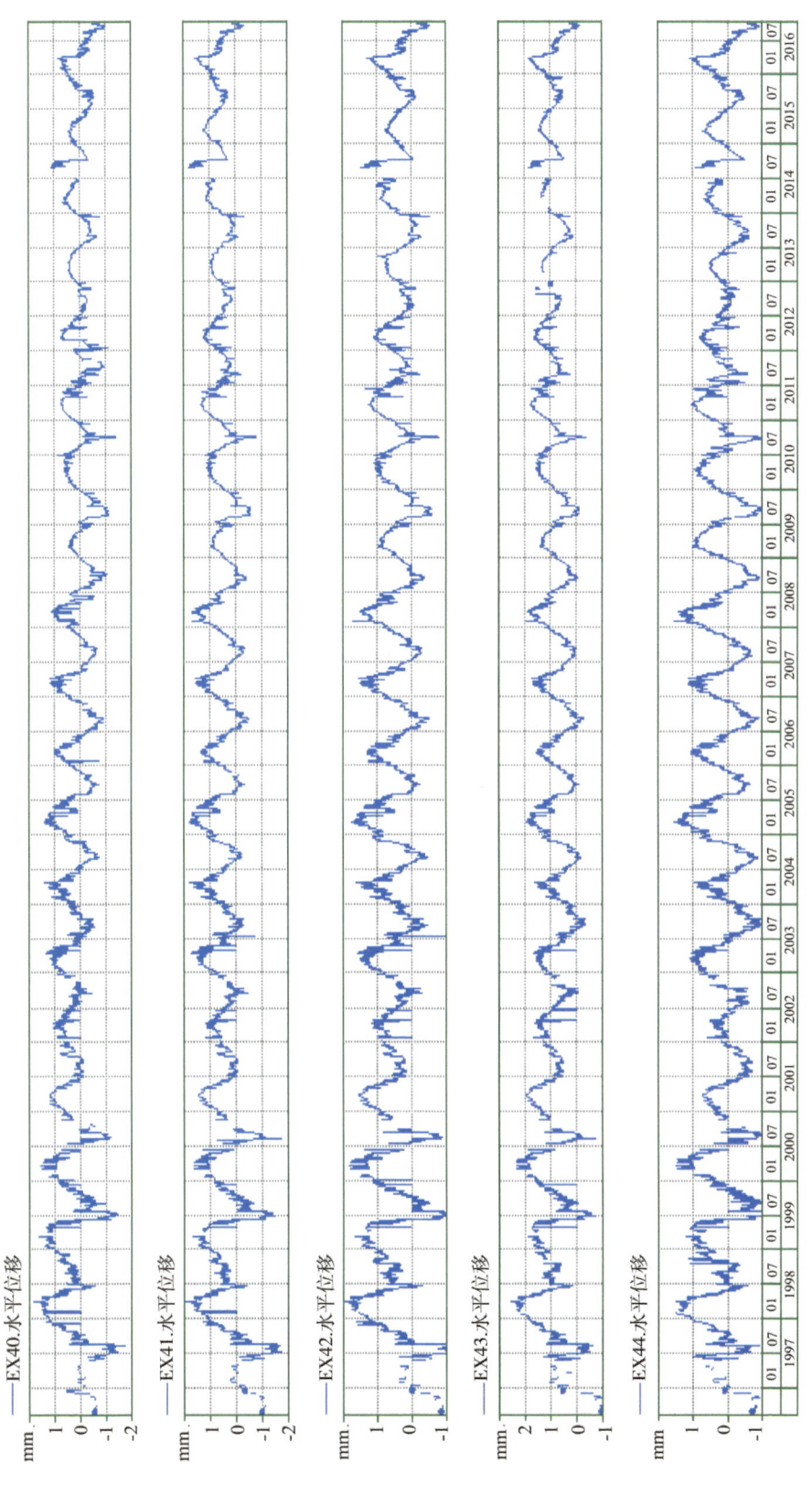

图 2-6-14　EX40、EX41、EX42、EX43、EX44 位移过程线图

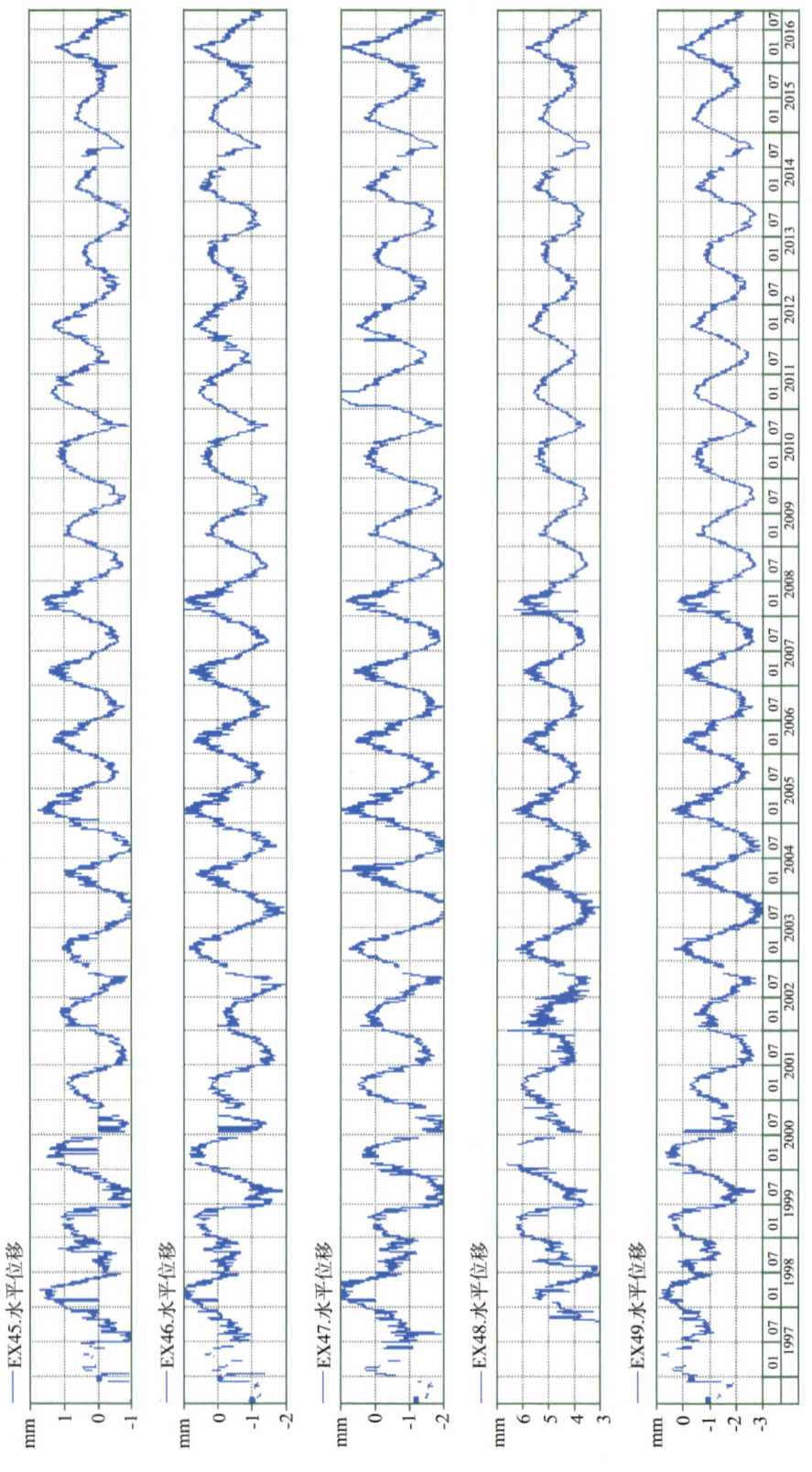

图 2-6-15　EX45、EX46、EX47、EX48、EX49 位移过程线图

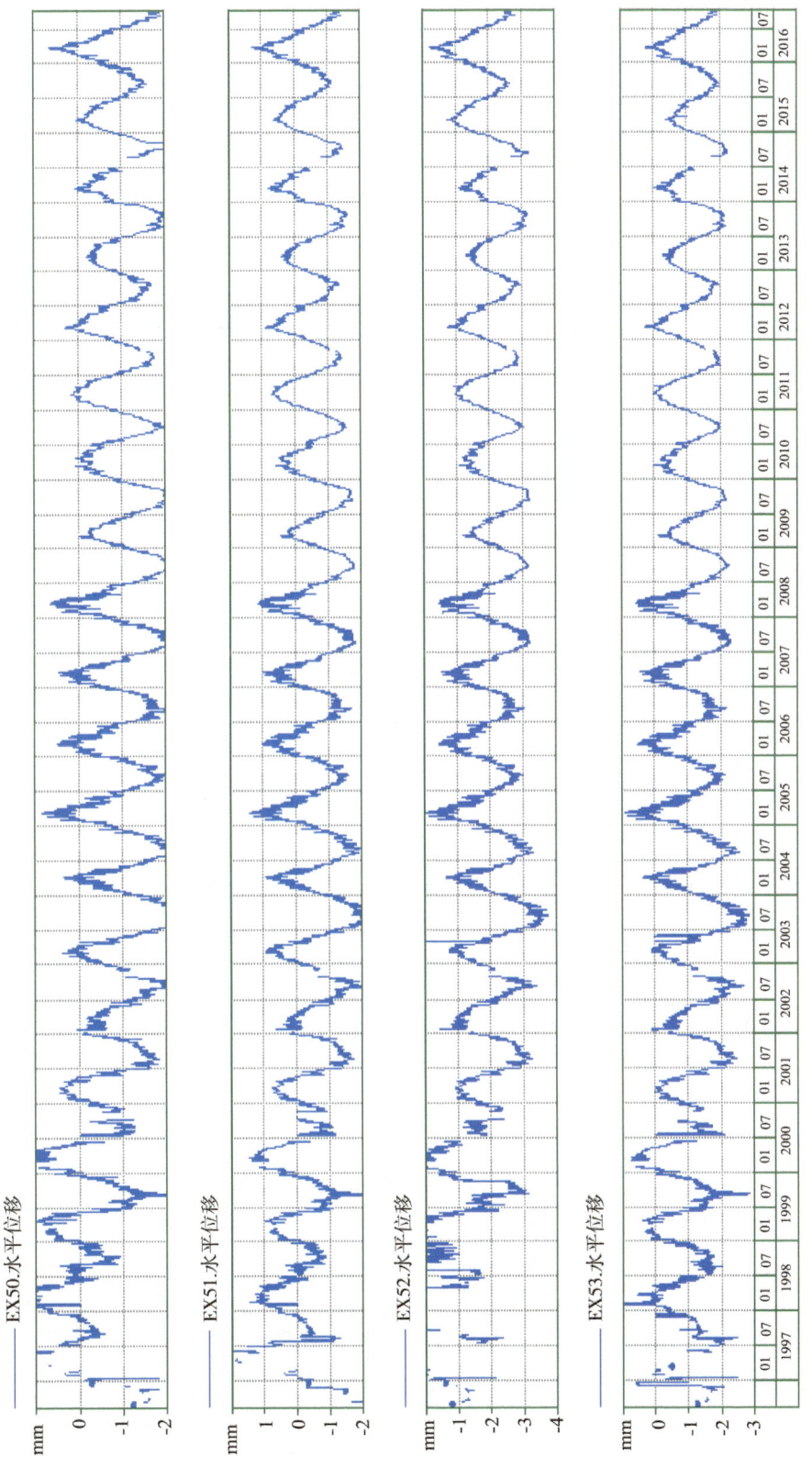

图 2-6-16 EX50,EX51,EX52,EX53 位移过程线图

2.6.3.2 实测资料简析

大化水电站大坝安装电容式垂线坐标仪 16 台(正垂线 5 台,倒垂线 11 台);坝顶 2 条引张线,安装电容式引张线仪 23 台;坝基 1 条引张线安装电容式引张线仪 9 台。仪器布置如图 2-6-17 所示。

所有仪器测量数据都反映了大坝周期性变形规律。限于篇幅,仅取坝体湿度最大的部位坝基的一条引张线的实测数据,该条基础引张线从安装至今已正常运行 17 年。

由实测过程线可看出,长达 11 年的测值序列,其年变幅仅 0.2~0.4 mm。9 台引张线在 17 年测量中,其中 3 台仪器的位移量变化不超过 0.2 mm,5 台为 0.3 mm,1 台为 0.4 mm。实测过程线呈现较平顺的周期性变化规律,表明电容式仪器不仅精度很高(达 0.01 mm),且在基础廊道极潮湿的恶劣环境下,稳定可靠运行长达 17 年,充分显示出电容式仪器具有精度高、适应于高湿度等恶劣环境长期稳定可靠运行的优良特性,也是在国内外同类仪器中,在极潮湿环境下能长期可靠测量这一核心技术唯一过关的产品。大化基础廊道引张线水平位移测量创造了大型混凝土结构建筑物在高潮湿恶劣环境下,能精确、可靠、长期测量极小变形的奇迹。

电容式垂线坐标仪、引张线仪在高湿度的廊道内连续 17 年稳定测出年变幅 0.2~0.4 mm 的位移值,准确给出坝体变形规律,说明电容式仪器具有零漂移特性和长期测量精确可靠的优异特性。而对其他类型的自动化监测仪器来说,0.2~0.4 mm 仅为它的漂移值范围和精度等级。

2.6.4 龙羊峡水电站

2.6.4.1 工程简介

龙羊峡水电站位于青海省共和县与贵南县交界处的黄河干流上游龙羊峡入口,是以发电为主,兼有防洪、灌溉、防汛、渔业、旅游等综合功能的大型水利枢纽。龙羊峡水电站是黄河上游第一梯级水电站,故有"龙头电站"之称。从龙羊峡至青铜峡 900 km 的黄河上,落差达 1 324 m,可修建 13 座梯级电站。龙羊峡水电站由大坝、泄水建筑物及坝后式厂房等组成。电站总装机容量 128 万 kW(安装 4 台 32 万 kW 水轮发电机组),保证出力 58.9 万 kW,多年平均发电量 59.42 亿 kW·h。

坝址有 10 条大断层,为此进行了大规模的处理工作。坝基处理的主要措施有:调整拱坝体形,使坝肩向两岸适当深嵌,避开坝肩被断裂割切的不利影响,并使拱端推力方向与可能滑移面近于正交;对近坝断层采用网格式混凝土置换洞塞;对较宽的断层及其交汇带采用混凝土传力洞塞和传力槽塞,传力洞断面直径达 60 m;在 F73 断层上,设置网格式混凝土抗剪洞塞;对断层周围岩石和近坝未经置换处理的断层进行高压固结灌浆;对两岸局部不稳定岩体,采用抗剪洞塞、预应力锚索、锚桩、锚杆、表面衬护、排水等方法加固;坝基防渗帷幕和排水幕延伸至两岸深部并在坝前用混凝土封堵、高压固结灌浆、化学灌浆等方法拦截渗流。帷幕灌浆孔为 2 排,谷底孔深 80 m,左岸孔深 160 m。

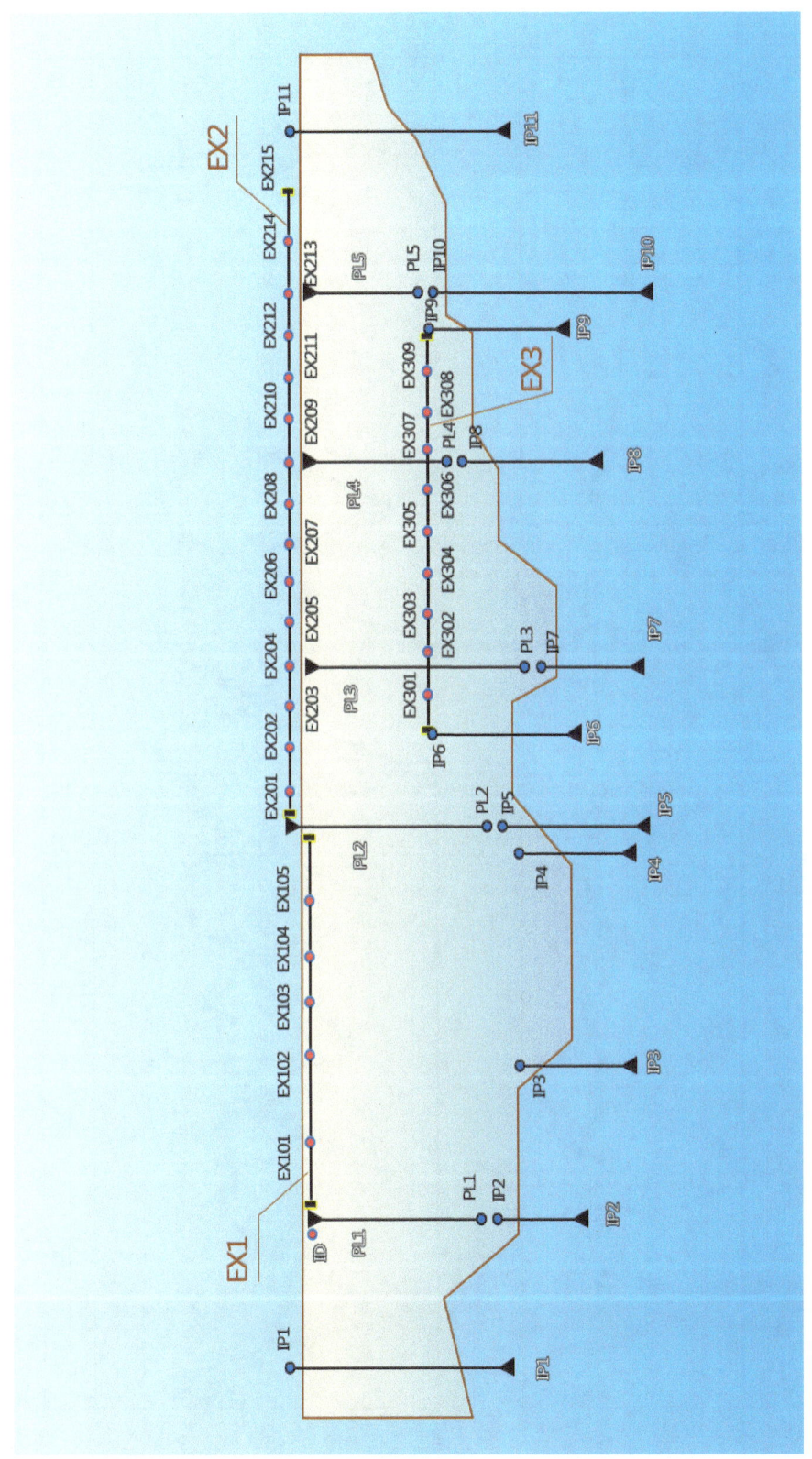

图 2-6-17　大化水电站大坝引张线和端点垂线自动化仪器布置图

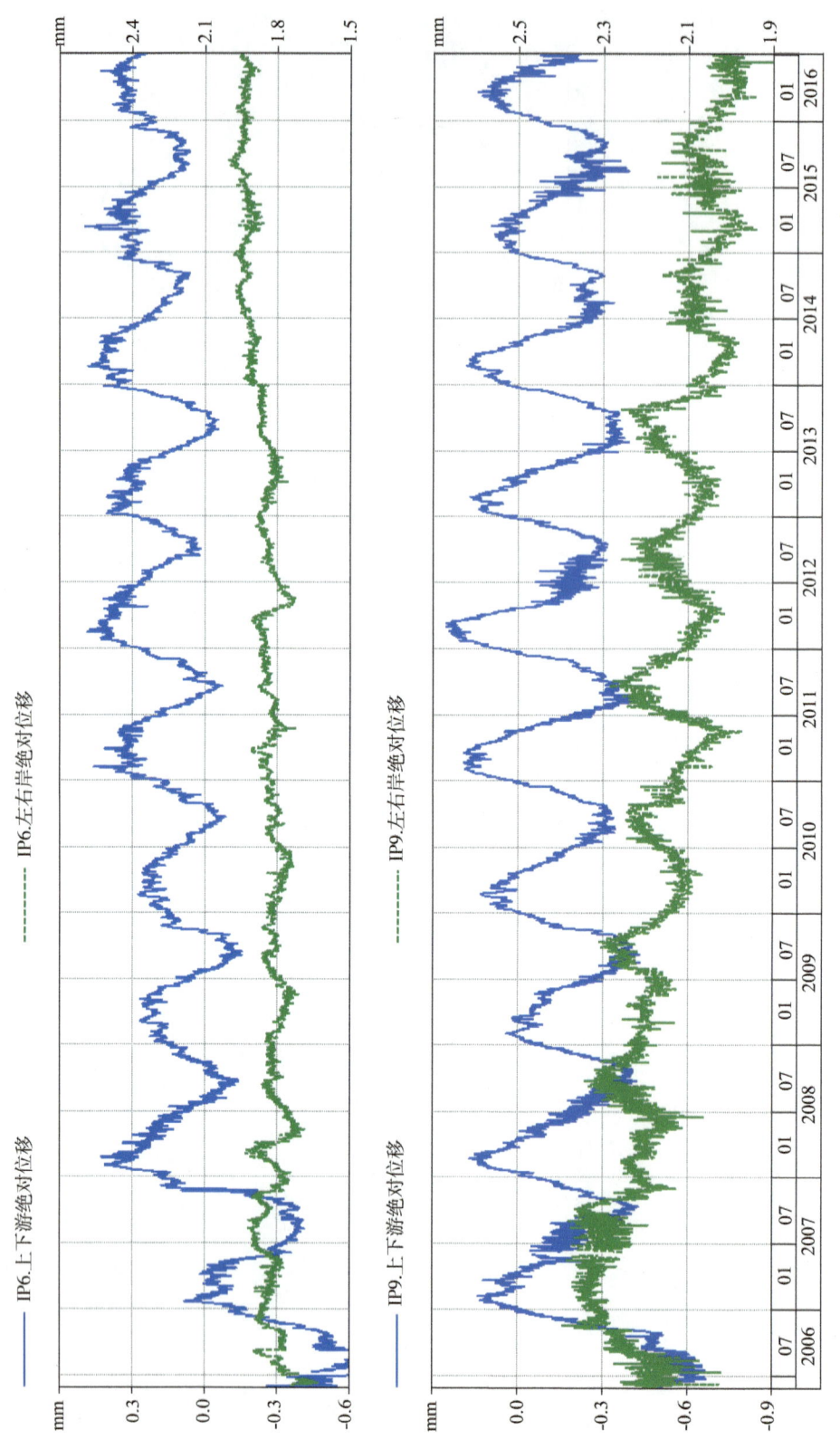

图 2-6-18 IP6、IP9 位移过程线图

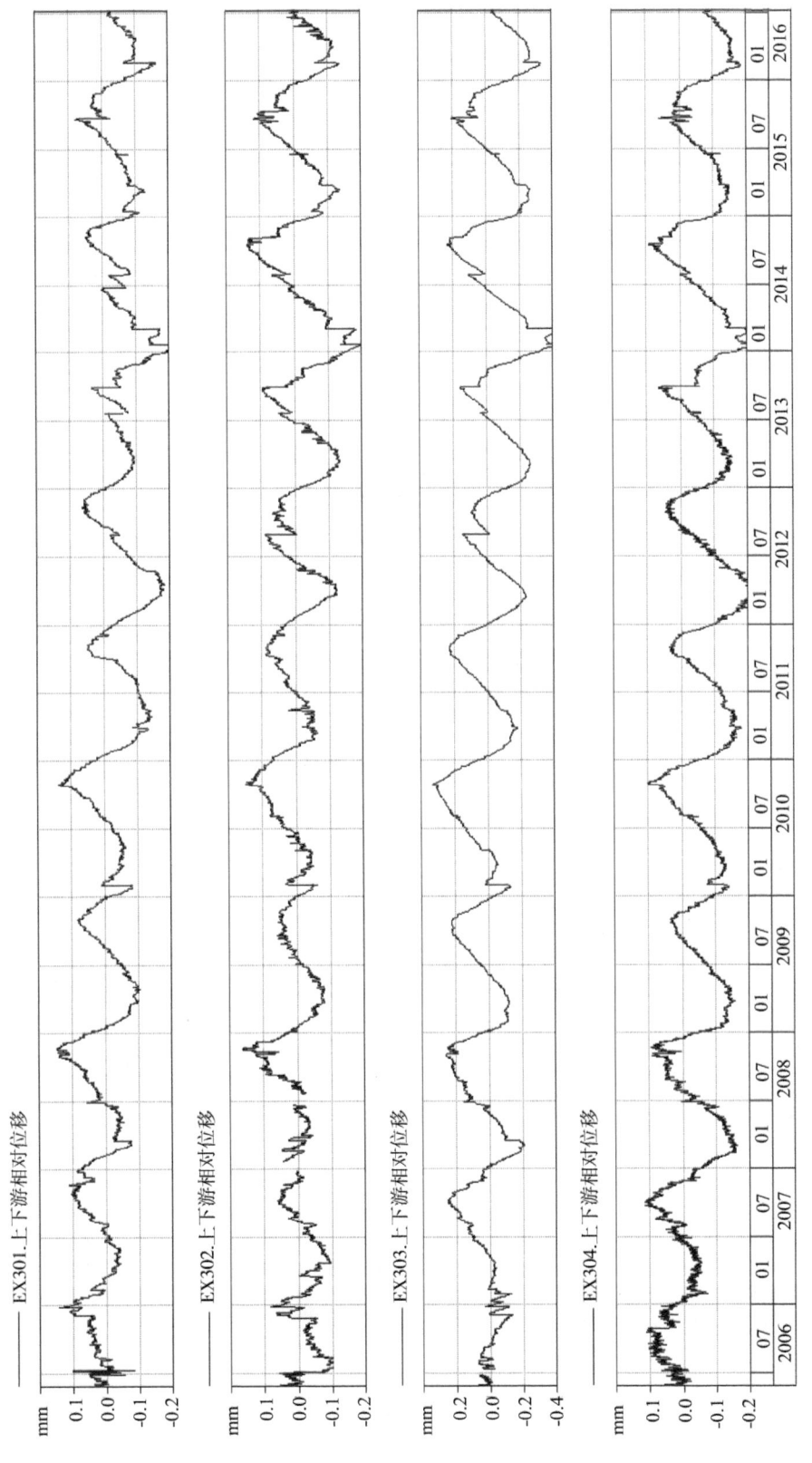

图 2-6-19 EX301、EX302、EX303、EX304 位移过程线图

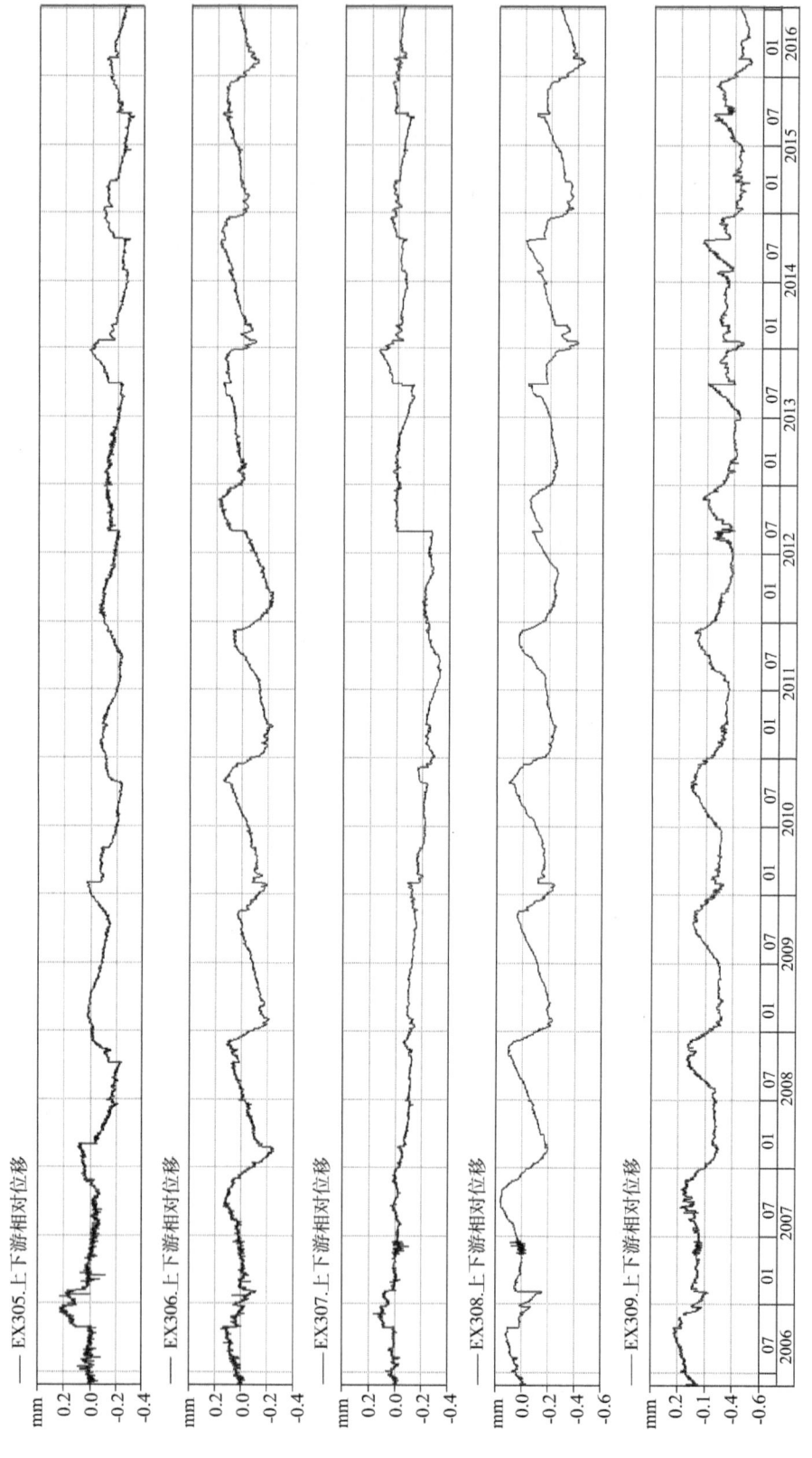

图 2-6-20 EX305、EX306、EX307、EX308、EX309 位移过程线图

挡水建筑物包括混凝土重力拱坝、重力墩和副坝，前沿总长 1 277 m。主坝长 396 m，坝顶高程 2 610 m，最大中心角 85°02′39″，外半径 265 m，拱冠断面坝顶厚 15 m，坝底厚 80 m，厚高比 0.45，弧高比 2.21，坝体混凝土工程量约 157 万 m³。主坝共分 18 个坝段，设纵缝和横缝。右岸重力墩长 103.35 m，左岸重力墩长 57.18 m。左右岸副坝 2 座，坝顶宽 7 m，总长约 700 m。

泄水建筑物有溢洪道、中孔、深孔及底孔 4 层。右岸泄槽式溢洪道，设 2 个表孔，进口布置于右副坝上，由引水渠、溢流堰、明渠泄槽（水平与陡坡段）及挑流鼻坎等组成。堰顶高程 2 585.5 m，设有滑动平面闸门与弧形闸门，孔口尺寸分别为 12 m×14.5 m 和 12 m×17 m（宽×高），最大泄流量 4 493 m。差动式对称曲面贴角窄缝鼻坎挑流消能。

左岸中孔泄水道位于主坝 6 号坝段，由坝内压力段、坝后弧门闸室段、明槽段及尾坎组成。进口底坎高程 2 540 m，事故检修平板闸门与弧门孔口尺寸分别为 8 m×11 m 和 8 m×9 m（宽×高），最大泄洪量 2 203 m³/s。采用扩散斜扭鼻坎挑流消能。深孔及底孔泄水道分别位于右岸主坝 12 号和 11 号坝段内，呈非径向布置，由坝内压力段、坝后弧门闸室段、明槽段及尾坎组成。进口底坎高程分别为 2 505 m 和 2 480 m，弧门孔口尺寸均为 5 m×7 m（宽×高），最大泄流量分别为 1 340 m³/s 和 1 498 m³/s。深孔采用扩散加小挑坎斜扭鼻坎挑流消能，底孔采用曲面贴角斜鼻坎挑流消能。底孔弧形闸门，工作水头 120 m，支座最大推力 62 978 kN，支承结构采用预应力混凝土。各泄水建筑物均设有掺气设施：深底孔偏心铰弧门后侧墙突扩 60 cm，底板突跌分别为 1.5 m 和 2.0 m；下游另设 2 道掺气槽。

厂房为坝后地下混合式厂房，位于大坝下游约 60～70 m 处。采用坝内压力钢管引水，钢管内径 7.5 m，管壁厚 20～40 mm。主厂房内设 4 台单机容量 32 万 kW 的混流式水轮机发电组。水轮机转轮直径 6 m，转速 125 r/min，额定出力 32.56 万 kW，最高效率 93%，设计点效率 91.5%。水轮发电机为半伞空冷式，额定电压 15.75 kV，额定容量 355.6 MVA，额定功率因数 0.9。采用发电机-变压器组单元接线。电站设计水头 122 m，最大水头 149 m，最小水头 111 m。

工程于 1978 年 7 月开工，1979 年 12 月截流，1986 年 10 月 15 日开始蓄水，1987 年 9 月底第一台机组发电，1990 年主坝封拱高程至 2 610 m，1992 年全部机组投运。

2.6.4.2 实测资料简析

龙羊峡大坝垂线自动化监测系统中共安装垂线坐标仪 42 台，其中电容感应式坐标仪共 27 台，法国 Telemac 公司的电磁感应式坐标仪 15 台。本节列出大坝拱冠、左 1/4 拱、右 1/4 拱处的电容式坐标仪从 2000 年到 2016 年间的实测数据。电容式垂线坐标仪在高拱坝的高湿度等恶劣环境下，测量长期稳定可靠，准确给出了大坝变形随温度、水位的变化规律，为龙羊峡大坝安全稳定运行提供了宝贵资料。

笔者 1983 年去欧洲考查，欧共体赠送 3 台法国 Telemac 公司的垂线坐标仪，南瑞公司当时给龙羊峡 2 台坐标仪安装，后来龙羊峡电厂自行购买了 13 台 Telemac 垂线坐标

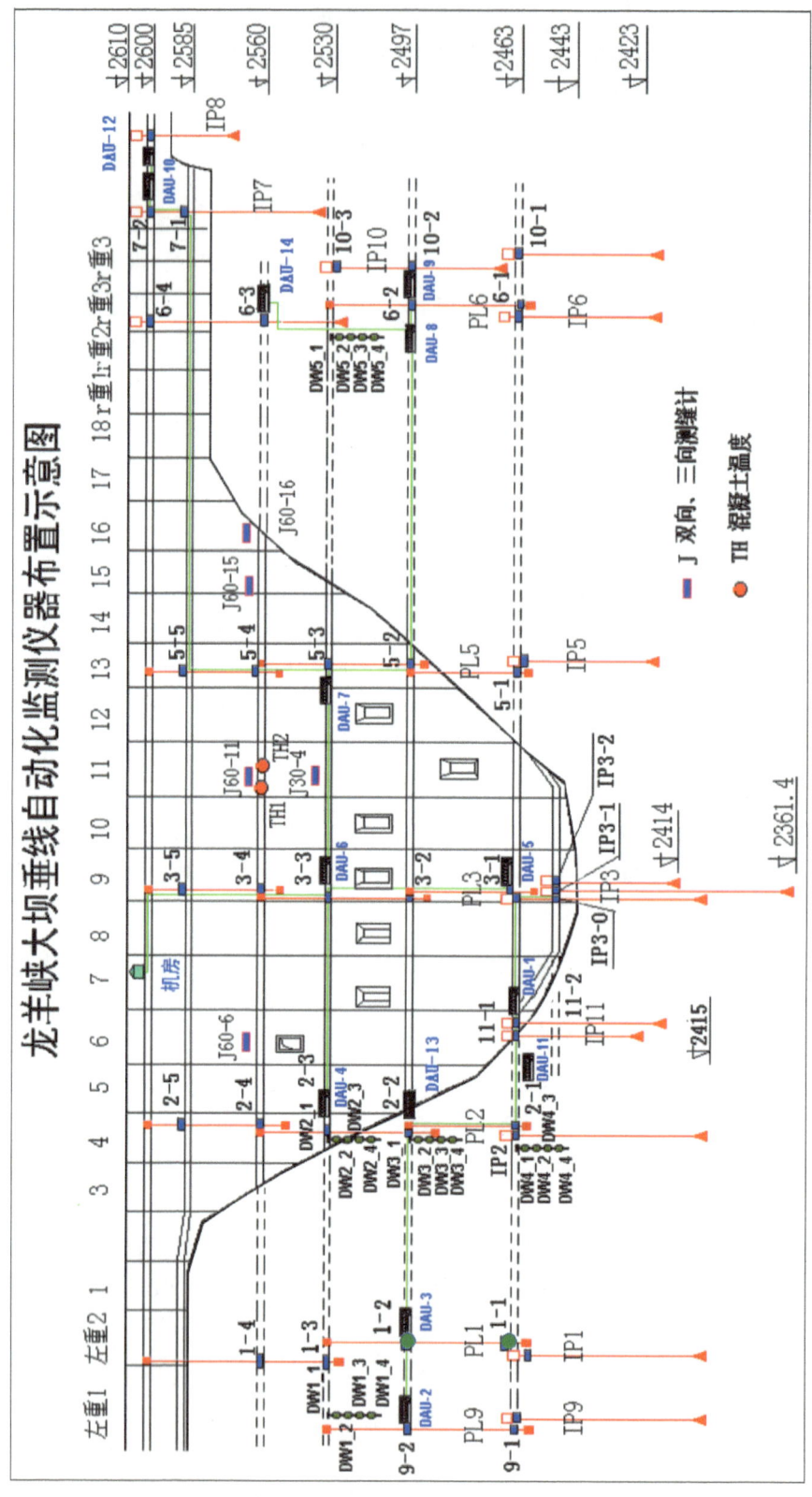

图 2-6-21 龙羊峡大坝垂线自动化监测仪器布置示意图

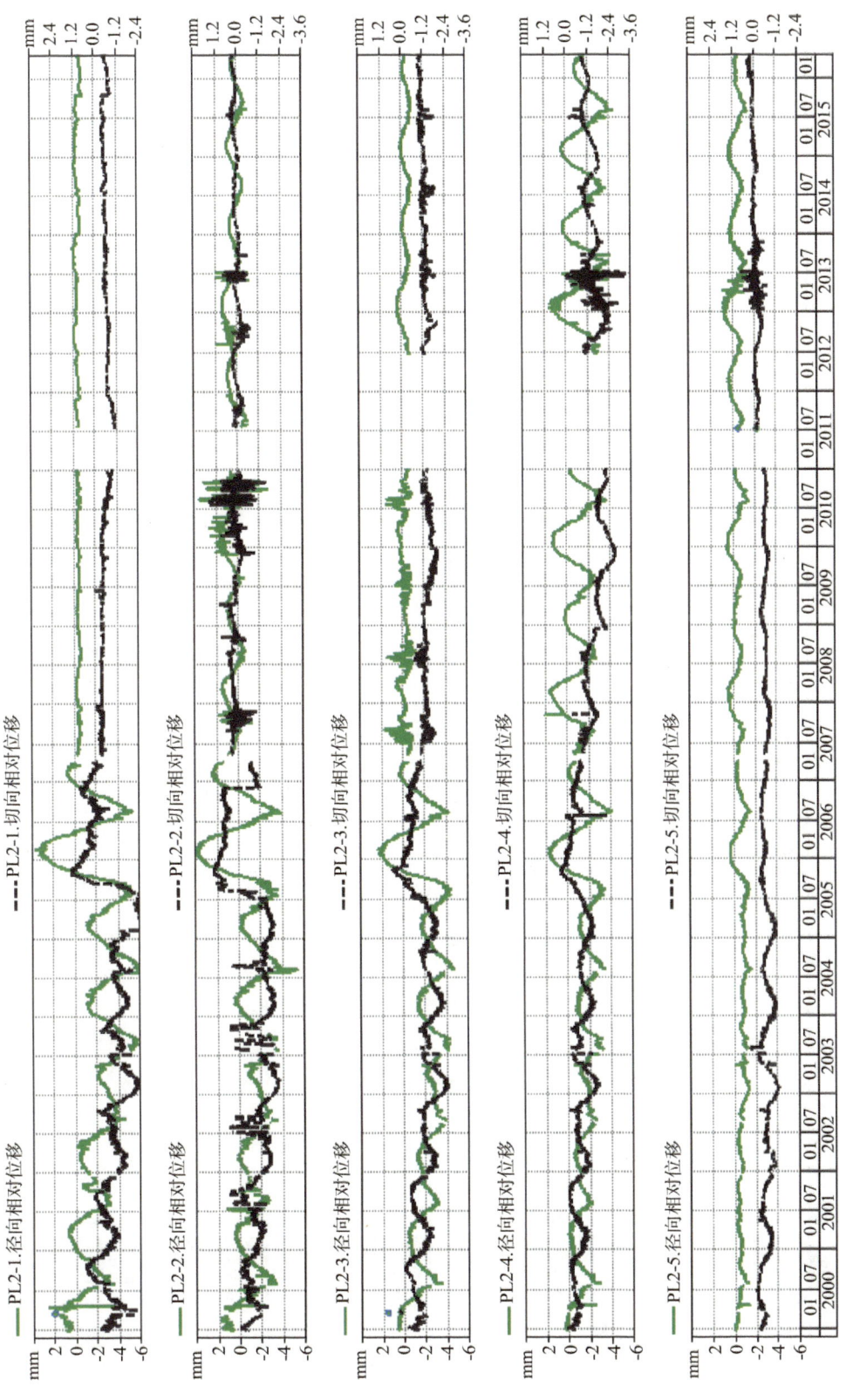

图 2-6-22 PL2-1、PL2-2、PL2-3、PL2-4、PL2-5 位移过程线图

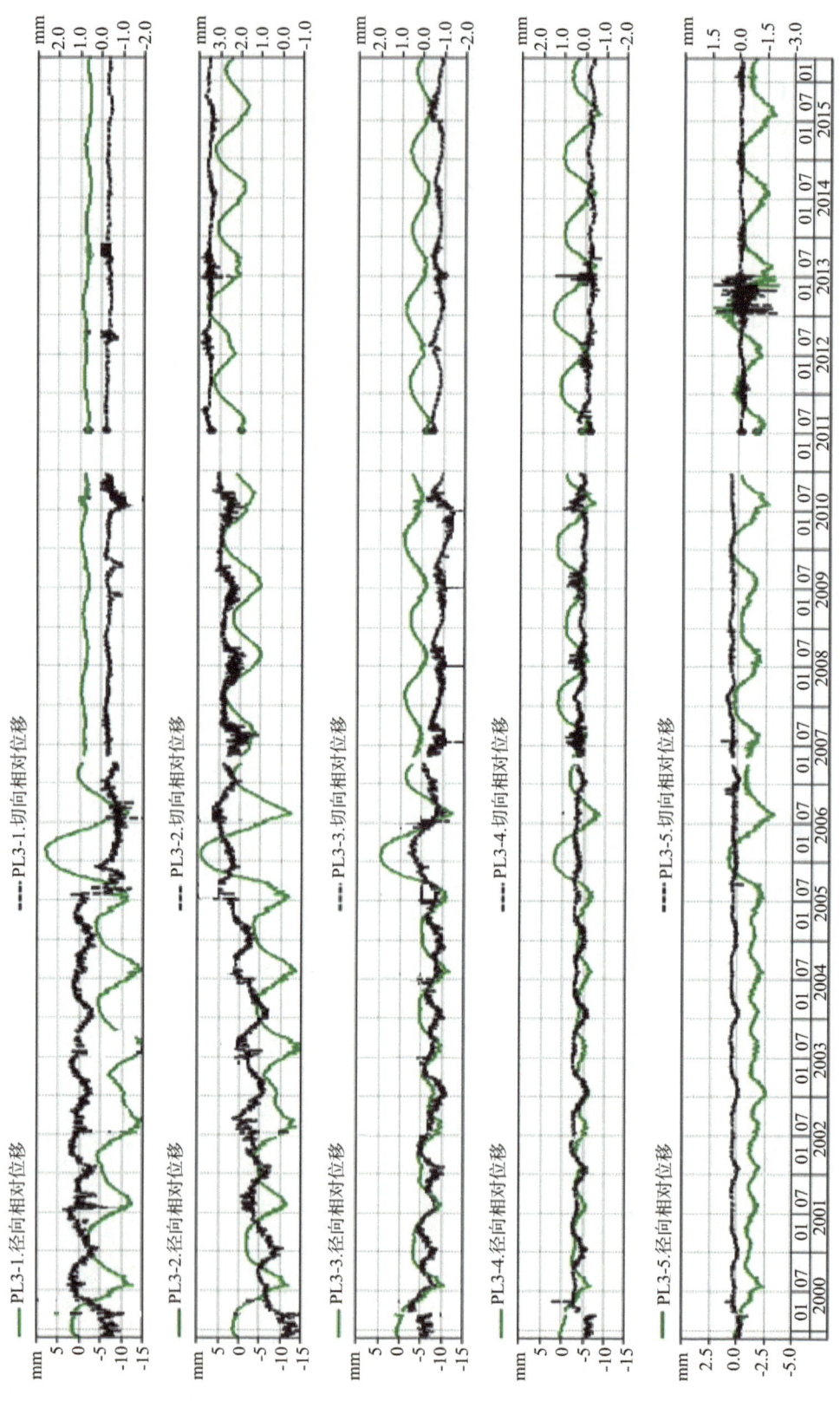

图 2-6-23 PL3-1, PL3-2, PL3-3, PL3-4, PL3-5 位移过程线图

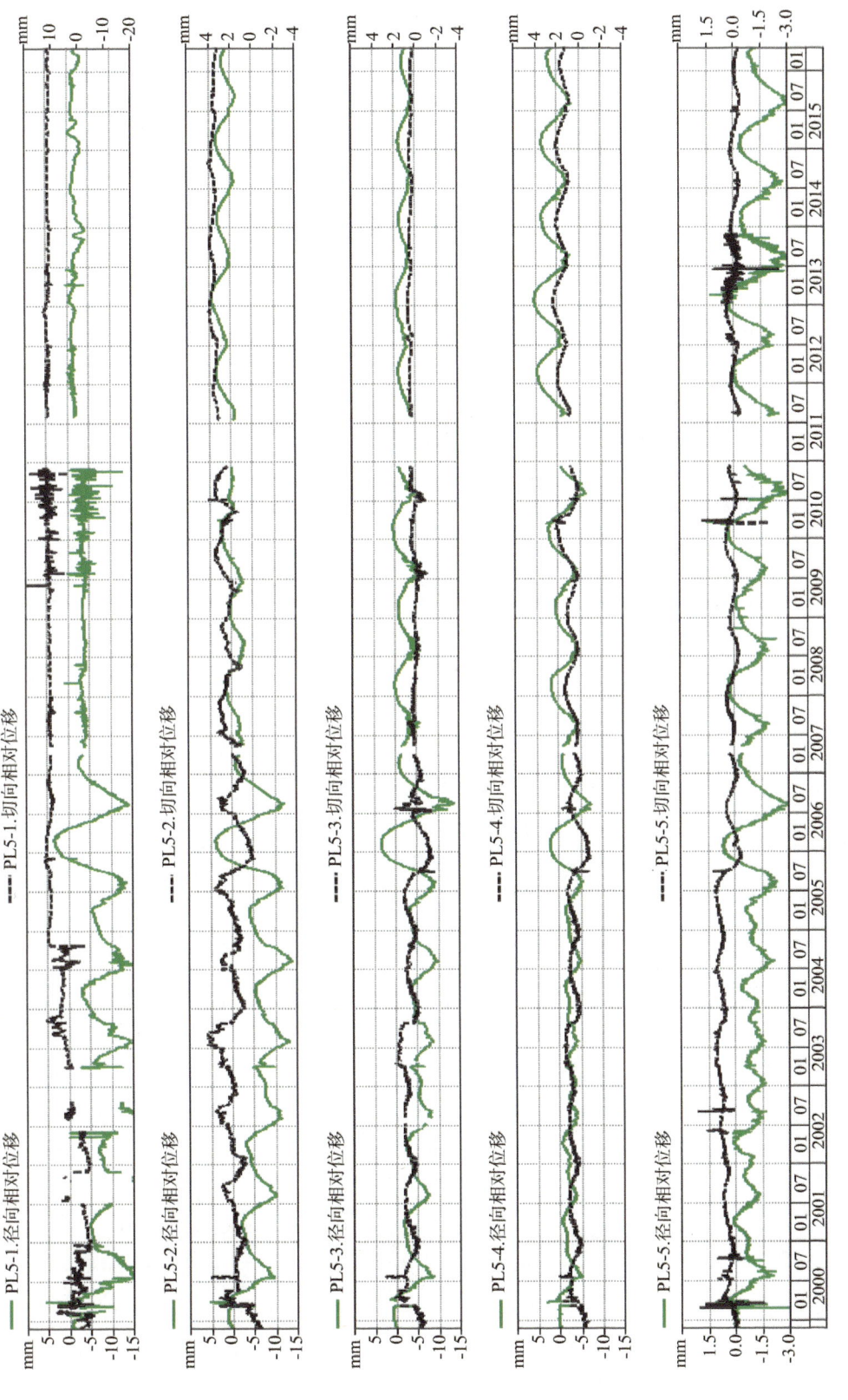

图2-6-24 PL5-1,PL5-2,PL5-3,PL5-4,PL5-5位移过程线图

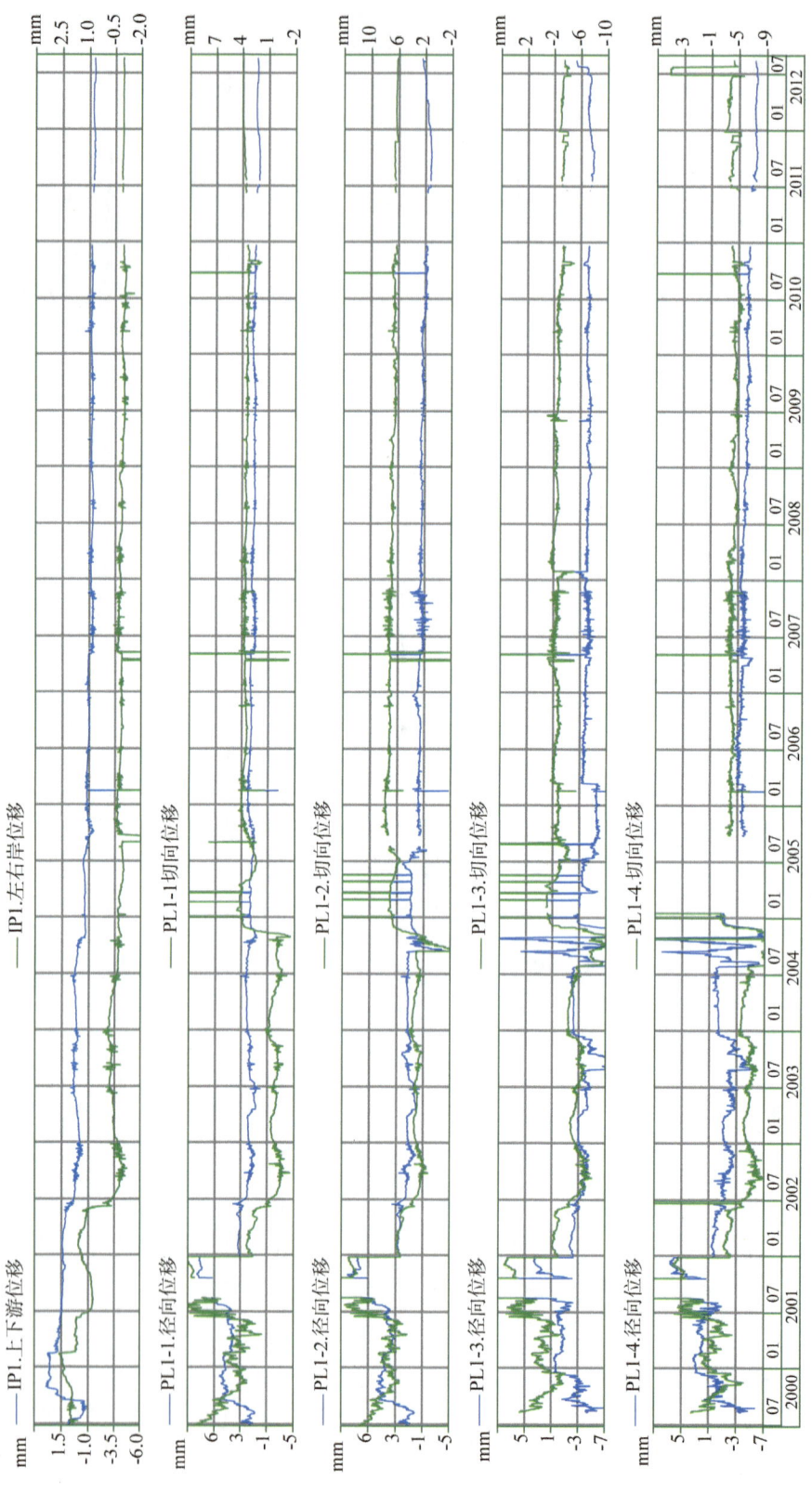

图 2-6-25 法国 Telemac 电磁感应式垂线坐标仪(5 台)IP1,PL1-1,PL1-2,PL1-3,PL1-4 位移过程线图

仪,价格高昂,当时在20世纪80年代一台仪器卖十三万元人民币,而南瑞一台坐标仪仅一万多,差价达十多倍。从龙羊峡大坝运行二十多年的情况来看,南瑞的垂线坐标仪精确度与稳定性未逊色于Telemac公司仪器。

从龙羊峡安装的我国自主创新的电容式坐标仪来看,我国国产垂线坐标仪运行的精确度、稳定性高,性价比高。

2.6.5 东江水电站

2.6.5.1 工程简介

东江水电站位于湖南省资兴市罗霄山脉西麓湘江支流耒水上,距资兴市10 km。坝址上游控制流域面积4 719 km^2,多年平均流量144 m^3/s。水库正常蓄水位285 m,相应库容81.2 m^3,具有多年调节性能。泄洪建筑物采用窄缝挑流消能方式。发电厂房位于坝下游,长106 m、宽23 m、高55.1 m,安装单机容量12.5万kW水轮机组4台,总装机50万kW,是耒水干流上13个梯级水电站中库容和装机容量最大的主导电站,并兼有防洪、航运、养殖和工业供水等综合效益。

坝址河谷呈"V"形,两岸山势雄伟,植被茂密。地质构造简单,基岩主要为燕山期花岗岩,岩性致密、坚硬均一,主要断层有F3,主要裂隙有K6,坝址基本地震烈度7度,设计烈度8度。

水电站枢纽主要由混凝土双曲拱坝、两岸潜孔滑雪式溢洪道各一座、左岸放空兼泄洪洞一条、右岸泄洪洞一条、过木道一条和坝后式厂房等组成。混凝土双曲拱坝坝顶高程为294 m,底宽35 m,顶宽7 m,厚高比为0.223。坝顶中心弧长438 m,中心角82°,内半径302.3 m。拱坝坝体混凝土浇筑量为99万m^3,该工程于1978年3月破土动工,1983年8月开挖基本结束,同年11月25日开仓浇筑混凝土,混凝土年最大浇筑强度为39.53万m^3,月最大浇筑强度4.6万m^3。工程于1987年10月发电,1992年竣工,东江水电站拦河坝建成时是国内第一座已建成的最高的双曲拱坝。

2.6.5.2 实测资料简析

东江拱坝变形监测系统以垂线为主,在坝区布置有多条垂线作为测量控制基点,其中TS1位于右岸距水工楼下方300 m左右公路边的亭子内,有正倒垂线各一条;TS2位于左岸,与TS1亭子相对,有正倒垂线各一条;TS5位于右岸坝肩亭子内,只有一条倒垂线,294 m、274 m高程各有一测点;TS6位于左岸坝肩亭子内,有正倒垂线各一条;L12位于厂房交通洞中的水准基点平洞内,只有倒垂线一条;L15位于厂房右岸的监测房内,只有倒垂线一条。除坝肩的TS5、TS6同坝体垂线系统采用自动化采集外,其余的垂线测点均为人工观测。

坝体垂线监测布置在坝体15#拱冠坝段及5#、11#、20#、26#五个坝段,共布置有L1、L3、L5、L7、L9五组垂线,各有正倒垂线一条。其中:250 m高程有L1、L3、L5、L7、L9五个正垂测点;205 m有L3、L5、L7三个正垂测点;175 m高程有L3、L5、L7三个正倒

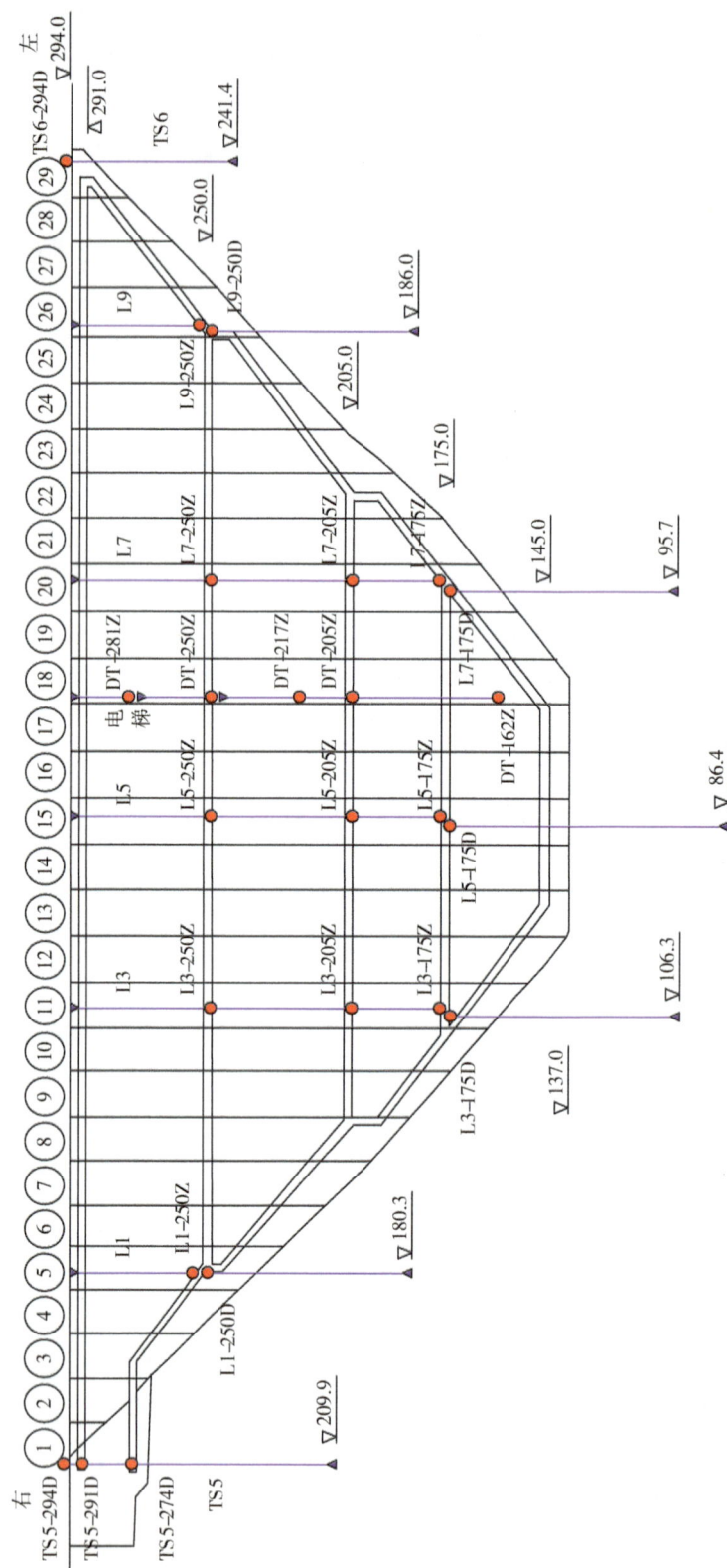

图 2-6-26 东江拱坝变形监测布置图

2 电容式系列大坝安全监测仪器及测量系统的研制

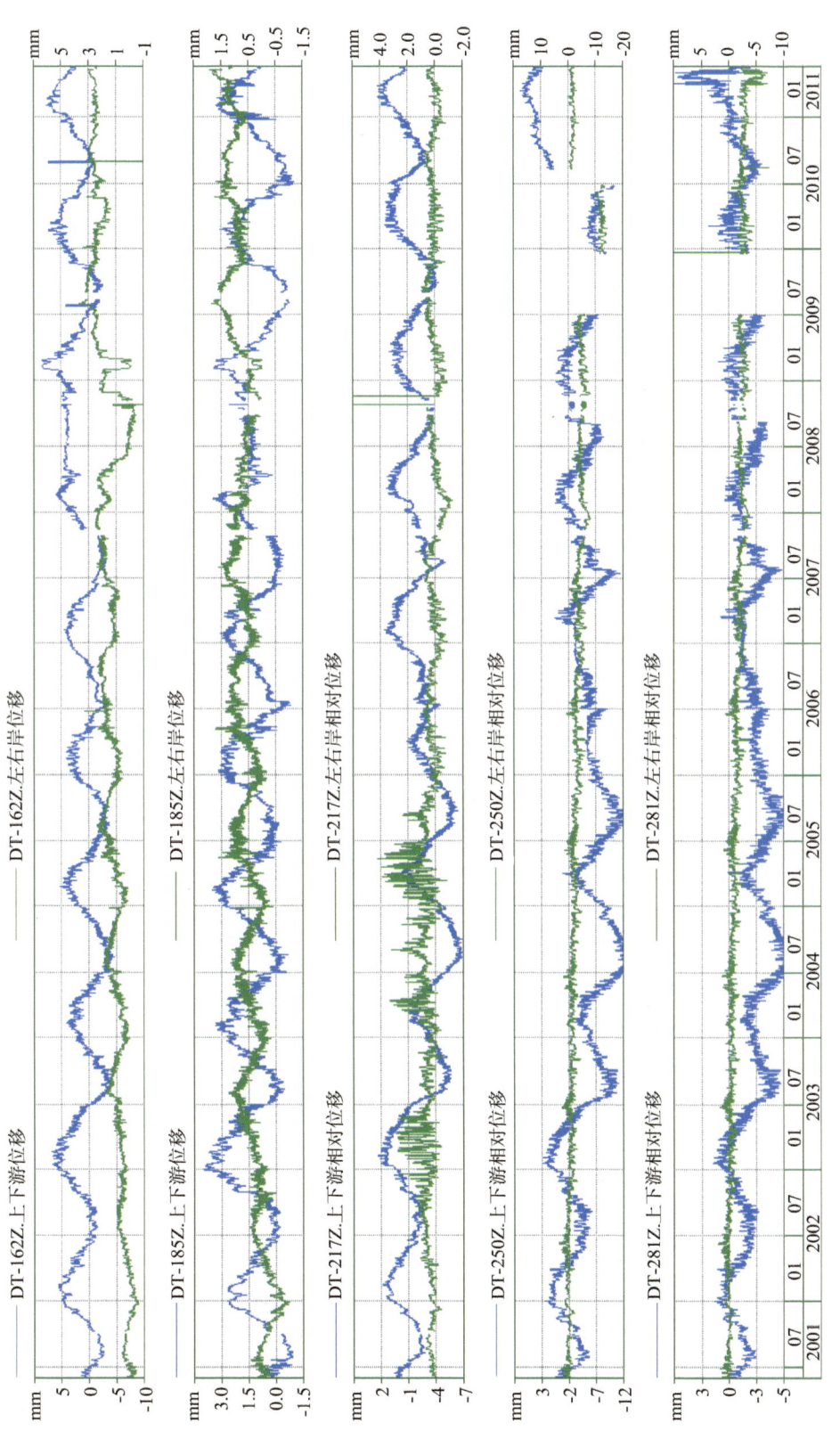

图 2-6-27　DT-162Z、DT-185Z、DT-217Z、DT-250Z、DT-281Z 位移过程线图

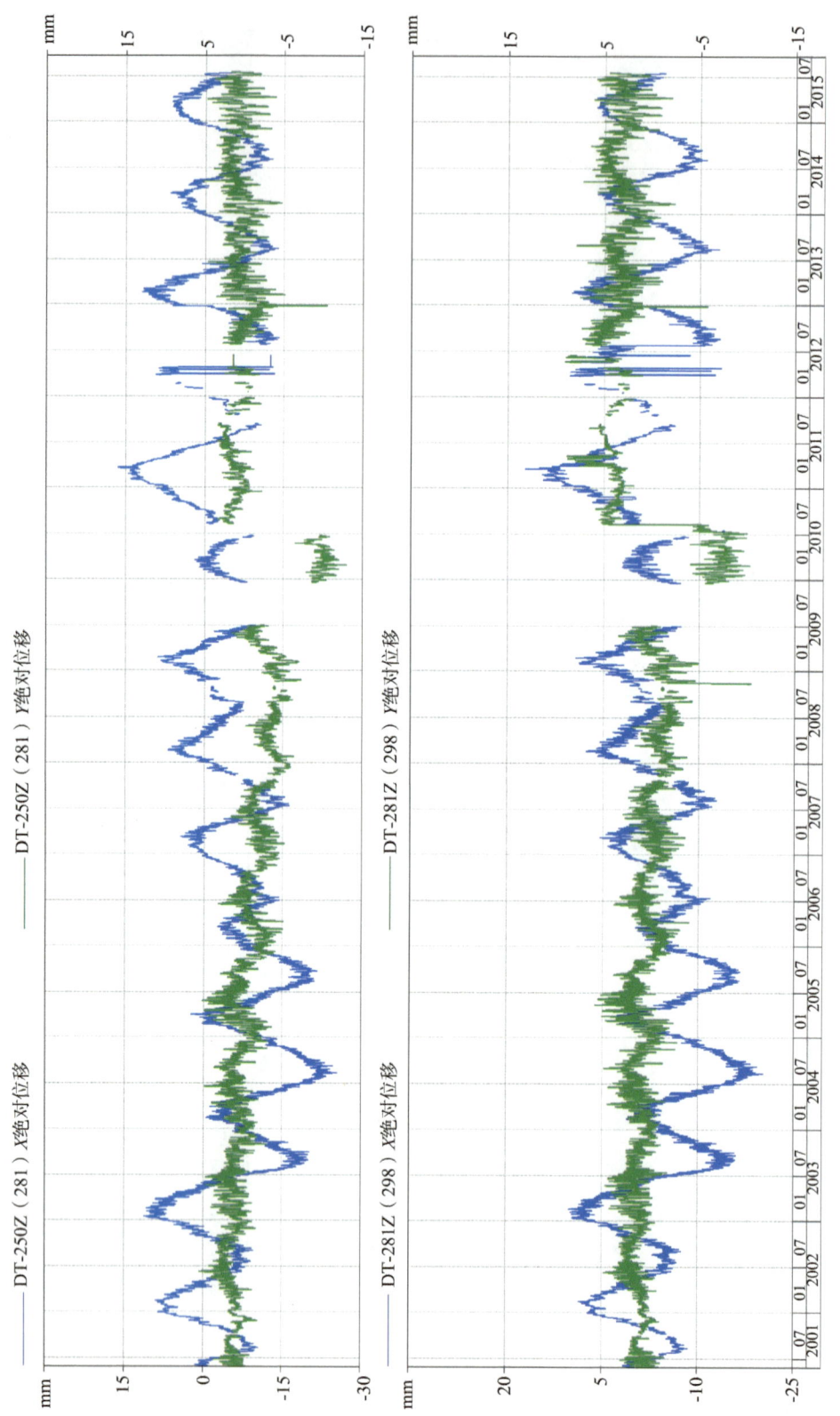

图 2-6-28　DT-250Z(281)、DT-281Z(298)位移过程线图

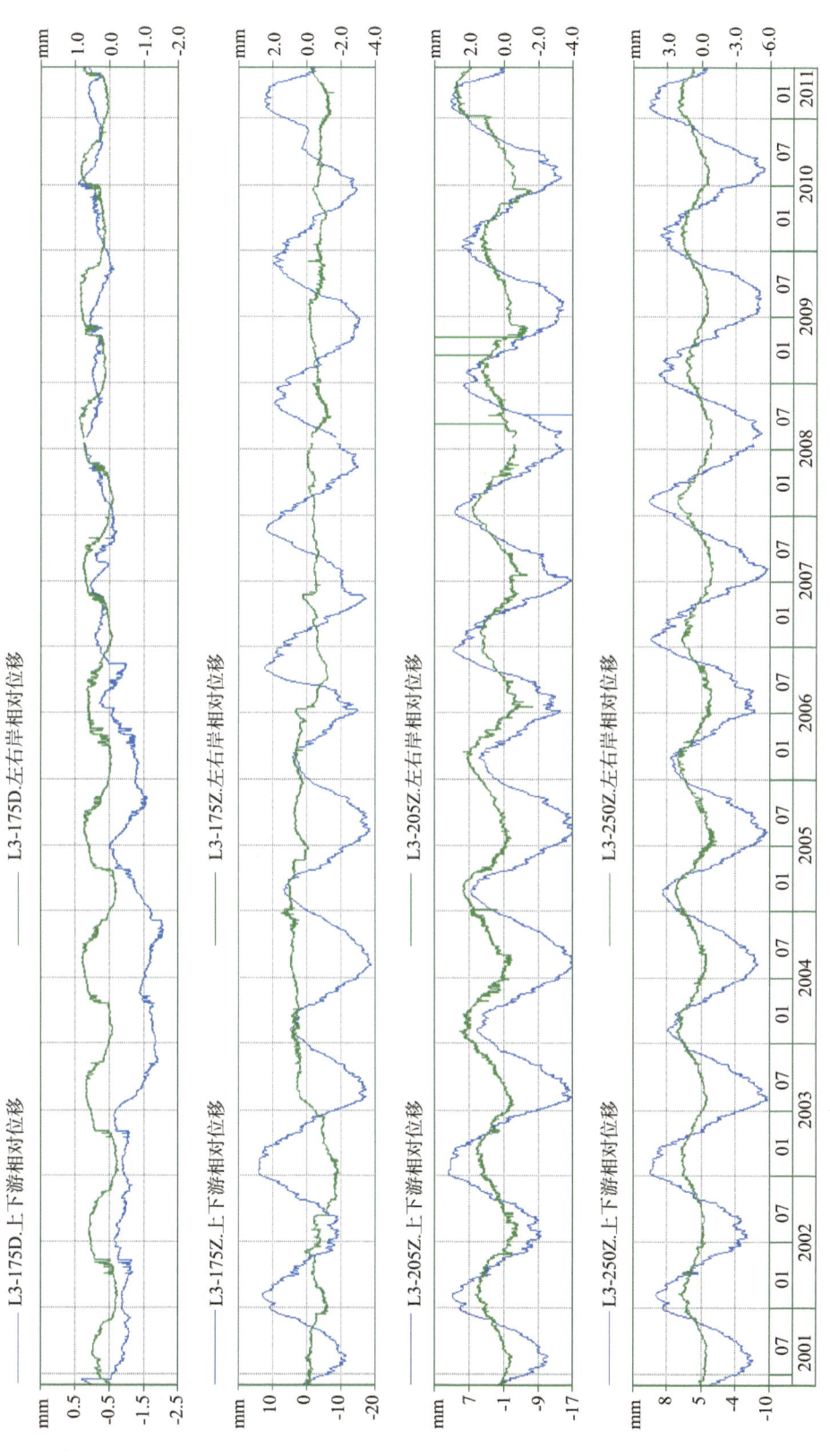

图 2-6-29 L3-175D、L3-175Z、L3-205Z、L3-250Z 位移过程线图

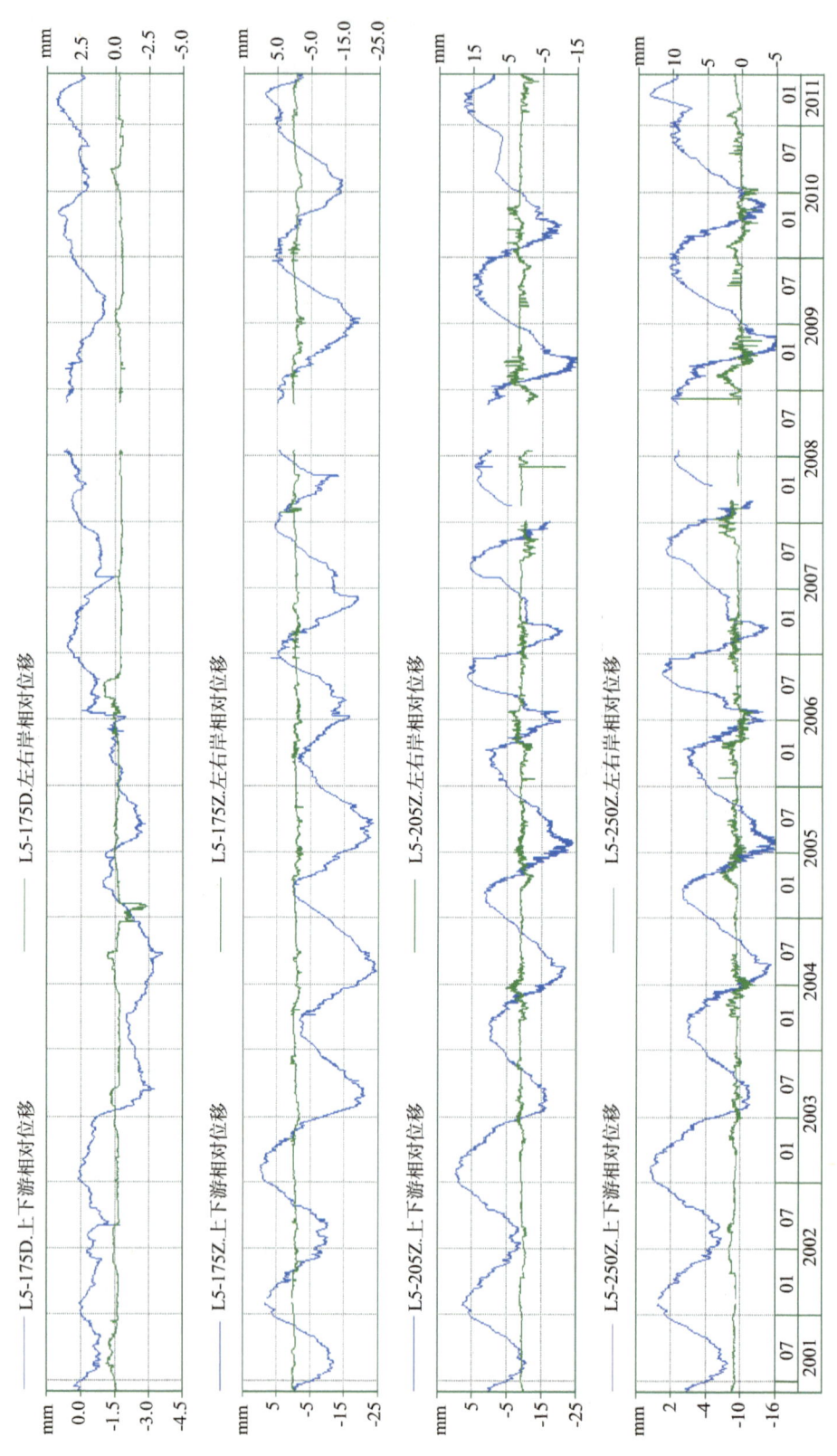

图 2-6-30 L5-175D、L5-175Z、L5-205Z、L5-250Z 位移过程线图

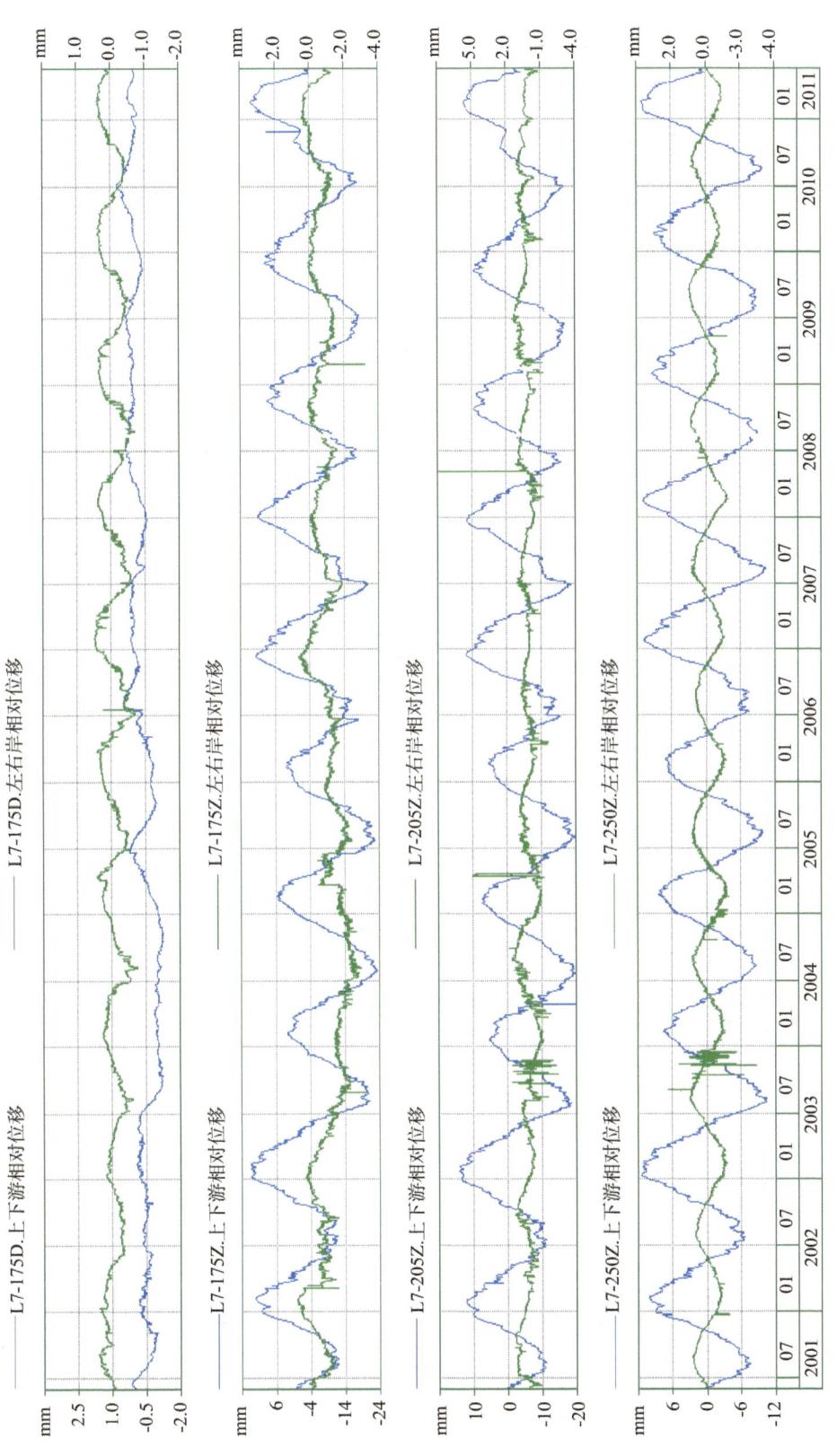

图 2-6-31 L7-175D、L7-175Z、L7-205Z、L7-250Z 位移过程线图

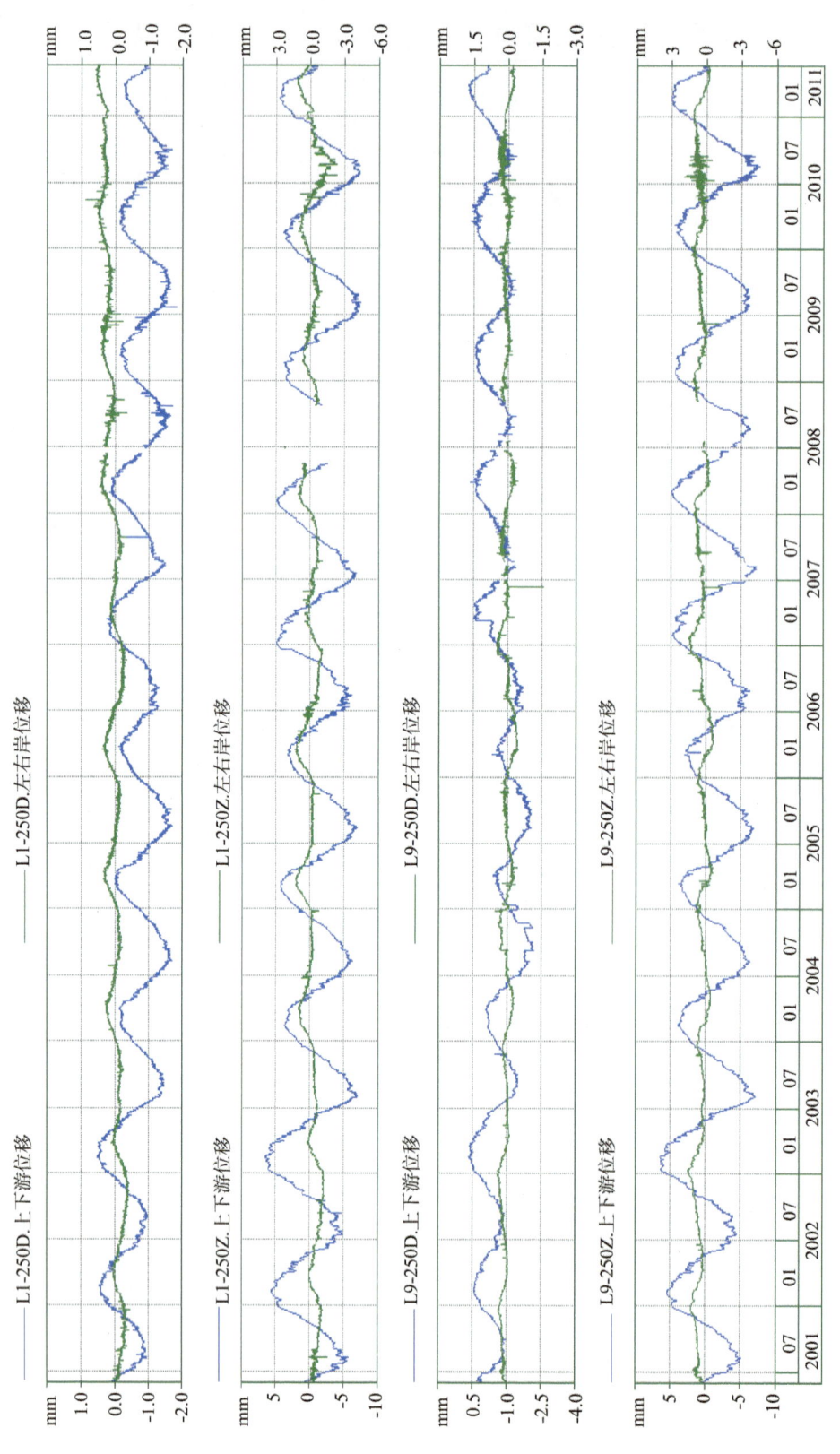

图 2-6-32 L1-250D、L1-250Z、L9-250D、L9-250Z 位移过程线图

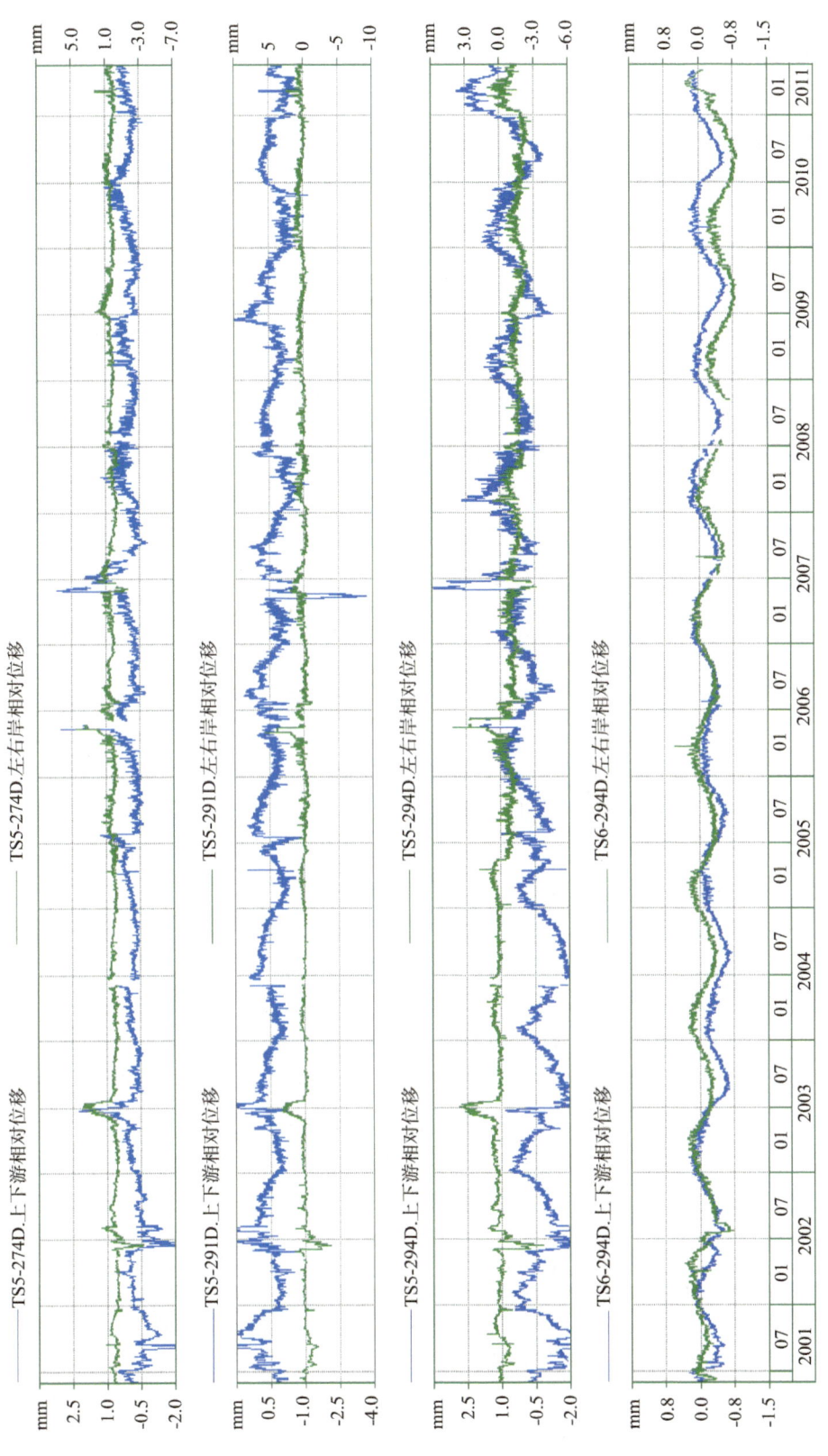

图 2-6-33 TS5-274D、TS5-291D、TS5-294D、TS6-294D 位移过程线图

垂测点。145 m 高程只有 L5 一个倒垂测点。此外，在 17#、18# 坝段间的电梯井内布置了一条正垂线，在 162 m、185 m、217 m、250 m、281 m 高程各设有一个正垂测点。

垂线分人工和自动化监测，人工监测坝区从 1992 年 6 月 3 日始测，坝体垂线 L1、L9 从 1990 年 4 月 29 日始测，L3、L5、L7 从 1990 年 1 月 20 日始测，电梯井垂线从 1996 年 8 月 14 日始测。坝体垂线自动化监测安装电容式垂线坐标仪，早期采用 SRB 集中式采集装置。2001 年自动化监测系统更新，采用 DAU 分布式采集装置，从 2001 年 5 月 28 日始测。

东江工程共安装电容式垂线坐标仪 25 台，现仅列出坐标仪从 2001 年到 2011 共 11 年采用 DAU 分布式系统采集的实测资料（目前仍正常运行）。从实测过程线可看出，位于电梯井内的垂线测点数据有小幅度波动现象，这可能与电梯在运行时的振动和穿风导致线体摆动有关，其他垂线无此情况。22 年来，27 台垂线坐标仪在东江高薄拱坝极端潮湿恶劣的环境下（该坝曾在廊道内花大代价用珍珠岩来吸湿，但未改变廊道高湿度的环境），准确、连续地测量出坝体变形规律，为保证大坝安全运行作出了贡献。

2.6.6 富春江水电站

2.6.6.1 工程简介

富春江水电站位于浙江省桐庐县钱塘江上游富春江上，坝址在七里泷峡口，故又称七里泷水电站。上距新安江水电站约 60 km，下距杭州市 110 余 km。控制流域面积 31 300 km²，多年平均流量 1 000 m³/s，设计洪水流量 23 100 m³/s，设计灌溉面积 6 万亩[①]。装机容量 29.72 万 kW。电站以发电为主，并可改善航运，发展灌溉及养殖事业等综合效益。电站总装机容量 29.72 万 kW，年发电量 9.23 亿 kW·h；船闸通行能力为 100～300 t，年过坝量 80.5 万 t；设有灌溉渠首，增加下游灌溉面积 6 万亩。

富春江水电站是一座低水头河床式电站，坝址基础岩石为白垩纪流纹斑岩和凝灰角砾岩，构造发育。水电站枢纽主要建筑物有大坝、河床式厂房、船闸、灌溉渠首及鱼道等。大坝为混凝土重力坝，坝顶长 560 余 m。中部为溢流坝段，全长 287.3 m，连续鼻坎，面流消能。其中设置了 17 个宽 14 m 的弧形闸门溢流孔，溢流堰顶高程 11.6 m，工作桥面高程 37 m；左岸为挡水式水电站厂房，最大高度 57.4 m，安装 4 台单机容量 60 MW 及 1 台容量 57.2 MW 的转叶式水轮发电机组，电站总装机容量为 297.2 MW；鱼道长 158.57 m，宽 3 m，采用"Z"字形布置，形成三层盘梯，为亲鱼上溯产卵之用；船闸布置在右岸，上闸首为挡水重力式结构，下沉式工作闸门。船闸设计规模为 100 t 级，有效长度 102 m，闸室宽度 14.4 m，最高通航水位为 24.0 m。右闸墙采用混凝土重力式框格结构，左闸墙采用支墩结构；灌溉渠首分设左、右两岸，引水流量为 1.5 m³/s 和 5 m³/s。

电站始建于 1958 年 8 月，1962 年停工缓建，1965 年 10 月复工，1968 年 12 月 13 日开始蓄水，第一台机组发电，1977 年建成。

---

① 1 亩 ≈ 666.67 m²。

2.6.6.2 实测资料简析

富春江水电站是电容式仪器应用最早的工程之一,从 1996 年开始安装电容式仪器实施大坝水平位移自动化监测,1996—2000 年采用 SRB 集中式采集装置,2001—2012 年采用 DAU 分布式采集装置测量。

富春江大坝安装电容式垂线坐标仪 7 台,坝顶安装电容式引张线仪 26 台,因篇幅所限,引张线仪仅列出其中的 EX2、EX17—EX25 计 10 台的数据。从 11 年的仪器监测资料可看出,电容式垂线坐标仪、引张线仪高精度、高稳定量测出大坝水平位移周期性变化规律,实测过程线连续、平滑,结合坝基扬压力、绕坝渗流等实测资料,可判断大坝 11 年来处于稳定可靠运行状态。电容式变形监测仪器为富春江大坝的安全运行提供了宝贵的资料。

2.6.7 小湾水电站

2.6.7.1 工程简介

小湾水电站位于云南省西部南涧县与凤庆县交界的澜沧江中游河段与支流黑惠江交汇处下游 1.5 km 处,系澜沧江中下游河段规划八个梯级中的第二级。水电站距昆明公路里程为 455 km。水电站以发电为主兼有防洪、灌溉、拦沙及航运等综合利用效益,系澜沧江中下游河段的"龙头水库"。水库正常蓄水位 1 240 m,为多年调节水库。电站装设 6 台单机容量 700 MW 的混流式机组,总装机容量为 4 200 MW,保证出力 1 854 MW,多年平均发电量 190.6 亿 kW·h。

枢纽工程区位于滇西纵谷区,地质环境较复杂,与工程关系密切的断裂构造是澜沧江断裂带,其在坝址附近,规模较小。建筑物及其邻近地区虽不属强震发生区,但被强震发生带所包围。工程建筑物地区的地震基本烈度为 8 度,按 600 年超越概率 10% 取地震动参数,基岩峰值水平加速度为 0.308 g。

枢纽区河谷深切呈"V"形,分布岩石为致密坚硬的黑云花岗片麻岩和角闪斜长片麻岩,但新鲜完整的片岩仍属坚硬类岩,岩石完整、强度高、质量好。枢纽区的地质构造为一横河走向、陡倾上游的单斜构造,除有Ⅱ级断层 F7 外,尚分布有Ⅲ级断层 20 条。除 F20 为 NNE 走向外,其余均为 NWW 走向,陡倾角。NWW 向断层屑层间挤压性质,破碎带物质以碎块岩、碎裂岩为主,结构紧密,仅在断层壁附近有薄层泥分布。

小湾坝址地形地质条件适于修建高约 300 m 的拱坝和跨度 30 m 左右的地下厂房。建基面岩体质量,以微风化—新鲜的Ⅰ、Ⅱ类岩体为主,仅在左岸高程 1 210 m 以上地段和部分拱座的坝趾部位分布有Ⅲ、Ⅳa 类岩体。控制坝肩抗滑稳定的地质边界条件和结构面的基本组合型式如下。以近 SN 向的各类陡倾角破裂结构面、蚀变岩体为侧向切割面(侧滑面),顺坡中缓倾角节理组为底滑面,上游拉裂面为走向 NWW 陡倾角的顺层错动面和节理组,下游临空面除应考虑出露在坝下游地形临空面外,还考虑下游 NWW 组陡倾角断层被压缩变形的影响和它们作为抗滑体下游边界以及在坝下游冲沟中剪出的情况。作为底滑面的顺坡中缓倾角节理组的连通率在Ⅰ、Ⅱ类岩体中平均为 25%~30%,

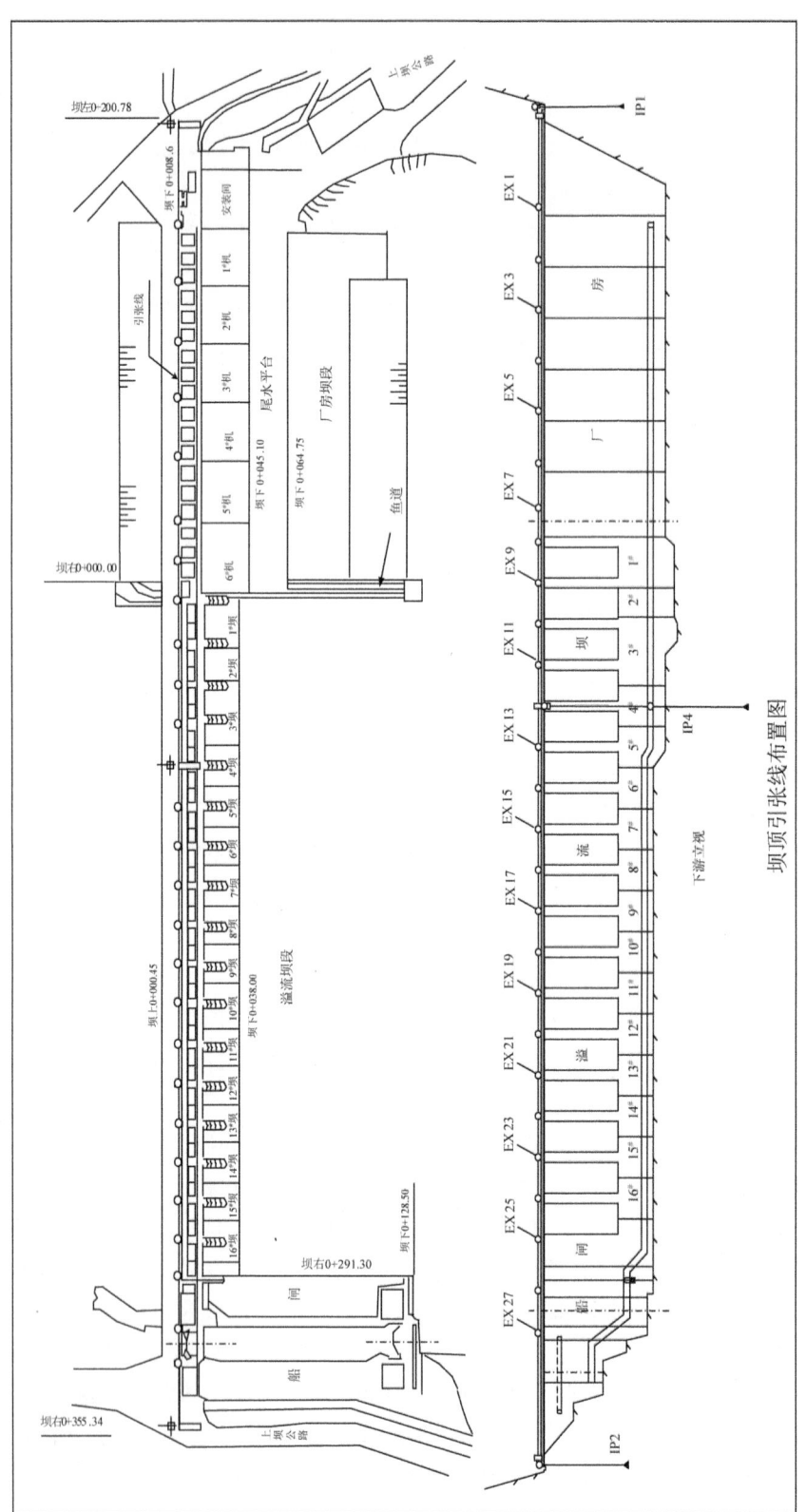

图 2-6-34 富春江水电站坝顶引张线布置图

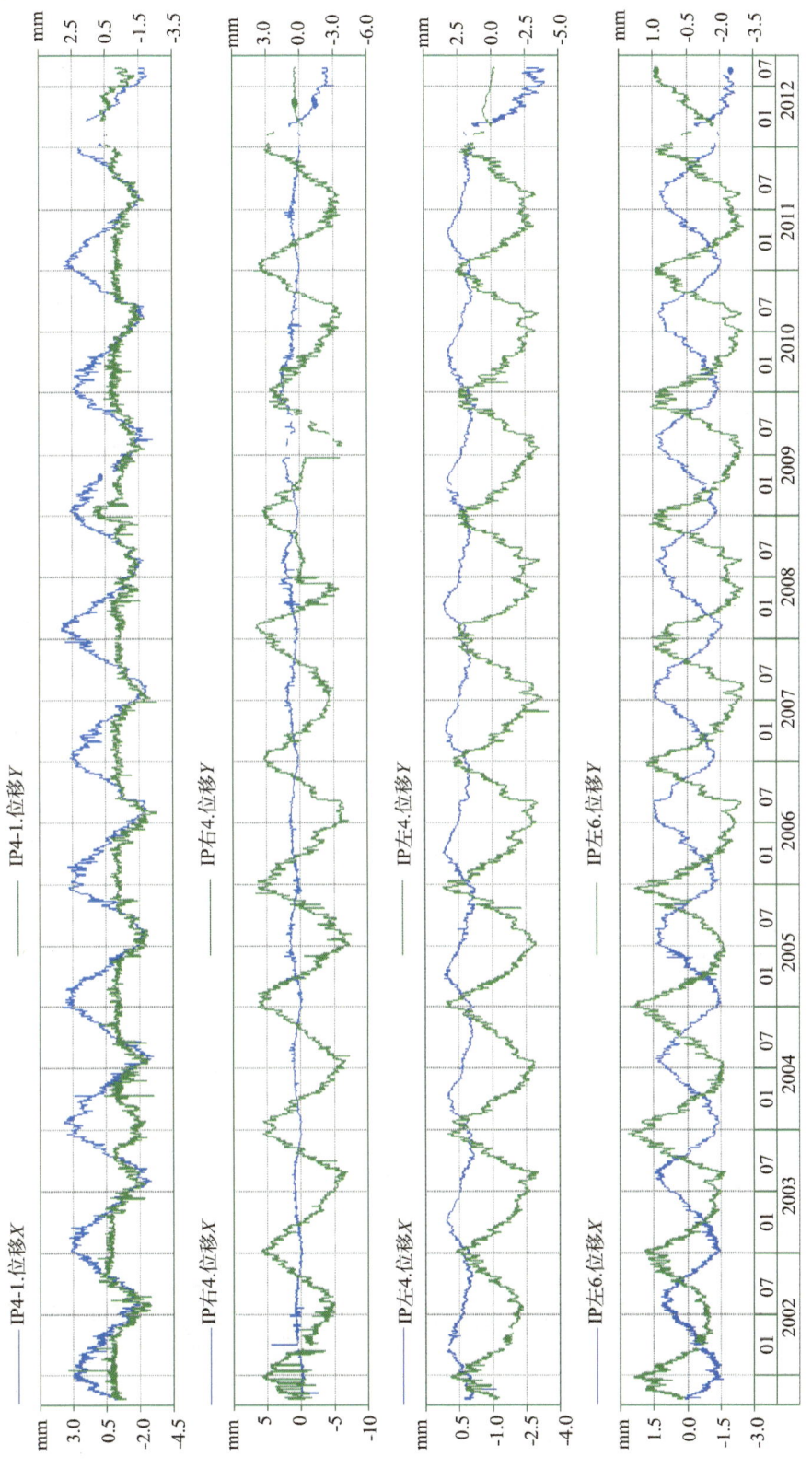

图 2-6-35 IP4-1,IP右4,IP左4,IP左6位移过程线图

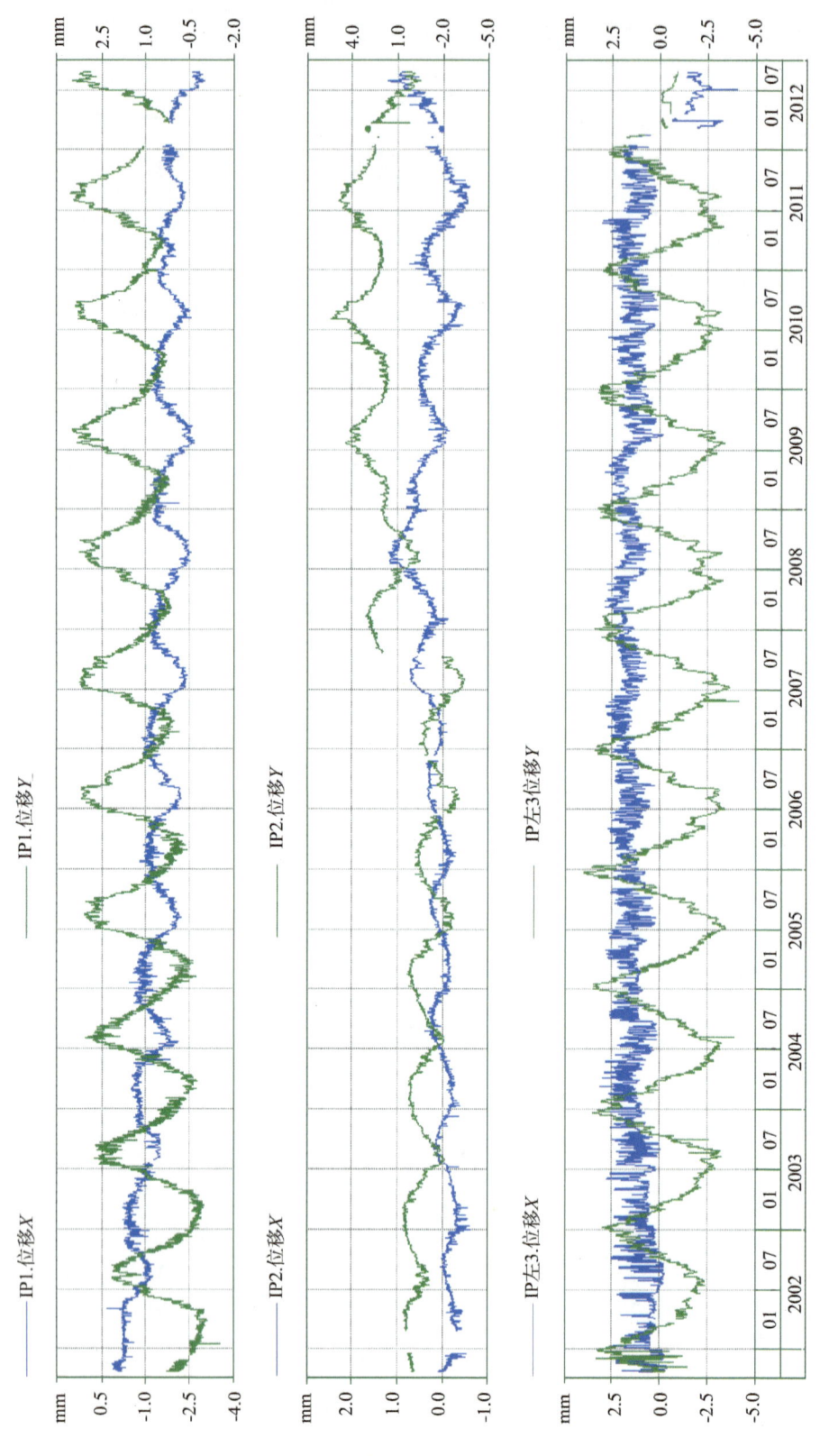

图 2-6-36　IP1、IP2、IP 左 3 位移过程线图

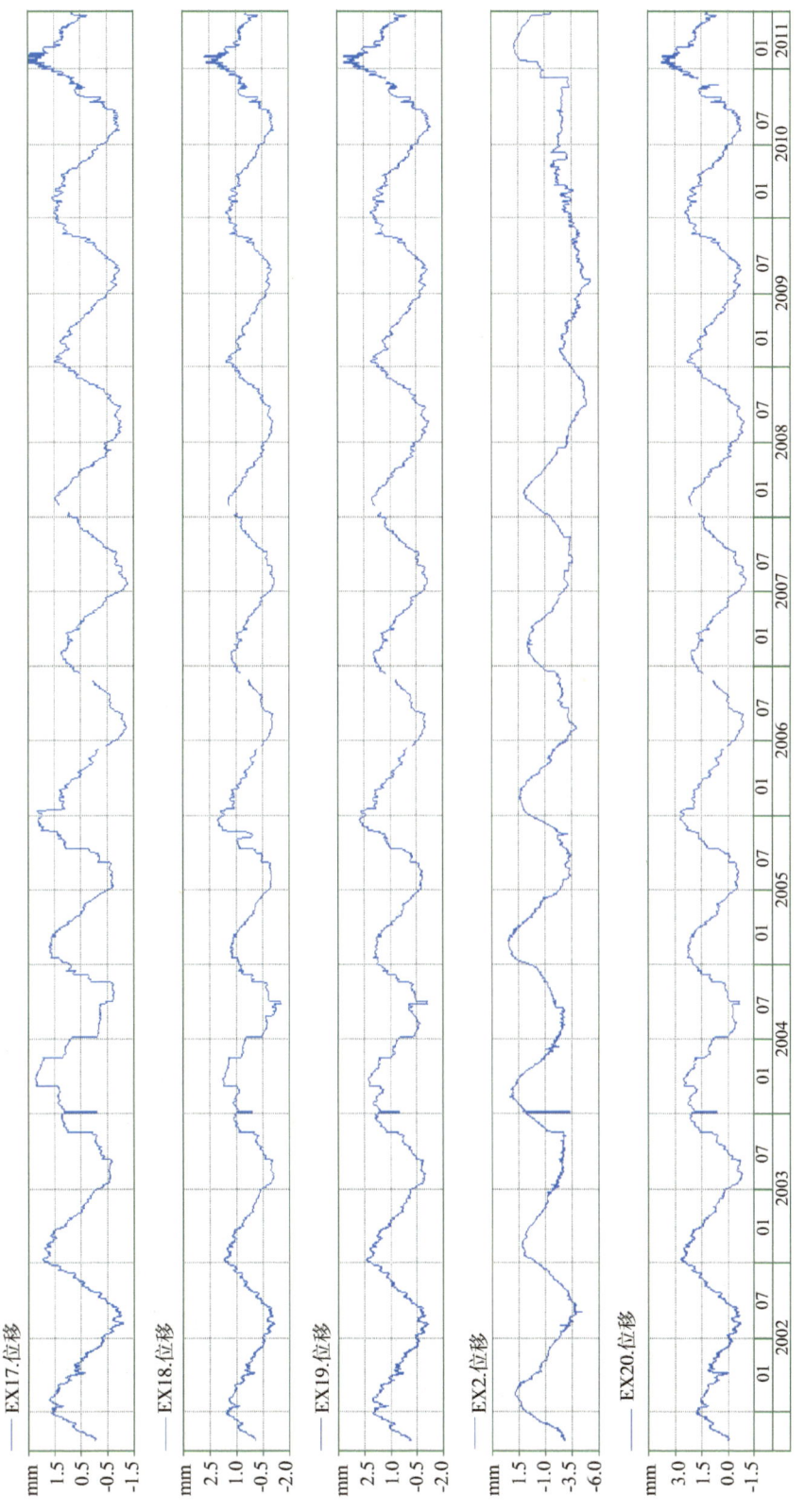

图 2-6-37 EX17、EX18、EX19、EX2、EX20 位移过程线图

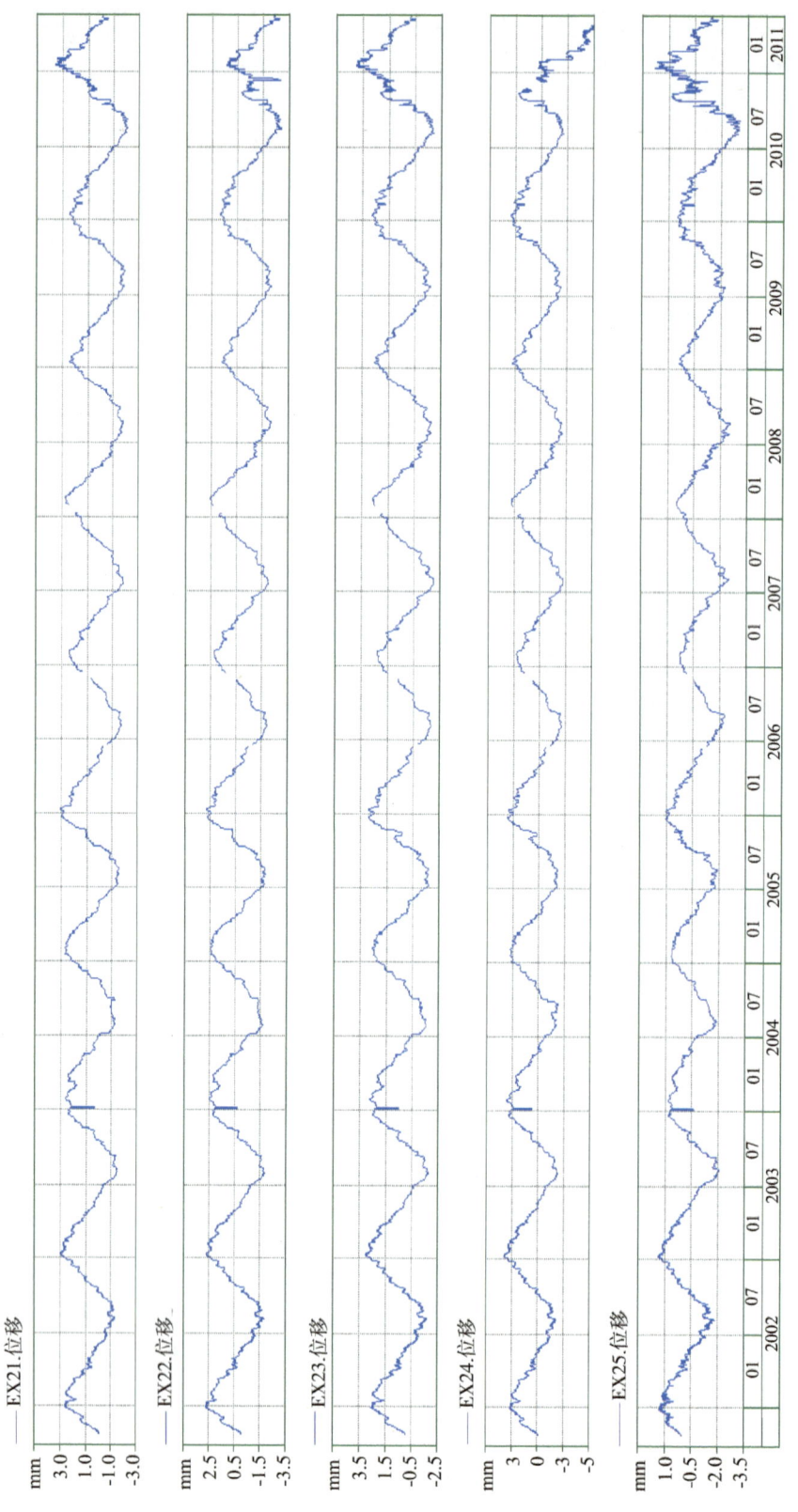

图 2-6-38 EX21、EX22、EX23、EX24、EX25 位移过程线图

而两岸地面高程 1 000 m 附近地段,连通率为 57% 左右。地应力较高,$\sigma_1 = 16.4 \sim 26.7$ MPa。除断层通过地段外,岩体完整、强度高,总体稳定条件较好。不利条件是地下水位高,裂隙水压力大。

小湾水电站枢纽工程主要由挡水大坝、坝后水垫塘和二道坝、左岸泄洪洞、右岸地下厂房组成,坝身设有泄洪表、中孔和放空底孔。大坝为混凝土双曲拱坝,坝顶高程 1 245 m,最低建基面高程 953 m,最大坝高 292 m,坝顶长 992.74 m,拱冠梁底宽 69.49 m,拱冠梁顶宽 13 m。

泄水建筑物由坝顶 5 个开敞式溢流表孔、6 个有压深式泄水中孔和 2 个放空底孔,以及左岸 2 条泄洪洞、坝后水垫塘及二道坝等部分组成。泄洪洞由短有压进水口、龙抬头段、直槽斜坡段以及挑流鼻坎组成。2 条洞轴线间距为 40 m,1 号洞长为 1 490 m,2 号洞长为 1 550 m。枢纽总泄量在设计洪水位时为 17 680 m³/s,校核洪水位时为 20 680 m³/s(其中:坝身表孔泄 8 625 m³/s,中孔泄 6 730 m³/s,左岸泄洪洞泄 5 325 m³/s)。

引水发电系统布置在右岸,为地下厂房方案。由竖井式进水口、埋藏式压力管道(单机单管供水方式,管道内径为 9.6~9.0 m,每管最大引水流量 390 m³/s)、地下厂房(长 326 m×宽 29.5 m×高 65.6 m)、主变开关室(长 257 m×宽 22 m×高 32 m)、尾水调压室(长 251 m×宽 19 m×高 69.17 m)和 2 条尾水隧洞等建筑物组成。

小湾水电站于 2002 年 1 月 20 日正式开工,2008 年 12 月 16 日从 996.3 m 水位开始分阶段蓄水,先后经历了四个阶段。

2.6.7.2 实测资料简析

小湾拱坝坝体变形监测采用垂线监测系统,分别在 4#、9#、15#、19#、22#、25#、29#、35#、41# 坝段布置了 54 个垂线监测站(图 2-6-39),选用分布式采集系统,监测设备为智能型电容感应式坐标仪。智能型电容式坐标仪,不再受信号线传输长度的影响,仪器的灵敏度高且稳定。安装在该特大型拱坝的仪器系统从 2009 年至 2016 年,在大坝高/低温、高湿度恶劣环境下无故障可靠运行十多年,高精度准确测量出坝体变形的规律。从小湾工程垂线实测资料可看出,仪器监测到小湾高拱坝从 1 mm 到 100 多 mm 的水平位移,其变化幅度巨大,测值稳定、规律性好。世界级特大型高拱坝首次蓄水是对大坝安全最严酷的考验,专家评述:垂线坐标仪测量系统测量精度高,测量稳定可靠。垂线监测成果及时为小湾拱坝首次蓄水提供了可靠的大坝安全性状的信息,为确保大坝首次蓄水的安全、顺利实施作出了贡献。

图 2-6-40 至图 2-6-49 列出了 9#、15#、19#、22#、25#、29#、35# 坝段垂线的实测过程线。

2.6.8 青溪水电站

2.6.8.1 工程简介

青溪水电站位于广东省大埔县境内汀江干流上,是上杭以下的第二个梯级水电站。距梅县直线距离约 60 km,距汕头约 135 km,距上游福建境内的棉花滩水利枢纽工程约

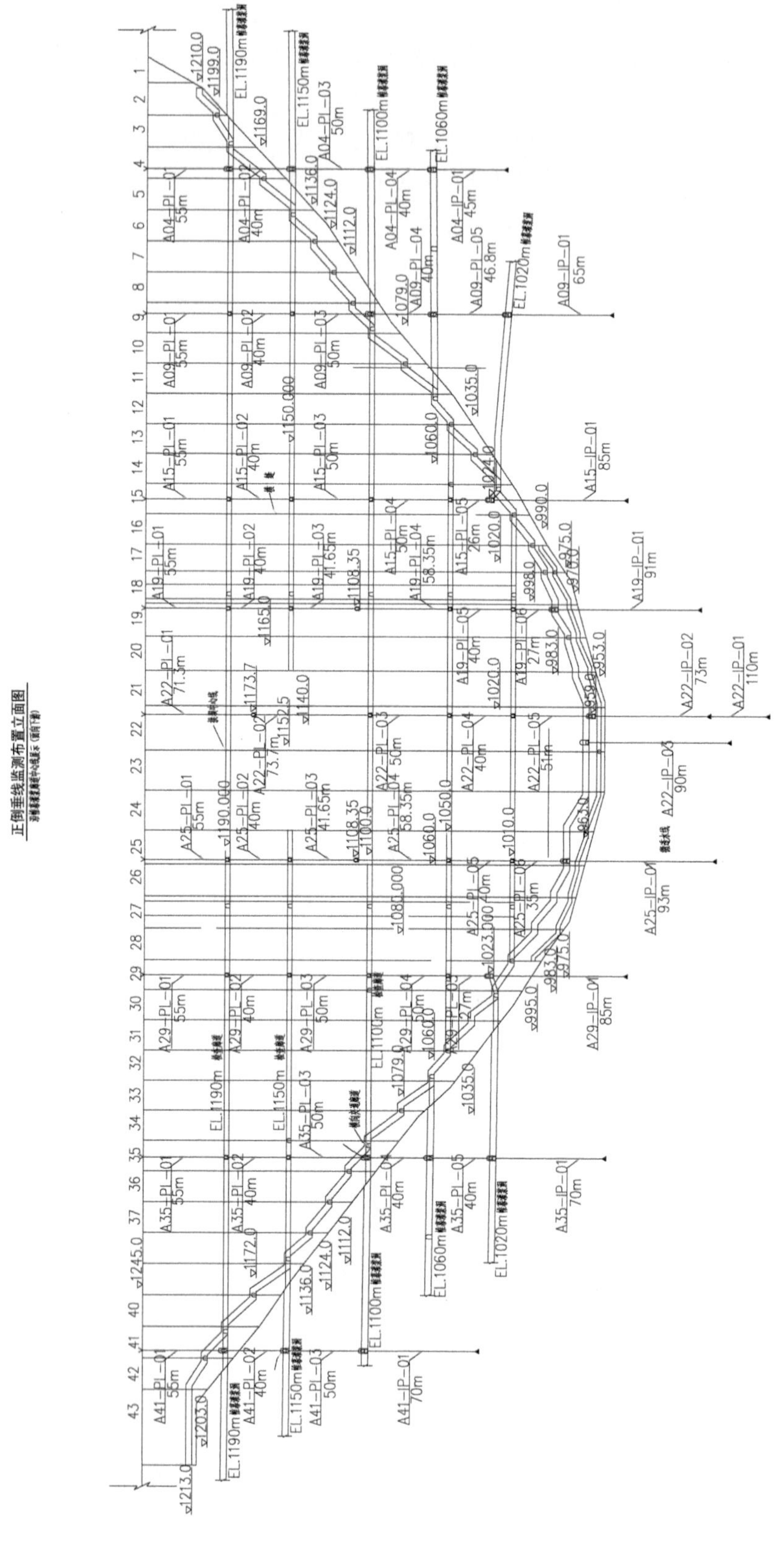

图 2-6-39 小湾拱坝正倒垂线监测系统布置立面图

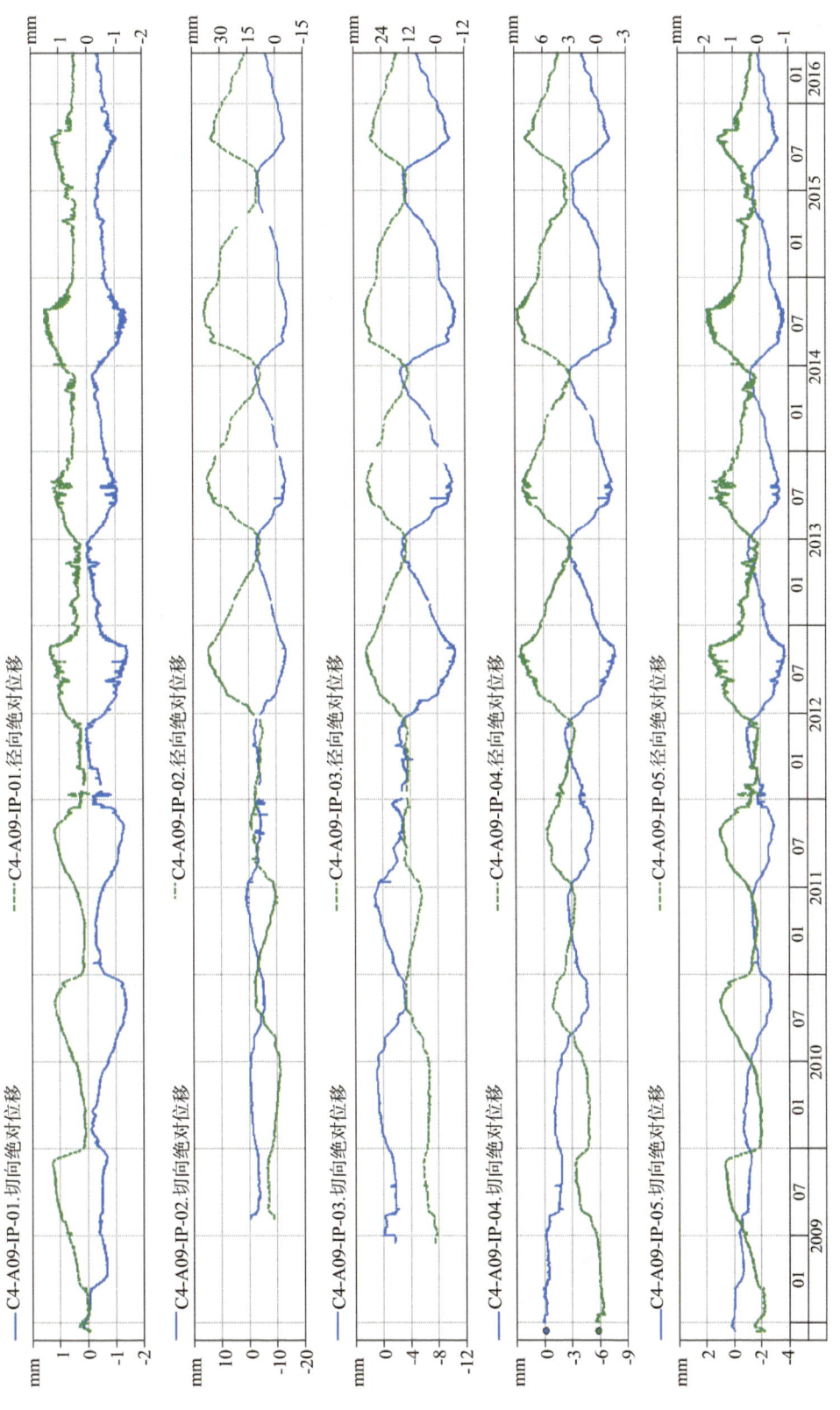

图 2-6-40 C4-A09-IP-01、C4-A09-IP-02、C4-A09-IP-03、C4-A09-IP-04、C4-A09-IP-05 位移过程线图

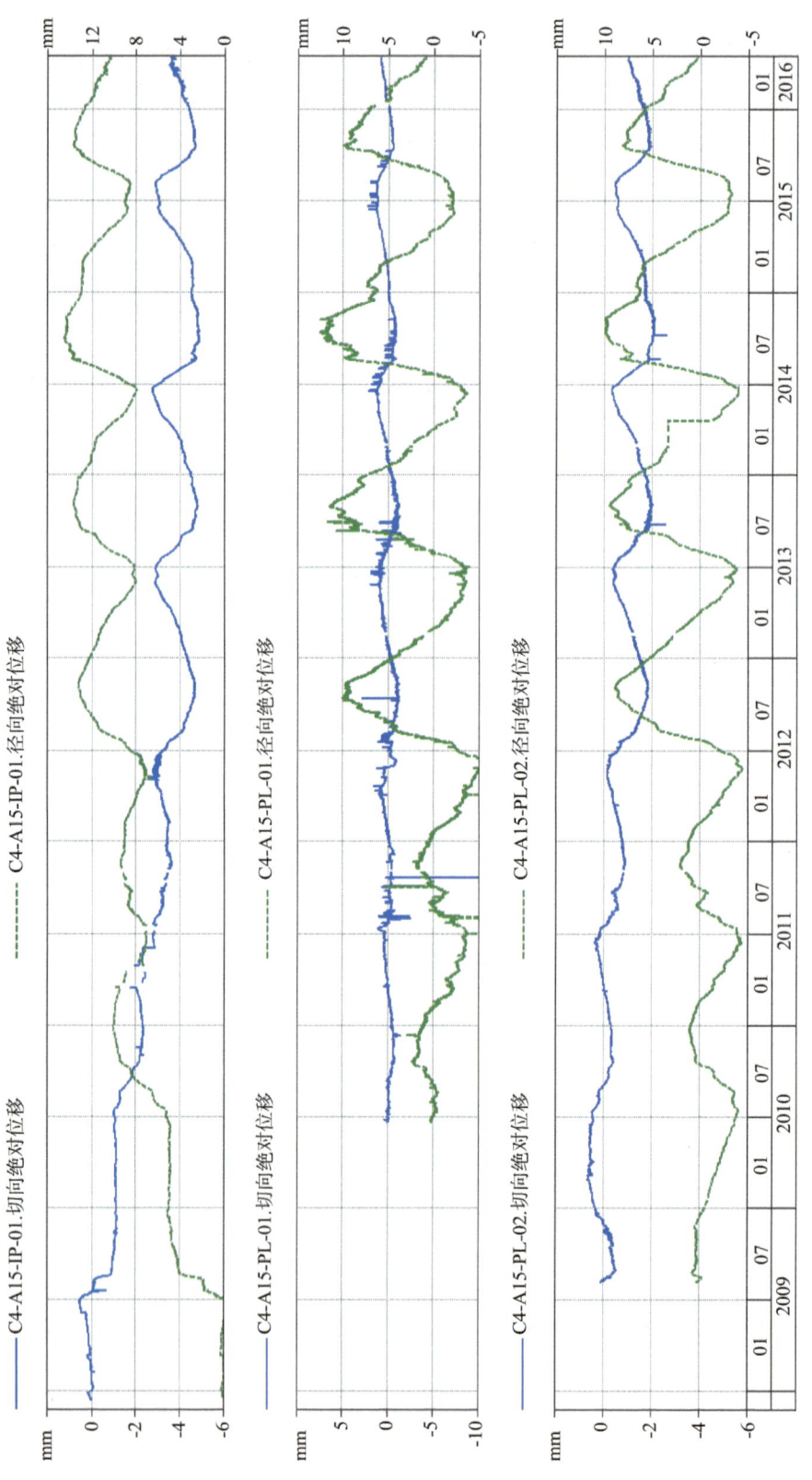

图 2-6-41 C4-A15-IP-01、C4-A15-PL-01、C4-A15-PL-02 位移过程线图

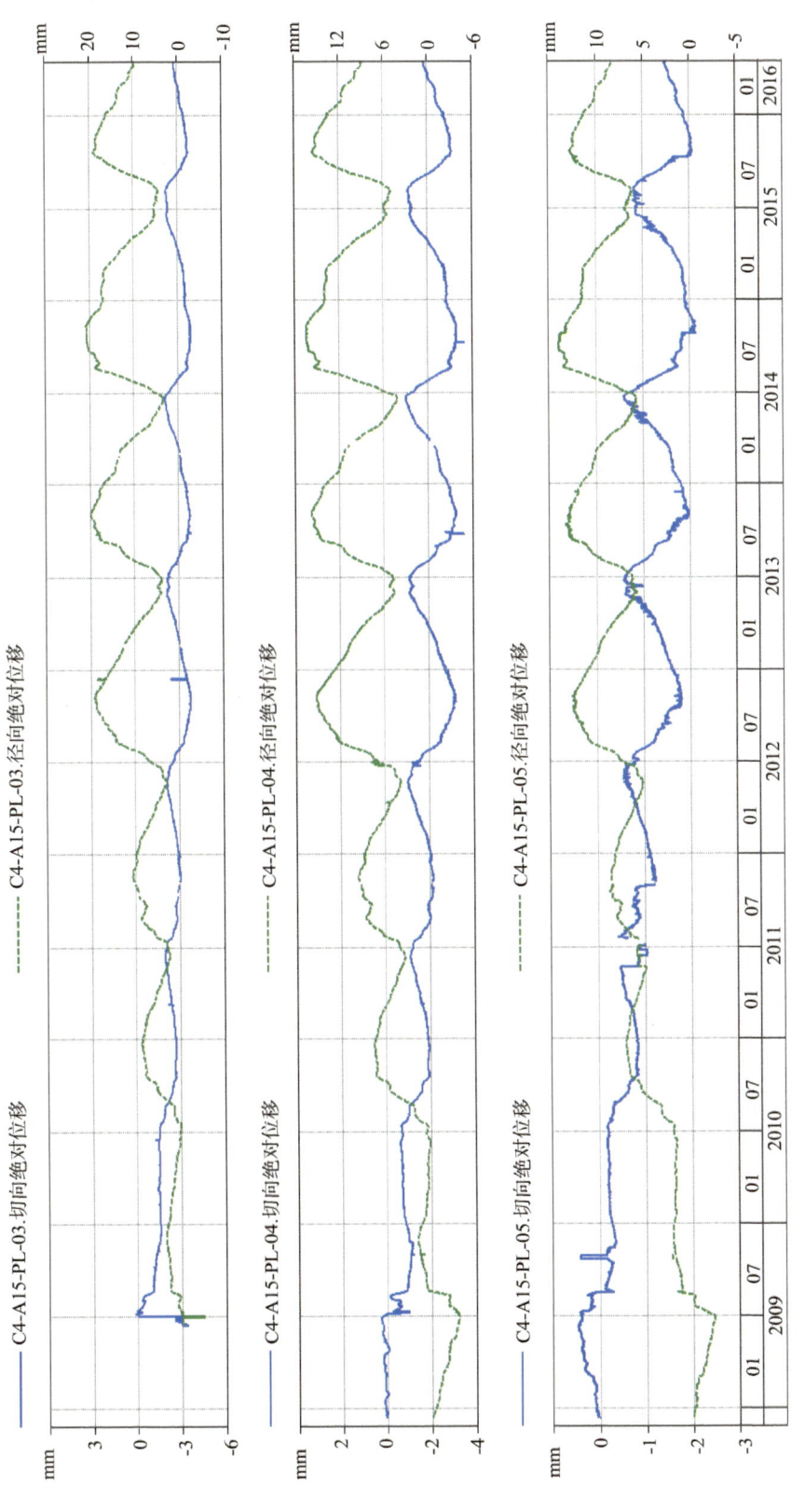

图 2-6-42　C4-A15-PL-03、C4-A15-PL-04、C4-A15-PL-05 位移过程线图

中国大坝安全监测仪器及系统的发展

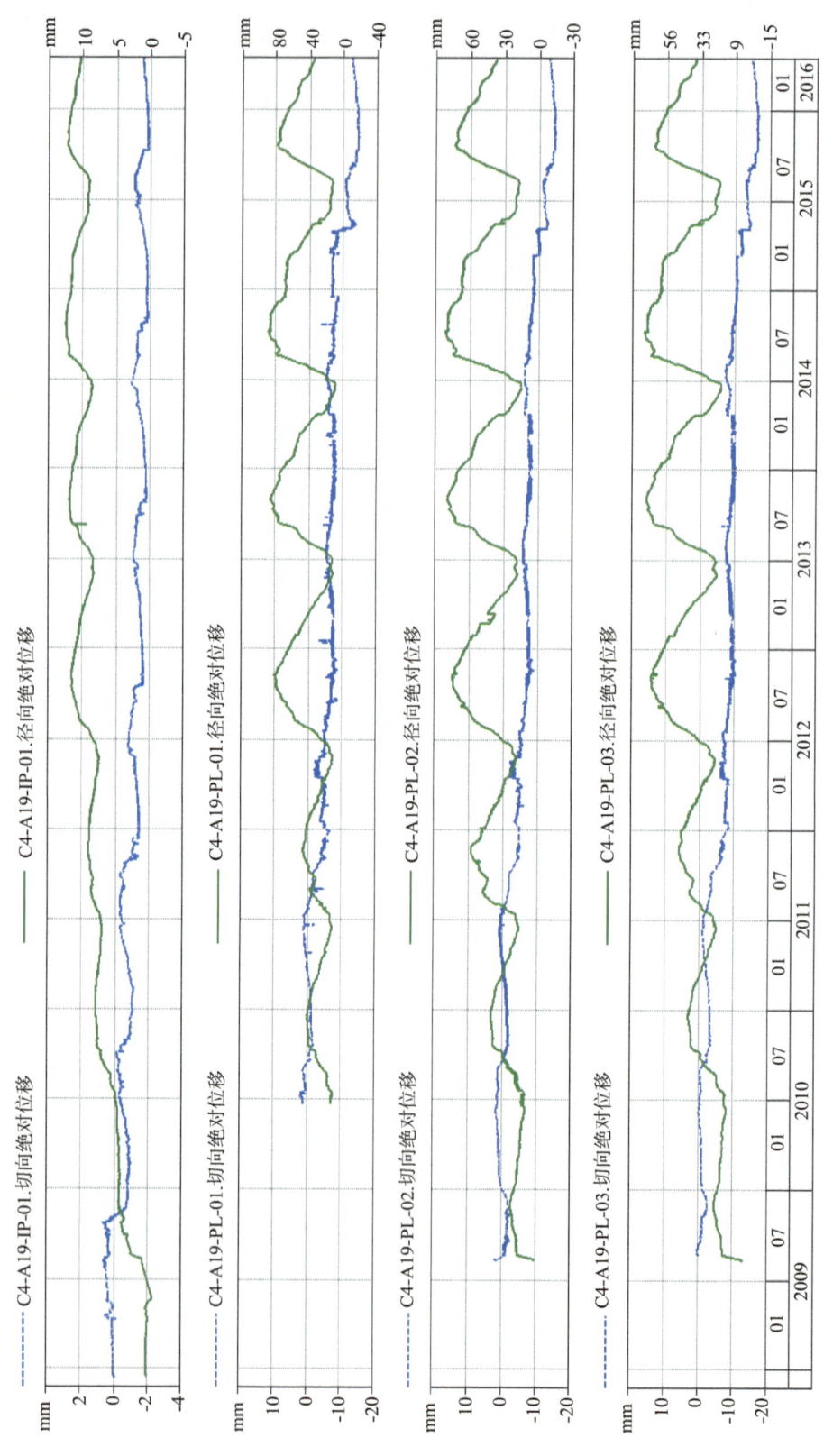

图 2-6-43　C4-A19-IP-01、C4-A19-PL-01、C4-A19-PL-02、C4-A19-PL-03 位移过程线图

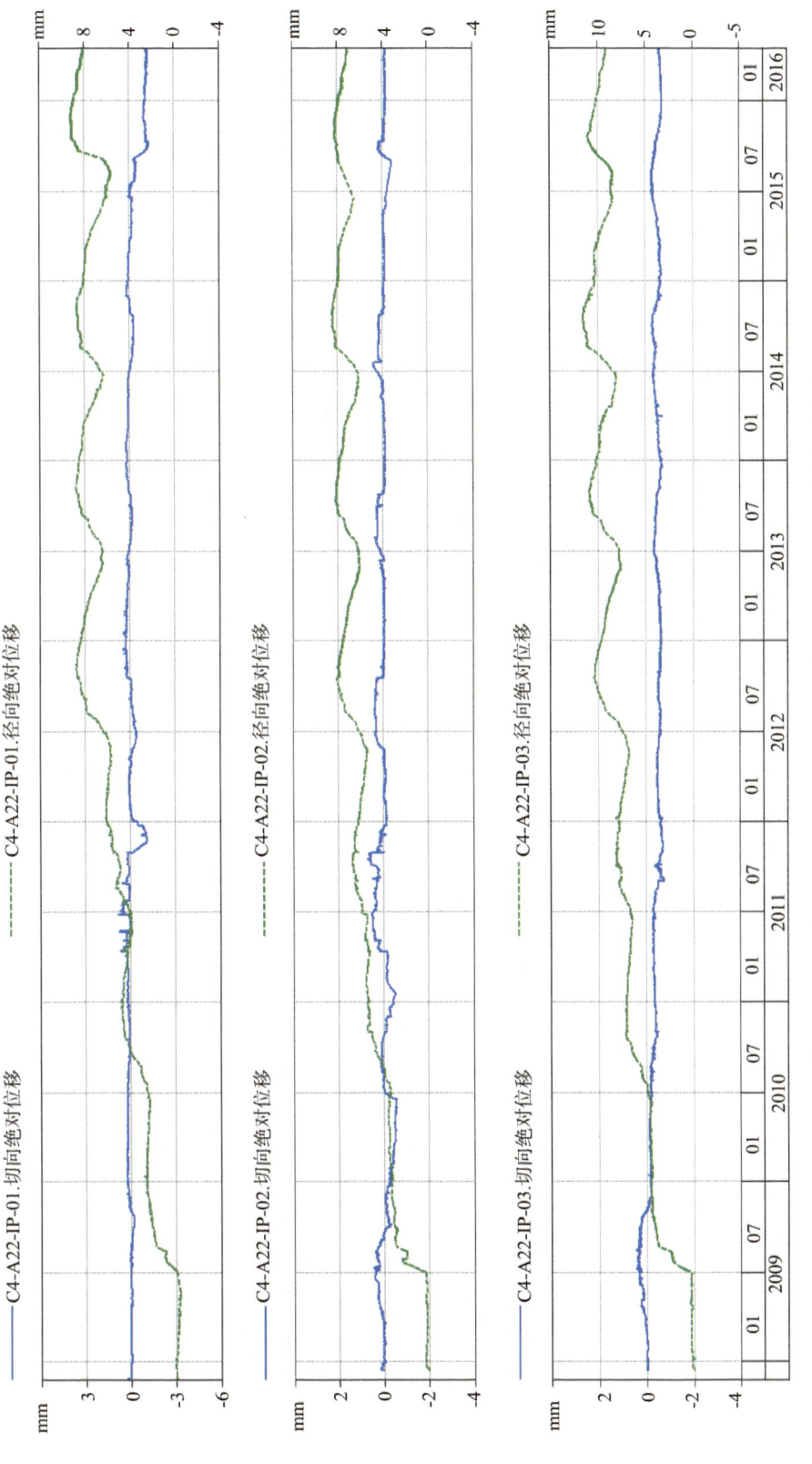

图 2-6-44 C4-A22-IP-01、C4-A22-IP-02、C4-A22-IP-03 位移过程线图

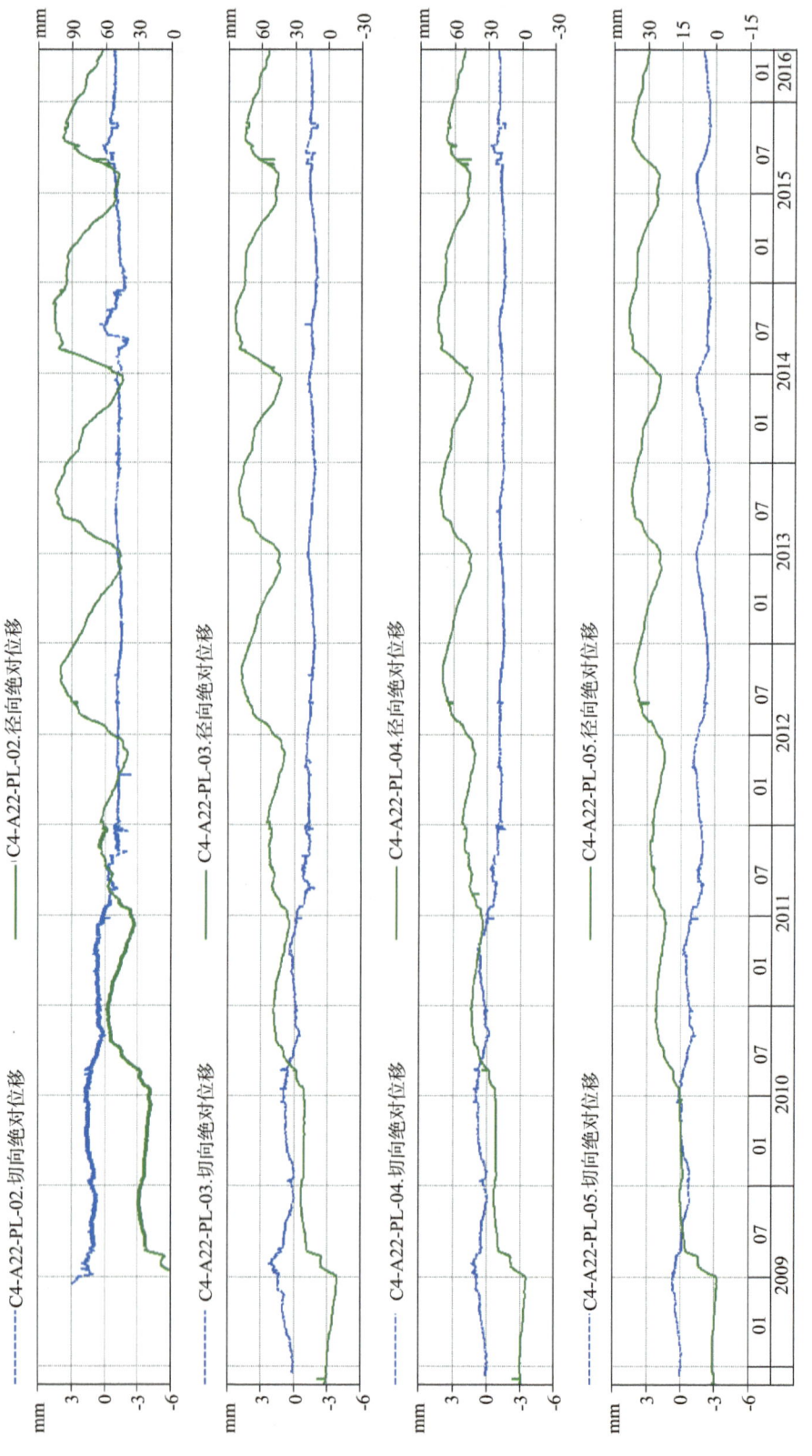

图 2-6-45 C4-A22-PL-02、C4-A22-PL-03、C4-A22-PL-04、C4-A22-PL-05 位移过程线图

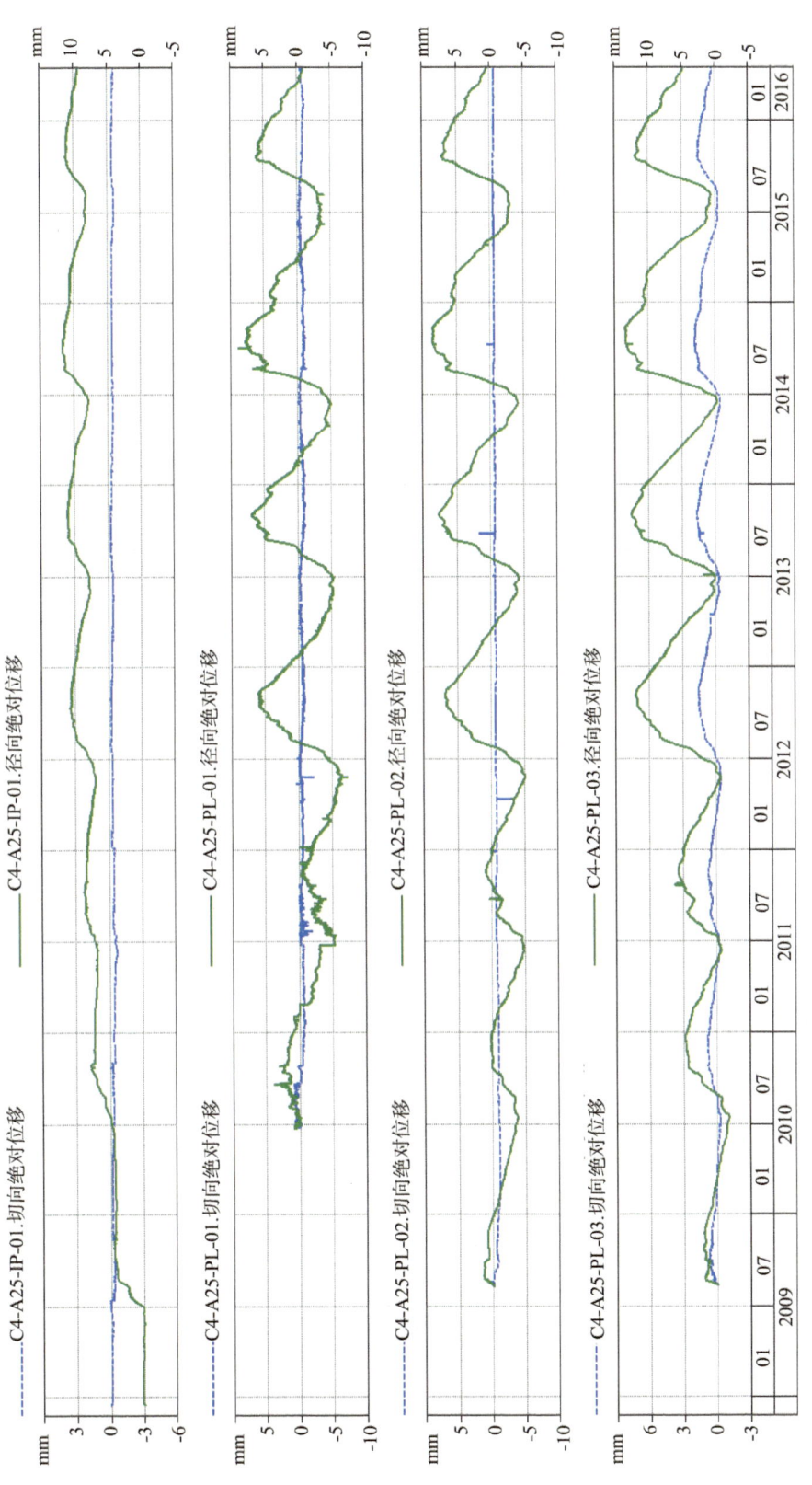

图 2-6-46 C4-A25-IP-01、C4-A25-PL-01、C4-A25-PL-02、C4-A25-PL-03 位移过程线图

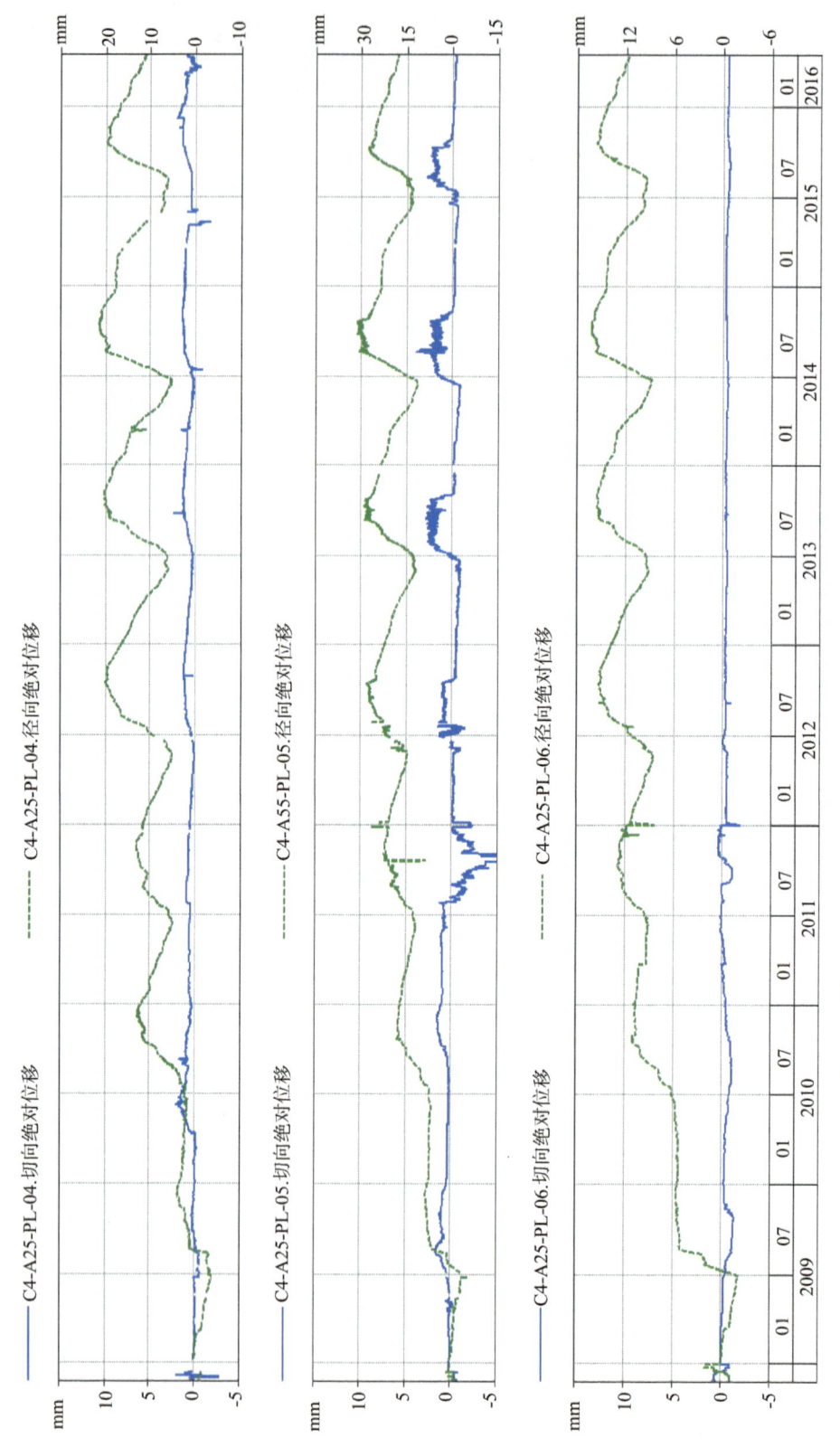

图 2-6-47 C4-A25-PL-04、C4-A25-PL-05、C4-A25-PL-06 位移过程线图

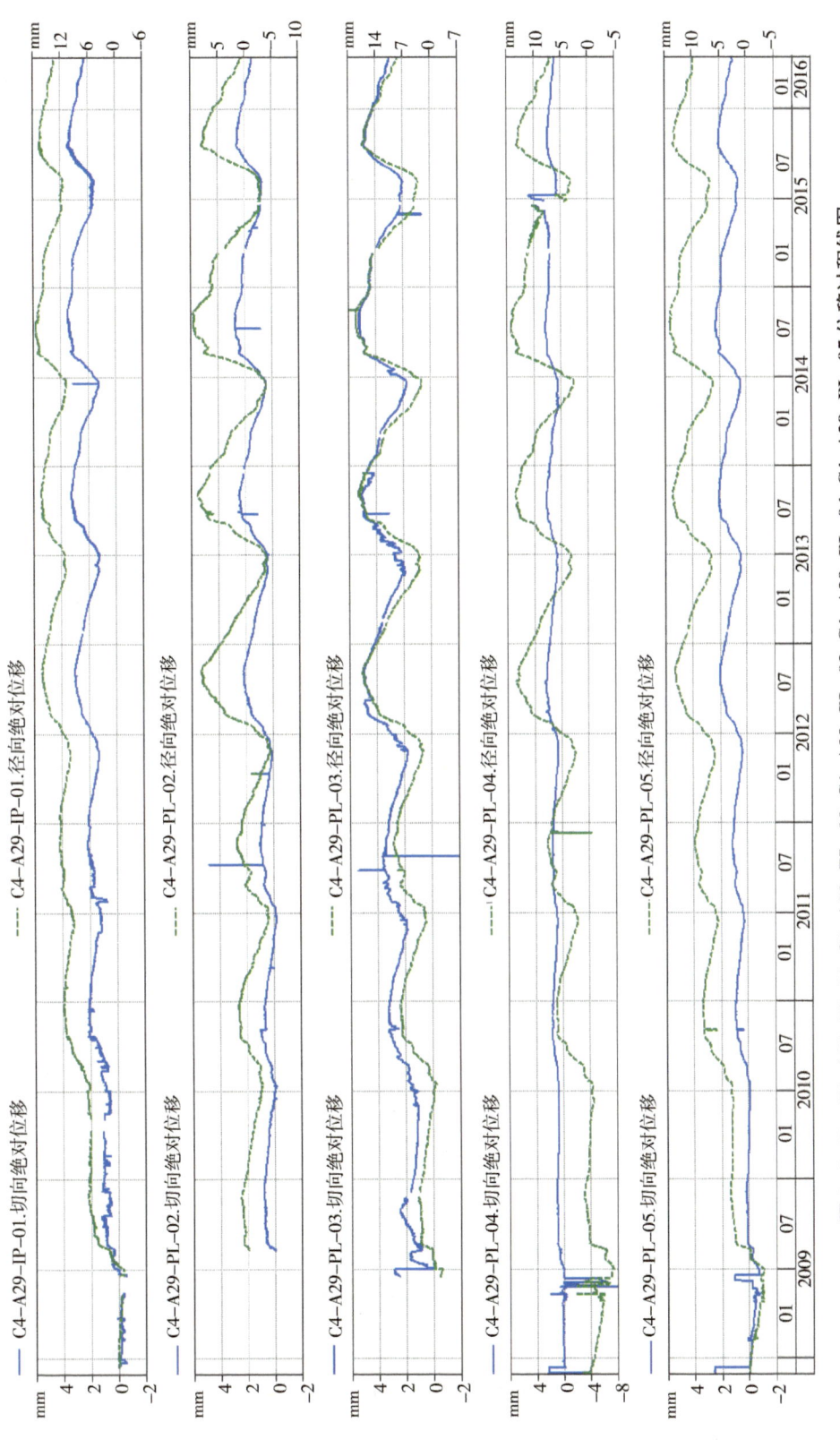

图 2-6-48　C4-A29-IP-01,C4-A29-PL-02,C4-A29-PL-03,C4-A29-PL-04,C4-A29-PL-05 位移过程线图

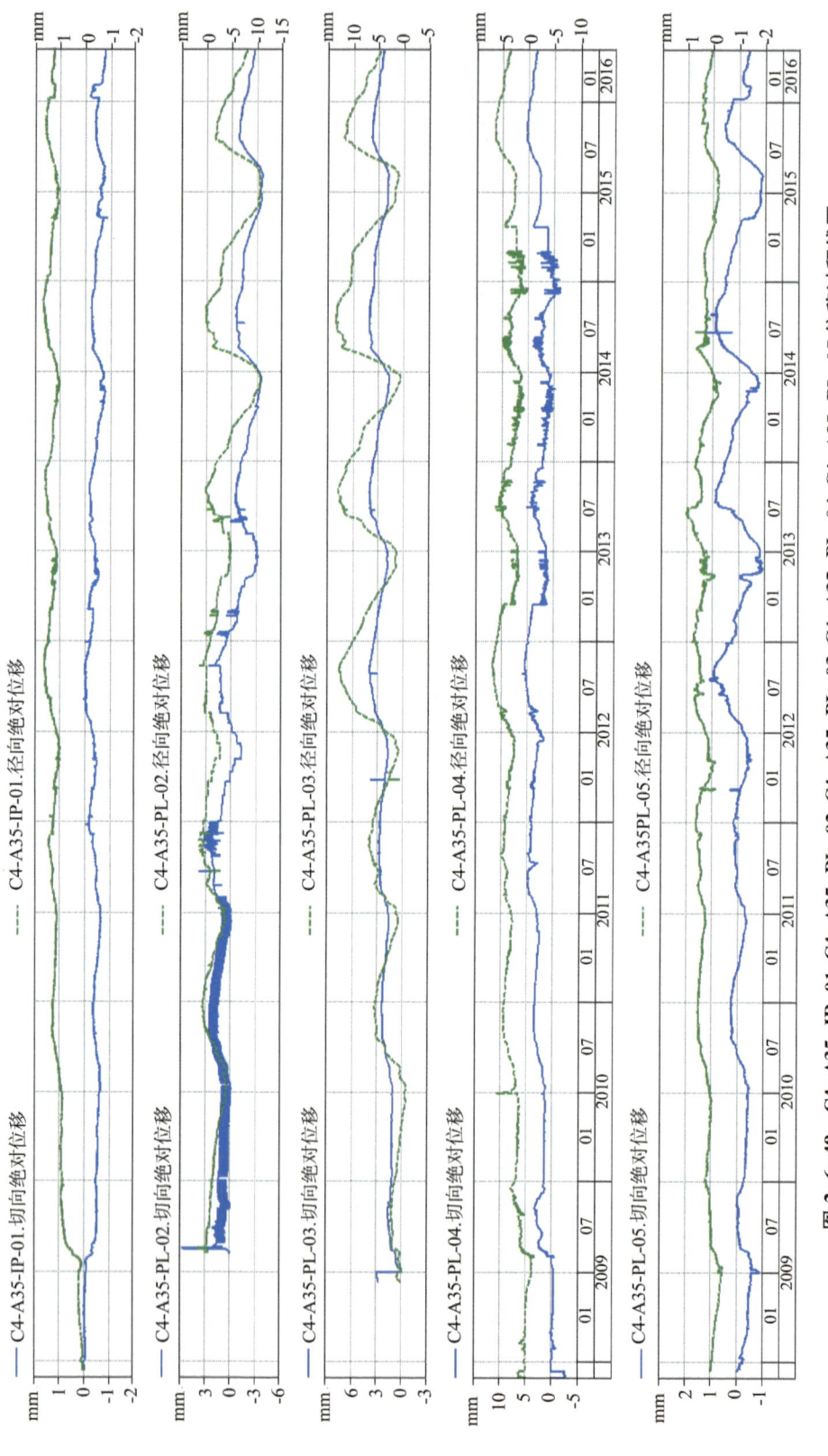

图 2-6-49 C4-A35-IP-01、C4-A35-PL-02、C4-A35-PL-03、C4-A35-PL-04、C4-A35-PL-05 位移过程线图

13 km。坝址控制面积 9 157 km²，多年平均年径流量 84.57 亿 m³。设计正常蓄水位 73 m，回水与上游福建境内永定水电站尾水衔接。具有日调节能力。

枢纽主要建筑物由非溢流重力坝、挡水厂房、混凝土溢流坝及户外开关站组成。重力坝基岩为粗粒斑状黑云母花岗岩及中粒花岗闪长岩，断裂发育，工程地质条件较复杂。坝型为混凝土实体重力坝。左、右两岸挡水坝段设计坝顶高程 77.3 m，分别长 82 m 和 65 m，采用坝顶溢流泄洪，溢流坝长 113.5 m，堰顶高程 55 m，设 6 孔每孔宽 14 m、高 18 m 的弧形钢闸门。闸墩上游侧公路桥面高程 77.3 m。以钢弧门控制，采用面流消能。

2.6.8.2 实测资料简析

青溪工程坝顶安装一条引张线，共安装了电容式引张线仪 18 台，两端 2 条倒垂线 IP19、IP20，安装 2 台电容式坐标仪，采用 DAU 分布式数据采集系统，为大坝提供了 16 年规律、稳定的周期性变化运行资料。青溪廊道安装电容式静力水准仪共 27 台，两个基准双金属标安装 2 台电容式变位计。仪器高精度、高稳定测量，为大坝提供了 16 年宝贵的沉降变化资料。

电容感应式静力水准仪在水电站大坝上监测垂直位移量，仪器测量系统零漂移，十几年来长期测量稳定可靠。从青溪工程看，有的坝段垂直位移十六年只有零点几毫米变化，而仪器系统准确测量出它的变形规律。在坝的一端安装坝体沉降基准的双金属标，安装两台电容式位移计，双金属标位移计给出准确可靠的坝体沉降值。图 2-6-52 至图 2-6-56 中给出经修正的各点绝对沉降量。

2.7 电容感应式静力水准在我国城市地铁、桥梁、高铁、高层建筑等大型工程中的应用

2.7.1 静力水准系统首次在国内地铁沉陷监测中的应用

20 世纪 90 年代，南瑞研制生产的电容感应式静力水准仪及监测系统首先在国内路桥领域应用，已在上海地铁人民广场站、东方路站、新闸路站、东方路隧道等立体施工中地铁隧道沉陷监测，深圳地铁 3A 标、3B 标、3C 标立体施工中地铁隧道、月台沉陷监测，深圳桩基托换科研项目、华强水立交桥等 30 多个工程中推广应用，地铁方面主要用于施工过程监测或长期自动化监测，如已运营的地铁受房地产开发、立交桥施工、后建地铁隧道施工等影响而产生沉陷。静力水准沉降监测作为高精度长期监测项目成功地解决了工程长期稳定性问题。1998 年上海地铁已采用电话线（Model）拨号方式实现了多个现场数据的统一采集。现以上海地铁东方路站沉降自动监测、深圳地铁桩基托换沉降自动监测项目为例，说明静力水准自动化系统的组成、系统配置、功能应用情况。

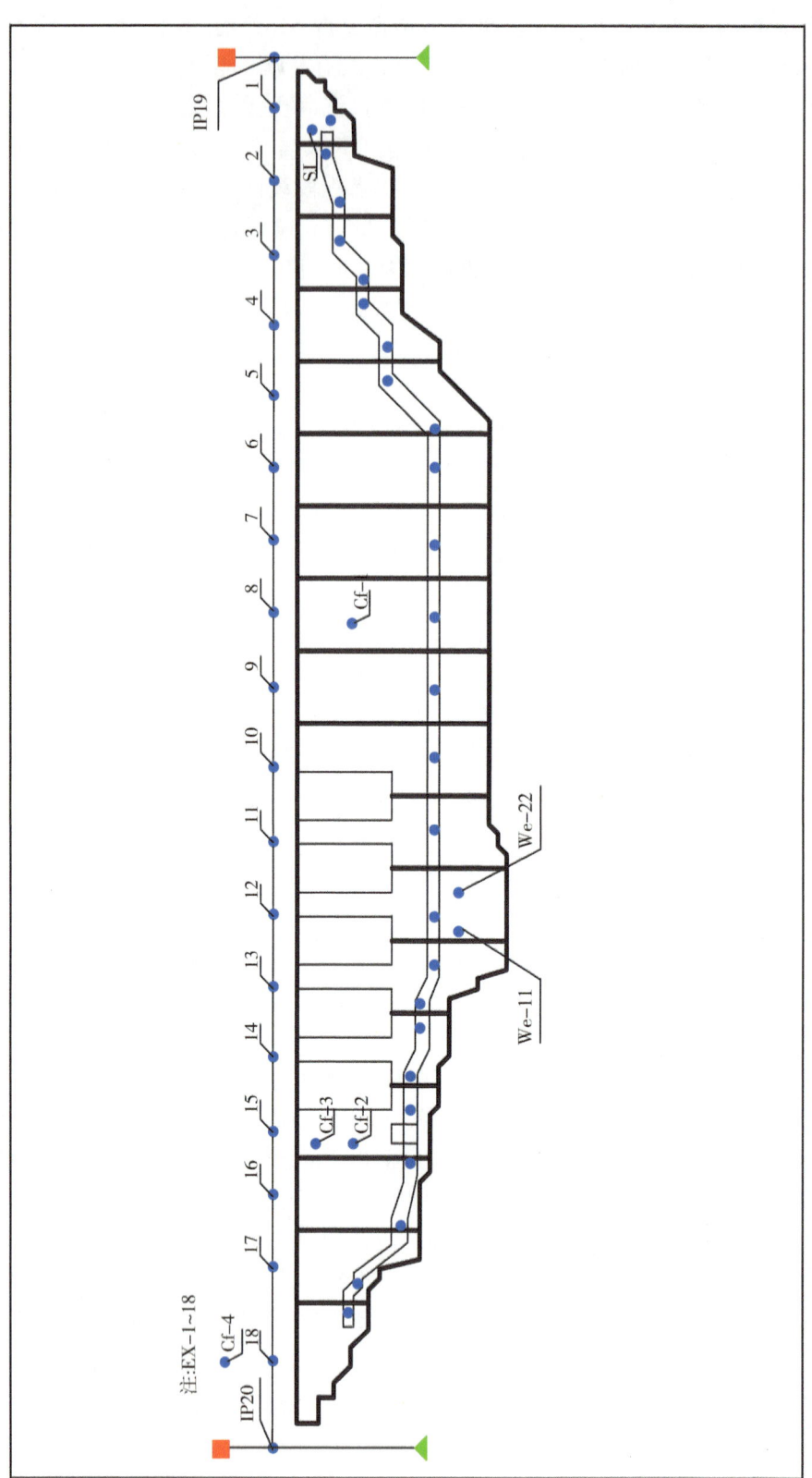

图 2-6-50 菁溪大坝立面布置图

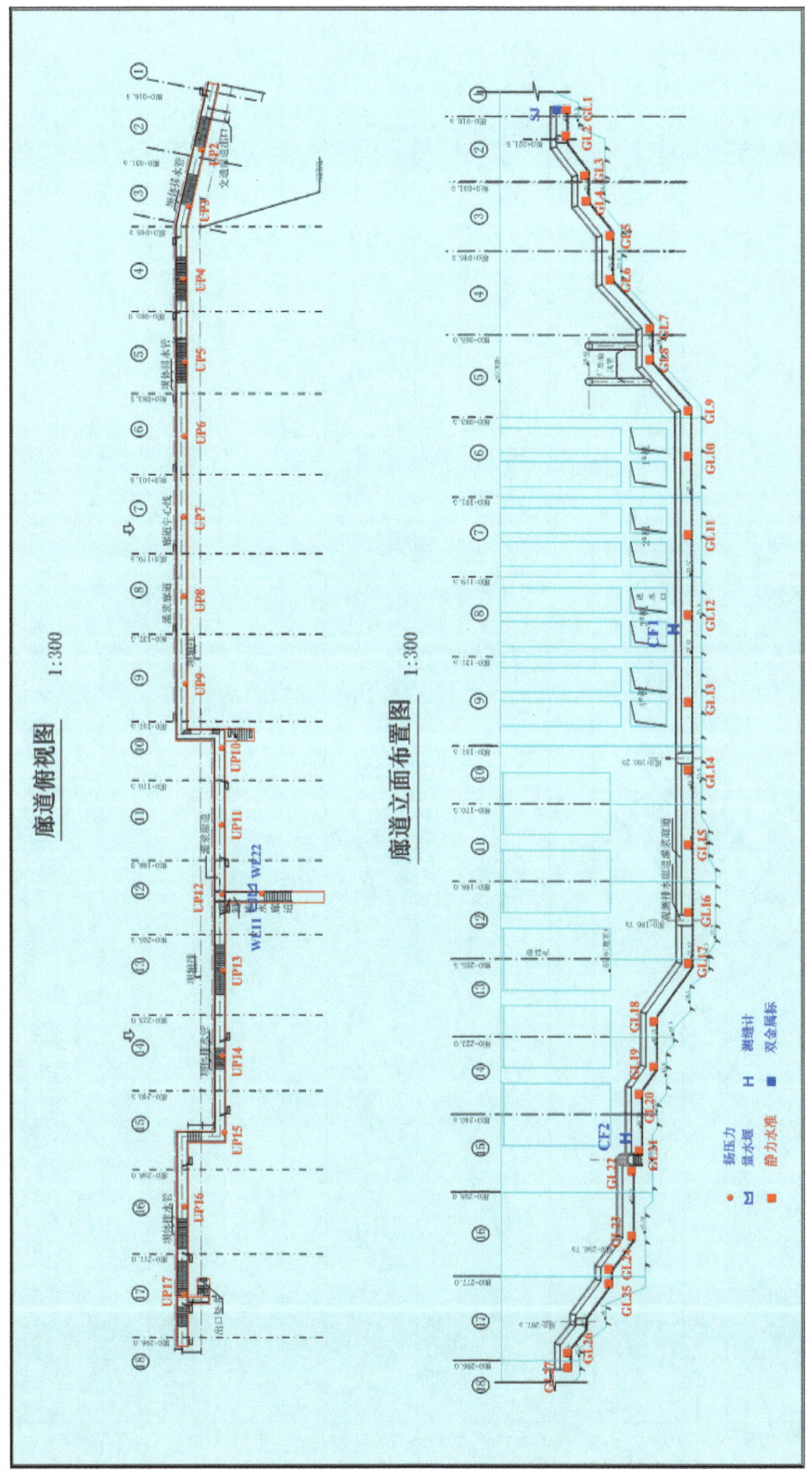

图 2-6-51 廊道俯视图、廊道立面布置图

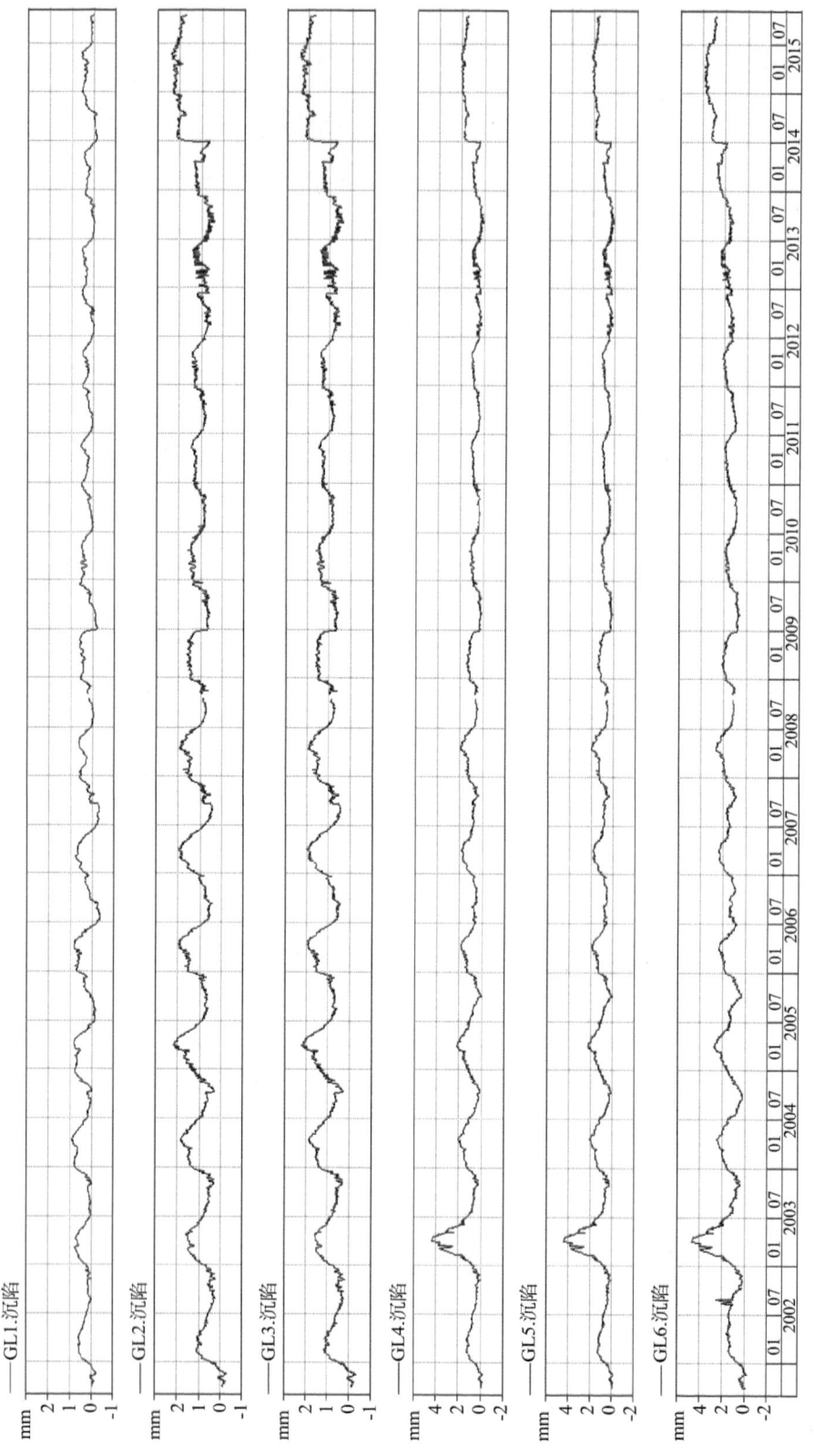

图 2-6-52　GL1、GL2、GL3、GL4、GL5、GL6 沉陷过程线图

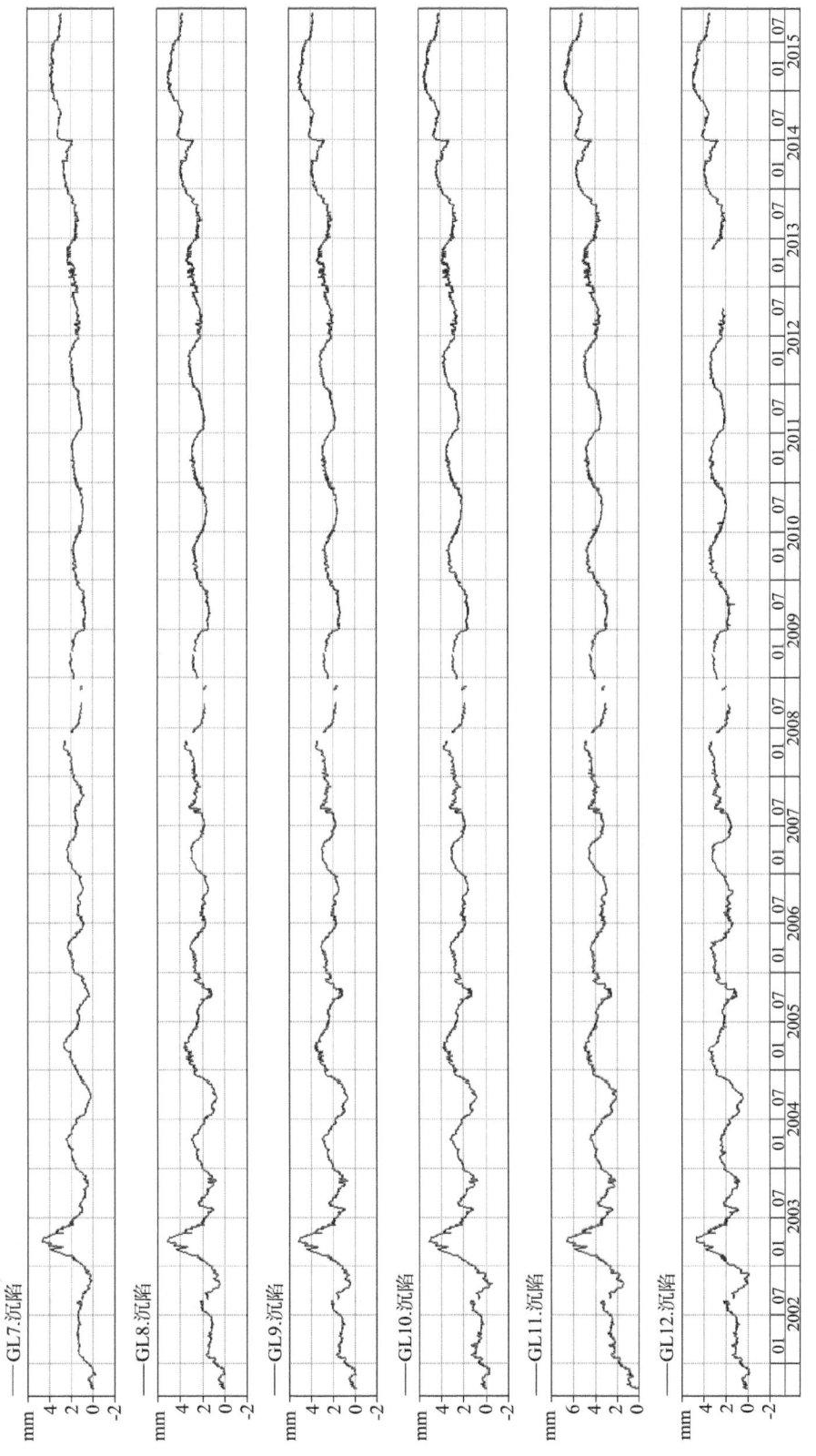

图 2-6-53 GL7、GL8、GL9、GL10、GL11、GL12 沉陷过程线图

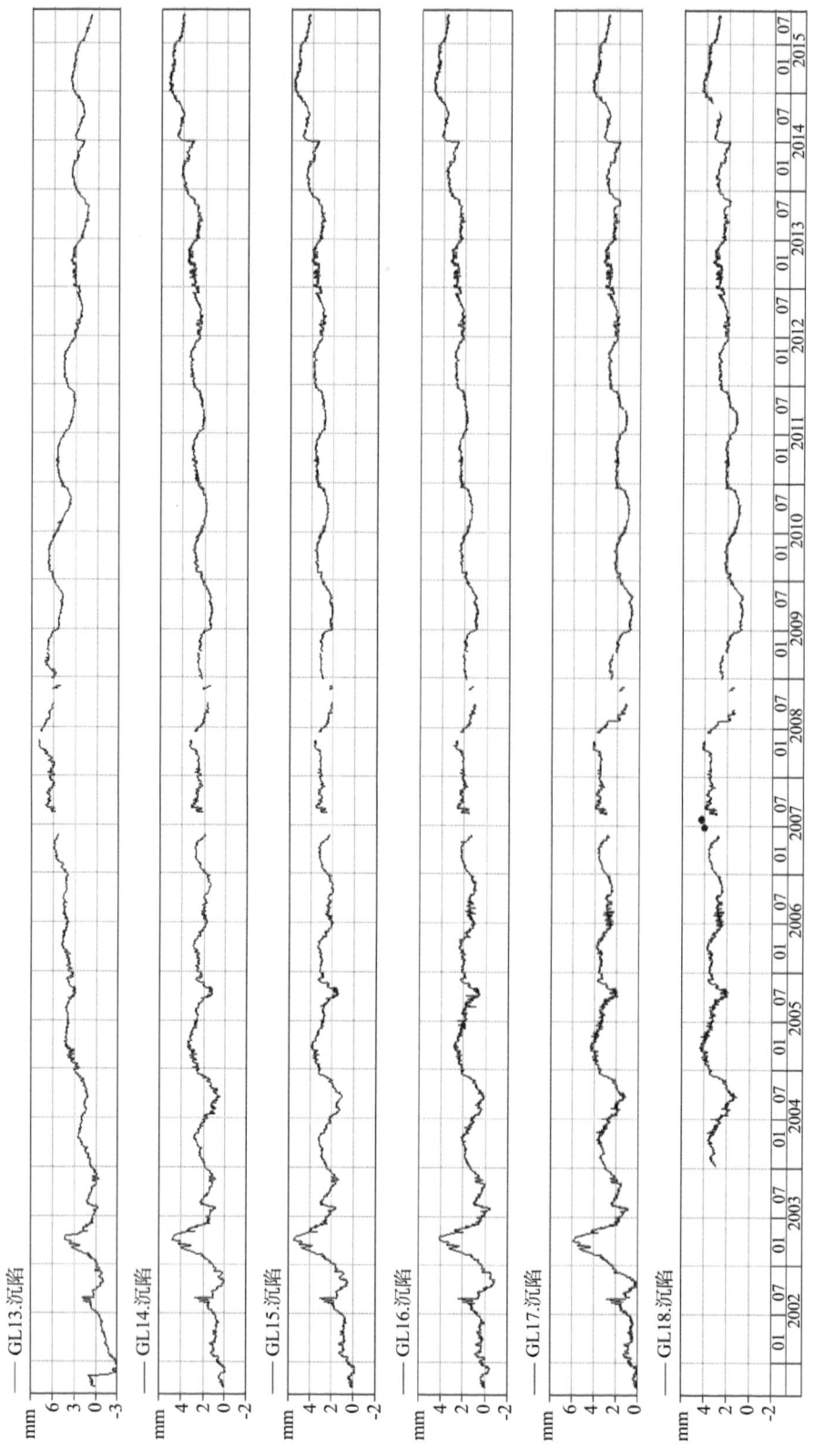

图 2-6-54　GL13、GL14、GL15、GL16、GL17、GL18 沉陷过程线图

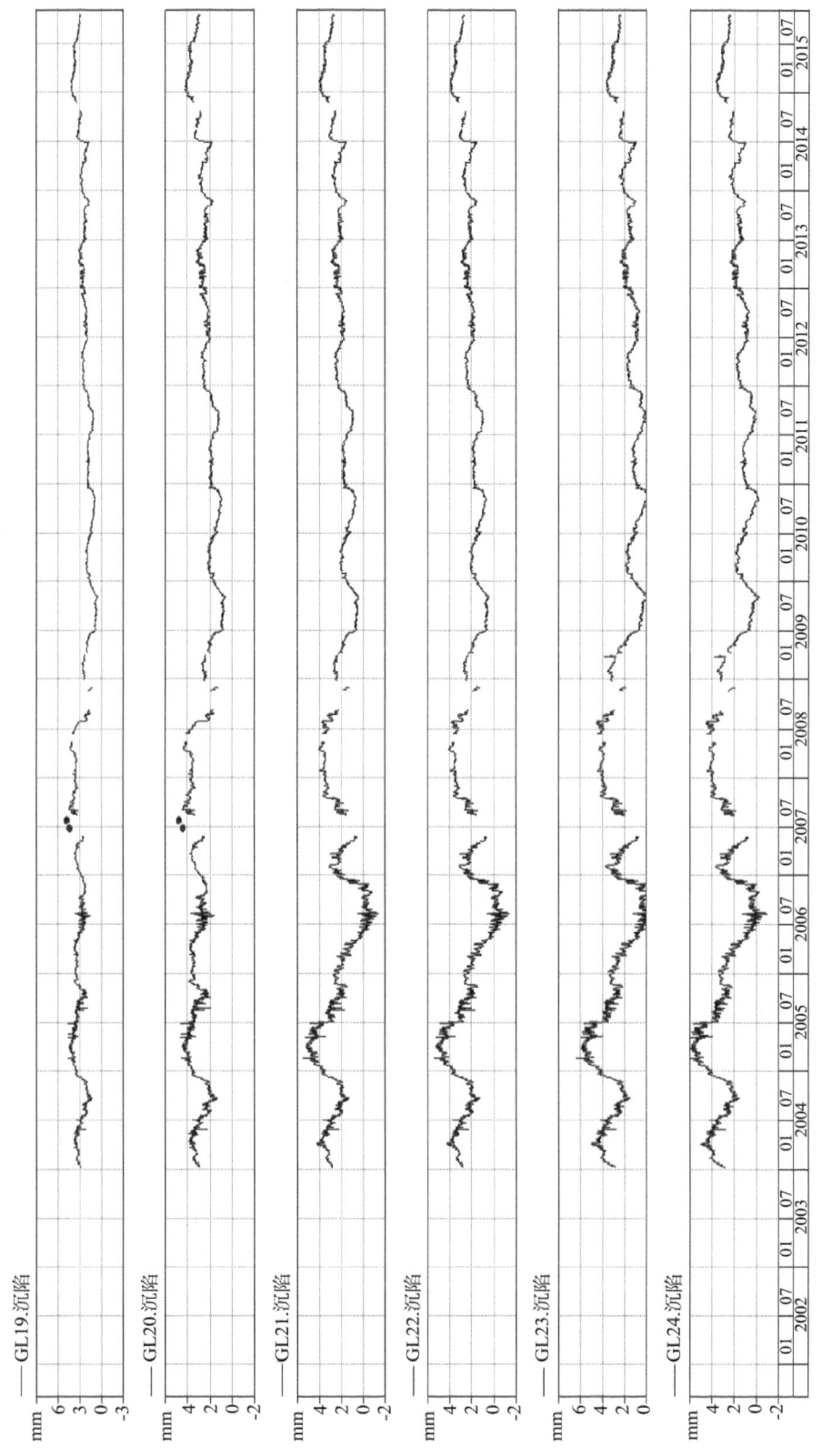

图 2-6-55 GL19、GL20、GL21、GL22、GL23、GL24 沉陷过程线图

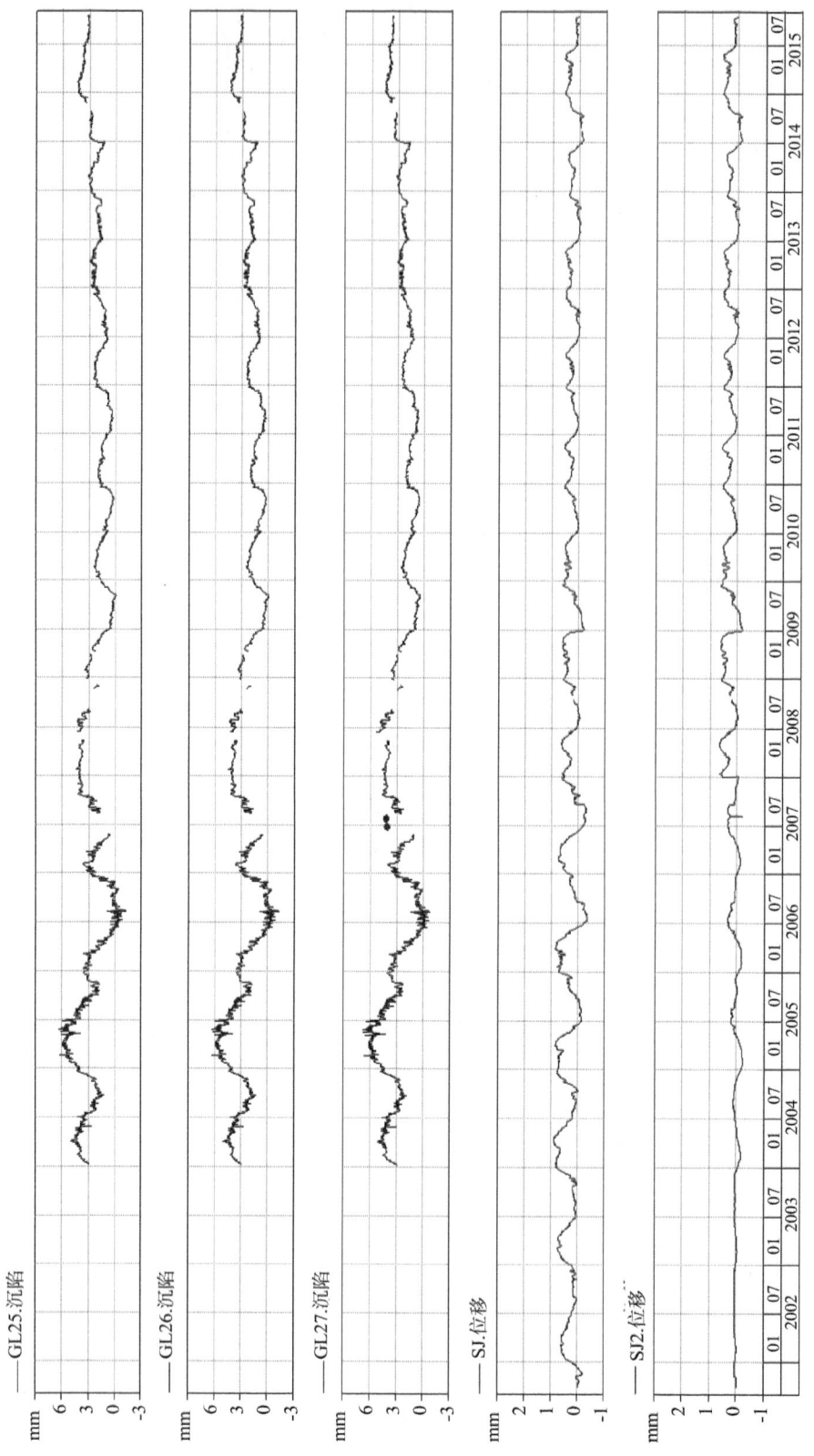

图 2-6-56　GL25、GL26、GL27 沉陷和 SJ、SJ2 位移过程线图

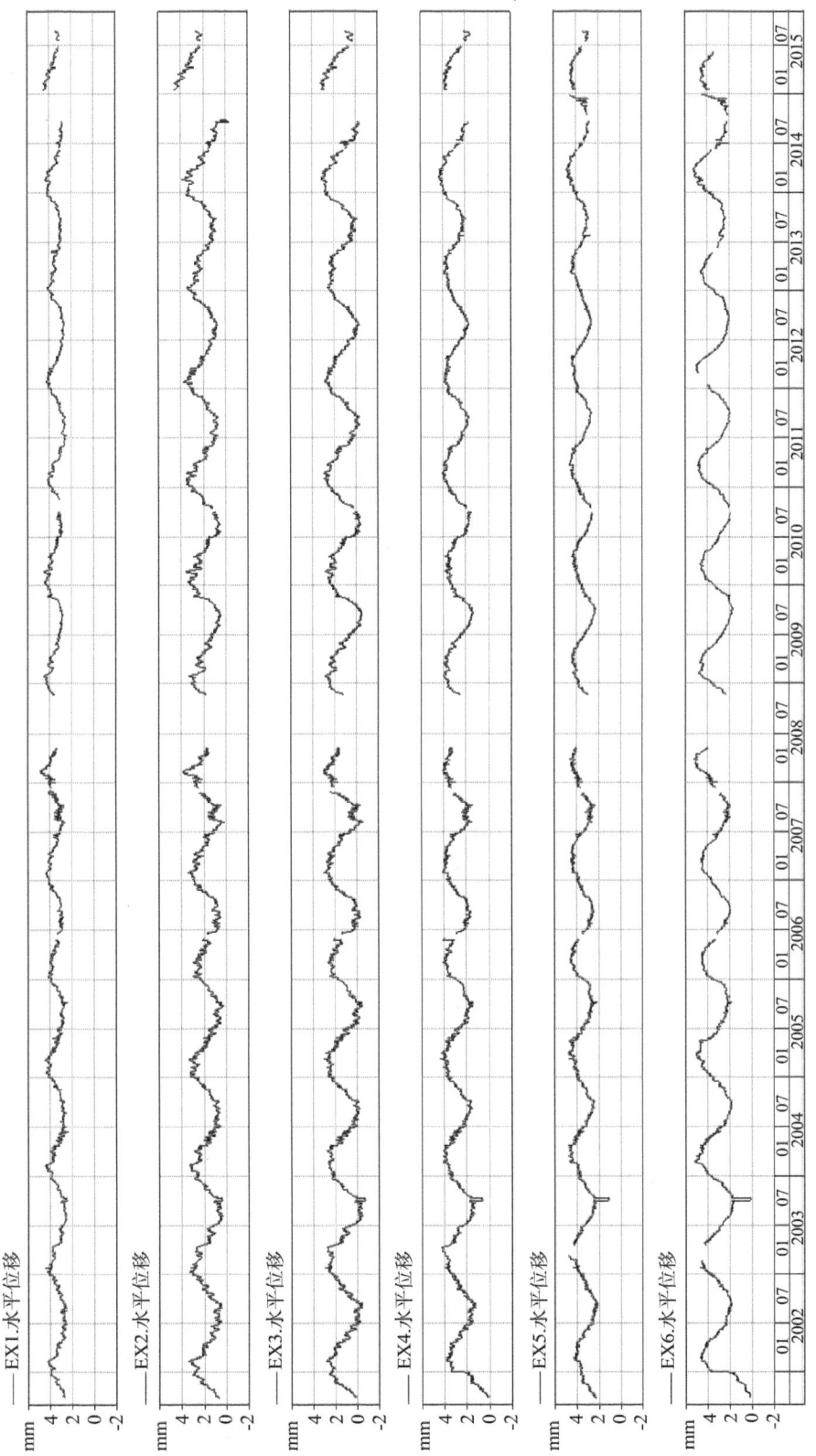

图 2-6-57　EX1、EX2、EX3、EX4、EX5、EX6 位移过程线图

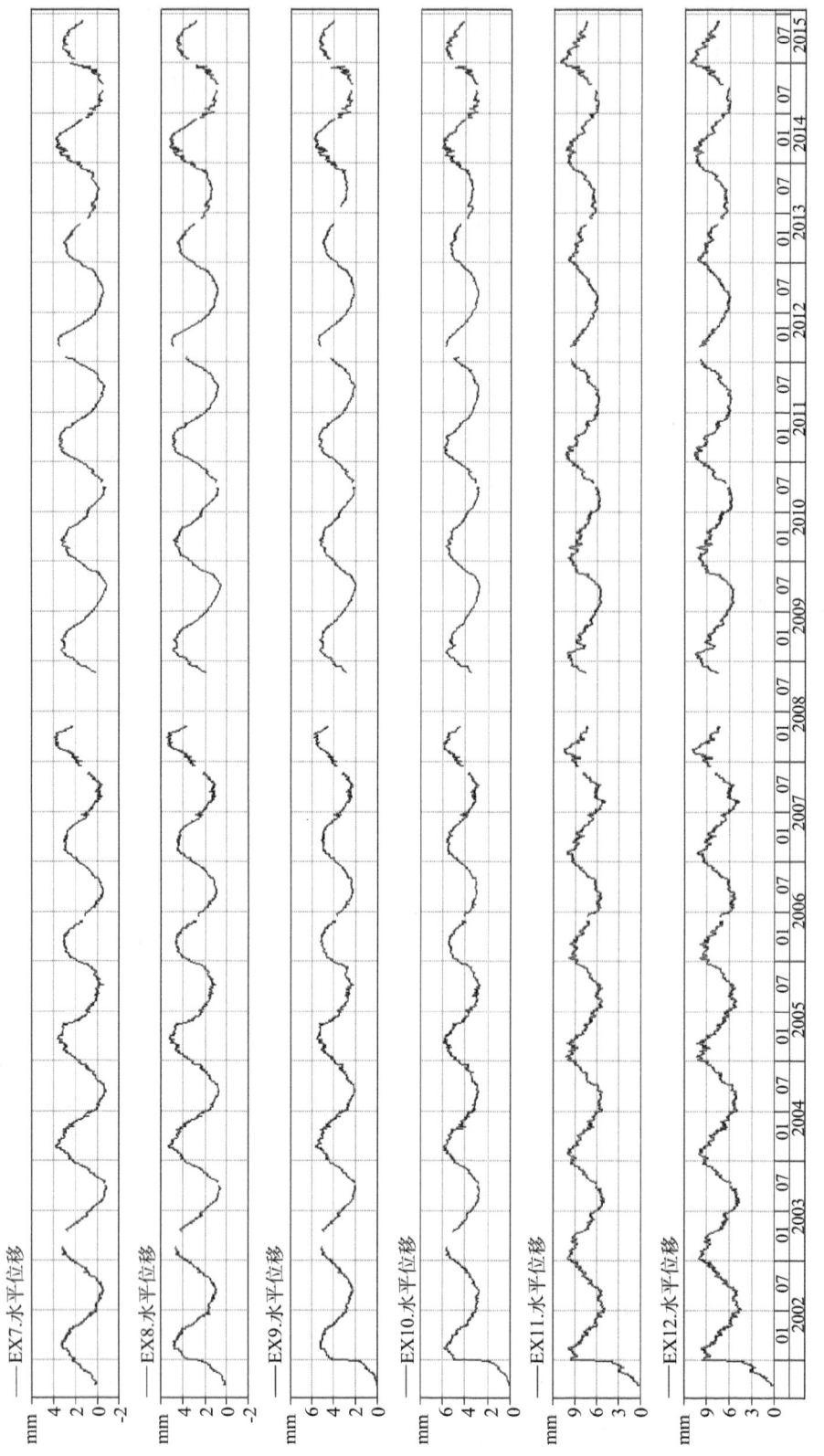

图 2-6-58　EX7、EX8、EX9、EX10、EX11、EX12 位移过程线图

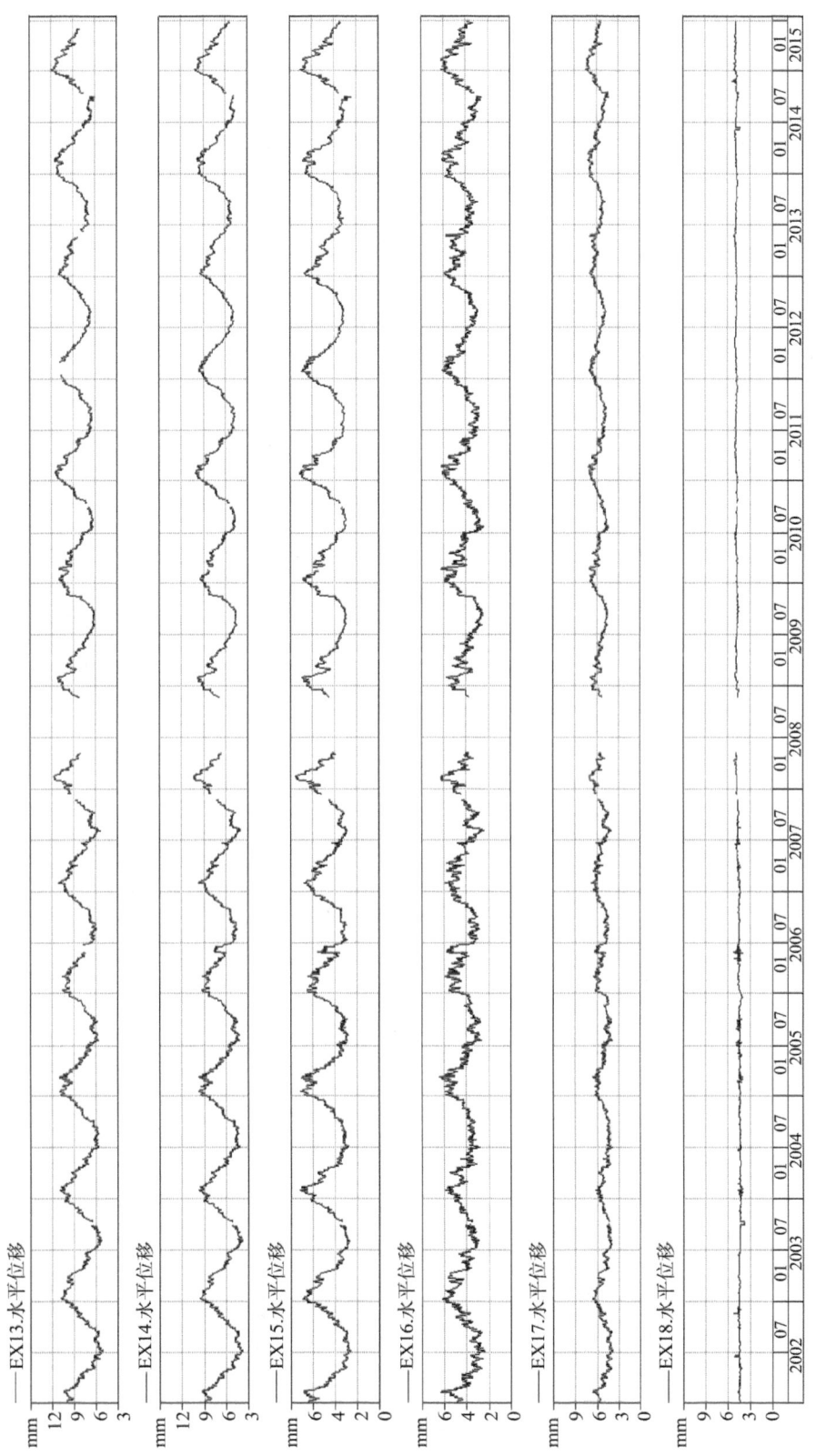

图 2-6-59 EX13、EX14、EX15、EX16、EX17、EX18 位移过程线图

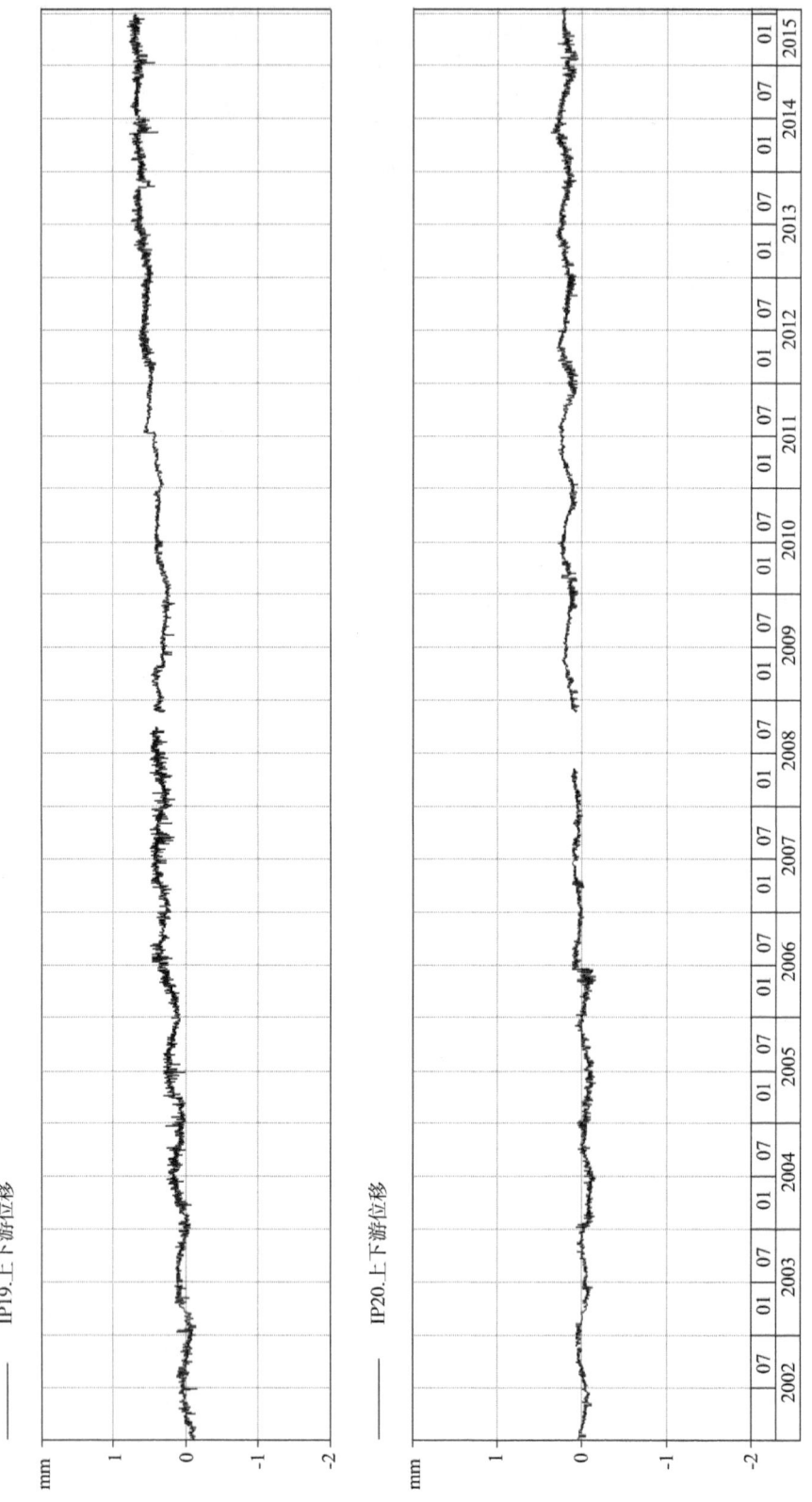

图 2-6-60 IP19、IP20 位移过程线图

2.7.1.1 上海地铁东方路站沉降自动监测项目

后建的明珠二期张杨路车站,位于浦东东方路、张杨路、世纪大道交汇处。张杨路车站的施工势必对运行中的东方路车站的结构产生影响,为此1998年在张杨路车站施工期间需要对东方路车站的变形进行监测。此项目由上海京海工程技术公司实施,采用了南京南瑞集团公司的静力水准自动化监测系统。

(1)监测布置

在东方路车站的侧墙上(靠近明珠二期张杨路车站一侧)每10 m布设一组静力水准监测点,计32组,其中1组为起始参考点。监测布置如图2-7-1所示。

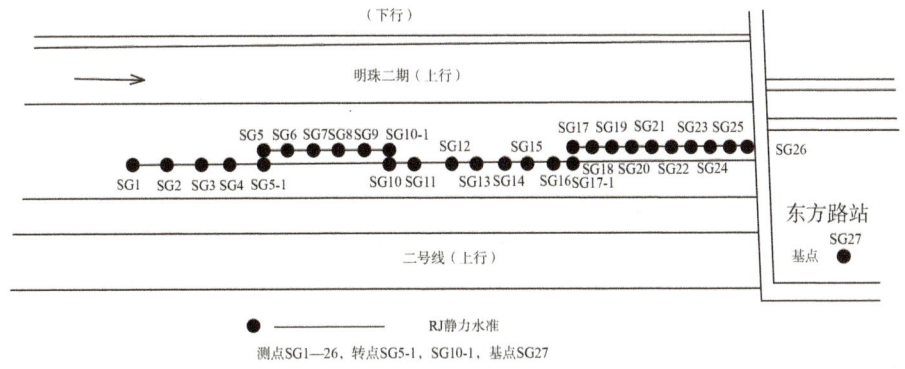

图 2-7-1 东方路隧洞监测静力水准监测布置图

(2)系统的组成

1998年,该沉陷监测自动化系统采用智能分布式数据自动采集系统及相应的管理软件。该系统由静力水准仪、数据采集装置(DAU)、一套计算机监控管理主机、管理软件及通信网络系统组成。

具体方法是事先在车站侧墙(或隧道腰部)上安装静力水准容器托架,然后把静力水准容器固定在托架上调平后,安装32台RJ-40型电容传感器,使用了4个NDA1303数据采集模块和4个DAU2000测点控制箱。DAU放置在静力水准仪附近,对所接入的仪器按照监控主机的命令或预先设定的时间自动进行控制、测量,并就地转换为数字量暂存于DAU中,并根据监控主机的命令向主机传送所测数据。监控主机则根据一定的模型对实测数据进行检验和在线监控,并向管理中心传送经过检验的数据并入库。前方数据采集装置(DAU)布置在隧道内,采用双绞屏蔽线通信。为了便于管理监测现场,可设活动工作站(一般用笔记本电脑作为活动工作站),数据通信线及通信模块布设到车站站台工作人员办公室外。目前,电话线已直接通到车站站台通信模块前,可以实现远程实时监控与数据传输。

各采集装置(DAU)、监控主机的具体位置及互相之间的连接关系见图2-7-2。

(3)系统的功能

在监控中心任何一台装有标准软件的便携式计算机都可以连接到中心局域网上,作

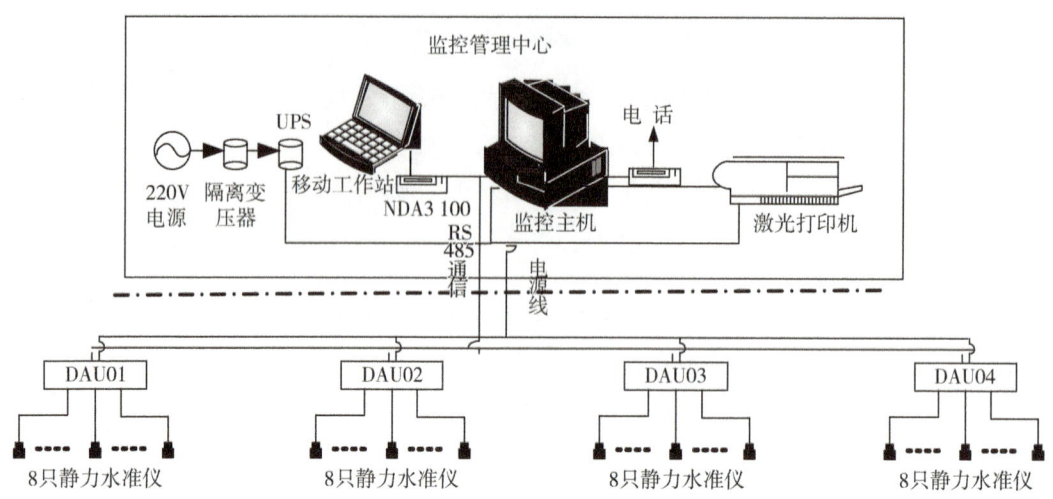

图 2-7-2　上海地铁东方站沉陷监测系统网络布置图

为临时网络监控站;在现场每个 DAU 都备有便携机接口,便携机可以直接连到 DAU 上,这种临时连接允许操作人员进行现场检查、率定、诊断和系统的重新设置,但不扰乱正常的日常数据采集和网络拓扑结构的设置;此外,便携式计算机可作为移动用户进行远程访问。

系统具有存储、掉电保护、蓄电池、自诊断等功能,软件具有在线监测、报表制作、图文资料管理、数据库管理等功能,可以实现多种测量。

1998 年该项目投运后,业主单位评价静力水准仪测量稳定可靠,测量精度高,系统运行正常,取得了连续可靠的监测数据,可以作出现场量测数据时态曲线,计算出位移(下沉量)速度、位移(下沉量)加速度,安全指导施工。

2.7.1.2　在深圳地铁工程中的应用

深圳地铁一期工程 3C 标段由隧道工程和百货广场连廊、百货广场裙楼、华中酒店三处桩基托换工程组成,是一项科研、设计、施工紧密结合的工程项目。其中百货广场桩基托换工程具有桩的荷载大、地层条件较复杂、地下水位高和托换位置深度大等特点,桩基托换工程的难度之大,在国内外尚未见类似工程先例。被托换的桩基轴力,从资料和检索结果看,属当时国内外地铁、地下工程中最大轴力。深圳地铁桩基托换中最大桩托换吨位 2 000 t。在 1998 年施工最紧张的时期,施工单位用一沉降测试装置没能准确给出垂直位移信号,耽误施工进度,经济损失巨大。后来,南瑞公司在最短时间内用电容感应式静力水准测量系统测出其垂直位移准确量,使施工进度按计划进行。

百货广场桩基托换采用主动托换,即在托换大梁和新桩之间设置加载千斤顶,在截桩之前通过千斤顶的加载,消除托换大梁和托换新桩的大部分变形,同时在保持一定预顶力下开始截桩。在桩基托换过程中,需要监测梁柱的沉降。参照国外的经验,在桩基托换过程中,按照梁柱向上抬升 1 mm、向下沉陷 3 mm 的标准进行控制。因此,广州市鲁班建筑防水补强有限公司和华南理工大学采用了南瑞公司的 RJ 型静力水准仪,现场布置图如 2-6-3 所示。通过南瑞公司的 DSIMS-Ⅳ 型智能化数据采集模块实现了实时数据采集。

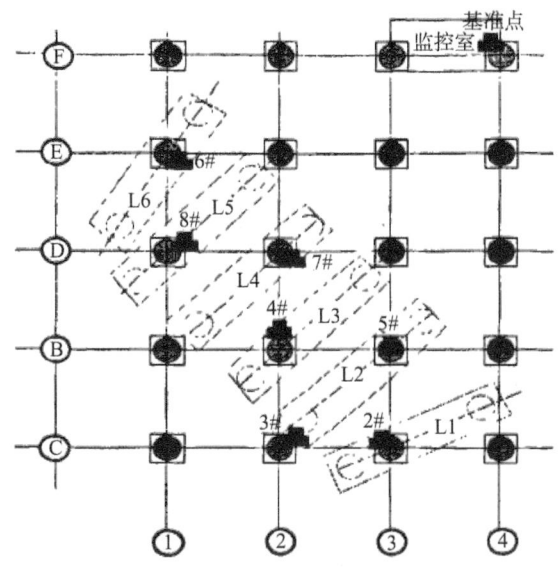

图 2-7-3 深圳地铁静力水准仪自动化观测点布置图

桩基托换按时间顺序可以分成加载、卸载及截桩三部分。一般地,一个桩加载全过程需要 2 小时,分为 10 档加载,每次加载 10%。每加载一次,要停 10~20 分钟,进行相关的测量及分析。加载到 100% 后要停顿一段时间,在此期间,对现场各测点进行定时测量。

卸载过程需要 1 个小时,一般卸载到桩上保持 40% 的荷载即可。在停顿一段时间后,开始截桩。

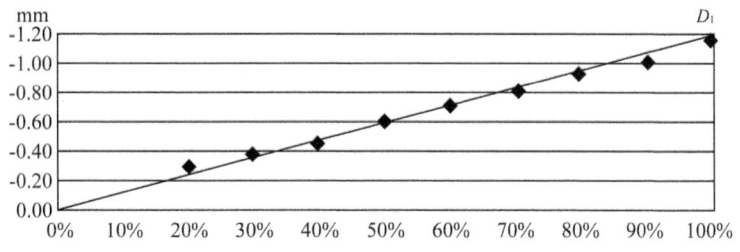

图 2-7-4 L5 梁加荷顶升时 D1 桩的荷载-位移曲线

图 2-7-4 中纵坐标 Y 的单位为 mm,负数表示桩相对于基准点向上位移。横坐标 X 为加荷比例。图 2-7-4 是用千斤顶顶升 L5 梁时,L5 梁的 D1 桩的位移曲线。当顶升 L5 梁的荷载达到设计要求时,D1 桩向上最大位移为 1.13 mm,荷载和位移基本上为线性关系。

从图 2-7-5 中可以看出,卸荷时 D1 桩向下位移,荷载和位移基本上为线性关系。但是,加荷及卸荷的曲率明显不同,这是由整个建筑物的应力重分布造成的。通过 RJ 静力水准仪,对整个桩基托换过程实现了自动化监测,首次精确地给出了位移过程图。

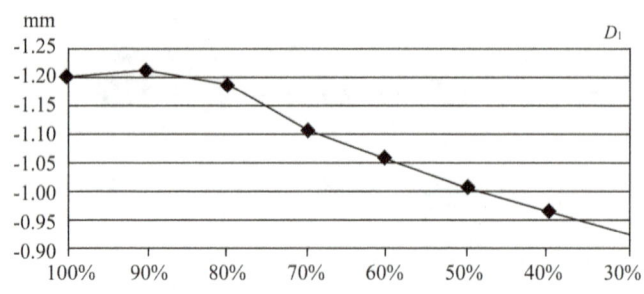

图 2-7-5　L5 梁卸荷时 D1 桩的荷载-位移曲线

2.7.2　电容感应式静力水准仪在我国地铁、桥梁、高铁、高层建筑等大型工程中的广泛应用

(1) 地铁安全监测

上海地铁:至 2022 年,上海地铁工程已使用南瑞 RJ 型电容感应式静力水准仪 3 240 台套,主要应用在人民广场站、东方路站、新闸路站、下立交站、宜山路站、河南中路站至陆家嘴站隧道上行线、虹口足球场站、虹桥站、沪宁及沪杭铁路穿越工程耀华站等。

北京地铁:至 2022 年,北京地铁工程已使用南瑞 RJ 型电容感应式静力水准仪 3 448 台套,主要应用在崇文门站、东直门站、望京西站、万寿路站、金融街站、清河桥机场线、13 号线折返线等。

除上海、北京外,南瑞 RJ 型电容感应式静力水准仪还在深圳、广州、天津、杭州、南京等地铁工程中大量应用。

(2) 桥梁安全监测

应用电容感应式静力水准仪的桥梁安全监测项目主要有杭州湾跨海大桥安全监测、上海东海大桥施工监测、广州丫髻沙大桥安全监测、广东中山港大桥安全监测、华强北立交桥安全监测、泥岗立交桥安全监测、珠海昌盛大桥安全监测、南海谢叠大桥安全监测、中山黄沙沥大桥安全监测、南水北调立交桥安全监测等。

其中,20 世纪 90 年代广州丫髻沙大桥平拉转体施工监测中要求仪器准确给出整体桥段转体中的垂直位移量,以监测桥段转体能否进行,这是风险极大的监测,仪器测量要万无一失。该大桥业主通过对国内所有垂直位移监测仪器进行调研后,确定采用南瑞生产的 RJ 型电容感应式静力水准仪。该仪器的高精度、高可靠性在此大型结构工程施工中发挥了重要作用。

(3) 高铁安全监测

应用电容感应式静力水准仪的高铁安全监测项目主要有京沪高铁山东三标段安全监测、京沪高铁西渴马隧洞安全监测、武广高铁线安全监测等。

（4）高层建筑安全监测

应用电容感应式静力水准仪的高层建筑安全监测项目主要有上海中山北路高楼监测（21台）、上海同济大学高楼监测（12台）、北京城市建筑设计院高层建筑监测（30台）。

（5）其他工程应用情况简介

南瑞电容感应式静力水准在工程上大量应用后，获得了不少有益的成果，在保障工程安全施工和运行方面发挥了巨大作用，业内也出现了大量文章对静力水准的应用情况和实践效果进行了详细阐述和分析。这里作者仅挑选几篇向读者做个介绍。

《DAMS静力水准自动化监测系统在广州地铁中的实践》[2]一文介绍了南瑞静力水准系统在广州地铁变形监测中的应用，文中写到"DAMS静力水准自动化系统是一种高精密液位测量系统，该系统适用于测量多点的相对沉降，具有精度高、自动化性能好等特点"。该文通过对实测数据的分析，证明该系统能及时提供沉降数据。通过静力水准监测，既保障了三号线安全运营，又达到了优化施工的目的，是地铁变形监测方法的理想选择之一。

《地铁车站下穿既有线隧道施工中的远程监测系统》[3]一文介绍了南瑞RJ型静力水准及远程数据采集系统DAU2000在北京地铁5号线崇文门车站施工中的成功应用。通过静力水准仪监测了既有地铁结构变形、隧道结构沉降和道床沉降。该系统"不但解决了传统监测技术无法在高密度行车区间内实施作业的技术难题，而且最大限度降低了监测与既有线运营之间的相互影响。通过远程自动监测系统实时采集既有地铁结构和轨道结构的沉降变化及走行轨几何形位的改变，为分析和判断既有地铁线路的运营及安全状况提供了科学依据。""由于远程自动监测系统及时为相关单位提供了变形过大的信息，施工单位能够在第一时间作出反应，通过采取注浆抬升的应对措施对变形进行了控制，在一定程度上恢复了既有地铁线路的高程损失，从而保证了安全运营。"可见，南瑞静力水准系统及远程自动监测系统对保障既有线路的安全运营起到了至关重要的作用。

《地铁隧道内静力水准观测的精度分析》[4]一文，通过对在上海已运营的地铁隧道内的32台RJ20型电容式静力水准仪实测数据的分析研究，表明静力水准观测达到了很高的精度，地铁隧道内列车通过观测点和列车停运后，静力水准观测中的误差分别为±0.2mm和±0.01mm。说明了南瑞静力水准仪在变形监测中获得了高可靠、高精度的数据，对轨道交通保护区内重大、危险项目的施工及长期运行安全起到了重要作用。

《静力水准监测系统在地铁8号线第三方监测中的应用》[5]一文，介绍了静力水准系统测量原理，静力水准自动化监测方法以及在户外沉降监测中的应用和技术特点。通过对北京地铁8号线二期工程下穿某既有线路路基的沉降监测和对测量数据的分析，证明了静力水准测量系统确具有"精度高、自动化性能好、实时监测等特点，可以很好地满足工程要求"。

《自动化监测技术在新建地铁穿越既有线中的应用》[6]一文，首先针对既有线特殊环境的要求对国内外远程自动化监测系统进行了筛选，"主要对近景摄像测量系统、多通道无线遥测系统、光纤监测系统、全站仪自动量测系统、静力水准系统、巴塞特结构收敛系统的性能和价格进行了对比分析。根据比选结果，……电容式静力水准系统的性价比较高，可以满足现场环境要求和既有线路的限界要求，且在我国水利水电工程中已经大量的应用，取得了很好的效果，因此，监测系统选择以电容式静力水准系统作为基本传感器。"监测成果借助系统配套软件,可迅速对数据进行分析,对既有线结构健康状态进行评估,及时向施工、设计、运营单位反馈信息,确保了既有线在北京地铁5号线崇文门站下穿过程中安全、不间断运营,确保了工程进展顺利。

《静力水准监测在地铁盾构下穿建筑物过程中的应用》[7]一文介绍了杭州地铁1号线某盾构隧道沿线穿越3幢建筑物时,通过RJ20型静力水准监测,获得一系列有益的成果。研究表明:"静力水准监测……比常规水准监测更能详细准确地反映建筑物变形情况。……对施工单位正确分析工况、及时调整盾构参数和进行信息化施工提供了技术支持。"同时,"静力水准监测为盾构在相似地层条件下下穿建筑物提供了重要的基础性数据,也为左线盾构再次下穿3幢建筑物时盾构推进参数的设定提供了科学依据。"

《静力水准自动化监测系统在工程测量中应用》[8]一文介绍了静力水准在上海外滩通道工程中的应用。当外滩通道盾构推进作业时,为确保上部南京东路地下人行通道的变形满足正常使用要求,需要高精度、自动化测量仪器进行实时测量。静力水准在该工程施工中充分体现了其实时监控的优越性。

《相邻隧道施工对上海地铁二号线的影响分析》[9]一文分析讨论了新隧道施工过程中,原有隧道上海地铁二号线隧道的位移变化规律。监测资料来源于南瑞RJ型静力水准自动测量系统。项目共设测点26个,3个转换点,1个基准点,总测点数为30个。静力水准仪的精度为±(0.1~0.3)mm。可以看出,静力水准系统不仅在施工过程中为有效控制竖向位移提供实时的数据资料,确保了工程安全,也为今后工程改进设计及施工方案积累了宝贵经验,为理论研究提供了有效的数据支撑。

2.8 电容感应式垂线坐标仪、引张线仪、静力水准仪与国内外各型仪器性能比较

2.8.1 某大型船闸变形监测概况

某大型船闸全长6.4 km,其中船闸主体部分长1.6 km,引航道长4.8 km。该船闸为双线五级连续船闸,每线船闸主体段包括6个闸首和5个闸室,每个闸室长280 m,宽34 m。总设计水头为113 m,单级最大工作水头45.2 m。船闸共有12对人字闸门,其中最大的单扇尺寸为20.2 m×39.5 m(宽×高),最大单扇门重850 t。船闸建在岩石山体中,边坡开挖最大高度达170 m,闸身结构最大高度达70 m。为充分利用岩石基础的优良条件,节省工程量,结构采用了薄衬砌的闸室、闸首和输水隧洞。在两线船闸中间保留了岩体隔墩,要求混凝土结构与岩石共同承受荷载。

船闸变形安全监测以6个闸首和5个闸室为重点,布置有34条垂线共100个测点,在闸室南北边墙布置10条引张线共104个测点。从2003年起,船闸部分的垂线测点分别安装了南京S所步进电机式坐标仪、W所磁场差动式坐标仪、瑞士A公司的CCD式坐标仪、加拿大B公司的CCD式坐标仪,共100台套,并分别实施自动监测;引张线测点则采用人工测读设备进行观测。监测布置图见图2-8-1。

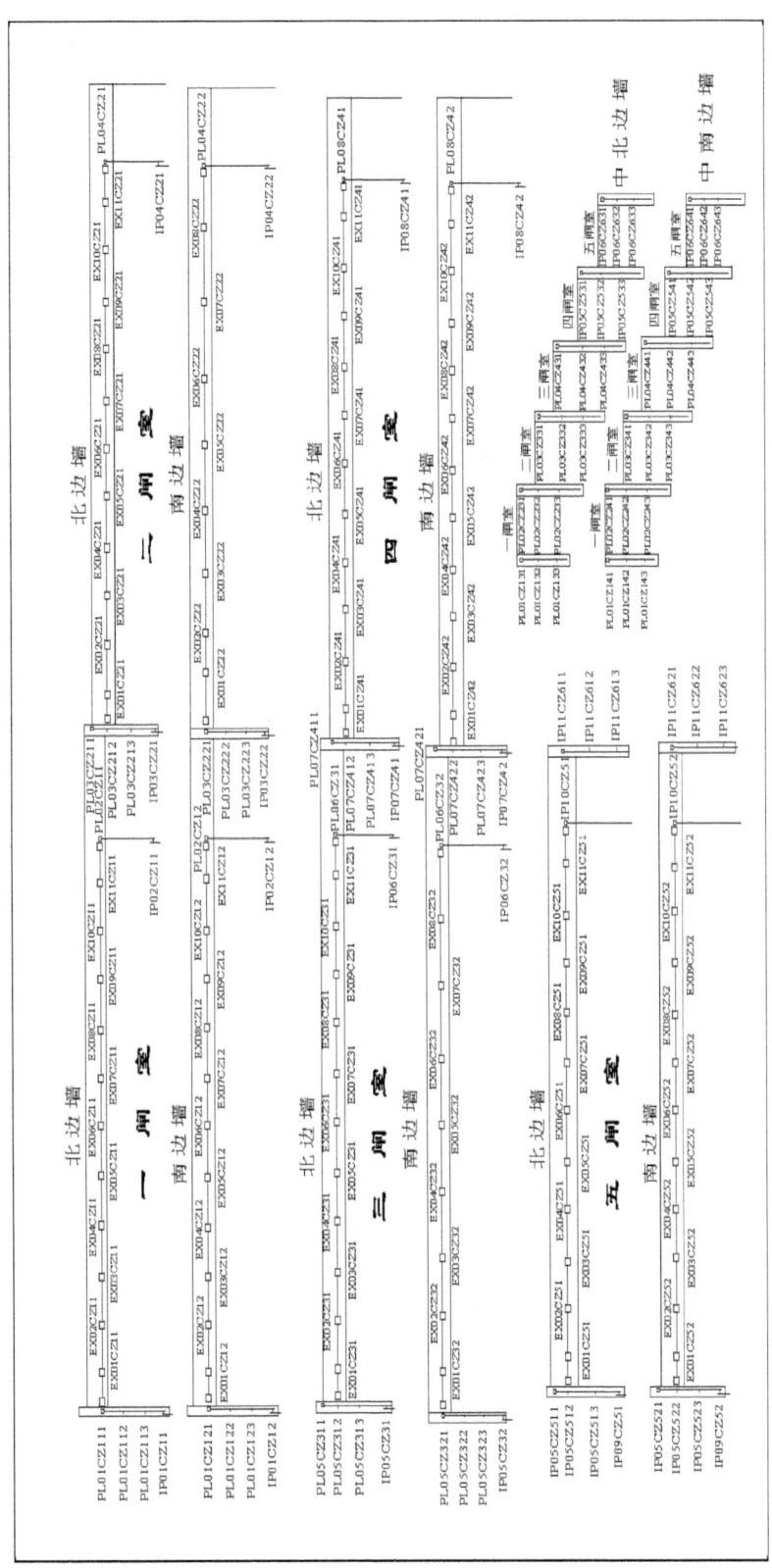

图 2-8-1 船闸引张线、垂线测点布置图

2.8.1.1　S所步进电机式垂线坐标仪

该型垂线坐标仪安装在船闸北线的二、四、五、六闸首及一、二、三、四、五闸室侧墙上,共计36台。其具体布置列于表2-8-1中。

表2-8-1　步进电机式坐标仪安装部位及编号

部位	仪器编号及工作状态									备注
一闸室北边墙	IP02CZ11A	✓	PL02CZ11A	×					EX-CZ11
二闸室北边墙	IP04CZ21A	×	PL04CZ21A	×					EX-CZ21
二闸首北边墙	IP03CZ21A	×	PL03CZ211A	×	PL03CZ212A	×	PL03CZ213A	×	
二闸首中北边墙	PL02CZ231A	×	PL02CZ232A	×	PL02CZ233A	×			
三闸室北边墙	IP06CZ31A	×	PL06CZ31A	×					EX-CZ31
四闸室北边墙	IP08CZ41A	×	PL08CZ41A	×					EX-CZ41
四闸首北边墙	IP07CZ41A	✓	PL07CZ411A	✓	PL07CZ412A	✓	PL07CZ413A	×	
四闸首中北边墙	PL04CZ431A	✓	PL04CZ432A	✓	PL04CZ433A	×			
五闸室北边墙	IP10CZ51A	×							EX-CZ51
五闸首北边墙	IP09CZ51A	×	IP05CZ511A	×	IP05CZ512A	×	IP05CZ513A	×	
五闸首中北边墙	IP05CZ531A	✓	IP05CZ532A	×	IP05CZ533A	✓			
六闸首北边墙	IP11CZ611A	✓	IP11CZ612A	×	IP11CZ613A	×			
六闸首中北边墙	IP06CZ631A	×	IP06CZ632A	×	IP06CZ633A	×			

注:① 表中✓为基本可用,×为数据缺失太多,不可用;
② 浅绿色单元格表示为提供引张线基点的正倒垂线;
③ 浅黄色单元格表示为引张线未能获得有效的端点位移基准值。

2.8.1.2　W所磁场差动式垂线坐标仪

该型垂线坐标仪安装在双线船闸南线的二、四、五、六闸首及一、二、三、四、五闸室侧墙上,共计36台。其具体布置列于表2-8-2中。

表2-8-2　磁场差动式坐标仪安装部位及编号

部位	仪器编号及工作状态									备注
一闸室南边墙	IP04CZ12A	×	PL04CZ12A	×					EX-CZ12
二闸室南边墙	IP04CZ22A	✓	PL04CZ22A	×					EX-CZ22
二闸首南边墙	IP03CZ22A	×	PL03CZ221A	×	PL03CZ222A	×	PL03CZ223A	×	
二闸首中南边墙	PL02CZ241A	✓	PL02CZ242A	✓	PL02CZ243A	✓			
三闸室南边墙	IP06CZ32A	✓	PL06CZ32A	×					EX-CZ32

续表

部位	仪器编号及工作状态									备注
四闸室南边墙	IP08CZ42A	✓	PL08CZ42A	✓					EX-CZ42
四闸首南边墙	IP07CZ42A	✓	PL07CZ421A	×	PL07CZ422A	×	PL07CZ423A	×	
四闸首中南边墙	PL04CZ441A	×	PL04CZ442A	×	PL04CZ443A	×			
五闸室南边墙	IP10CZ52A	✓							EX-CZ52
五闸首南边墙	IP09CZ52A	✓	IP05CZ521A	×	IP05CZ522A	✓	IP05CZ523A	×	
五闸首中南边墙	IP05CZ541A	×	IP05CZ542A	×	IP05CZ543A	×			
六闸首南边墙	IP11CZ621A		IP11CZ622A		IP11CZ623A				
六闸首中南边墙	IP06CZ641A	✓	IP06CZ642A	×	IP06CZ643A	✓			

注：① 表中✓为基本可用，×为数据缺失太多，不可用；
② 浅绿色单元格表示为提供引张线基点的正倒垂线；
③ 浅黄色单元格表示为引张线未能获得有效的端点位移基准值。

2.8.1.3　瑞士 CCD 式垂线坐标仪、加拿大 CCD 式垂线坐标仪

该型垂线坐标仪安装在船闸的一闸首、三闸首及三闸首两侧墙上，共计 28 台。其具体布置列于表 2-8-3 中。

表 2-8-3　瑞士 CCD 式坐标仪及加拿大 CCD 式坐标仪安装部位及编号

部位	仪器编号及工作状态									备注
一闸首中南边墙	PL01CZ141	✓	PL01CZ142	✓	PL01CZ143	✓			
三闸首北边墙	IP05CZ31A	×	PL05CZ311A	×	PL05CZ312A	×	PL05CZ313A	×	EX-CZ31
三闸首南边墙	IP05CZ32A	✓	PL05CZ32A	×	PL05CZ322A	✓	PL05CZ323A		EX-CZ32
三闸首中南边墙	PL03CZ341A		PL03CZ342A	✓	PL03CZ343A	✓			
一闸首北边墙	IP01CZ11A	✓	PL01CZ111A	×	PL01CZ112A	×	PL01CZ113A	×	EX-CZ11
一闸首南边墙	IP01CZ12A	×	PL01CZ121A		PL01CZ122A		PL01CZ123A	✓	EX-CZ12
一闸首中北边墙	PL01CZ131A		PL01CZ132A		PL01CZ133A	×			
三闸首中北边墙	PL03CZ331A	×	PL03CZ332A	×	PL03CZ333A	×			

注：① 表中✓为基本可用，×为数据缺失太多，不可用；
② 浅绿色单元格表示为提供引张线基点的正倒垂线；
③ 浅黄色单元格表示为引张线未能获得有效的端点位移基准值。

2.8.1.4　电容感应式垂线坐标仪

2010 年 3 月，船闸变形监测系统进行了部分更新改造。拆除了 2 台不能正常工作的磁场差动式坐标仪和 8 台不能正常工作的步进电机式坐标仪，安装了 10 台南瑞公司生

产的智能型电容感应式垂线坐标仪。近十多年来仪器系统一直稳定运行,取得大量连续可靠的数据,仪器缺失率为0。其具体安装部位列于表2-8-4中。船闸有10条引张线,共需104台引张线仪。在2013年南瑞公司垂线安装后,业主考虑增加引张线仪的安装,后发现国外垂线坐标仪防潮核心技术不过关,而南瑞公司的电容垂线坐标仪、引张线仪等在大坝高湿度等恶劣环境下防潮技术表现亮眼,因此业主选择在船闸10条引张线上安装了南瑞的104台套引张线仪及测量系统。同期改造的还有船闸人工观测的10条引张线104个测点,均更换为智能型电容感应式引张线仪,10条引张线全部实现监测自动化。

表 2-8-4　电容感应式坐标仪安装部位及编号

部位	仪器编号及工作状态			
二闸室北边墙	IP04CZ21A	✓	PL04CZ21A	✓
四闸首北边墙	PL07CZ413A	✓		
四闸首中北边墙	IP04CZ433A	✓		
五闸首北边墙	IP05CZ511A	✓		
五闸首南边墙	IP05CZ521A	✓	IP05CZ523A	✓
六闸首北边墙	IP11CZ612A	✓	IP11CZ613A	✓
六闸首中北边墙	IP06CZ631A	✓		

注:表中✓为可用

2.8.2　五种类型垂线坐标仪运行情况分析

2003年至今,船闸变形监测系统中同时运行有五种类型的垂线坐标仪。基本涵盖了目前国内外主要仪器厂家的主推产品和主流垂线坐标仪类型,并在基本相同的环境下运行。在国际上排名居前列的特大型水电工程这一平台上演示了国内外主流型号的垂线坐标仪的工作性能。

船闸垂线监测系统的设置功能有两个:一是监测闸墙的挠度变形,二则是作为引张线的端点,为引张线提供绝对位移值。

船闸自动化变形监测系统仪器的工作环境恶劣。如位于深达70 m竖井内的垂线坐标仪不仅运行环境极其恶劣,而且管理维护也极困难(沿竖井扶梯攀爬70 m,观测人员进行人工观测既艰难又危险),垂线坐标仪将不易得到及时的维护。换言之,船闸的垂线坐标仪主要靠自身具备的现场环境适应能力。事实上,所有水工建筑物安全监测都有这种要求,这也是检验水工建筑物安全监测仪器设备过关与否的主要标准。

从表2-8-1至表2-8-4可看出,在船闸这样的运行环境下,这几家公司产品的实际工作效果不佳。若所测数据经过适当处理尚具有一定规律的仪器定义为基本正常的坐标仪,对三年多测值过程线作初步统计,便可得出各家尚能正常工作的坐标仪(见表2-8-5)。

表 2-8-5　各类坐标仪正常工作比率

坐标仪类型	安装总台数	基本正常台数	可用度（%）
步进电机式坐标仪	36	10	28
磁场差动式坐标仪	36	14	39
瑞士 CCD 式坐标仪	14	14	50
加拿大 CCD 式坐标仪	14		
电容感应式坐标仪	10	10	100

在船闸运行的 100 台垂线坐标仪仅 38 台仪器基本上能提供全测量周期可用资料，可用度仅 38%。

2015 年大坝安全监测仪器系统招标中，监测系统全用南瑞水电公司的监测系统。其中，该公司招标中指定用防潮性能好的电容式垂线坐标仪，取代国内外失效的垂线坐标仪。

2.8.2.1 引张线端点监测

船闸设置了 100 个垂线测点，其一个主要功能是作为闸室引张线的端点，为引张线提供绝对位移基准值。为引张线服务的垂线测点列于表 2-8-6。

表 2-8-6　闸室引张线及其垂线端点

部位	引张线	引张线端点垂线及工作状态			
一闸室北边墙	EX-CZ11	IP02CZ11A	✓	PL02CZ11A	✗
		IP01CZ11A	✓	PL01CZ111A	✗
一闸室南边墙	EX-CZ12	IP02CZ12A	✗	PL02CZ12A	✗
		IP01CZ12A	✗	PL01CZ121A	✓
二闸室北边墙	EX-CZ21	IP04CZ21A	✗	PL04CZ21A	✗
		IP03CZ21A	✗	PL03CZ211A	✗
二闸室南边墙	EX-CZ22	IP04CZ22A	✓	PL04CZ22A	✗
		IP03CZ22A	✗	PL03CZ221A	✗
三闸室北边墙	EX-CZ31	IP06CZ31A	✓	PL06CZ31A	✗
		IP05CZ31A	✗	PL05CZ311A	✗
三闸室南边墙	EX-CZ32	IP06CZ32A	✓	PL06CZ32A	✗
		IP05CZ32A	✓	PL05CZ321A	✗

续表

部位	引张线	引张线端点垂线及工作状态			
四闸室北边墙	EX-CZ41	IP08CZ41A	×	PL08CZ41A	×
		IP07CZ41A	✓	PL07CZ411A	✓
四闸室南边墙	EX-CZ42	IP08CZ42A	✓	PL08CZ42A	✓
		IP07CZ42A	✓	PL07CZ421A	×
五闸室北边墙	EX-CZ51	IP10CZ51A	×		
		IP09CZ51A	×	IP05CZ511A	×
五闸室南边墙	EX-CZ52	IP10CZ52A	✓		
		IP09CZ52A	✓	IP05CZ521A	×

注：① 表中✓为基本可用，×为数据缺失太多，不可用；
② 浅绿色单元格表示为提供引张线基点的正倒垂线；
③ 浅黄色单元格表示为引张线未能获得有效的端点位移基准值。

由表 2-8-6 可知，原作为 10 条引张线 20 个端点的各类垂线坐标仪未能提供一个可用的基准值，端点垂线监测结果的可用度为 0。2010 年 3 月采用电容感应式垂线坐标仪更换了 10 台不能正常运行的步进电机式、电磁差动式坐标仪，其中五闸室南边墙 IP05CZ521A 改用电容感应式坐标仪后，该闸墙引张线 EX-CZ52 端点得到恢复。EX-CZ52 引张线上 11 个测点可给出绝对水平位移值，但其余 9 条引张线仍无法获得端点基准值。即 93 个引张线测点不能给出绝对水平位移值，端点有效率仅 10%。

2.8.2.2 闸墙、竖井挠度监测

从表 2-8-1 至表 2-8-4 可看出，船闸一至五闸首 10 个竖井中，每个竖井设置有 3 个正垂(或倒垂)测点，1 个倒垂测点，六闸首 2 个竖井中设置有 6 个倒垂测点，共计 46 台垂线坐标仪。12 个竖井中没有一个竖井能给出边墙的挠度曲线，垂线监测结果合格率为 0。但四闸首北边墙竖井 PL07CZ413A 由电容式坐标仪替代步进电机式坐标仪后，该竖井中的 4 台坐标仪均能给出可用数据，从而获得边墙的挠度曲线；六闸首北边墙竖井中 IP11CZ612A、IP11CZ613A 由电容式坐标仪替代步进电机式坐标仪后，该竖井中的 3 台坐标仪均能给出可用数据，从而获得边墙的挠度曲线；五闸首南边墙竖井 IP05CZ521A、IP05CZ523A 由电容感应式坐标仪替代电磁差动式坐标仪后，该竖井中的 4 台坐标仪均能给出可用数据，从而获得边墙的挠度曲线。

船闸中北边墙、中南边墙 12 个竖井中，每个竖井设置有 3 个测点，共计 36 台正垂线坐标仪。3 个测点均正常的仅有 3 个竖井的 9 台坐标仪，能给出边墙的挠度曲线，合格率为 25%。

船闸 24 个竖井中仅有 3 个竖井的正倒垂线坐标仪能给出边墙挠度曲线，总合格率仅为 12.5%。

采用电容感应式坐标仪更换原来的坐标仪后，恢复了四闸首北边墙、五闸首南边墙、六闸首北边墙和四闸首中北边墙这4个挠度监测断面，使船闸24个竖井中有7个竖井的正倒垂线坐标仪能给出边墙的挠度曲线，总合格率上升为29%。

2.8.2.3 小结

该大型船闸安装了国内外垂线坐标仪100台套，至2013年仅有38台仪器勉强正常运行，仪器合格率仅38%。船闸24个竖井中，仅有3个竖井的正倒垂线坐标仪能给出边墙挠度曲线，总合格率仅为12.5%。

船闸10条引张线，104台引张线仪采用南瑞集团的智能型引张线仪。仪器从2010年安装起，至今十多年，仪器一直长期稳定准确可靠运行，没出任何故障，仪器数据缺失率为0。

2.8.3 南瑞电容感应式仪器在某大型船闸的应用

南瑞电容感应式坐标仪自2010年安装至今已13年，取得了一些宝贵资料。安装在船闸的10台坐标仪在极度潮湿的恶劣环境下取代无法在高湿度环境下工作的垂线坐标仪，此后一直正常工作，无一中断，取得了大量实测数据，准确反映了坐标仪所在位置闸墙规律性的变形性状。

船闸10条引张线的104台智能电容式引张线仪13年来一直正常稳定运行，获得了上百万个连续不中断的数据，准确地反映了船闸水平位移的变化规律。

2.8.4 智能型电容感应式垂线坐标仪与国内外各型垂线坐标仪性能比较

作为大中型水电工程中最重要的变形遥测仪器，监测建筑物三维变形的垂线坐标仪、引张线仪及静力水准仪，要能长期准确稳定测出建筑物变形，其最核心的关键技术是能在水工建筑物常年高湿度等恶劣环境下高精度运行，准确给出位移值。这是水工建筑物监测仪器与其他行业仪器最大的区别和难点。如这一性能不过关，仪器在水工建筑物中就不能可靠应用。水工建筑物这一恶劣环境无法改变，如湖南东江高拱坝曾在廊道内花大代价装珍珠岩来吸湿，这一措施因不能改变环境而失败。有些工程在廊道内装仪器处加除湿器也不成功。船闸竖井70 m深，垂线坐标仪安装时安装观测人员要携带仪器、带安全绳沿竖井扶梯攀爬70 m。这一工作既艰难又危险。船闸竖井的特殊结构使仪器安装环境很恶劣，也不可能提供人工维护。即使能人工维护，如几天维护一次，那么自动化遥测仪器也失去安装的意义。现将国内外垂线坐标仪在船闸中运行情况作一介绍：步进电机式垂线坐标仪36台，仅10台仪器基本上能提供全测量周期的可用资料，其余26台仪器运行很差。许多仪器仅能在测量周期的1/4~1/2时段有断断续续的数据，大多数仪器后来测不到数据，仪器失效，不能为建筑物提供可靠的变形资料[见附图（一）]。现26台运行失效的步进电机式垂线坐标仪全部由南瑞电容式垂线坐标仪取代。

36台磁场差动式垂线坐标仪中仅14台仪器基本上能提供全测量周期的可用资料，22台仪器运行很差[见附图（二）]。许多仪器在高湿度环境下仅能提供测量周期的

1/4~1/2时段的断断续续数据,大多数仪器后来测不到数据,仪器失效,不能为大中型水电工程提供可靠安全监测数据。现22台运行失效的磁场差动式垂线坐标仪全部由南瑞电容式垂线坐标仪取代。

国外进口设备中瑞士A公司、加拿大B公司的CCD垂线坐标仪在船闸共有28台,其中基本正常工作的仪器14台,其他14台仪器运行很差,一半以上仪器后来测不到数据,仪器失效[见附图(三)]。

南瑞公司2010年在某大型船闸安装的10台垂线坐标仪,104台引张线仪运行情况正常。十多年来,仪器设备长期连续稳定可靠运行,为船闸提供了准确可靠的资料[见附图(四)]。

从某大型船闸各类仪器运行结果看,步进电机式和电磁差动式垂线坐标仪在高湿度等恶劣环境下长期稳定可靠测量这一核心技术不过关,花高价购买的瑞士和加拿大公司的CCD垂线坐标仪的这一核心技术也不过关。

南瑞公司智能型电容式垂线坐标仪替换了10台不能工作的步进电机式、电磁差动式垂线坐标仪后,在船闸十多年运行中取得大量数据,仪器测量连续稳定。

2.8.5 电容感应式静力水准仪与差动变压器式静力水准仪性能比较

在船闸一至五闸首北边墙和南边墙基础廊道共安装36台静力水准仪,其安装部位及编号见表2-8-7。

表2-8-7 静力水准仪安装部位及编号

部位	仪器编号及工作状态											
一闸首南边墙	TC01CZ13A	×	TC02CZ11A	×	TC03CZ11A	×	TC04CZ11A	×	TC05CZ11A	×	TC06CZ11A	×
二闸首北线	TC07CZ23A	×	TC08CZ21A	×	TC09CZ21A	×						
三闸首北线	TC10CZ33A	×	TC11CZ31A	×	TC12CZ31A	×						
四闸首北线	TC13CZ43A	×	TC14CZ41A	×	TC15CZ41A	×						
五闸首北线	TC16CZ53A	×	TC17CZ51A	×	TC18CZ51A	×						
一闸首南线	TC01CZ14A	✓	TC02CZ12A	✓	TC03CZ12A	✓	TC04CZ12A	✓	TC05CZ12A	✓	TC06CZ12A	✓
二闸首南线	TC07CZ24A	✓	TC08CZ22A	✓	TC09CZ22A	✓						
三闸首南线	TC10CZ34A	×	TC11CZ32A	×	TC12CZ32A	×						
四闸首南线	TC10CZ44A	×	TC14CZ42A	×	TC15CZ42A	×						
五闸首南线	TC16CZ54A	×	TC17CZ52A	×	TC18CZ52A	×						

注:表中✓为基本可用,×为数据缺失太多,不可用。

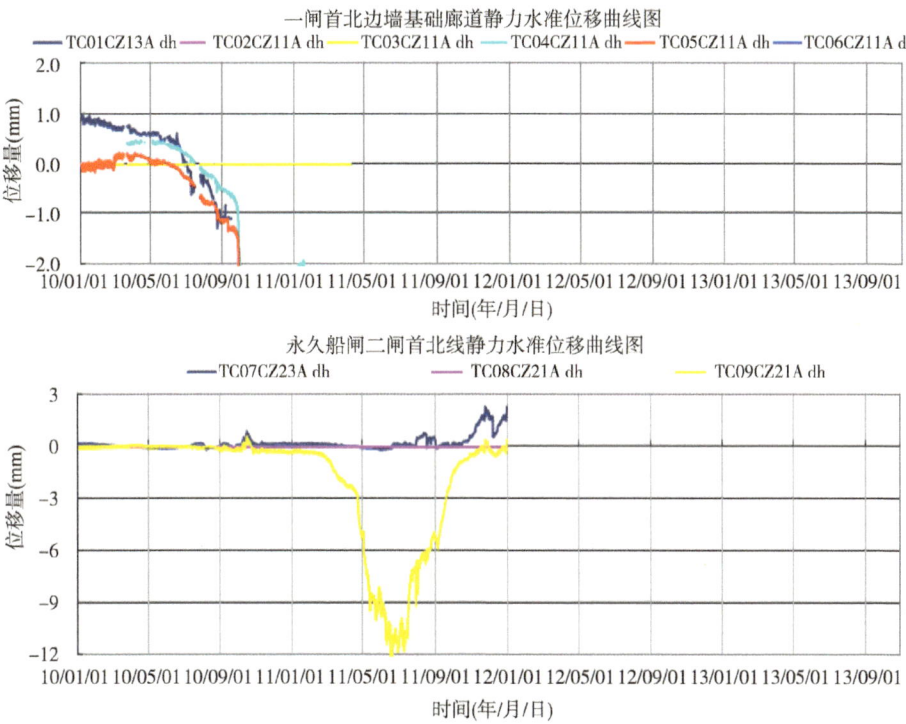

图 2-8-2　船闸静力水准仪测值过程线

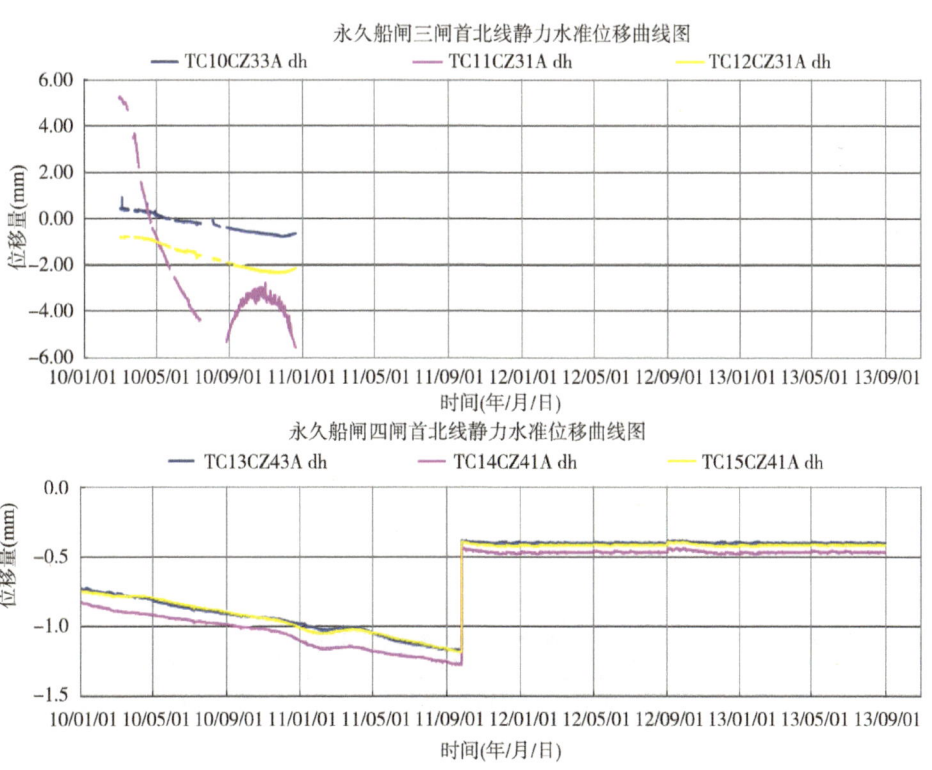

图 2-8-3　船闸静力水准仪测值过程线

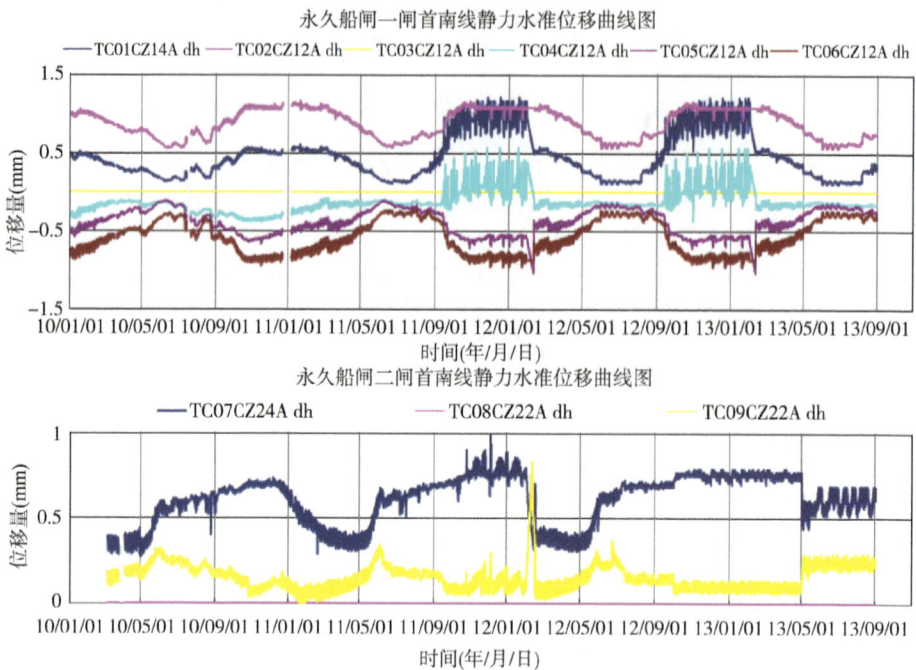

图 2-8-4　船闸静力水准仪测值过程线

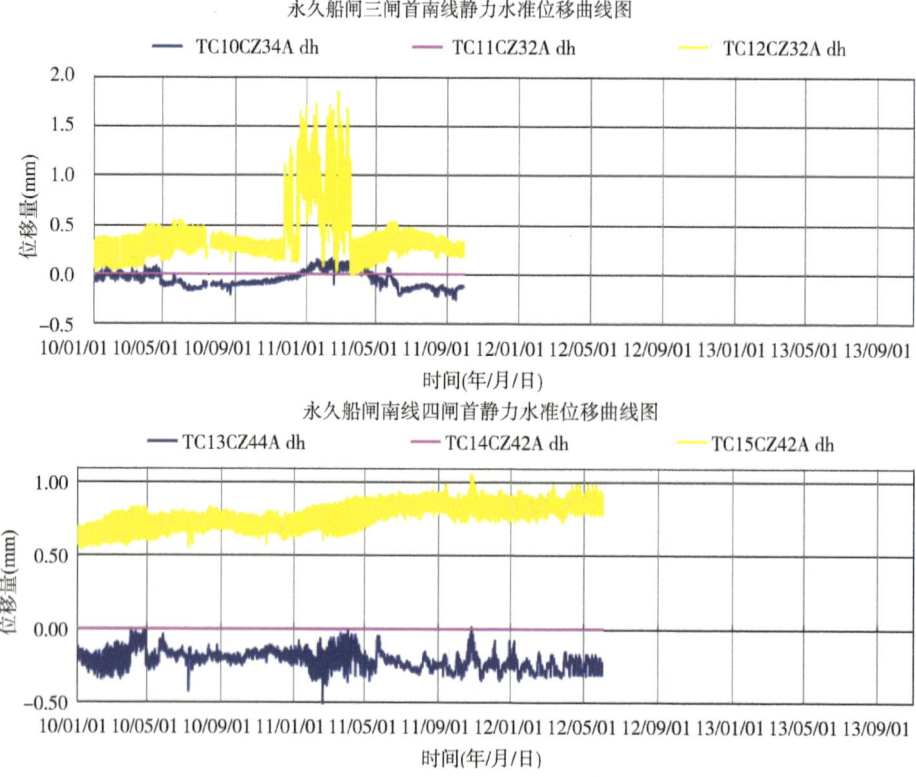

图 2-8-5　船闸静力水准仪测值过程线

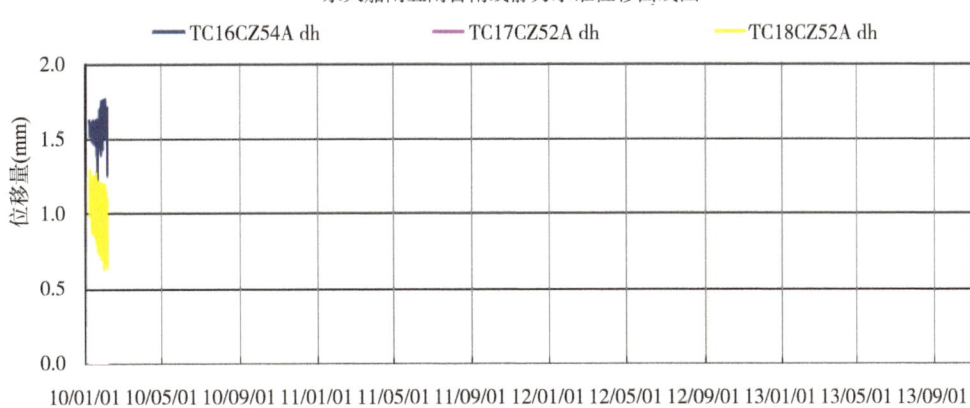

图 2-8-6　船闸静力水准仪测值过程线

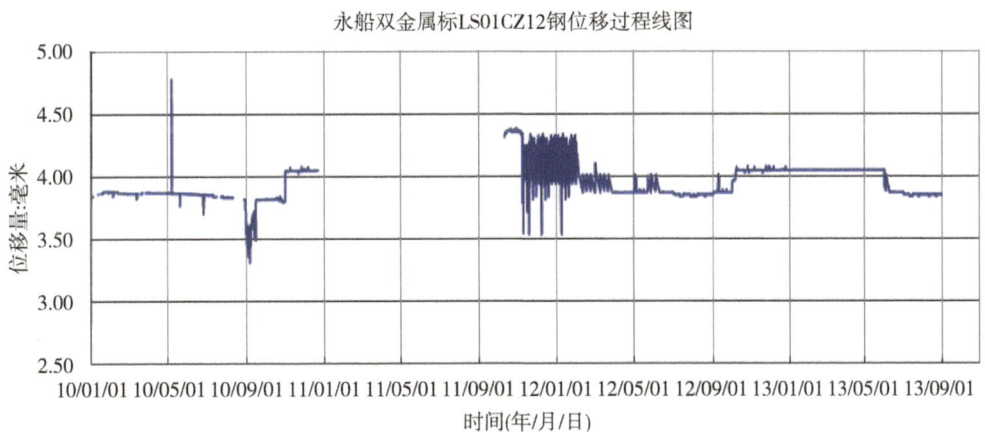

图 2-8-7　船闸双金属标测值过程线

从船闸静力水准仪测值过程线图 2-8-2 至图 2-8-7 可以看出,在船闸这样的运行环境下,差动变压器式静力水准仪实际工作效果不佳。据多年测值过程线统计,36 台仪器中基本正常的仪器仅 9 台,合格率仅为 25%。双金属标基准中钢管标位移测值缺失率高,铝管标位移测量失效,因此不能给出船闸基础绝对沉降值,无法满足大坝安全监测的要求。

2.8.6　小结

(1) 某该大型船闸多年实测成果表明,智能型电容感应式垂线坐标仪是目前国内外各类垂线坐标仪中唯一能长期在高/低温、高湿度等恶劣环境下连续稳定工作的坐标仪。4 750 台套垂线坐标仪及系统已在国内外大中型工程上安装,占据了 90% 市场份额。仪器正常运行最长达 29 年,为大坝安全提供宝贵的安全监测资料。

（2）船闸原有100台国内外各型垂线坐标仪工作状况不佳，既不能为引张线端点提供绝对位移基准，也未能给出船闸闸首、闸室的挠度变形性态。2015年，该水电站大坝自动化监测系统招标文件明确规定，垂线坐标仪应采用防湿性能好的电容式垂线坐标仪，现电容式垂线坐标仪已安装并取代原国内外四家性能不过关、运行失效的产品。现大坝监测自动化系统（垂线、引张线、静力水准等所有内、外部观测项目的自动化监测仪器测量系统）均采用南瑞水电公司的产品。原南瑞安装的船闸监测自动化系统统一合并到该大坝自动化监测系统中。

（3）举世瞩目、世界排名前列的某特大型水电工程船闸安装国内外四家单位100台遥测垂线坐标仪，从安装到2013年，仪器总合格率仅为38%，船闸24个竖井中，仅有3个竖井的垂线坐标仪，能给出边墙挠度曲线，总合格率仅为12.5%。船闸10条引张线的20个端点中，各类垂线坐标仪未能提供一个可用基准，仪器合格率为0。

2003—2013年，船闸100台垂线坐标仪未给船闸提供准确可靠数据来确保特大型建筑物的安全。这么大一个工程安全监测事故，要引起安全监管部门和安全管理部门的足够重视！随着我国近40年来水电高速发展，大量大型、特大型工程在新建中，对于安全监测这个领域，水电建设及管理部门一定要牢把仪器质量关，确保工程安全。

（4）船闸104台智能电容式引张线仪十多年实测成果表明，智能型电容感应式引张线仪是目前国内外同类产品中唯一能在高湿度等恶劣环境下长期稳定可靠运行的引张线仪。引张线仪及系统已在国内大中型工程上安装了6 830多台套，占据了90%市场份额。仪器正常运行最长达20年以上，为大坝安全提供宝贵的安全监测资料。

（5）船闸原安装的36台W所差动式静力水准仪，在十年多监测中，发现仪器长期测量可靠性差、数据缺失率高、仪器合格率低，不能满足大中型水电工程在高湿度恶劣环境下长期稳定测量要求。而电容感应式静力水准仪灵敏度高、测量精度高，在高湿度等恶劣环境下长期测量稳定可靠，已有13 080多台套静力水准仪及系统在大中型水电站和我国90%以上的城市地铁工程上运用，从1998年起，至今已正常运行20多年。

3 差阻式大坝全系列监测仪器及测量系统

3.1 差阻式仪器测量原理

差阻式仪器由美国加利福尼亚大学卡尔逊教授（R. W. Calson）于十九世纪三十年代发明，并最早在美国重力坝、拱坝上运用。差阻式仪器的测量原理是：利用张紧在仪器内部的弹性钢丝作为传感元件，将仪器所受的物理量变化转换为电量变化，如图 3-1-1 所示。

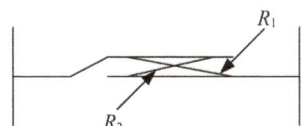

图 3-1-1 差阻式仪器原理图

图 3-1-1 是差阻式仪器的构造原理图。在仪器内部均绕着电阻值相近的细电阻钢丝 R_1 和 R_2，两电阻比值为：

$$\text{受外力作用前} \quad Z_1 = \frac{R_1}{R_2}$$

$$\text{受外力作用后} \quad Z_2 = \frac{R_1 + \Delta R_1}{R_2 - \Delta R_2}$$

由于 $R_1 \approx R_2 \approx R$，$|\Delta R_1| \approx |\Delta R_2| \approx |\Delta R|$，因此电阻比的变化量为：

$$\Delta Z = Z_2 - Z_1 = \frac{R_1}{R_2}\left(\frac{\Delta R_1}{R_1} + \frac{\Delta R_2}{R_2}\right) \approx \frac{2\Delta R}{R}$$

此外，仪器电阻值随温度而变化，一般在 $-50 \sim 100\,\text{℃}$ 范围内，可按下式计算：

$$\begin{cases} R_T = R_0(1 + \alpha T + \beta T^2) = R_0 + \dfrac{T}{a'} \\ T = a'(R_T - R_0) \end{cases}$$

式中：T——温度（℃）；

R_0、R_T——分别为0℃和T℃时仪器电阻（Ω）；

α、β——分别为钢丝电阻一次与二次温度系数，一般取2.89×10^{-3}（1/℃）及2.2×10^{-6}（1/℃）。

该关系为二次曲线，为简化计算，一般采用零上、零下两个近似直线进行拟合，则

$$R_T = R_0(1 + a'T)$$

或 $$R_T = R_0(1 + a''T)$$

其中：a'为0℃以上时的温度系数（℃/Ω），a''为0℃以下时的温度系数（℃/Ω），$a'' \approx 1.09a'$。

由上述可知，在仪器的观测数据中，包含着由外力作用引起的变化量和由温度变化引起的变化量两部分，所要观测的物理量P应是Z和T的函数，即$P = \psi(Z, T)$。在原型观测中：

$$P = f\Delta Z + b\Delta T$$

式中：f——仪器最小读数（$10^{-6}/0.01\%$）；

b——仪器温度补偿系数（$10^{-6}/℃$）；

ΔT——仪器温度变化量；

ΔZ——仪器电阻比变化量。

3.2　差阻式仪器五芯电缆测量技术

在测量方式上，我国20世纪70年代前用传统的三芯测法和四芯测法，这些测量方法不能消除电缆电阻影响，特别是芯线电阻变差的影响，因此不能满足差阻式仪器远距离、长期稳定测量的需要。为此，我们采用五芯测量技术，用长电缆接仪器，自动化测量装置采用恒流源电路和高阻抗数字电压表测量，解决了长电缆电阻和芯线电阻变差对测量的影响，使差阻式仪器长距离、高稳定、长期可靠自动化测量迈上新台阶，对差阻式仪器在我国大量推广产生深远影响。

差阻式仪器五芯测法原理如图3-2-1所示。在测量电阻、电阻比电路中，将五芯电缆的蓝绿线接到测量装置的恒流电源。由于恒流电源的阻抗极高，在测量图3-2-1(b)中，电流不随外界线路中的电阻变化而变化。因此I_0与r_1、r_5无关，则$V_{AB} = I_0 R_x$，而自动检测装置中，装了一台高内阻数字电压表，其内阻R_{in}很高，$R_{in} \gg R_x + r_2 + r_4$，则$V_{A'B'} = V_{AB}$，因此测量$V_{AB}$仅与$R_x$有关，和电阻$r_2$、$r_4$无关。

同样，在测量电阻比电路(a)中，$R_{in1} \gg R_{1x} + r_2 + r_3$，$R_{in2} \gg R_{2x} + r_3 + r_4$

则 $$\frac{V_{A'C'}}{V_{B'C'}} = \frac{V_{AC}}{V_{BC}} = \frac{I_0 R_{1x}}{I_0 R_{2x}} = \frac{R_{1x}}{R_{2x}}$$

因此，在电阻比测量中，测值和r_1、r_2、r_3、r_4、r_5无关。

南瑞水电公司（原南京自动化研究院大坝所）承接的"七五"公关项目研制DAMS型

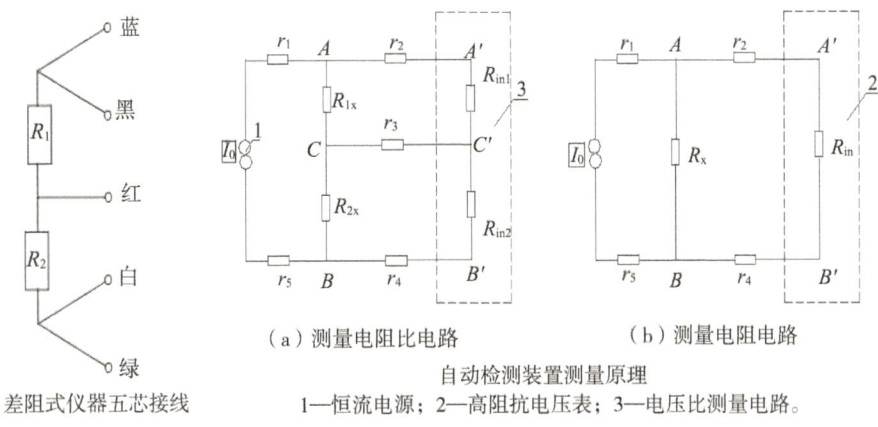

图 3-2-1　差阻式仪器五芯测法原理图

大坝仪器自动测量装置,对差阻式仪器测量单元采用五芯测量方式,后又研制出 BNZ-1 型和 BZC-A 型差阻式仪器自动测量装置,分别于 1983 年在葛洲坝水电站和 1985 年在东江拱坝上使用。

3.3　差阻式仪器的耐高压技术

随着我国高坝大库、抽水蓄能电站大量兴建,仪器耐高压要求越来越高。差阻式仪器采用补偿波纹管技术,在高水压环境中,仪器内外压平衡无压差,从根本上解决了其他类型仪器在高压水中无法测量的难题,使差阻式仪器运用有更广阔的空间。高坝大库、抽水蓄能电站的大量兴建,促进各种类型差阻式仪器的大量程、大规格、高耐水压的新产品不断涌现,以满足我国水电工程安全监测的需要。

3.4　我国差阻式压应力计的研制

卡尔逊教授在 1952 年又发明了能够直接测量混凝土压应力的应力计。20 世纪 50 年代,我国开始兴建大型混凝土坝,选用的差阻式仪器都从瑞士和日本进口。20 世纪 60 年代,水电部定点南京水电仪表厂研制生产差阻式仪器。到 20 世纪 70 年代,南京水电仪表厂改名为南京电力自动化设备厂。当时设在南京电力自动化设备厂的南京自动化研究所大坝仪器室的技术人员已生产所有差阻式大坝监测仪器(大、小应变计、测缝计、渗压计、钢筋计、铜电阻温度计及水工比例电桥)并在工程上运用。唯一未完成研制生产的是混凝土压应力计,因为混凝土压应力计是否受混凝土徐变收缩影响,无法用试验证明。70 年代初,葛洲坝工程施工,急需混凝土压应力计,派人带函来南京自动化研究所大坝仪器室(现南京南瑞水利水电科技有限公司)商谈。葛洲坝工程在当时是我国一项大型水利工程,后决定由笔者主持压应力计的研制开发工作。

为了检验应力计性能,需对埋设应力计的大型混凝土试件进行徐变试验。当时国内只有北京水利水电科学研究院结构材料所和南京水利水电科学研究院结构材料所有常年恒温的混凝土徐变室。但两家仅能制作直径 20 cm、高度 60 cm 的混凝土试件，用 20 t 吨位的弹簧徐变机做徐变试验，满足不了混凝土压应力计做徐变试验的要求。我们的试验需用直径 45 cm 以上、高度 80 cm 以上的大型混凝土试件，加载能达 60 t 以上吨位的徐变机。为此我们研制了 100 t 吨位的大型液压混凝土徐变机，并用该大型液压徐变机进行了多次大试件内埋设应力计受徐变影响的试验，证明了按卡尔逊理论应力计测试误差小于 7%（感受非应力徐变变形<7%）。试验机与徐变曲线见图 3-4-1 及图 3-4-2。

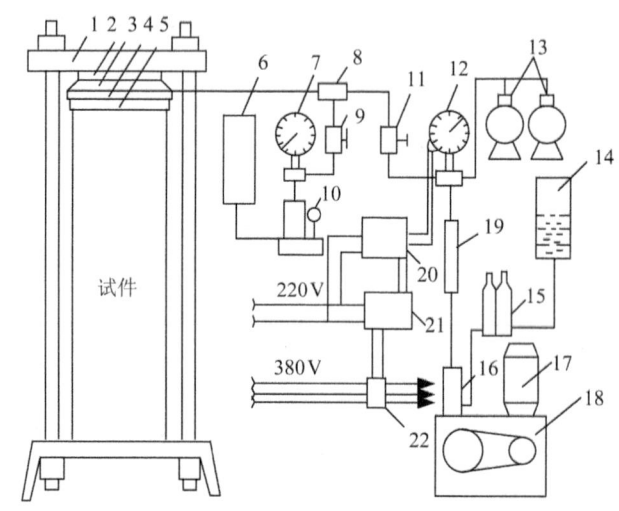

1—加荷架；2—上垫板；3—扁千斤顶；4—砂；5—下垫板；6—油罐；7—压力表；8—三通管；9—阀门；10—手动油泵；11—阀门；12—远传压力表；13—蓄压器；14—油罐；15—滤油器；16—油泵；17—电机；18—变速箱；19—储油器；20—控制器；21—继电器；22—交流电源。

图 3-4-1 油压式徐变试验机

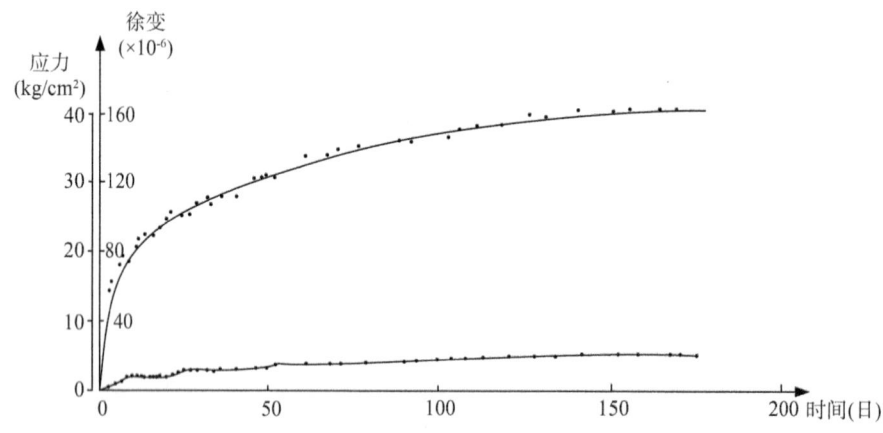

图 3-4-2 埋设压力计试件的徐变曲线和应力计感受徐变曲线

以上工作不仅填补了我国差阻式压应力计的空白,满足了大型水电工程急需,而且研制出大、中型液压自动稳压徐变机,填补了该领域的空白。国外应力计产品现仍用水银传压,我们与南京化工学院(现南京工业大学)合作,革新水银,改制成 S-G 溶液,使仪器环保,保障了工人健康,并满足了应力计性能的需要。"砼压应力计的研制""大中型液压徐变机的研制""S-G 溶液研制"三项研究成果分别获国家及江苏省科技进步奖。

差阻式仪器从发明到现在大量推广应用已近一个世纪,它至今仍具有强大的生命力。它是我国大坝安全监测技术仪器设备研制方面的专家、工程技术人员不断努力创新,新产品、新技术不断应用的结果。据统计,至今已有 50 多万支(台)各种类型差阻式仪器设备在我国大、中型大坝及大型、特大型工程上应用。我国水电工程中运用的差阻式仪器及系统的数量占世界产量的 95% 以上。

3.5 南瑞差阻式系列仪器

3.5.1 NZS 系列差阻式应变计、无应力计、钢板计

NZS 系列差阻式应变计可直接埋设在水工建筑物等结构的混凝土内,以长期监测混凝土内部的应变,并可同时监测仪器安装位置的温度。具有长期稳定性好、防水耐压能力强、可接长电缆等特点。

选配相应配套附件可组成多向应变计组、无应力计、钢板计、混凝土表面应变计。

有不同标距、不同量程、不同弹性模量的应变计规格以供不同级配(大、小骨料)、不同工艺(常态、碾压混凝土)、不同用途的混凝土及其他结构应变监测使用。

表 3-5-1 NZS 系列仪器主要技术指标

规格型号	NZS-10	NZS-10G	NZS-15	NZS-15G	NZS-25	NZS-25G	NZS-25M	NZS-25MG	NZS-25H	NZS-25MH
标距(mm)	100		150		250					
有效直径(mm)	21		21		29					
端部直径(mm)	27		27		37					
测量范围 压缩(10^{-6})	1 500		1 000		1 000				2 000	
测量范围 拉伸(10^{-6})	1 000		1 200		600				200	
最小读数(10^{-6}/0.01%)	≤6.0		≤4.0		≤3.0				≤4.0	
弹性模量(MPa)	150~250				300~500		1 000		300~500	1 000
温度测量范围(℃)	−25~+60									
温度测量精度(℃)	±0.5									

续表

规格型号	NZS-10	NZS-10G	NZS-15	NZS-15G	NZS-25	NZS-25G	NZS-25M	NZS-25MG	NZS-25H	NZS-25MH
耐水压（MPa）	0.5	2,3	0.5	2,3	0.5	2,3	0.5	2,3	0.5	2,3
备注	NZS-25M 型为加大弹性模量应变计；NZS-25MH 为加大弹性模量或加大量程应变计；NZS-10G、-15G、-25G 为耐高压应变计。									

差阻式大应变计由电缆、接座套筒、接线座、波纹管、电阻感应组件、平衡波纹管等组成。差阻式仪器与振弦式仪器相比，最大的优点是：仪器弹性模量低且稳定。仪器的等效弹性模量靠仪器波纹管刚度来决定，等效弹性模量一般控制在 300～500 MPa，而且很容易控制。而振弦式应变计、测缝计、变位计等变形仪器要耐水压，主要用 O 型密封圈密封，要耐压可靠。密封圈与外管摩擦力加大，仪器的等效弹性模量就会变大而且不稳定，不适合用于水工建筑物低弹性模量混凝土，尤其不符合早期混凝土应变准确测量的需要。

NZS-25G 型大应变计原灵敏度 $<4\times10^{-6}/0.01\%$，现生产的大应变计经电阻感应结构组件改进，灵敏度已 $<2.5\times10^{-6}/0.01\%$，比原灵敏度提高了 40%。

差阻式仪器另一显著特点是从原理上解决了仪器耐高水压的问题，从图 3-5-1 中看出，仪器内部有一与仪器腔体连通的补偿波纹管，腔体内灌满变压器油，当仪器埋设在有高压水的混凝土中时，外部水的高压使波纹管压缩变形，由于腔体内变压器油不可压缩，因此当腔体中压力与外水压力平衡时，仪器腔体内外压差为零，故仪器具有耐高压的特性。所以差阻式仪器比振弦式仪器更耐高压。

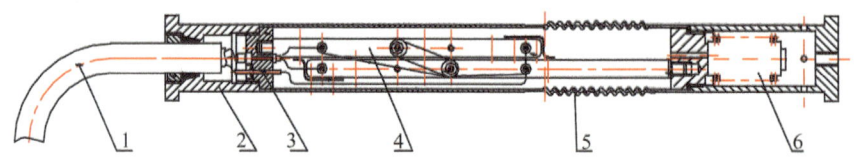

1—电缆；2—接座套筒；3—接线座；4—电阻感应组件；5—波纹管；6—平衡波纹管。

图 3-5-1　NZS-25G 大应变计装配图

3.5.2　NZJ 系列差阻式测缝计（位移计）

NZJ 系列差阻式测缝计（位移计）用于监测水工建筑物及其他岩土工程的结构缝、裂缝开合度或基岩变形，可埋设在混凝土内长期监测结构物的裂缝变化，并能同时监测仪器安装位置的温度，具有长期稳定性好、防水耐压能力强、可接长电缆等特点。

选配相应配套附件可组成基岩变位计、多点位移计、裂缝计、多向测缝计等变形、位移（裂缝）监测仪器。

多种不同量程、耐水压规格的仪器可满足高水压等特殊环境的要求。

耐高压差阻式测缝计 NZJ-40G 由电阻感应组件、波纹管外壳、补偿波纹管、电缆等组成，从图 3-5-2 可见，耐高压测缝计有一与仪器腔体连通的补偿波纹管，使仪器具有耐极高水压力的特性。

3 差阻式大坝全系列监测仪器及测量系统

表 3-5-2 NZJ 系列仪器主要技术指标

规格型号		NZJ-5	NZJ-5G	NZJ-12	NZJ-12G	NZJ-25	NZJ-25G	NZJ-40	NZJ-40G	NZJ-100	NZJ-100G
测量范围	拉伸(mm)	5		12		25		40		100	
	压缩(mm)	−1		−1		−1		−1		−1	
最小读数(mm/0.01%)		≤0.012		≤0.022		≤0.07		≤0.08		≤0.15	
温度测量范围(℃)		−25～60									
温度测量精度(℃)		±0.5									
耐水压(MPa)		0.5	2.0、3.0	0.5	2.0、3.0	0.5	2.0、3.0	0.5	2.0、3.0	0.5	2.0、3.0
备注		NZJ-12G、NZJ-25G、NZJ-40G 为耐高压测缝计									

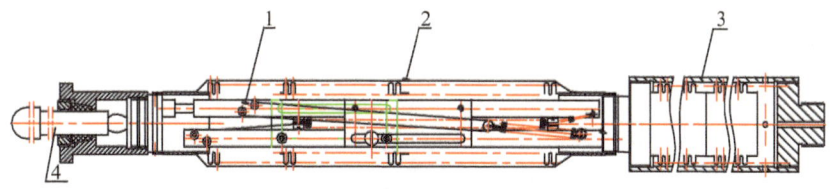

1—电阻感应组件；2—波纹管外壳；3—补偿波纹管；4—电缆。

图 3-5-2 NZJ-40G 测缝计装配图

3.5.3 NZR 系列差阻式钢筋计及锚杆应力计

NZR 系列差阻式钢筋计用于长期监测混凝土建筑物中钢筋应力或者支护工程中锚杆应力，能同时监测仪器安装位置的温度，具有长期稳定性好、防水耐压能力强、可接长电缆等特点。

表 3-5-3 NZR 系列仪器主要技术指标

规格型号	钢筋计	NZR-**	NZR-**T1	NZR-**T2	NZR-**G	NZR-**T1G	NZR-**T2G
	锚杆计	NZGR-**	NZGR-**T1	NZGR-**T2	NZGR-**G	NZGR-**T1G	NZGR-**T2G
测量范围	拉伸(MPa)	0～200	0～300	0～400	0～200	0～300	0～400
	压缩(MPa)	0～100	0～100	0～100	0～100	0～100	0～100
最小读数		≤1	≤1.3	≤1.6	≤1	≤1.3	≤1.6
配筋直径 φ(mm)		16、18、20、22、25、28、32、36、40					
温度测量范围(℃)		−25～+60					
温度测量精度(℃)		±0.5					
耐水压(MPa)		0.5			2、3.0		
备注		规格型号中，**代表直径；-G 代表耐高压					

3.5.4 NZP 系列差阻式渗压计

NZP 系列差阻式渗压计用于监测岩土工程和其他混凝土建筑物的渗透水压力，适用于长期埋设在水工建筑物或其他建筑物内部及其基础，测量结构物内部及基础的渗透水压力，具有长期稳定性好、防水耐压能力强、可接长电缆等特点。

121

表 3-5-4　NZP 系列仪器主要技术指标

规格型号	NZP—＊＊
量程(MPa)	0.2、0.4、0.8、1.6、2.5、3
最小读数(kPa/0.01％)	1.5、3、6、12、18、22
温度测量范围(℃)	0～+40
温度测量精度(℃)	±0.5
尺寸(mm)	长度 150 mm，最大外径 62 mm
备注	＊＊表示量程

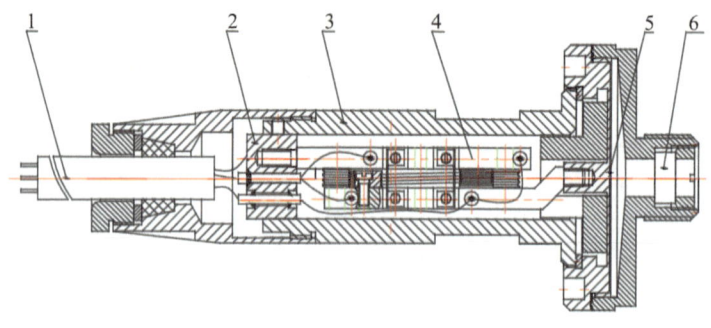

1—电缆；2—接线座；3—外壳；4—感应组件；5—感应膜片；6—透水石。

图 3-5-3　NZP 差阻式渗压计装配图

仪器结构由透水石、弹性感应膜片、外壳、电阻感应组件和引出电缆等组成。

与振弦式渗压计相比，差阻式渗压计灵敏度偏低，经结构材料改进，现差阻式仪器的灵敏度已提高了 40％。

3.5.5　NZYL 系列差阻式应力计

NZYL 系列差阻式应力计用于监测岩土工程和其他混凝土建筑物的压应力，可长期埋设在水工建筑物或其他建筑物内部，直接测量混凝土内部的应力。能同时监测仪器安装位置的温度。具有长期稳定性好、防水耐压能力强、可接长电缆等特点。

表 3-5-5　NZYL 系列仪器主要技术指标

规格型号	NZYL-3	NZYL-6	NZYL-10	NZYL-12	NZYL-20
量程(MPa)	3	6	10	12	20
最小读数(MPa/0.01％)	≤0.02	≤0.04	≤0.06	≤0.08	≤0.135
温度测量范围(℃)	−20～+60				
温度测量精度(℃)	±0.5				
压力盒最大外径(mm)	200				
压力盒圆盘厚(mm)	12				

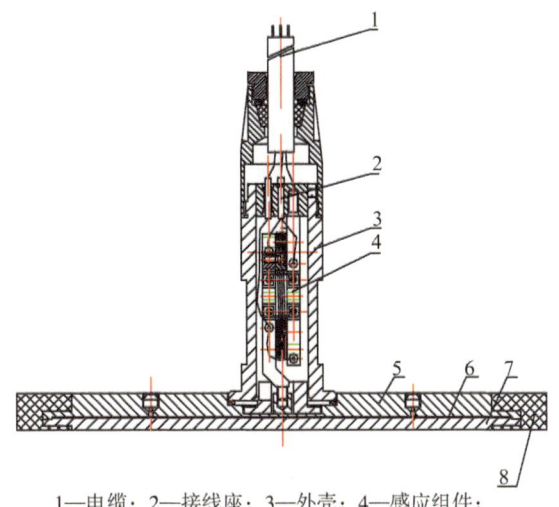

1—电缆；2—接线座；3—外壳；4—感应组件；
5—背板；6—S-G 溶液；7—下板；8—橡皮圈。

图 3-5-4　NZYL 差阻式混凝土压应力计

仪器由外壳、接线座、电阻感应组件、背板、下板、S-G 溶液、橡皮圈和引出电缆等组成。

原压应力计量程有 3 MPa、6 MPa、10 MPa、12 MPa 规格，现高坝大库大量兴建，对仪器规格有更高要求。如锦屏工程要求 20 MPa 量程，我们原生产的压应力计受压背板弹性膜片受力超限，为此我们寻找了更高强度的钢材，进行性能试验；另外，对材料试验机仪器率定方式改进，使压应力计满足世界第一高拱坝的需要。

混凝土压应力计在我国差阻式系列仪器中是最后投入生产的，20 世纪 70 年代在葛洲坝投入运行。

利用混凝土压应力计对大型混凝土建筑物进行压应力的测量是一项重大技术革新和技术突破，由于对混凝土材料的非弹性性能存在认知上的缺陷，我们从仪器原理出发，做了大量艰苦的试验，研制开发大型液压混凝土徐变机，进行了埋设混凝土压应力计的试验，从仪器原理理论分析及试验等多方面验证了混凝土压应力计能较准确测出混凝土建筑物的压应力，感受很少的非应力变形（徐变、自生体积变形等）。但压应力计推广以来，有出现异常测值现象，有些工程存在埋设时应力计底板与混凝土砂浆接触不好导致测值偏低的现象等。为此我们在《大坝观测与土工测试》1982 年第四期上刊登了《有关压应力计一些问题的探讨》的文章，对异常测值的原因从理论到实践给予了解释。

2015 年小湾水电工程管理单位邀请水工专家和笔者等从事压应力计研制的人员，探讨小湾特大型工程——世界第二高拱坝坝踵应力安全分析。当时小湾高拱坝安装了南瑞的 54 台高可靠性高精度智能型垂线坐标仪，从首次蓄水到大坝安全运行，测量范围超过 100 mm，准确可靠地测出坝体变形规律（见电容感应式变形仪器章节）。专家评述结论：南瑞垂线测量系统测量精度高，测值稳定可靠，垂线监测成果及时为小湾拱坝首次蓄水提供了可靠的大坝安全性状的信息，为确保大坝首次蓄水的安全、顺利实施作出了贡献。但对坝踵应力和变形用差阻式应变计组、压应力计、单向测缝计等几种手段，水工设总问我，哪种比较准确？笔者说："从应变计组测出应变换算应力，首先要扣除混凝土徐变（其量值很大，且混凝土徐变需要用坝体原砂石料在恒温徐变室中进行试验）、自生体积变形等影响，经复杂计算才能得出混凝土的应力值，其测量误差较大，准确度差。而混凝土压应力计由仪器原理、性能试验证明，其测量准确度是所有测量方法中最高的。"

测量混凝土压应力是一个极其复杂的过程。仪器埋设技术要求混凝土与应力计受力板完全接触，否则应力计测出应力偏低。我们曾经将混凝土压应力计的温度补偿系数 b 值的实测值与理论计算值比较，两者基本一致。现场一般混凝土的温度线膨胀系数 α 受龄期增长影响不大，而 b 值随着龄期变化而变化。当应力计埋设面与混凝土接触不好时，将使 b 值偏小，甚至低载时，b 值趋向 0。我们最早研制出的混凝土压应力计到浙江里石门拱坝做埋设试验，当时在坝踵埋设混凝土压应力计并在应力计周围浇筑一小块混凝土。仪器在埋入 5~7 天中，浇筑块温度从 25℃ 变化到 42℃，上升 17℃，而早期的混凝土弹性模量 E_s 低，$E_s \approx 1.0 \times 10^5$ kg/cm^2，混凝土温度膨胀系数 $\alpha_c = 10 \times 10^{-6}$/℃，实测 $b = 0.08$ kg/cm^2/℃。混凝土压应力计出厂温度系数 b 为 0.2 kg/cm^2/℃，与实测值差 0.12 kg/cm^2/℃，因此温度变化产生了 $0.12 \times 17 = 2.04$ kg/cm^2 的虚假拉应力。

所以在拱坝坝踵埋设应力计，埋设仪器与混凝土要接触好，温度补偿系数用早期混凝土的 E_s 和 α_c 计算，仪器埋设块中早期产生的温度应力使仪器产生了初始应力，应扣除。这样随着坝块浇筑升高，蓄水产生的应力减去初始应力就能较准确地算出坝踵的真实应力。

3.5.6　NZMS 系列差阻式锚索测力计

NZMS 系列差阻式锚索测力计是由承重筒、外保护筒、4 支 NZS-15 小应变计、电缆接线盒、电缆等组成。

表 3-5-6　NZMS 系列仪器主要技术指标

规格及型号	NZMS-500	NZMS-1000	NZMS-1500	NZMS-2000	NZMS-3000	NZMS-4000	NZMS-5000
量程(kN)	500	1 000	1 500	2 000	3 000	4 000	5 000
灵敏度系数(kN/0.01%)	≤2	≤4	≤6	≤8	≤12	≤16	≤20
过范围限(%F.S)	20						15
温度测量范围(℃)	-25~+60						
温度测量精度(℃)	±0.5						
耐水压力(MPa)	0.5(2.0 可定制)						
绝缘电阻(MΩ)	≥50						
最大高度(mm)	205						
备注	标准配置与 OVM 锚具尺寸配套，其他规格及量程按需定制						

特大型水电工程小湾电站安装了南瑞公司大量差阻式锚索测力计；特大水电工程锦屏电站安装了南瑞公司两千多台套 6 种规格的振弦式锚索测力计。这些仪器为特大型工程施工时调整边坡和厂房的开挖速度，加强支护措施，确保边坡和地下厂房的安全，以

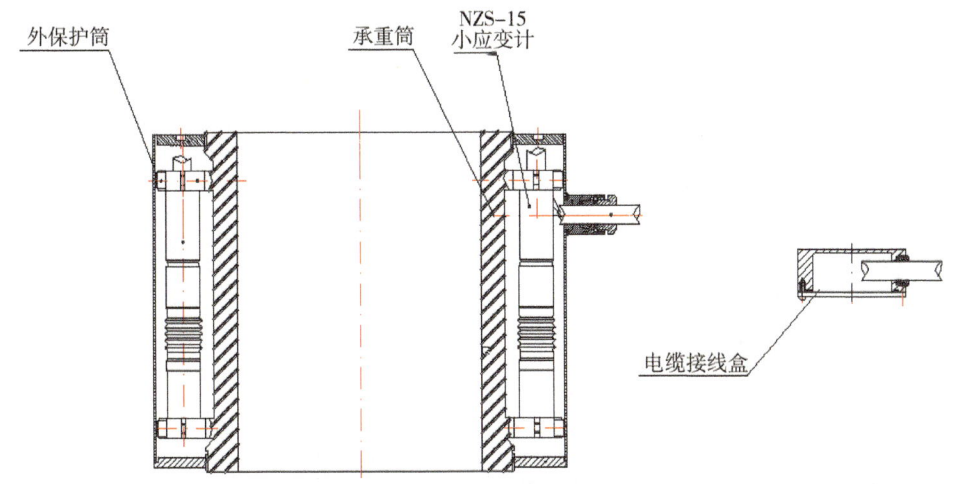

图 3-5-5 NZMS 差阻式锚索测力计装配图

及在混凝土坝蓄水时和大坝长期安全运行都提供了稳定可靠的监测资料。

在小湾工程施工初期,南瑞公司生产的 NZMS 型差阻式锚索测力计在工地轴向加载锚固后,有极少测力计的测值有时会出现超过锚索张拉最大值的异常现象。针对上述情况,设计人员对锚索测力计结构进行受力分析,发现现有结构中安装在锚索测力计承重筒上的应变计轴向变形与承重筒在轴向受力方向变形平行度存在问题。设计人员在锚索测力计结构上做了重大改造,新结构的锚索测力计在材料试验机上标定仪器率定精度有极大提高,解决了在小湾工程测值异常的问题。该项技术已申请专利保护。

3.6 差阻式系列仪器材料、工艺、自动化装配生产线等方面新技术的应用

3.6.1 差阻式系列仪器结构、材料、工艺重大改进

随着我国水电事业高速发展,对差阻式监测仪器的数量、质量提出越来越高的要求,南瑞水电公司在仪器大规格、耐高压、长期稳定性方面做了大量的创新工作。差阻式、振弦式两类仪器每年生产量都超过两万台套,人工标定仪在数量和精度上都跟不上需求,为此公司开发生产了高精度大、小应变计、测缝计自动标定装置,大大提高了仪器标定的工作效率和精度。以前,差阻式仪器外壳常年用铜管加工后镀锡,波纹管用紫铜管压制,然后用手工焊接铜管和波纹管。现在,为提高仪器外壳长期耐腐蚀的特性,所有仪器外壳和波纹管改用高耐腐蚀抗氧化的不锈钢管和不锈钢波纹管;波纹管、钢管和两端头用自动激光焊接机焊接。这一材料、工艺的重大改革,既满足了仪器整体抗氧化、耐腐蚀等长期可靠运行的要求,又提高了仪器大批量生产的质量和效率,满足了我国水电事业高速发展对监测仪器数量和对仪器精度、长期可靠性的要求。

差阻式系列仪器改进前后仪器设备的照片如图 3-6-1 至图 3-6-4 所示。

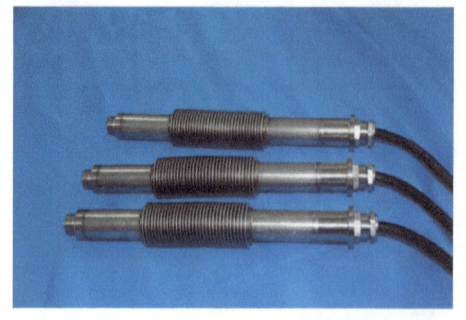

图 3-6-1 新型不锈钢管、接头、不锈钢波纹管用激光机自动焊接的测缝计

图 3-6-2 原镀锡铜管及紫铜波纹管人工焊接的测缝计

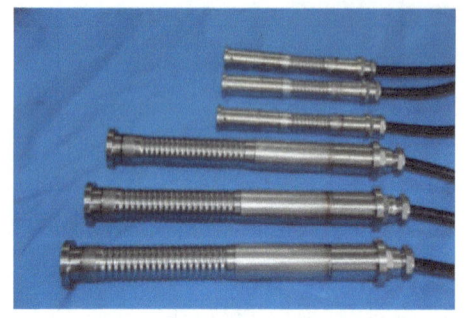

图 3-6-3 新型不锈钢管、接头、不锈钢波纹管用激光机自动焊接的大、小应变计

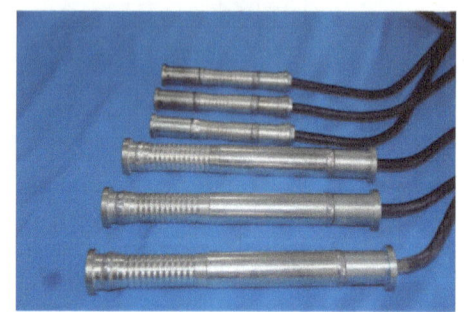

图 3-6-4 原铜管滚制的镀锡波纹管与接头人工锡焊的大、小应变计

图 3-6-5 大、小应变计自动标定装置(行程:2 mm;分辨力:0.001 mm;精度:0.003 mm)
(自动标定装置精度经南京计量院鉴定)

图 3-6-6 测缝计自动标定装置(行程:40 mm;分辨力:0.001 mm;精度:0.01 mm)
(自动标定装置经南京计量院鉴定)

图 3-6-7 3DM 测缝计自动标定装置(行程:250 mm;分辨力:0.001 mm;精度:0.01 mm)
(自动标定装置经南京计量院鉴定)

图 3-6-8　原人工标定大、小应变计、测缝计的装置

3.6.2　差阻敏感部件自动绕钢丝装置设计及应用

随着信息化、智能化的发展，水电公司针对差阻式仪器最核心、技术难度极大的 0.05 mm 钢丝绕制工艺，研制开发了自动化绕线技术，保证了仪器的质量及大批量生产的可行性，大大减轻了装配工人的劳动强度。

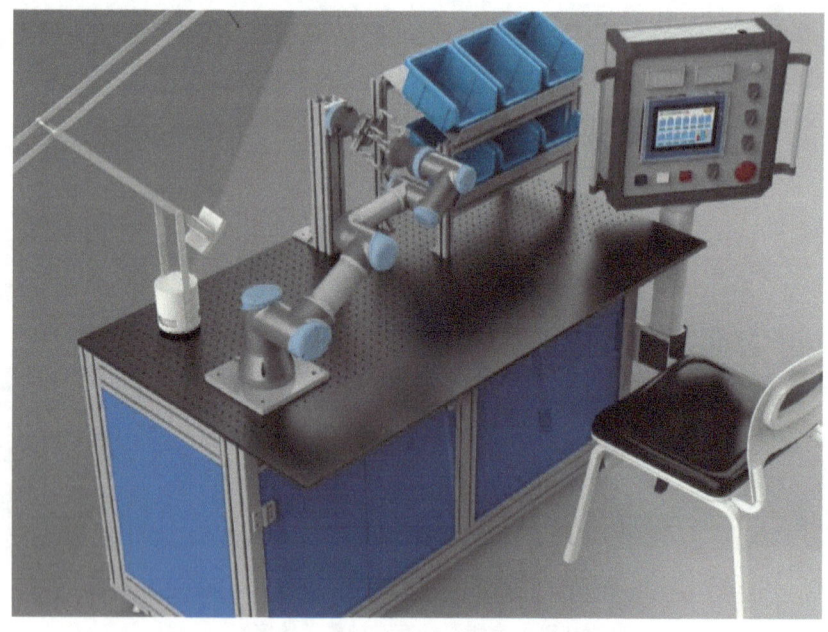

图 3-6-9　差阻敏感部件自动绕钢丝装置

该装置主要用于实现差阻类传感器敏感部件的自动绕钢丝和传感器生产过程中部分工艺工序自动组装的功能。重点是改变了当时依赖人工操作来完成的这一关键核心工序的现状,一方面能进一步提高生产效率,解放劳动力,另一方面提升产品质量的一致性和降低长期绕钢丝操作给装配人员的身心健康带来的负面影响;此外,该装置也可用于传感器若干工艺工序的自动化或半自动化安装,降低人员的重复劳动,进一步提高组装工作效率。

3.6.3 差阻类传感器组装流水生产线的设计及应用

差阻式传感器生产流水线能满足差阻式应变计系列(NZS)、差阻式测缝计系列(NZJ)、差阻式钢筋计芯产品的生产工艺全流程。流水线体总长 15 m,设置 8 个工作岗位(末端工作台可移动),岗位配作业内容可视化液晶屏。设计方案应兼顾自动绕钢丝工作站、敏感部件的组件、激光焊接机、自动标定平台等生产现有设备。可实现物料传送、差阻式核心部件自动清洗、自动注油密封、自动焊接、自动灌胶封装等。焊接岗位配自动送锡组合焊台、隐藏式烟雾净化设备。该生产线的应用能大幅提升水电公司智能制造水平及生产效率,并进一步提升产品性能的一致性和可靠性。

差阻式系列仪器及振弦式系列仪器装配生产线的设计、研制、开发和投入运行为大坝监测仪器赶上信息化、智能化的步伐作出了贡献。

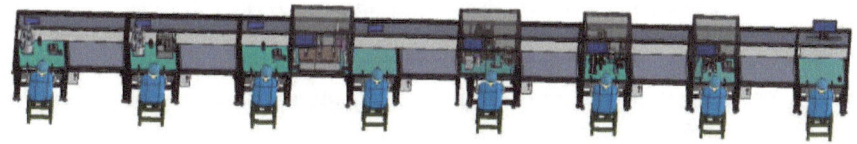

图 3-6-10　差阻类传感器组装流水生产线

4 振弦式大坝全系列监测仪器及测量系统

4.1 引言

近四十年来,我国水电高速发展,大型、特大型水电工程大量兴建,高坝大库不断涌现。我国建坝的规模、数量、速度和建坝技术都位居世界前列。水电大发展也为我国大坝工程安全监测专业的发展提供了广阔的舞台。我国自主研发创新的大量监测仪器设备为工程安全提供了可靠保证。

我国水电工程坝体内部监测设备,长期以来采用差阻式系列仪器,它们埋设在大坝内部以获得变形、渗流、应力应变等资料。三峡工程安全监测方案研讨中,设计部门曾提出振弦式仪器在大型水电工程中应用的可行性。从进口仪器的试验结果得出,振弦式仪器的性能及长期测量可靠性均能满足大坝安全监测的要求,某些振弦式仪器的性能指标还优于差阻式仪器。因此,振弦式仪器在国内大型工程中逐步得到应用。

20世纪80年代,我国已开展了振弦式仪器的研制。例如振弦式仪器中的关键仪器——渗压计,当时由为海军工程服务的山东海洋仪器研究所生产,应用在丹江口工程中,安装在坝基廊道,监测坝基扬压力。但经过较长时间的试用,渗压计出现漂移,表明仪器的长期稳定性不过关。国内也有一些小型仪器厂生产振弦式仪器,多在建筑工程上应用,监测时间较短。鉴于国产振弦式仪器的长期稳定性、可靠性存在问题,我国水电工程几乎全都选用国外公司的产品,导致我国水电工程不仅要为购置进口振弦式仪器支付高昂的费用,而且还不能保证得到及时的供货和周到的维护服务。

为改变我国水电工程振弦式仪器依赖进口的现状,填补国内在高性能振弦式仪器系列产品方面的空白,南瑞公司从2002年开始投入大量人力物力,以国际上高性能振弦式仪器指标为目标,经几年的努力攻关,在仪器核心技术上有所突破,仪器性能指标达到国际上同类仪器的先进水平,并在我国特大型工程、世界最高的混凝土拱坝——锦屏工程中大量应用。锦屏工程所有振弦式仪器、差阻式仪器均采用南瑞公司的产品,这些仪器在确保工程建设的施工安全方面发挥了重要作用。南瑞研制的振弦式系列仪器以其与进口产品相当的品质、较优的价格和及时、良好的服务,打破了进口振弦式仪器在我国水电工程一统天下的局面,结束了我国水电工程中振弦式仪器依赖进口的历史。

本章后文引用锦屏建设管理局下属一级、二级安全监测管理中心几年来的安全监测主要成果和工程总结资料,资料验证了南瑞集团公司提供的 23 695 台套振弦式、差阻式系列仪器及采集设备的高精度、高可靠性,并被业主单位评价为对锦屏工程安全监测"发挥了至关重要的作用"。

4.2　振弦式仪器的研制

之前对国内外振弦式仪器在工程中的应用调研表明,只有国外产品的性能指标和应用效果能满足水电工程安全监测的严苛要求。因此,国产振弦式仪器研制必须起点高,必须达到国际知名公司产品的技术指标。借助于多年仪器研制的技术积累和经验,我们投入了开拓性的振弦式仪器研发工作。在分析国外几家知名公司产品优缺点的基础上,从材料、工艺、核心技术入手,对各种高性能材料和特殊材料进行了精细分析,探索了关键材料的热处理工艺,研究了弹性材料及仪器稳定性处理工艺,购置了确保产品高质量的昂贵关键设备。

水电工程对大坝安全监测仪器有一个基本的、也是特别的要求,就是要求仪器在十几年测量中能稳定地工作,也即要求仪器要达到零漂移。一般常规仪器的"时漂"对大坝仪器来说是不允许的。以往国内大型工程中振弦式仪器全部采用进口产品的关键原因就是国内仪器的此项指标达不到要求,这也是众多国内同类仪器难于进入大坝安全监测领域的主要原因。国内一直采用的差阻式仪器是零漂移的,这正是有九十多年历史的差阻式仪器现在仍广泛用于水电工程的根本原因。

检验仪器的零漂移必须进行专门的长期试验。差阻式仪器的零漂移试验,是将差阻式仪器放在实验室中用 DAU 测量装置长期测量其漂移特性。进行了十年多的测试后,一般差阻式仪器的年漂移仅 1~2 个电阻比。因此,可以认为差阻式仪器是零漂移的仪器。

振弦式仪器核心技术就是保持振弦夹持的高度稳定性,这项技术南瑞公司已申请专利保护,该项科技成果获江苏省科技进步成果二等奖。振弦式仪器有十几个种类,几十种规格的产品,我们和差阻式仪器一样将它们放在实验室中做稳定性测试,经十年多的资料积累,验证了振弦式仪器的漂移极小,仪器一般的漂移量在 1~2 个频率。由于我们的振弦式仪器在结构、材料和工艺等方面关键技术的突破,仪器性能已达到国际同类产品的先进水平。高起点的研制目标、高标准的材料及工艺和不断地反馈改进,使这一新型的振弦式仪器一经推出,就在工程中获得推广应用,并得到用户的肯定和赞誉。目前南瑞公司每年都生产近万台套振弦式仪器供工程应用,改变了国内水电工程全部依赖国外振弦式仪器的局面。

4.3 南瑞振弦式系列仪器

4.3.1 NVS系列振弦式小应变计、无应力计、钢板计

NVS系列振弦式应变计用于监测结构物的应变,根据测量与安装需求分表面式和埋入式两类,均适用于长期监测安装位置的结构物的应变。也可安装在基岩、浆砌石结构或模型试件内进行应变的测量。

选配相应配套附件可组成多向应变计组、无应力计、钢板计、表面应变计。

表 4-3-1　NVS 系列仪器主要技术指标

规格及型号	NVS-150E(埋入式)	NVS-150S(表面式)
标距 L(mm)	150	
端部直径 D(mm)	19	12
量程(10^{-6})	0～3 000	
分辨力(10^{-6})	1.0	
测量精度(%F.S)	0.1、0.2	
温度测量范围(℃)	－20～＋60	
温度测量精度(℃)	±0.5	
耐水压(MPa)	50	
备注	其他量程、耐水压等要求的仪器可定制	

NVS-15小应变计由两个带O型密封圈的端块、保护管、振弦及振弦感应组件、电缆等组成,见图 4-3-1。

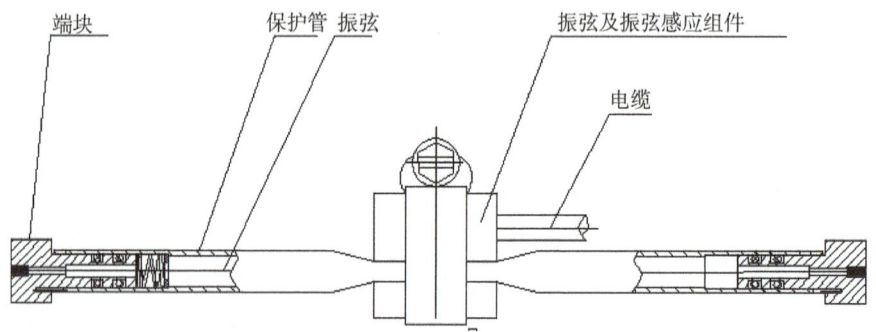

图 4-3-1　振弦式小应变计装配图

4.3.2 NVS新型振弦式大应变计

以前的振弦式大应变计结构为两端头连接保护管和张紧钢丝,两端头轴上有两道

O形密封圈与保护管密封。因耐压橡胶圈与保护管需紧闭密封,导致仪器刚度较大。且大应变计在变形过程中,O形圈与保护管内壁摩擦力的不稳定致使仪器刚度不稳定。另外,原振弦式大应变计结构不能承受较大的水压力。这两种原因导致振弦式大应变计在大体积混凝土中的应用与差阻式应变计有较大差别。原振弦式大应变计因耐高压性能差,在水工低弹性模量混凝土中,因仪器刚度大,且不稳定,造成测量产生较大误差。

南瑞最新研制的振弦式大应变计结构的有效弹性模量控制在300~500 MPa。从力学角度分析,应变计刚度越小,越能反应混凝土的真实变形。理论上,仪器刚度为0时能百分之百地测出混凝土的真实应变。反之,应变计的刚度增大,测出的混凝土应变将失真。特别是在水工建筑物低弹性模量混凝土中及在混凝土终凝阶段,此现象更为严重。现国内外许多厂商生产的大应变计刚度很大,测出的混凝土应变误差很大。新研制的振弦式大应变计解决了大应变计耐高压的难题。下表列出一种测量范围为0~3 000 $\mu\varepsilon$ (1 $\mu\varepsilon$=1 $\mu m/m$)的振弦式应变计的标定资料。

表4-3-2　NVS-250型振弦式大应变计标定检验数据

加载		输出频率模数(kHz²)				应变(直线拟合)($\mu\varepsilon$)		应变(二项式拟合)($\mu\varepsilon$)	
位移(μm)	应变($\mu\varepsilon$)	第1次读数	第2次读数	第3次读数	平均值	拟合值	偏差	拟合值	偏差
0	0	924	926	926	925.3	0.00	0.00	0.34	0.34
100	400	1 474	1 478	1 475	1 475.7	408.19	8.19	400.66	0.66
200	800	2 018	2 024	2 020	2 020.7	812.42	12.42	799.36	0.64
300	1 200	2 560	2 568	2 562	2 563.3	1 214.93	14.93	1 198.58	1.42
400	1 600	3 100	3 110	3 103	3 104.3	1 616.19	16.19	1 598.78	1.22
500	2 000	3 642	3 649	3 646	3 645.7	2 017.71	17.71	2 001.44	1.44
600	2 400	4 180	4 186	4 183	4 183.0	2 416.26	16.26	2 403.31	3.31
700	2 800	4 708	4 710	4 704	4 707.3	2 805.16	5.16	2 797.56	2.44
800	3 200	5 238	5 238	5 243	5 239.7	3 200.00	0.00	3 199.95	0.05

表4-3-2中:灵敏度$K=0.741\ 7\ \mu\varepsilon/kHz^2$;非线性误差$\delta_1=0.55\%$;直线拟合准确度$\delta_2=0.10\%$;二项式拟合公式为$y=A+Bx+Cx^2$($A=-667.624\ 3$,$B=0.718\ 4$,$C=3.771\ 6\times10^{-6}$);仪器耐水压为0.5 MPa,电缆长度为3 m,绝缘电阻大于50 MΩ。

从表4-3-2中数据可以看出,这种结构的新型大应变计测量范围大,灵敏度高,比原振弦式应变计灵敏度高出约一个数量级,且精度高,适用于水工建筑物大体积混凝土中混凝土真实应变的测量。

图4-3-2为振弦式大应变计装配图。

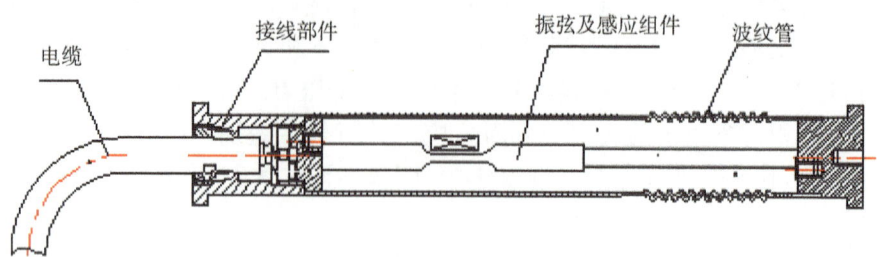

图 4-3-2　振弦式大应变计装配图

4.3.3　NVJ 系列振弦式位移计

NVJ 系列振弦式位移计(测缝计)适用于监测水工建筑物及其他岩土工程的伸缩缝、结构缝的开合度或基岩变形，也可用于监测结构物的相对位移量。埋入式、表面式位移计(测缝计)分别适合埋设安装于混凝土建筑物内部、结构物表面长期测量。NVJ 系列振弦式位移计(测缝计)采用独特的机械密封结构设计，具有良好的防水耐压性能和长期稳定性。

选配相应配套附件可组成基岩变位计、多点位移计、裂缝计、多向测缝计等变形、位移(裂缝)监测仪器。

多种不同量程、耐水压规格的仪器可满足高水压等特殊环境的要求。图 4-3-3 为振弦式位移计装配图。

表 4-3-3　NVJ 系列仪器主要技术指标

规格及型号	NVJ-**	NVJ-**S	NVJ-**E	NVJ-**G	NVJ-**SG	NVJ-**EG
量程(mm)	5、10、25、50、100、150、200、300					
分辨力(%F.S)	0.02～0.05					
测量精度(%F.S)	0.1 直线：≤0.5；多项式：≤0.1					
温度测量范围(℃)	-20～+60					
温度测量精度(℃)	±0.5					
耐水压(MPa)	0.5			2.0、3.0(5.0 MPa 可定制)		
备注	**表示量程，S 表示表面安装式测缝计，E 表示埋入式测缝计，G 表示耐高压					

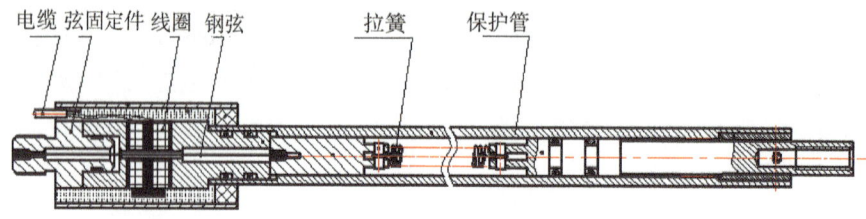

图 4-3-3　振弦式位移计装配图

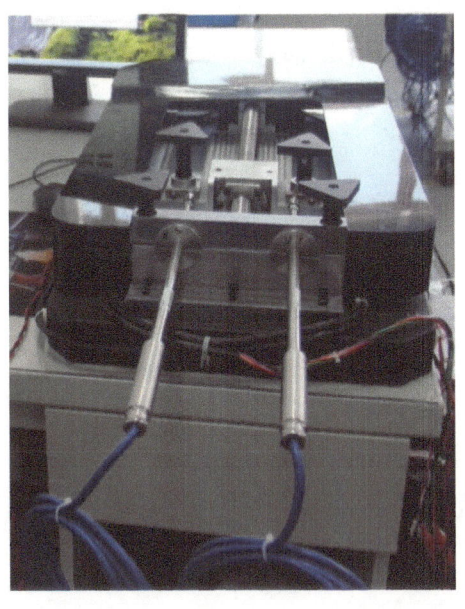

图 4-3-4　振弦式位移计等自动标定装置（测量范围 300 mm，
分辨力 0.001 mm，精度 0.01 mm）（自动标定装置经南京计量院鉴定）

4.3.4　NVP 系列振弦式渗压计

1. 仪器结构

振弦式渗压计主要由三部分构成：压力感应部件、感应板及引出电缆密封部件，见图 4-3-5。

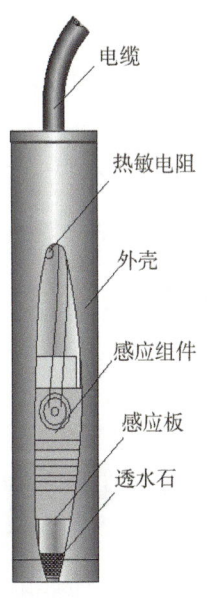

图 4-3-5　振弦式渗压计

渗压计的感应部件由透水石、感应板组成。感应板上接振弦传感部件，振弦传感部件由振动钢弦和电磁线圈构成。止水密封部分由接座套筒、橡皮圈及压紧圈等组成，内部填充环氧树脂防水胶，电缆由其中引出。

2. 工作原理

振弦式渗压计埋设于坝体或基岩内，渗透水压力自进水口经透水石作用在渗压计的弹性膜片上，将引起弹性膜片的变形，并带动振弦转变成振弦应力变化，从而改变振弦的振动频率。电磁线圈激振振弦并测量其振动频率，频率信号经电缆传输至读数装置，即可测出水荷载的压力值，同时可同步测出埋设点的温度值。

针对不同的使用要求，振弦式渗压计也有多种型号，表 4-3-4 列出了 NVP 系列振弦式渗压计的主要参数。

表 4-3-4 NVP 系列仪器主要技术指标

	规格型号	NVP-1	NVP-2	NVP-4	NVP-6	NVP-10	NVP-16	NVP-25
尺寸参数	最大外径 D(mm)	\multicolumn{7}{c}{22、28}
	长度 L(mm)	\multicolumn{7}{c}{110}
性能参数	测量范围(kPa)	0~100	0~200	0~400	0~600	0~1 000	0~1 600	0~2 500
	分辨力(kPa)	≤0.05	≤0.10	≤0.20	≤0.30	≤0.50	≤0.80	≤1.25
	精度(%F.S)	\multicolumn{7}{c}{线性度≤0.5,精度≤0.1}
	温度测量精度(℃)	\multicolumn{7}{c}{±0.5}
	绝缘电阻(MΩ)	\multicolumn{7}{c}{≥50}
	仪器频率范围(Hz)	\multicolumn{7}{c}{1 800~3 000}

振弦式渗压计的一般计算公式为：

$$P_m = k \times (F - F_0) + b \times (T - T_0)$$

式中：P_m——被测对象的渗透（孔隙）水压力，单位为 kPa；

k——渗压计的最小读数，单位为 kPa/kHz²；

F——实时测量的渗压计输出值，单位为 kHz²；

F_0——渗压计的基准值，单位为 kHz²；

b——渗压计的温度修正系数，单位为 kPa/℃；

T——温度的实时测量值，单位为 ℃；

T_0——温度的基准值，单位为 ℃。

注：若大气压力有较大变化时，应予以修正。

振弦式渗压计是十几种振弦式仪器中，技术指标要求最高，研制生产难度极大的重要水压力测量仪器，其难度包括下列两点。①弹性膜片受力直径仅 10 mm，膜片厚度为 0.2~0.3 mm，需要选择高弹性变形材料，且对其弹性材料的性能要求极高。在膜片高应力受力范围，要求仪器的线性指标极高（一般渗压计满量程输出 3 000~4 000 kHz²），且要求仪器有极高的温度、时效稳定性。弹性材料的热处理工艺极其严格,弹性膜片应严格按照图纸要求精密加工。振弦装夹按专利技术要求,确保仪器钢丝在高应力下的时漂和温漂达到零漂移的要求。②要满足仪器的温度系数≤0.05%F.S/℃的要求,要求仪器固定钢丝的支架部件材料与钢丝材料的温度系数之差极小,装夹材料要满足耐腐蚀、不生锈、无磁性等严格要求。

4.3.5 NVWY 系列精密振弦式水位计

NVWY 系列精密振弦式水位计是用于量测江河水库水位的高稳定性精密测量仪器。该水位计是一套包括数据采集、无线传输的一体化测量系统,由水位浮力感应部件、不锈钢浮子、数据采集模块、通信模块组成。

无线点式高精度、高稳定性的精密振弦式水位计通过数据采集模块采集数据,再由通信模块将数据发至无线通信管理站 NDA1770,进入计算机管理系统。多级精密水位计信号传至一个 NDA1770,通信覆盖距离达 8 000 m。目前国内大量程水位测量的水位计有超声波水位计、压阻式水位计等,这些水位传感器长期测量的稳定性、可靠性较差,精度低。比如在水情测报中用得较多的压阻式水位计,仪器灵敏度每年都要现场标定一次,2~3 年需要更换一次仪器。因此此类仪器稳定性差、精度差,不能满足水情测报的要求。而用于大坝监测的水位、渗压、变形、应力等所有测量仪器都需零漂移。作者对国外 G 公司、R 公司、S 公司的振弦式渗压计和国内南瑞公司生产的振弦式渗压计进行了长达 10 年的稳定性考核。结果表明,四家仪器都能达到零漂移。仪器稳定性由高到低排列顺序是南瑞公司、R 公司、G 公司、S 公司。仪器测量要精度高,且稳定性高,才能符合大坝安全监测的要求。南瑞振弦式高精度水位计在精度及稳定性方面表现出色,性价比高。

表 4-3-5 NVWY 系列仪器主要技术指标

规格及型号		NVWY-10	NVWY-20
性能参数	量程(m)	0~10	0~20
	分辨力(%F.S)	≤0.04	
	精度(%F.S)	≤0.1	
	温度测量范围(℃)	−20~+60	
	温度测量精度(℃)	±0.5	
	仪器频率范围(Hz)	1 700~3 200	

4.3.6 NVR 系列振弦式钢筋计

(1) 仪器结构

振弦式钢筋计主要由钢套、连接杆、弦式敏感部件及激振电磁线圈等组成,其中,钢筋计的敏感部件为一振弦式应变计(见图 4-3-6)。

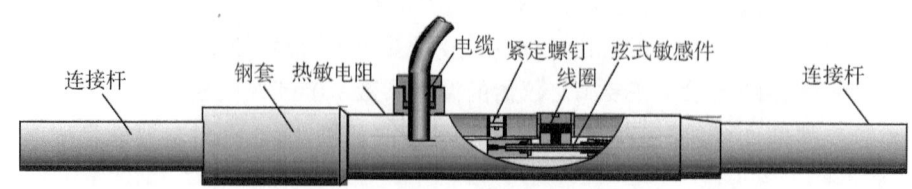

图 4-3-6 NVR 振弦式钢筋计

(2) 工作原理

振弦式钢筋计的敏感部件为一振弦式应变计。将钢筋计与所要测量的钢筋采用焊接或螺纹方式连接在一起,当钢筋所受的应力发生变化时,振弦式应变计输出的信号频率发生变化。电磁线圈激拨振弦并测量其振动频率,频率信号经电缆传输至读数装置或数据采集系统,再经换算即可得到钢筋应力的变化。同时由钢筋计中的热敏电阻可同步测出埋设点的温度值。

埋设在混凝土建筑物内或其他结构物中的钢筋计,受到的是应力和温度的双重作用,因此钢筋计一般计算公式为:

$$\sigma = k \times (F - F_0) + b \times (T - T_0)$$

式中:σ——被测结构物钢筋所受的应力值,单位为 MPa;

k——钢筋计的最小读数,单位为 MPa/kHz^2;

F——实时测量的钢筋计输出值,单位为 kHz^2;

F_0——钢筋计的基准值,单位为 kHz^2;

T——温度的实时测量值,单位为 ℃;

T_0——温度的基准值,单位为 ℃。

振弦式钢筋计也有多种型号,表 4-3-6 列出了振弦式钢筋计的主要参数。其中,规格及型号中的 * 代表钢筋直径,主要有 16 mm、18 mm、20 mm、22 mm、25 mm、28 mm、32 mm、36 mm、40 mm 几种。

表 4-3-6 NVR 系列仪器主要技术指标

	规格及型号	NVR-*	NVR-*-T1	NVR-*-T2	NVR-*-G	NVR-*-T1G	NVR-*-T2G
性能参数	测量范围 拉伸(MPa)	0~200	0~300	0~400	0~200	0~300	0~400
	压缩(MPa)	0~100					
	分辨力(%F.S)	≤0.05					
	精度(%F.S)	≤0.25					
	温度测量范围(℃)	-20~+60					
	温度测量精度(℃)	±0.5					

续表

规格及型号		NVR-*	NVR-*-T1	NVR-*-T2	NVR-*-G	NVR-*-T1G	NVR-*-T2G
性能参数	绝缘电阻(MΩ)	≥50					
	耐水压(MPa)	0.5			3.0、5.0		
	长度(mm)	680					
	仪器频率范围(Hz)	1 300～2 300					
	备注	规格型号中*代表直径,G代表耐高压					

4.3.7 NVMS系列振弦式锚索测力计

振弦式锚索测力计由承重筒、外保护筒、小应变计(3支、4支、6支)、电缆等组成,见图4-3-7。

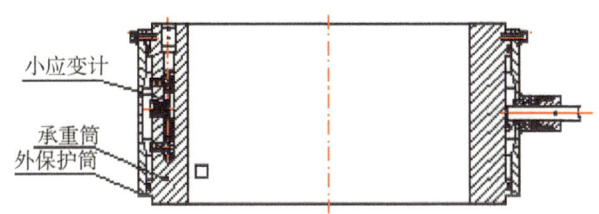

图4-3-7 NVMS振弦式锚索测力计装配图

表4-3-7 NVMS系列仪器主要技术指标

规格及型号		NVMS-1000	NVMS-1500	NVMS-2000	NVMS-3000	NVMS-4000	NVMS-5000
性能参数	额定载荷(kN)	1 000	1 500	2 000	3 000	4 000	5 000
	分辨力(%F.S)	≤0.05					
	精度(%F.S)	≤0.25～0.5					
	温度测量范围(℃)	−20～+60					
	温度测量精度(℃)	±0.5					
	耐水压(MPa)	0.5(2.0、3.0可定制)					
	仪器频率范围(Hz)	1 800～2 600(指示仪用D档测量)					

振弦式锚索测力计为圆筒状结构,圆筒由弹性钢材做成,在其上垂直均布3～6个安装孔,在孔内安装振弦式高灵敏度小应变计。仪器采用全密封结构,可耐3 MPa的水压。当锚索测力计受少量偏心荷载,取每支小应变计读数的平均值能减少偏心对测量的影响。近年来,南瑞在国内外工程中安装了近3 000台套100～600 t的锚索测力计。

曾有 2 个工程在锚索张拉过程中出现锚索测力计测值小于液压千斤顶加力的 90% 的问题,使用方怀疑锚索测力计测量有问题或液压加压装置有问题。为检验 2 套设备测量的准确度,设备被送到成都计量科学院用准确度为 0.05% 的材料压力试验机标定。从标定数据看,2 套设备精度都满足要求。现场安装出现这种问题的原因主要归结如下。

(1) 现场安装的锚索测力计的锚块不规范。一般要求锚块与锚索测力计尺寸匹配,垫块的厚度需大于 50 mm,垫块太薄一般会产生 3%~4% 甚至更大的测值误差。

(2) 锚索测力计受偏心荷载太大。锚索测力计在加载时应对钢索采取整束分级张拉,使锚索测力计受力均匀。尽量少用单根张拉的加载方式,避免测力计产生较大的偏心荷载。在实际张拉过程中,可监测锚索测力计每个小应变计测值变化的差异,以调整锚索的张力,使荷载偏心减少。

(3) 锚垫板与锚索张拉孔的中心轴的垂直度偏差大时,会使锚索测力计在锚索张拉过程中在压垫块上产生滑移,使测力计测值偏小。因此,应使两者垂直度偏差尽量小。国外有厂商曾在产品使用说明书上要求其垂直度误差在 ±1.5° 之内,以保证锚索测力计的测量准确度。因影响测力系统测量力准确性的因素太多,现场一系列条件很难满足要求,所以在工程应用中,一般锚索测力计测值偏差小于 10% 就认为合格。因此,只有对测力系统每个环节进行精心设计、精心施工,才能保证测量锚索加载的准确性和长期应力松弛测量的可靠性。

工程应用中因受力系统很难满足锚索测力计现场标定准确性要求,仍用厂商在实验室条件下标定的灵敏度系数,这样现场锚索测力计的真实受力偏差就大于 10%,因此建议用现场标定的灵敏度系数,锚索力测值是现场系统受力的反映,即使现场锚索测力计个别小应变计损坏,用现场标定资料也很容易校正锚索受力值。

4.3.8 NVWG 型振弦式精密量水堰仪

(1) 仪器结构

NVWG 型振弦式精密量水堰仪主要由电缆固定部件、传感部件、安装固定平板、浮子部件、防污筒部件、万向水平泡等组成,见图 4-3-8。

(2) 工作原理

NVWG 型振弦式量水堰仪通过仪器下部的连通管将监测对象的水引入仪器圆筒内,仪器中悬挂的圆柱不锈钢浮筒浸在水中,当量水堰仪水位变化时,浮筒所受的水浮力发生变化,引起感应部件钢弦的应力发生变化,从而改变钢弦的振动频率。测量时利用电磁线圈激拨钢弦并测量其振动频率,频率信号经电缆传输至频率读数装置或数据采集系统,再经换算即可得到水位的变化量。同时由仪器中的热敏电阻可同步测出仪器安装点的温度值。

振弦式仪器的量测量采用频率模数 F 来度量,其定义为:

$$F = \frac{f^2}{1\,000}$$

式中:f——振弦式仪器中钢丝的自振频率,单位为 Hz。

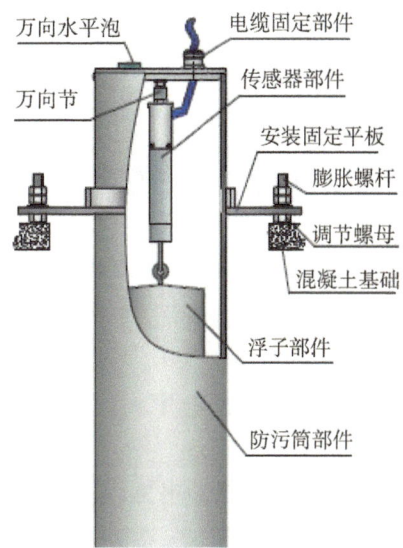

图 4-3-8 振弦式精密量水堰仪结构示意图

当外界温度恒定时,量水堰仪水位变化量 ΔH 与输出的频率模数的变化量 ΔF 具有如下线性关系:

$$\Delta H = k \times \Delta F$$
$$\Delta F = F - F_0$$

式中:k——量水堰仪的灵敏度系数,单位为 mm/kHz^2,由厂家所附卡片给出;

ΔF——实时测量的量水堰仪输出值相对于基准值的变化量,单位为 kHz^2;

F——实时测量的量水堰仪输出值,单位为 kHz^2;

F_0——量水堰仪的基准值,单位为 kHz^2。

如需要得到更高的拟合精度,也可以采用非线性拟合公式计算:

$$H = a + b \times F + c \times F^2$$

式中:a、b、c——非线性拟合系数,由厂家所附卡片给出。

表 4-3-8 NVWG 系列仪器主要技术指标

	规格及型号	NVWG-200	NVWG-300	NVWG-600	NVWG-800
性能参数	量程(mm)	0~200	0~300	0~600	0~800
	分辨力(%F.S)	≤0.04			
	精度(%F.S)	≤0.2			
	温度测量范围(℃)	-20~+60			
	温度测量精度(℃)	±0.5			
	绝缘电阻(MΩ)	≥50			
	仪器频率范围(Hz)	1 700~3 200(指示仪用 E 档)			

4.3.9 大型灌渠水量计量系统

目前国内用于大型灌渠的水量计量管理系统中,主要采用精密水位计测量水位。测量传感器类型有超声波水位计、压阻式水位计等。这些仪器的精度、稳定性在前文"NVWY精密振弦式水位计"章节已做过分析。灌渠中小水位变化测量是传感器测量中的一个难题。测量小水压力作用在压阻膜片中的微小变形难度大,仪器的灵敏度低、稳定性差,仪器温度补偿难度大,使仪器在此领域应用很难成功。南瑞振弦式小水位计能达到零漂移,水位变化引起浮子浮力的变化用高稳定性、高灵敏度的振弦式测力计测量,得到小水位的准确变化。其传感器温度系数为0,不用修正。所以振弦式精密水位计在灌渠露天、常年较恶劣环境下能高精度长期稳定测量。仪器系统的性价比远高于其他类型。

大型灌渠水量计量系统将NVWA型量渠水位计用于大型灌渠用水量计量管理系统中总渠和分渠水量计量。

(1) 测量原理

NVWA型无线点式量渠水位计为集数据采集、无线数据传输一体化的新型精密水位计。

NVWA型无线点式量渠水位计安装在渠道底部或侧壁。当渠中水位发生变化时由敏感部件感知输出频率变化,经变送器放大、调幅等处理后,再通过无线ZigBee通信技术将测值发送至中心机站的灌渠水量管理系统,计算处理得出各渠道水量变化值。

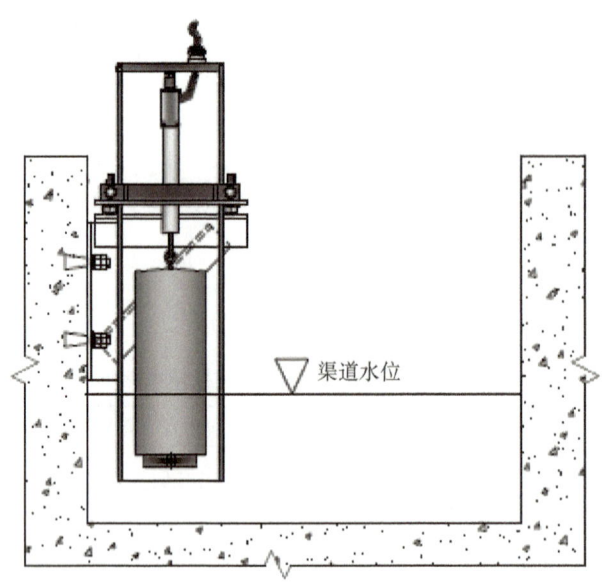

图 4-3-9 NVWA型无线点式量渠水位计结构示意图

(2) 系统架构

无线点式量渠水位计采用ZigBee无线技术构成无线网络,与无线通信管理器NDA

进行数据传输,点与点直通距离大于 500 m,仪器系统性价比高。

无线点式量渠水位计与具有同一个 ZigBee 无线局域网络(PAN)ID 的无线管理器 NDA 可组成无线点式量渠水位计数据采集系统,如图 4-3-10 所示。一个无线通信管理器 NDA1770 可通过多级无线中继节点,扩展与无线点式量渠水位计的通信距离,且可管理 65 535 个 NVWG 型无线点式量渠水位计。

一个无线通信管理器 NDA1770 通过多级无线中继节点将点式量渠水位计的通信覆盖距离扩至 8 000 m。这样一个大型灌渠水量计量系统通过多个 NDA1770 测量覆盖整个灌渠系统的无线点式量渠水位计。NDA1770 通过光缆与灌渠水量计量管理中心的计算机连接,通过监控管理软件进行流域的水量管理。系统中水位计的电源由工程规模确定用蓄电池或太阳能电池。大型灌渠水量计量系统设计由厂家与业主共同商定。

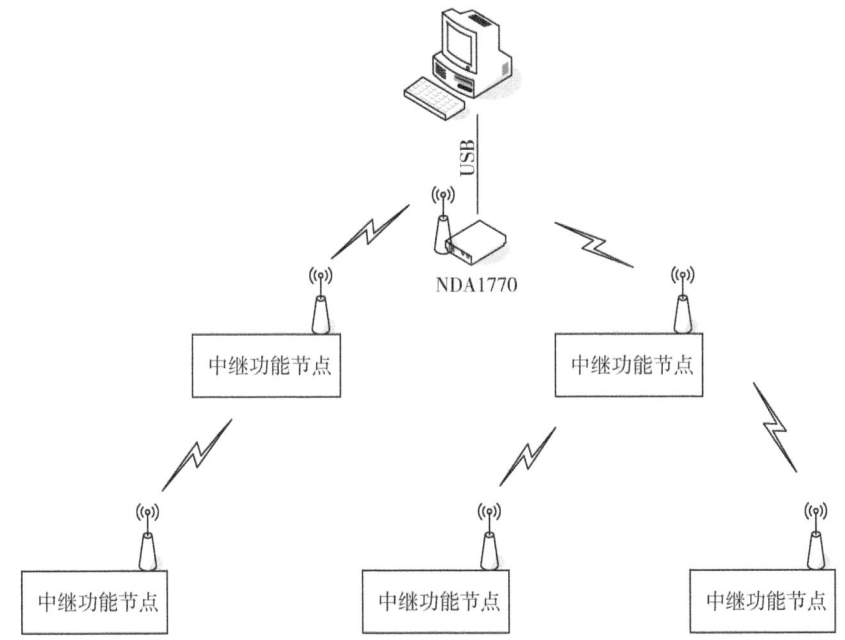

图 4-3-10　NVWA 型无线点式量渠水位计数据采集系统示意图

(3) 仪器结构

NVWA 型无线点式量渠水位计主要由无线采集模块、传感部件、安装附件等组成,具有灵敏度高、测量范围大、精度高、长期稳定性好等特点,为精确可靠测量渠道水量提供保证。

(4) 系统安装调试

① 验收与保管

a. 仪器到现场后应开箱检查,检查仪器数量(包括仪器附件)、检验合格证与装箱清单是否相符。

b. 按 NVWG 型无线点式量渠水位计数据采集系统结构图,通过监控软件检查所有仪器是否工作正常。

c. 仪器存放环境应保持干燥通风,仪器搬运应轻放防震。

表 4-3-9 NVWA 系列仪器主要技术指标

<table>
<tr><td rowspan="7">性能参数</td><td>规格及型号</td><td>NVWA-600</td><td>NVWA-1000</td><td>NVWA-1500</td><td>NVWA-2000</td><td>NVWA-3000</td></tr>
<tr><td>量程(mm)</td><td>0~600</td><td>0~1 000</td><td>0~1 500</td><td>0~2 000</td><td>0~3 000</td></tr>
<tr><td>分辨力(%F.S)</td><td colspan="5">≤0.05</td></tr>
<tr><td>精度(%F.S)</td><td colspan="5">≤0.1</td></tr>
<tr><td>温度测量范围(℃)</td><td colspan="5">−20~+60</td></tr>
<tr><td>温度测量精度(℃)</td><td colspan="5">±0.5</td></tr>
<tr><td>仪器频率范围(Hz)</td><td colspan="5">1 700~3 200(指示仪用 E 档)</td></tr>
</table>

② 仪器安装

a. 依据水渠最大水位变化选出对应测量范围的水位计。

b. 将仪器安装支架固定在水渠底部或水渠壁上。

c. 将水平尺放在仪器顶部,调整安装支架水位,使仪器顶部处于水平位置,并且保护筒内的浮子不碰保护筒壁。

③ 系统安装调试

灌渠水量计量管理中心通过计算机监控软件调试所有仪器通信通道及仪器测量通道,设置仪器测量周期等参数,完成调试工作。

4.3.10 振弦式静力水准监测系统

振弦式静力水准监测系统由 NVJZ 型振弦式静力水准仪、通液管、数据采集单元及安装附件组成。

(1) 系统测量原理

该系统由一系列的 NVJZ 型振弦式静力水准仪组成,各仪器由通液管、通气管(可选)相互连通,通过测量测点相对于基准点的液位变化来反映被测点的沉降情况。

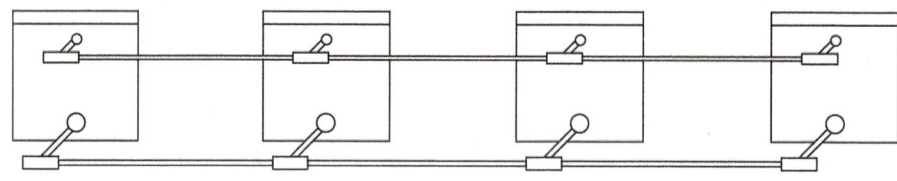

图 4-3-11 振弦式静力水准监测系统示意图

(2) 仪器原理及结构

NVJZ 型振弦式静力水准仪由振弦式敏感部件、静态不锈钢浮子、钵体等组成。钵体内置静态不锈钢浮子,传感器和静态不锈钢浮子一体设计,结构小巧、灵敏度高、稳定性好,极大降低了传感器的整体高度,特别适合安装在轨道中间监测轨道的沉降。

NVJZ 型振弦式静力水准仪钵体通过连通管连接在一起,各个钵体中存有液体,仪器

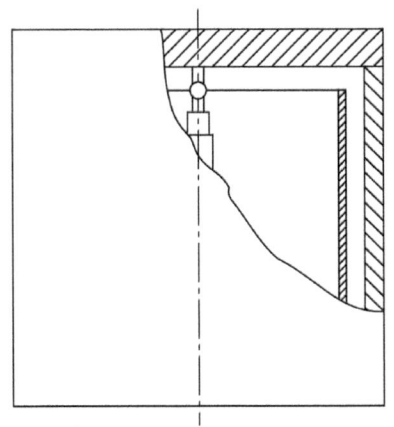

图 4-3-12　NVJZ 型振弦式静力水准仪结构图

中悬挂的静态不锈钢浮子浸在液体中,当振弦式静力水准仪液位变化时,静态不锈钢浮子所受的液体浮力发生变化,引起感应部件钢弦的应力发生变化,从而改变钢弦的振动频率。测量时利用电磁线圈激拨钢弦并测量其振动频率,频率信号经电缆传输至频率读数装置或数据采集系统,再经换算即可得到液位的变化量。同时由仪器中的热敏电阻可同步测出仪器安装点的温度值。

振弦式仪器的量测量采用频率模数 F 来度量,其定义为:

$$F = \frac{f^2}{1\,000}$$

式中:f——振弦式仪器中钢丝的自振频率,单位为 Hz。

当外界温度恒定,液位变化量 ΔH 与输出的频率模数的变化量 ΔF 具有如下线性关系:

$$\Delta H = k \times \Delta F$$
$$\Delta F = F - F_0$$

式中:k——静力水准仪的灵敏度系数,单位为 mm/kHz²,由厂家资料给出;
　　　ΔF——实时测量的静力水准仪输出值相对于基准值的变化量,单位为 kHz²;
　　　F——实时测量的静力水准仪输出值,单位为 kHz²;
　　　F_0——静力水准仪的基准值,单位为 kHz²。

如需要得到更高的拟合精度,也可以采用非线性拟合公式计算:

$$H = a + b \times F + c \times F^2$$

式中:a、b、c——非线性拟合系数,由厂家资料给出。

表 4-3-10 NVJZ 系列仪器主要技术指标

规格及型号		NVJZ-50	NVJZ-80	NVJZ-100	NVJZ-150
性能参数	量程(mm)	0～50	0～80	0～100	0～150
	分辨力(%F.S)	≤0.05			
	精度(%F.S)	≤0.1			
	年漂移(%F.S/a)	≤0.05			
	温度测量范围(℃)	−20～+60			
	温度测量精度(℃)	±0.5			
	仪器频率范围(Hz)	1 700～3 200(指示仪用 E 档)			

4.4 振弦式传感器自动化装配流水线设计及应用

振弦式传感器自动化装配生产线主要满足振弦式位移计系列(NVJ)的生产制造。该流水线体总长 8 m，设置 5 个工作岗位(末端工作台可移动)，岗位配作业内容可视化液晶屏。可实现物料传送、振弦式 NVJ 组件装配定位辅助、拉杆护管等自动组装、自动焊接、自动灌胶封装等。焊接岗位配自动送锡组合焊台、隐藏式烟雾净化设备。此外，该生产线还需要兼顾振弦式渗压计系列(NVP)、振弦式压力计系列(NVTY)、振弦式应变计系列(NVS)产品，该条自动化流水线具备高度的柔性切换生产的功能，可根据工程需求，及时调整生产不同类型、型号的振弦式传感器，及时满足工程需求，大幅扩充产能，使产品可靠性及一致性得到充分提高。

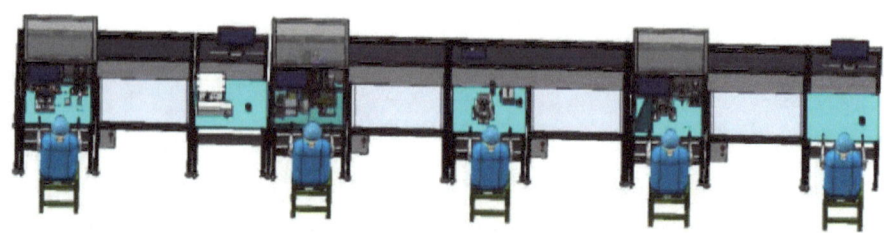

图 4-4-1 振弦式传感器自动化装配流水线

5 差阻式、振弦式仪器长期稳定性考核

因差阻式仪器测量需长期稳定,且仪器要达到零漂移,这就对生产工艺、生产环境、材料等提出了极严格的要求。

大坝监测要求仪器极稳定,又要求仪器有大的测量范围,因此南瑞差阻式仪器核心材料特高强高碳钢丝选择从国外进口。如从瑞士某公司进口的钢丝,直径为 0.05 mm,其弹性极限为 3 040 N/mm^2(31 020 kg/cm^2)。此钢丝具有在差阻式仪器最大变形范围内"无徐变"特性,这也是差阻式仪器在长期稳定测量中零漂移的原因。

差阻式仪器两组钢丝差动变化要求受压一组钢丝预吊一定重量,受拉一组钢丝吊重少些。以 NZJ-40G 耐高压测缝计为例,受压一组钢丝吊重为 470 g,钢丝所受的拉应力为 $\dfrac{0.470}{\pi \times (5 \times 10^{-3})^2 / 4} = 23\,937$ kg/cm^2,这就是说,当该测缝计还没有受拉时,钢丝拉应力已近 2.4×10^4 kg/cm^2,所以差阻式仪器率定时不能超载过大,仪器运输安装中应防止碰撞跌落。因钢丝为特高强高弹性模量钢丝,所以在仪器吊钢丝、清洗、装配、灌变压器油等过程需在低湿度、恒温房间进行,才能保证高强高碳钢丝没有一个锈斑,使仪器长年稳定可靠运行。

国内外工程上已安装了我国超过 50 万支(台套)的差阻式仪器及自动化测量设备,这些仪器长期在恶劣环境下极稳定可靠地测量,发挥了巨大的社会效益。差阻式仪器近一个世纪来以它优异的性能占据广大的水电市场。我们生产的各类差阻式仪器十年稳定测量资料见图 5-0-1 至图 5-0-8。

从图 5-0-6 至图 5-0-8 所示差阻式仪器及振弦式仪器长期稳定性试验资料可以看出,两类仪器测值变化扣除温度影响,差阻式仪器测值变化仅 1 个电阻比;振弦式仪器扣除温度影响,仪器频率变化 1 Hz。差阻式仪器中,混凝土压应力计 WL-200,测值变化 3 个电阻比,应力计在空载下温度系数为 0.05%F.S/℃,因此,由温度引起的电阻比变化为 2 个,说明扣除温度影响,仪器仅变化 1 个电阻比。介质土压力计 NZTY-6E,测值变化为 6 个电阻比,空载下仪器温度系数是 0.125%F.S/℃,因此,由温度引起的电阻比变化为 5 个,说明扣除温度影响,电阻比变化也仅 1 个。两台锚索测力计 NZMS-500t,测值变化平均为 2.5 个电阻比,空载下仪器温度系数 0.04%F.S/℃,因此由温度引起的电阻比变化为 1.5 个,扣除温度影响后仪器变化也仅 1 个电阻比。

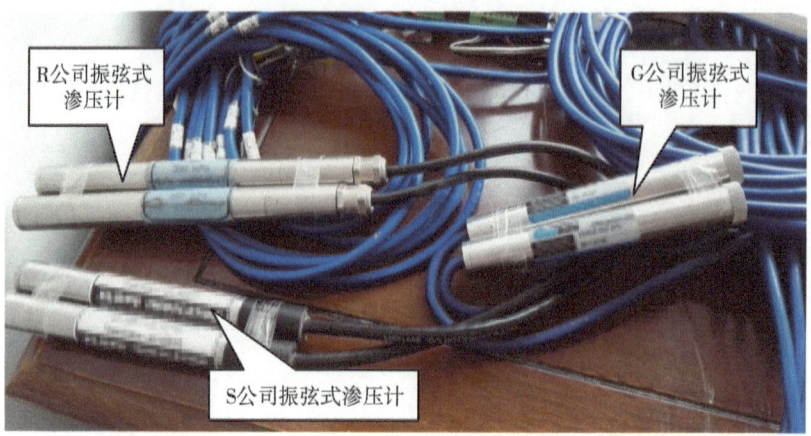

图 5-0-1　进口振弦式渗压计长期稳定性对比实验

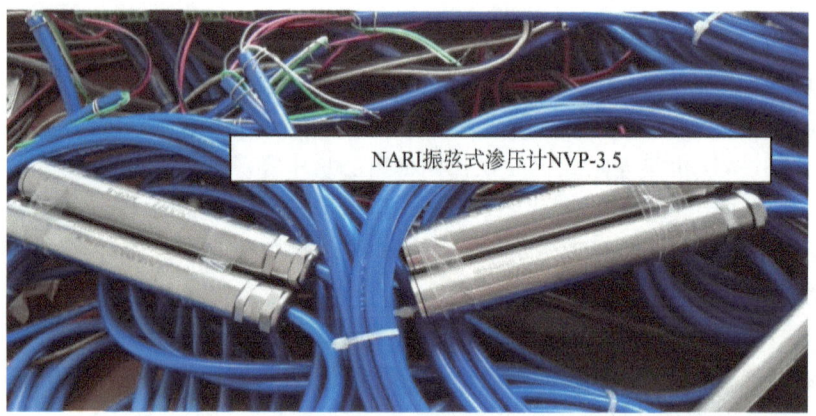

图 5-0-2　南瑞振弦式渗压计长期稳定性实验

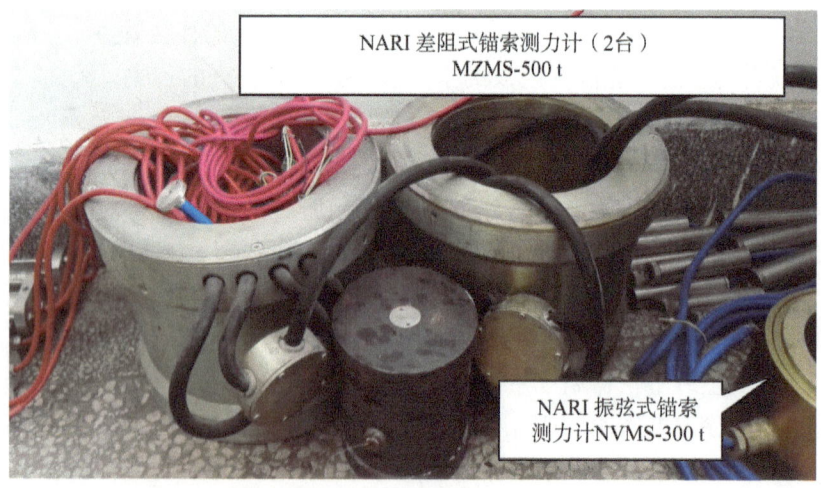

图 5-0-3　南瑞差阻式、振弦式锚索测力计长期稳定性实验

5 差阻式、振弦式仪器长期稳定性考核

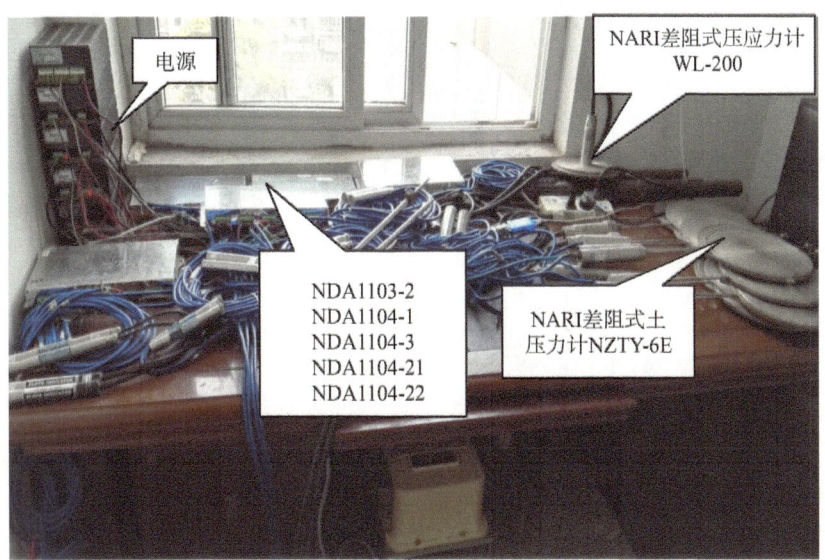

图 5-0-4　南瑞自动化测量装置长期稳定性实验室

图 5-0-5　差阻式、振弦式系列仪器及测量装置长期稳定性实验室

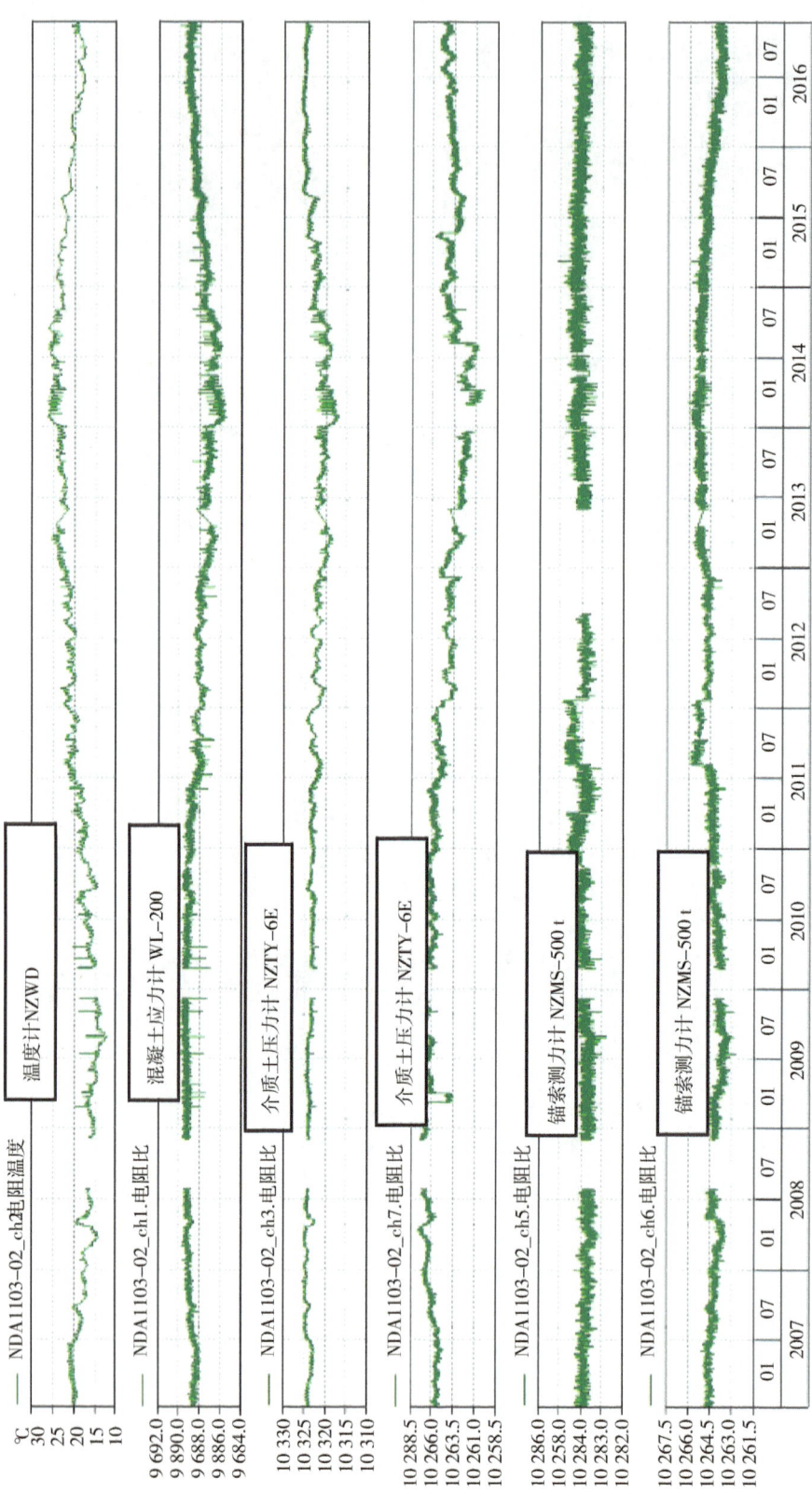

图 5-0-6 差阻式仪器长期稳定性测量过程线

5 差阻式、振弦式仪器长期稳定性考核

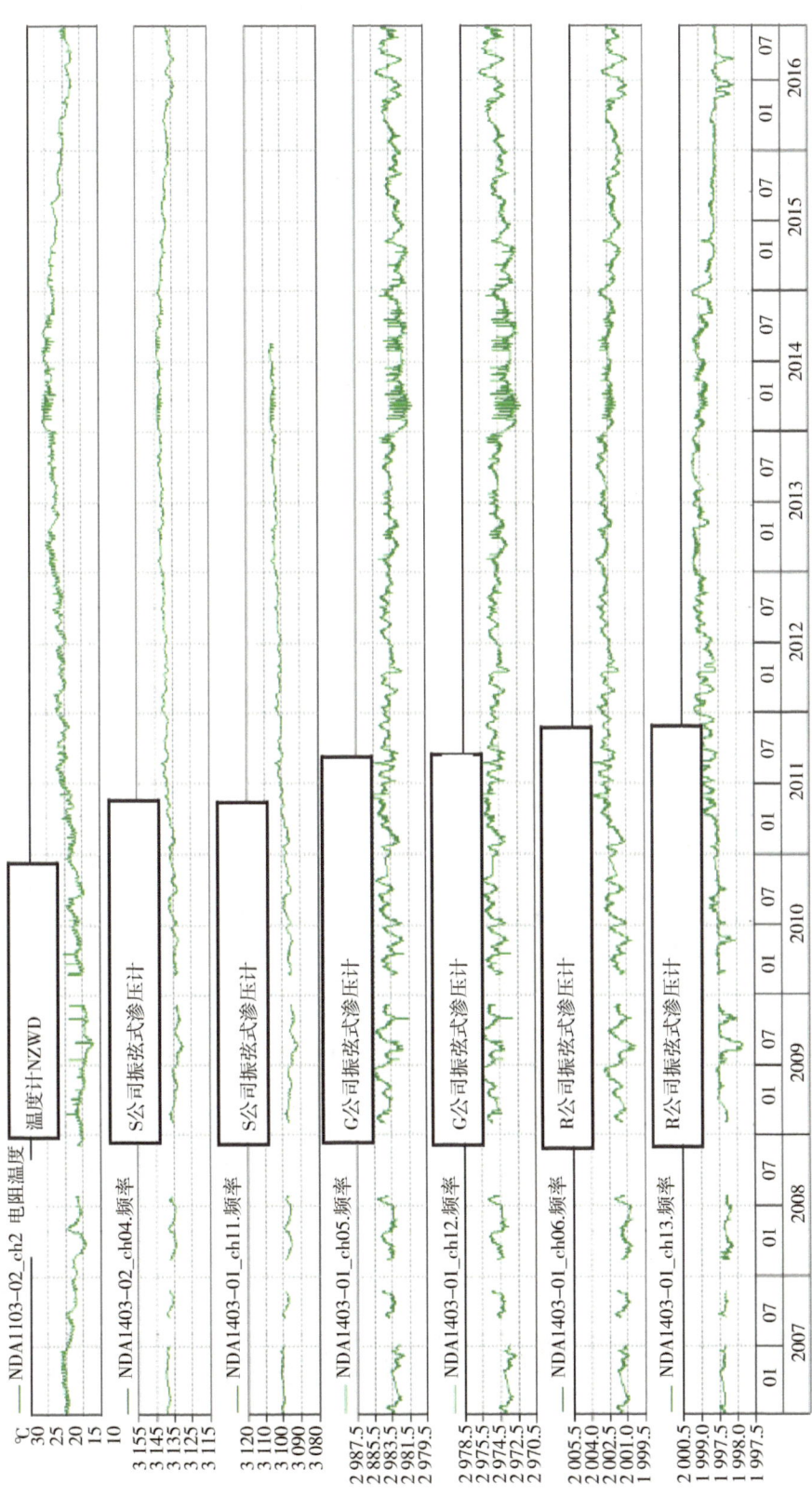

图 5-0-7 国外三家振弦式仪器生产厂家共 6 支渗压计长期稳定性测量过程线

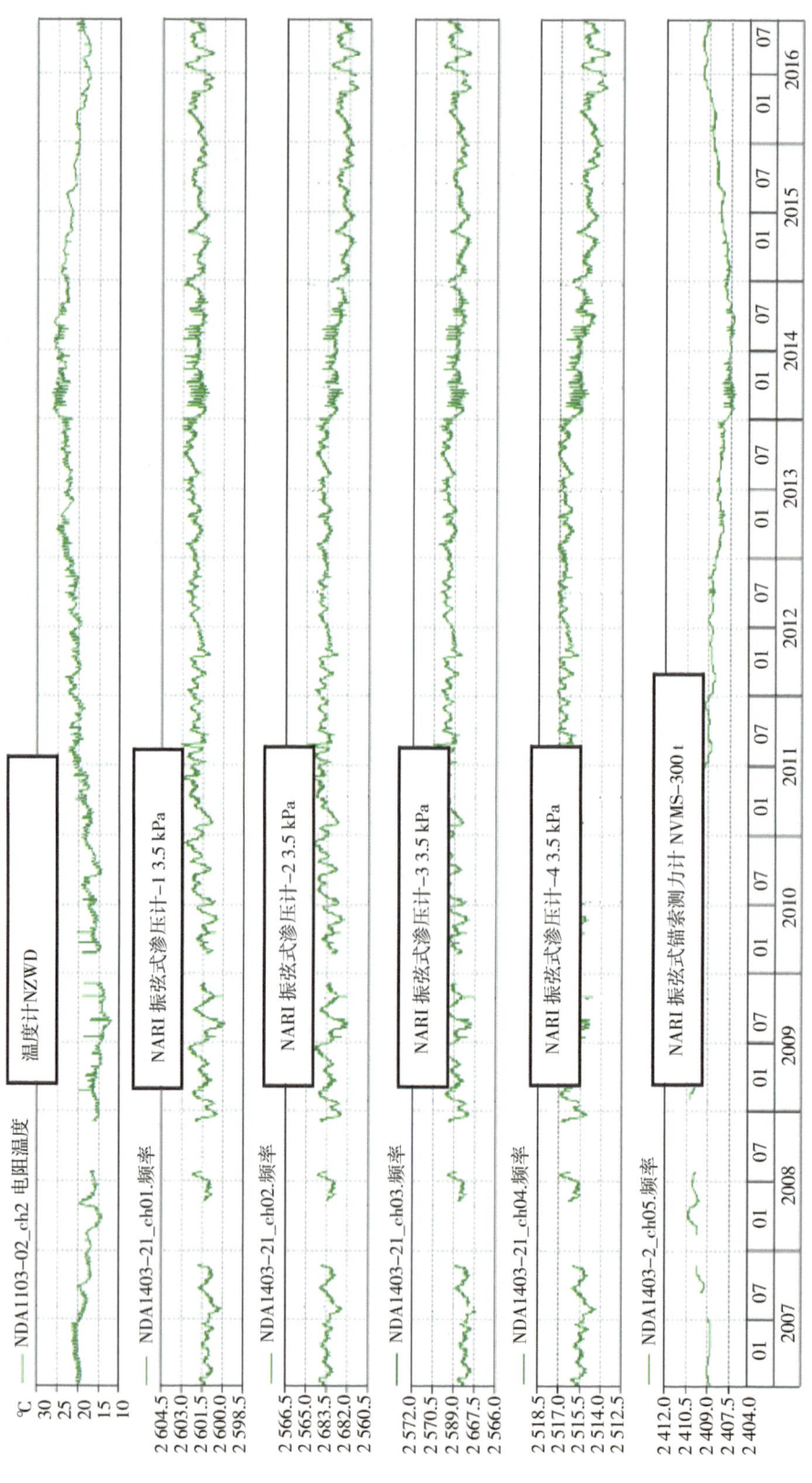

图 5-0-8 南瑞四支振弦式渗压计、1 台 300 t 锚索测力计长期稳定性测量过程线

从振弦式仪器长期稳定性试验资料可以看出，S公司的两支渗压计平均测值变化10 Hz，G公司两支渗压计平均测值变化3.5 Hz，R两支渗压计平均测值变化3.2 Hz，南瑞4支渗压计平均测值变化2.5 Hz。以上仪器扣除由温度引起的频率变化后，仪器测值变化仅1～2 Hz。

南瑞生产的振弦式渗压计与国外三家主要生产振弦式仪器的厂家——R公司、G公司、S公司生产的渗压计在试验室进行长期稳定性试验十年多，从试验数据看，仪器温度特性优良的排名顺序为：南瑞集团公司、R公司、G公司、S公司。从试验资料比较看，南瑞集团公司生产的振弦式渗压计最关键的核心技术——长期稳定性已达到国际先进水平。

6 差阻式及振弦式仪器在我国锦屏特大水电工程中的应用

6.1 锦屏水电站概况

锦屏一级大坝是举世闻名的世界第一混凝土高拱坝,该工程是创造了十项第一的特大型水电工程。大坝坝高 305 m,二级电站 4 条引水隧洞平均长 16.67 km,开挖洞径 13 m,引水隧洞最大埋深 2 500 m,为世界第一水工隧洞,并有清华大学主建的世界最深的锦屏地下实验室,推动中国暗物质研究进入世界先进行列。该特大型水电工程地下隧洞深、大坝高,对大坝安全监测提出了更高、更苛刻的要求。南瑞公司一举拿下差阻式仪器、振弦式仪器及自动化系统的大标,大坝从工程施工到安全蓄水和工程安全运行,监测系统发挥了不可替代的作用。埋设安装的 23 695 台套的仪器设备和自动化系统为保障大坝工程安全作出了突出贡献,业主单位作出了高度评价。

笔者两次赴现场为工程技术人员培训,与安全监测人员进行技术商讨和咨询。后文将锦屏一、二级监测中心对锦屏工程阶段监测报告列出,从中可以看出安全监测的重要性及其对锦屏工程安全作出的贡献。

6.1.1 锦屏一级水电站

锦屏一级水电站位于四川省凉山彝族自治州盐源县和木里县境内,开发任务主要是发电,兼顾防洪拦沙。电站装机容量 3 600 MW,保证出力 1 086 MW,多年平均年发电量 166.2 亿 kW·h,年利用小时数 4 616 h。锦屏一级大坝目前为世界第一高拱坝,坝高 305.0 m,水库正常蓄水位 1 880 m,死水位 1 800 m,调节库容 49.1 亿 m³,属年调节水库。坝址控制流域面积 10.256 万 km²,占雅砻江流域面积的 75.4%,多年平均流量 1 220 m³/s,1 000 年一遇洪水流量 13 600 m³/s,5 000 年一遇洪水流量 15 400 m³/s。

枢纽主要建筑物包括混凝土双曲拱坝、坝身 4 个表孔+5 个深孔+2 放空底孔与坝后水垫塘、右岸 1 条有压接无压泄洪洞及右岸中部地下厂房等。

锦屏混凝土双曲拱坝坝顶高程 1 885.0 m,顶拱中心线弧长 552.25 m,坝顶宽度 16.0 m,坝底厚度 63.0 m,厚高比 0.207,坝体混凝土方量 474 万 m³。

锦屏一级水电站于 2005 年 11 月 12 日正式开工,于 2014 年竣工。

6.1.2 锦屏二级水电站

锦屏二级水电站位于四川省凉山彝族自治州木里、盐源、冕宁三县交界处,开发任务主要是发电,兼有漂木。系利用雅砻江 150 km 长的大河湾天然落差,裁弯取直,开挖隧洞引水发电,获得水头约 310 m。

锦屏二级水电站为低闸、长隧洞、高水头引水式电站。水电站由首部枢纽、引水隧洞和地下厂房三部分组成。水电站首部闸址位于锦屏一级水电站下游 7.5 km 处西雅砻江的猫猫滩,为开敞式低闸,最大闸高 38 m。地下厂房位于东雅砻江的大水沟。电站总装机容量 4 800 MW,单机容量 600 MW,额定水头 288 m,多年平均发电量 242.3 亿 kW·h,保证出力 1 972 MW,年利用小时 5 048 h。它是雅砻江上水头最高、装机规模最大的水电站。4 条引水隧洞平均长约 16.67 km,开挖洞径 13 m,引水隧洞最大埋深 2 500 m,为世界第一水工隧洞。

锦屏二级水电站工程于 2007 年 1 月 30 日正式开工,2012 年 12 月投产发电,2016 年 1 月枢纽工程通过竣工验收。

6.2 锦屏水电站工程安全监测

锦屏一级水电站枢纽由挡水拱坝、泄洪洞和地下厂房组成。工程安全监测的对象包括大坝和左右岸坝肩、地下厂房洞室群及泄洪隧洞围岩施工期和运行期的变化。由于坝址处于地势陡峻的高山峡谷,地质灾害频发,两岸高边坡的施工安全和运行期的长期稳定被特别关注。引水发电系统地下厂房主要建筑物包括地下厂房、主变室、尾水调压室,三大洞室平行布置。地下厂房系统大跨度洞室围岩和支护系统的施工期安全、洞室群运行期的稳定运行是安全监测的重点。因此,工程安全监测大量采用了多点位移计、锚杆应力计、锚索应力计等监测岩体变形和应力的仪器设备。

锦屏二级水电站枢纽主要由首部拦河闸坝、引水系统、尾部地下厂房三大部分组成。该工程有 4 条长达 16.7 km 的引水隧洞,且地质条件复杂,属于大埋深、长引水、高地应力和高外水压力的隧洞,安全监测设计的重点为长引水隧洞的施工期围岩稳定和运行期围岩承载能力的监测。电站地下厂房系统主要由主副厂房洞、主变洞、母线洞、进厂交通洞、通风兼安全洞、厂顶排风排烟洞、GIL 出线洞、主变进风洞、主变排风洞以及排水廊道等建筑物组成。地下厂房系统洞室密集,规模庞大,且处于较高地应力区域,设计和施工难度大,为保证施工和电站长久运行的安全,对地下厂房系统的稳定需进行长期监测。

锦屏二级水电站枢纽的主体工程为规模巨大的隧道和洞室群,围岩变形和应力是监测的重点。因此布置了较多的安全监测断面、监测项目,布置了大量的多点位移计、锚杆应力计、锚索测力计等仪器设备。

6.3 监测仪器设备的应用

6.3.1 振弦式仪器

2007年初,南瑞集团公司中标锦屏特大型水电工程中的差阻式仪器、振弦式仪器和工程监测自动化三个监测设备标。锦屏水电站工程规模巨大,施工单位多,监测仪器指标高、数量大,要求供货迅速、服务及时。从开工至2016年底,南瑞公司向锦屏工程提供有知识产权保护的振弦式仪器共11 636台套,列于表6-3-1。

表6-3-1 锦屏工程南瑞供货振弦式仪器统计表

序号	名称	数量(台)	备注
1	NVGR 锚杆应力计	3 125	
2	NVMS 锚索测力计	2 148	
3	NVJ 测缝计(位移计)	3 105	单点、三点、五点、六点位移计513套
4	NVR 钢筋计	2 918	
5	NVS 应变计	224	
6	NVWG 量水堰水位计	11	
7	NVYL 应力计	105	

根据锦屏二级安全监测管理中心的工作总结,仪器埋设率定合格率为98%~99%,安装埋设仪器4 205台套,测点完好率为96.93%。世界第一特长特深隧洞工程因开挖爆破施工、二次爆破、"岩爆"喷射混凝土、灌浆造孔等造成仪器损坏除外,仪器实际完好率在97%~98%。

6.3.2 差阻式仪器

为水电工程研制的差阻式仪器已历数十年,自20世纪50年代末至今,南瑞公司为国内工程提供了各种类型的差阻式仪器超过50万台套,为我国水电建设事业作出了重大贡献。我国也成为差阻式仪器生产大国。

锦屏工程安全监测设置有大量差阻式仪器,至2016年底,南瑞公司已提供了各类差阻式仪器共12 059台套,详列于表6-3-2。

表6-3-2 锦屏工程南瑞供货差阻式仪器统计表

序号	名称	数量(台)	备注
1	NZJ 测缝计	1 688	
2	NZGR 锚杆应力计	902	
3	NZR 钢筋计	918	

续表

序号	名称	数量(台)	备注
4	NZS 大应变计	3 121	
5	NZYL 应力计	521	
6	NZWD 温度计	5 278	

南瑞集团公司研制、生产差阻式仪器多年，仪器设计、生产工艺、技术性能均成熟先进，耐高压更是差阻式仪器的强项。仪器利用补偿波纹管，在受高水压时使仪器内外液压平衡，则仪器所受压力为零。因此，差阻式仪器具有承受高水压时仍能长期可靠测量的特性。

在锦屏特大型水电工程中，南瑞集团公司提供振弦式仪器、差阻式仪器共 23 695 台套。这些仪器被业主评价为"在特大型工程施工安全监测中发挥了至关重要的作用"。工程实践表明，南瑞集团公司所生产的振弦式、差阻式仪器主要技术指标、长期稳定性能已达到了国际同类产品的先进水平，在我国水电工程安全监测中发挥了举足轻重的作用。

6.3.3 安全监测管理中心 2010 年工作总结的部分内容

锦屏一级、二级水电站对工程安全监测高度重视。直属二滩公司的锦屏建设管理局为确保工程的施工安全，混凝土浇筑工程竣工时安全监测系统能可靠运行，成立了由中南设计院和长委设计院共同组建的一级安全监测管理中心、由华东设计院组建的二级安全监测管理中心。两个管理中心负责监测资料综合分析和安全预警工作，督促协调工程安全监测工作和专业监管工作，仪器采购、验收核销工作，工程安全基本资料监管、信息系统的维护和推进工作。

为了能客观、全面地了解和评估南瑞集团公司提供的仪器设备的使用情况，现引用锦屏一级、二级安全监测管理中心于 2010 年所做的锦屏工程安全监测五年工作重点总结的部分内容(摘录见后文)。两个安全监测管理中心代表业主承担工程安全监测重任，对现场仪器取得一手资料进行分析、评估，发布施工安全的指令性文件，他们对现场仪器的表现最了解，对仪器设备的评价应更全面、更中肯、更有说服力。

6.3.3.1 锦屏一级水电站

6.3.3.1.1 锦屏一级水电站安全监测的作用

➤ 安全监测为锦屏一级大坝混凝土浇筑、一级坝肩及边坡稳定、大奔流和三滩料场边坡开挖、地下厂房洞室、左岸基础处理洞室等工程施工安全提供了技术支持。在进行边坡和地下厂房开挖过程中，监测成果显示边坡和地下厂房出现了较大的变形，由此调整边坡和厂房的开挖速度，加强支护从而使得边坡和地下厂房围岩的变形速率变缓，保证了边坡和地下厂房的安全。在左岸基础灌浆处理过程中，现场巡视检查及监测成果同样显示左岸灌浆部位围岩变形速率加大，从而暂停灌浆作业，调整灌浆措施使得围岩变形处于可控范围。在进行地下厂房岩壁吊车梁试验过程中，安全监测成果更是发挥了巨大作用，依据自动化和人工监测成果使得岩壁吊车梁试验顺利完成。

➢ 2010 年是全国"安全生产年"，是锦屏一级水电站攻坚年，是锦屏一级工程由开挖全面转入混凝土浇筑和机电安装的过渡年，是实现锦屏一级电站 2012 年首台机组发电的突破年，安全监测在锦屏一级水电工程建设过程中发挥了至关重要的作用。

6.3.3.1.2 重点部位监测成果综述——地下厂房

(1) 安全监测布置

◆ 地下厂房三大洞室围岩变形监测设两个主断面、四个次断面和三个特殊断面；

◆ 主断面分别设置于主厂房 2 号机组中心线—主变室—1 号调压室中心线剖面和主厂房 5 号机组中心线—主变室—2 号调压室中心线剖面；

◆ 四个次断面设置于 1#、3#、4#、6# 机组中心线剖面，延伸到主变室；

◆ 三个特殊断面设置于 f_{13} 断层出露部位、主变室上游墙 f_{14} 出露部位、第一副厂房 f_{18} 断层出露部位。

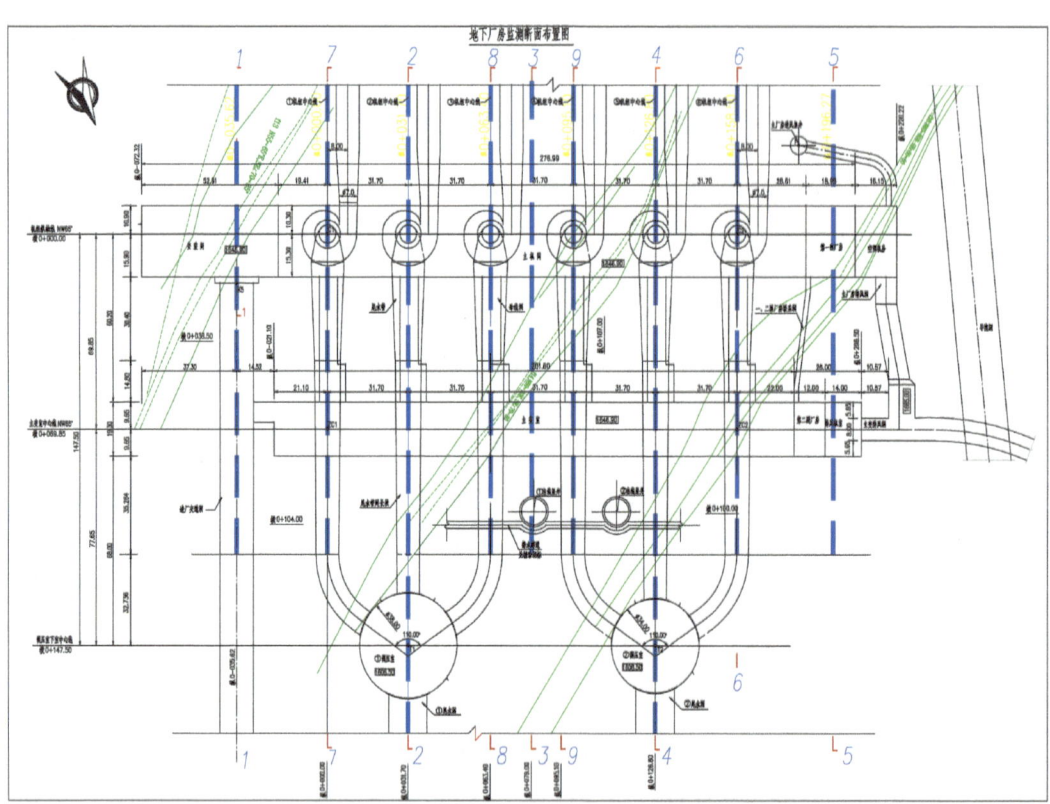

图 6-3-1　锦屏一级地下厂房监测布置图

表 6-3-3　锦屏一级地下厂房安全监测断面布置统计表

断面类别	断面编号	部位	桩号	监测对象
主断面	2-2	2# 机组中心线（1# 调压室）	厂纵 0+031.70	f_{14} 断层

续表

断面类别	断面编号	部位	桩号	监测对象
主断面	4-4	5#机组中心线（2#调压室）	厂纵0+126.80	厂房的f_{14}断层通过和主变室下游侧的f_{18}断层和煌斑岩脉通过
次断面	7-7	1#机组中心线	厂纵0+000.00	
次断面	8-8	3#机组中心线	厂纵0+063.40	f_{14}断层
次断面	9-9	4#机组中心线	厂纵0+096.10	f_{14}断层
次断面	6-6	6#机组中心线	厂纵0+158.50	f_{18}断层、煌斑岩脉
特殊断面	1-1	安装间部位进厂交通洞轴线	厂纵0-035.62	安装间f_{13}断层
特殊断面	5-5	第一副厂房	厂纵0+196.27	第一副厂房下游墙f_{18}断层和煌斑岩脉通过
特殊断面	3-3	3#—4#机组之间	厂纵0+079.20	主厂房和主变室岩墙f_{14}断层

(2) 主厂房监测成果(顶拱)

主厂房顶拱部位位移测值均在10 mm以内，最大累计位移值为2.95 mm，由位于0+126.8 m处的M4PD45-3测得，位移过程线见图6-3-2。10月份位移月变化量为−0.04~0.20 mm。

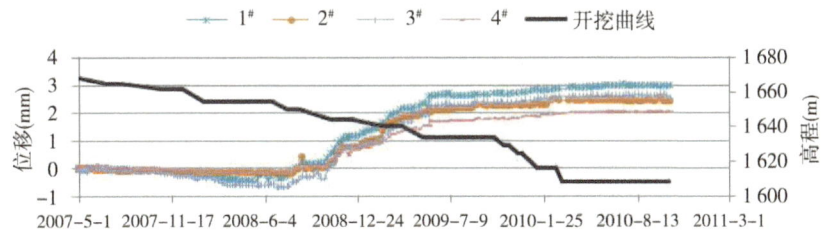

图6-3-2 锦屏一级主厂房顶拱位移测值过程线图

(3) 主厂房监测成果(下游侧)

• 主厂房下游侧围岩累计位移较上游侧大，下游侧有16.0%测点位移值大于30 mm，最大累计位移值为92.36 mm，由位于0+000.0 m下游边墙EL.1666 m(高程)处的多点位移计M6ZCF-Z1测得。主厂房下游侧围岩10月份位移月变化量在−1.02~1.43 mm。主厂房下游侧目前位移变化较明显的部位主要集中6#机组至第一副厂房范围内。近期受到主厂房及主变室加固处理(灌浆)的影响，个别部位位移变化相对较大。

• 锚固力较大的部位位移测值亦普遍较大，图6-3-3为典型部位锚索锚固力测值及附近围岩表面位移测值对比历时曲线图，从图中可以看出二者变化规律基本一致，位移、锚固力增长主要发生在主厂房开挖期间，主厂房开挖结束后测值变化均趋于收敛。

(4) 主厂房监测成果(端墙)

• 主厂房端墙10月位移最大变化量为2.84 mm，由位于0+204 m、EL.1657 m处

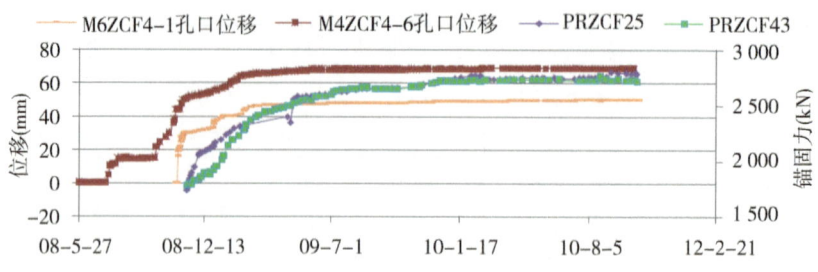

图 6-3-3 锦屏一级主厂房下游侧围岩位移、锚固力测值过程线图

的多点位移计 M4FCF1-Z1 测得,位移变化位于深度 16 m 以上,须密切关注。

● 主厂房端墙当前最大锚固力为 2 734.12 kN,由位于 0+204 m、EL.1 652 m 的锚索测力计 PRFCF1-Z1 测得。锚索锚固力在主厂房开挖结束后逐渐趋于收敛。

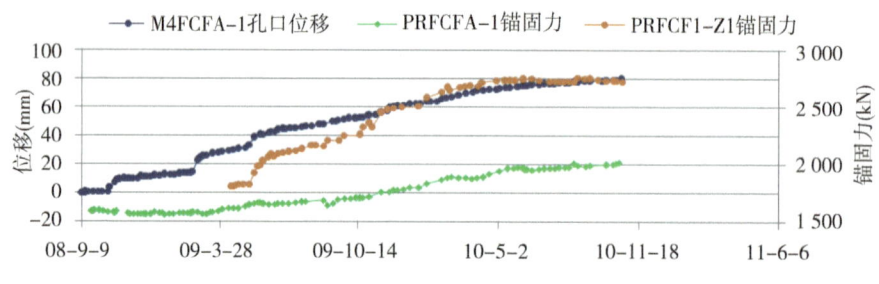

图 6-3-4 锦屏一级主厂房端墙围岩位移测值过程线图

(5) 主变室监测成果(顶拱)

● 主变室顶拱部位多点位移计位移测值均在 10 mm 以内,最大累计位移值为 7.30 mm,位于 0+79.1 m,位移历时曲线如图 6-3-5 所示。10 月份位移月变化量为 −0.04~0.16 mm。

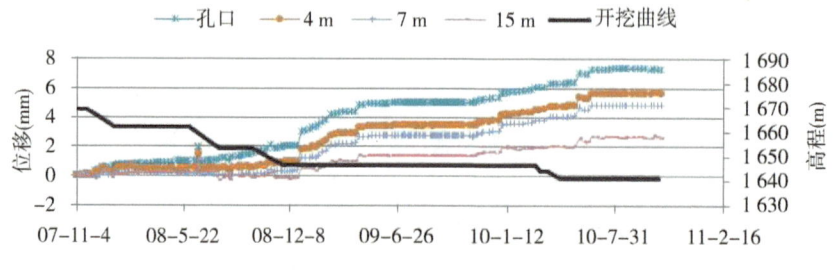

图 6-3-5 锦屏一级主变室顶拱位移测值过程线图

(6) 主变室监测成果(上游侧)

● 主变室上游侧有 82.9%的多点位移计位移累计值在 30 mm 以内;最大累计位移值为 69.46 mm,位于 0+79.1 m 上游边墙 EL.1 668 m 处。10 月主变室上游侧围岩位移增量在 −0.09~0.17 mm,位移变化量较小。

● 主变室上游侧有 60.0%锚索测力计锚固力测值超锚索设计值,其中超设计值百分比最大值为31.0%,位于0+42.725 m上游边墙EL.1 664.5 m处,目前锚固力测值为2 619.63 kN,超锁定百分比达到75.8%。10月主变室上游边墙锚索锚固力变化量在−16.27～1.30 kN,锚索锚固力在主变室开挖结束后逐渐趋于收敛。

(7) 主变室监测成果(下游侧)

◆ 主变室下游侧目前位移变化速率仍较大的部位位于0+126.8 m～0+151.8 m区域,10月位移变化量在−1.26～3.46 mm。位移最大增量发生在0+126.8 m、EL.1 673 m处,位移变化较上月有所减缓,位移主要发生在距孔口5～22 m范围内和37～42 m岩体内,该段有煌斑岩脉和f_{18}断层通过,且受到$2^{\#}$尾水调压室开挖的影响,位移主要发生在尾调室上游边墙浅部岩体,其次为主变室下游边墙浅部岩体。

◆ 主变室下游边墙有20.8%锚索超设计值,最大超设计值百分比为87.8%,当前锚固力为3 755.57 kN,由位于0+147.625 m下游边墙EL.1 657 m的锚索测力计PRZBS15测得,目前锚固力呈持续增长趋势。

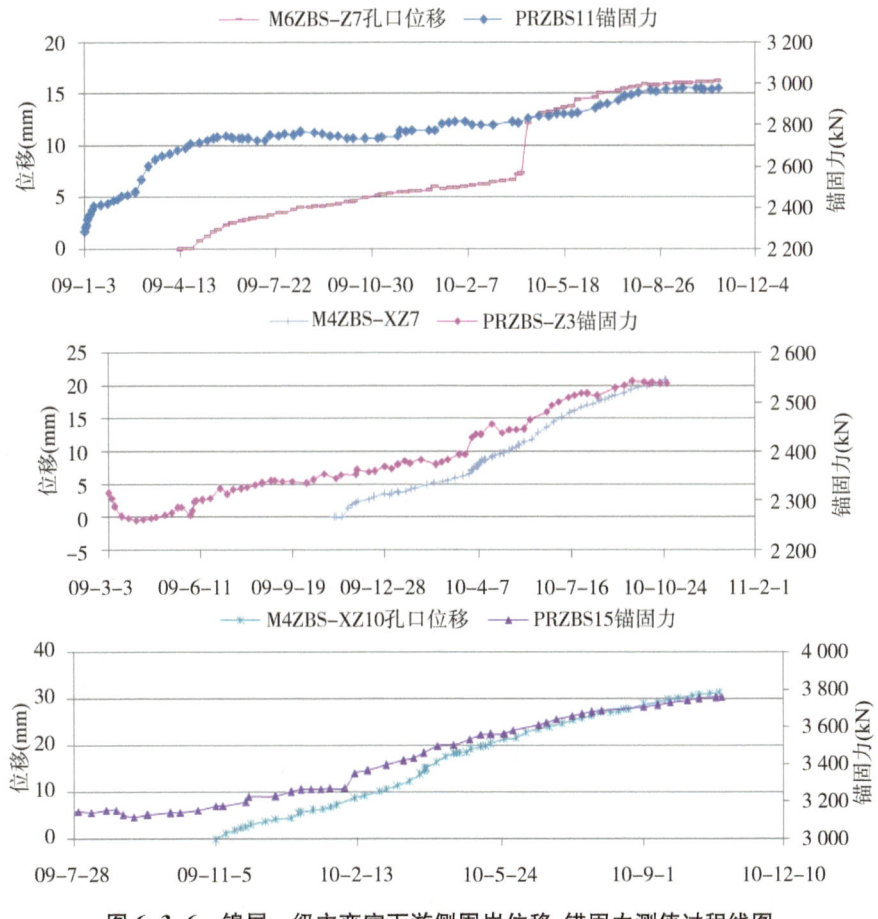

图6-3-6 锦屏一级主变室下游侧围岩位移、锚固力测值过程线图

◆ 锚固力超设计值比较集中的部位主要是主变室下游边墙0+126.8 m～0+158.5 m区域,这一区域的多点位移计测值亦普遍较大。图6-3-7为典型部位锚索锚固

力测值及附近围岩表面位移测值对比历时曲线图,从图中可以看出二者变化规律基本一致,位移和锚固力仍呈增长趋势。

◆ 2010 年 6、7 月份主变室下游边墙有三台锚索发生锚固力突降的现象,锚固力突降发生在 1#、2# 出线井开挖期间。10 月主变室下游边墙锚索锚固力变化量在 −393.31～42.34 kN,位于主变室下游边墙 0+94.425 m、EL.1 664.5 m 的锚索(PRZBS10)10 月再次发生突降。

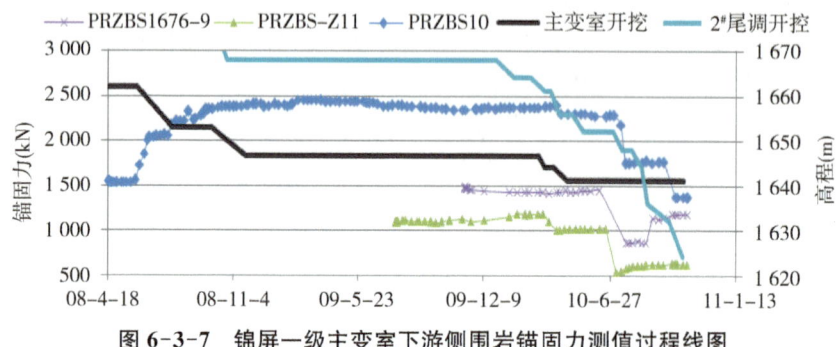

图 6-3-7　锦屏一级主变室下游侧围岩锚固力测值过程线图

(8) 尾调室监测成果(1# 尾调室)

◆ 1# 尾调室多点位移计位移测值有 84.1% 在 10 mm 以内,最大累计位移值为 23.96 mm。10 月位移变化量在 −0.25～0.59 mm,位移变化趋于收敛。

◆ 1# 尾调室有 58.6% 锚索测力计锚固力处于损失状态,超锁定值百分比最大值为 33.0%,位于右下边墙 EL.1 670 m 处,目前锚固力测值为 1 322.03 kN。10 月 1# 尾调室锚索锚固力变化量在 −11.86～17.75 kN,锚索锚固力增长速率呈减缓趋势。

(9) 尾调室监测成果(2# 尾调室)

◆ 2# 尾调室多点位移计位移测值有 65.2% 在 10 mm 以内,最大累计位移值为 95.05 mm,位于 2# 尾调室上游边墙 EL.1 669 m 处,由预埋式多点位移计 M4PS2-9 测得,位移主要发生在第二层排水廊道一侧距孔口 0～9.5 m 部位,位移变化尚未收敛。10 月 2# 尾调室位移变化量在 −0.93～1.42 mm。

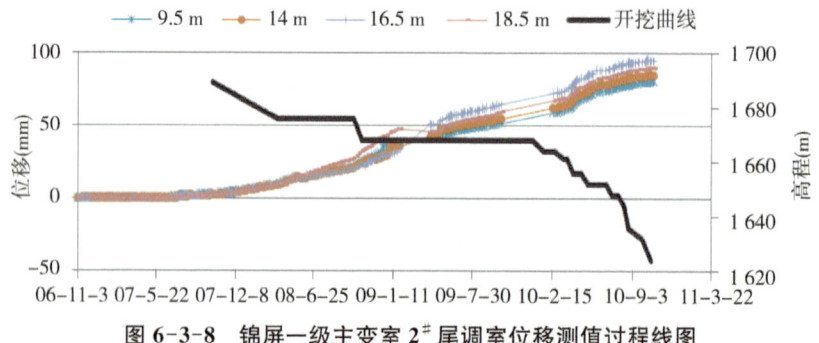

图 6-3-8　锦屏一级主变室 2# 尾调室位移测值过程线图

◆ 2# 尾调室有 36.7% 锚索测力计锚固力处于损失状态,目前有 1 台锚索锚固力超过设计吨位,其超设计值百分比为25.2%,位于上游边墙EL.1 671.25 m处,目前锚固力测值为2 503.68 kN。10月2#尾调室锚索锚固力变化量在-24.41～24.29 kN。

◆ 2#尾调室超设计吨位的锚索锚固力增长主要发生在2#尾调室EL.1 656 m至EL.1 661 m开挖期间,目前锚固力变化趋于收敛。

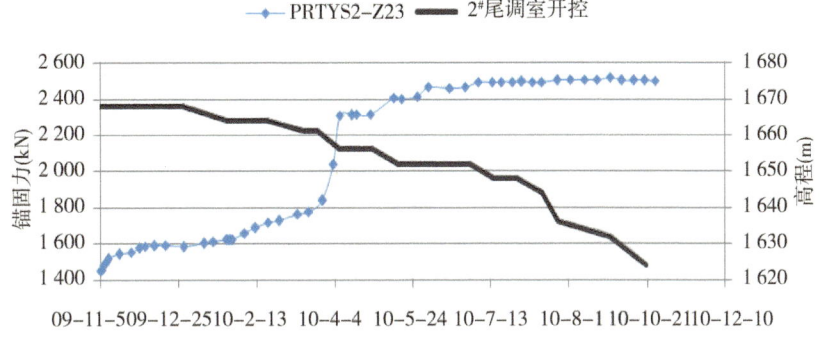

图6-3-9 锦屏一级主变室2#尾调室锚索PRTYS2-Z23锚固力测值过程线图

◆ 受到2#尾调室开挖影响部分锚索锚固力仍呈增长趋势。

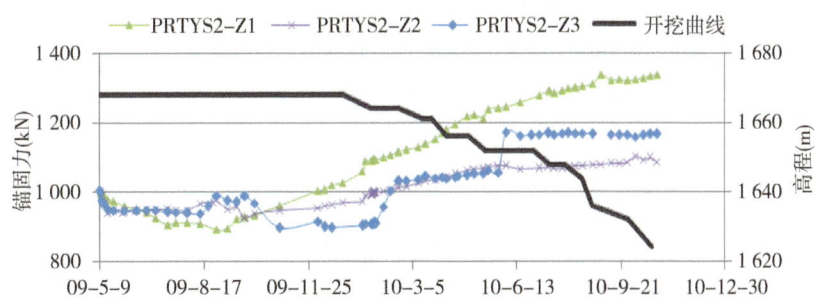

图6-3-10 锦屏一级主变室2#尾调室锚索PRTYS2-Z1～Z3锚固力测值过程线图

6.3.3.1.3 重点部位监测成果综述(左岸边坡)

(1) EL.1 885 m以上边坡

◆ 左岸EL.1 960 m缆机平台以上边坡安装埋设有多点位移计、锚杆应力计、锚索测力计、测斜孔、渗压计等仪器,监测布置情况见图6-3-11。

◆ EL.1 885 m～EL.1 960 m开挖边坡安装埋设有多点位移计、锚杆应力计、锚索测力计等仪器,监测仪器布置情况见图6-3-12。

◆ 截至2010年10月底,左岸EL.1 885 m坝顶平台以上开挖边坡26套多点移计孔口位移累计值在-2.71～20.74 mm,月变化量在±0.50 mm以内;68支锚杆应力计应力值在-43.4～300.1 MPa,月变化量小于10.0 MPa,位移及应力只有少量波动无明显变化,监测部位坡体变形不明显。

◆ 截至2010年10月底,左岸边坡1#～3#危岩体区域的26套监测锚索锚固力只有少量波动无明显变化趋势,锚固力月变化量在-28.5～24.9 kN,平均变化量为-3.3 kN,锚固力损失率在-2.27%～12.66%,平均损失率为3.72%。

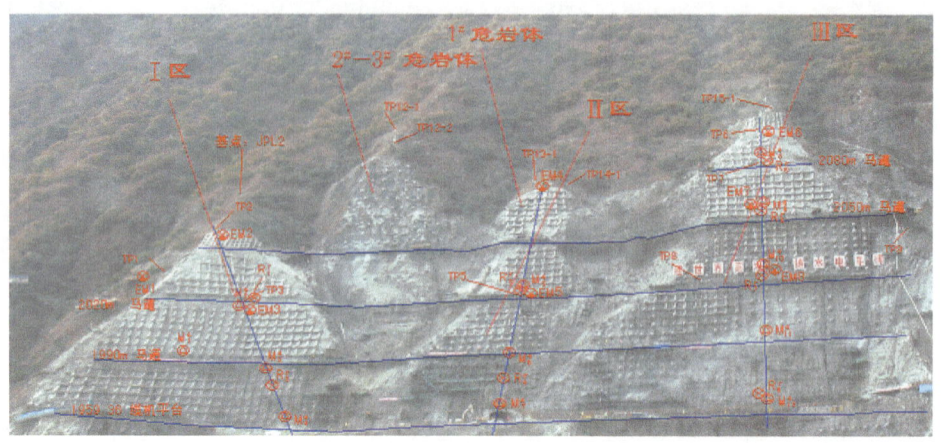

图 6-3-11 锦屏一级左岸边坡典型断面图

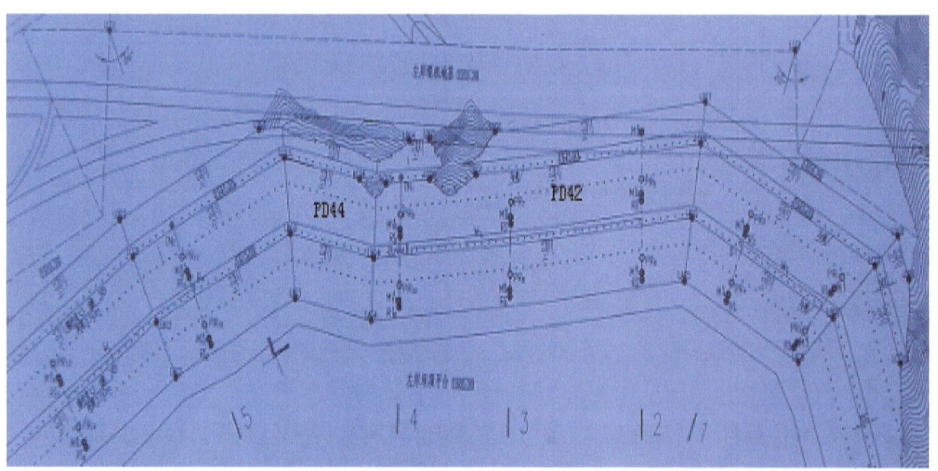

图 6-3-12 锦屏一级左岸边坡监测布置图

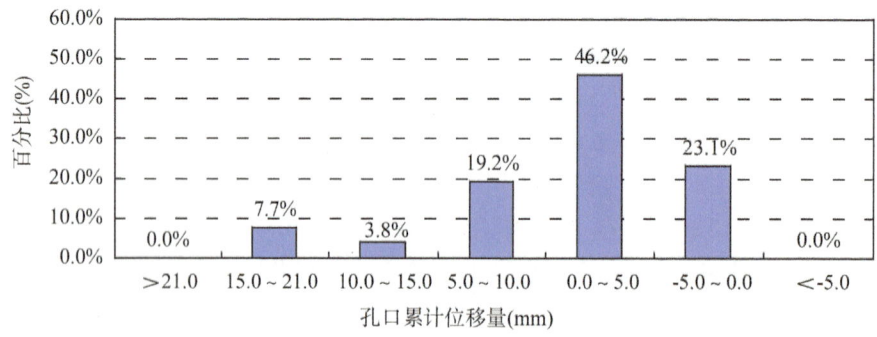

图 6-3-13 锦屏一级左岸边坡 EL.1 885 m 坝顶平台以上多点位移计孔口位移分布图

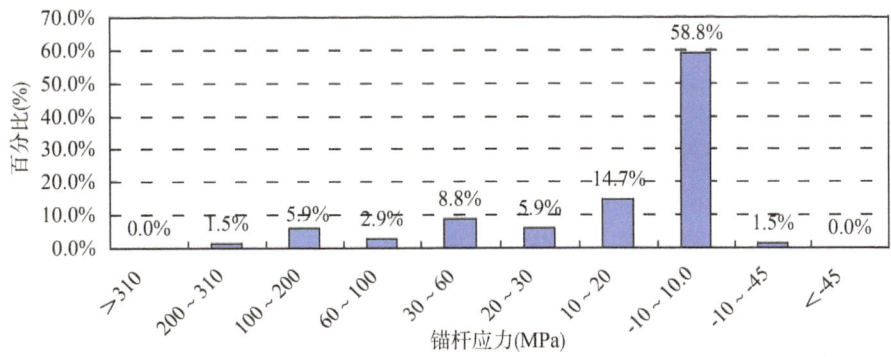

图 6-3-14　锦屏一级左岸边坡 EL.1 885 m 坝顶平台以上锚杆应力分布图

● 截至 2010 年 10 月底,EL.1 885 m 以上开挖边坡 81 台监测锚索除个别锚索锚固力局部时段波动较大外总体无明显变化,锚固力月变化量在 −46.7～30.8 kN,平均月变化量为 −2.5 kN,锚固力损失率在 −13.87%～39.11%,平均损失率为 3.42%。

(2) EL.1 885 m 以下边坡

● 截至 2010 年 10 月底,EL.1 885 m 以下边坡各监测部位位移计孔口位移累计值在 −0.90～17.19 mm,月变化量在 ±0.70 mm 以内;锚杆应力值在 −47.8～260.3 MPa,月变化量在 ±10.0 MPa 以内。位移和应力只有少量波动无明显变化,监测部位岩体变形不明显。

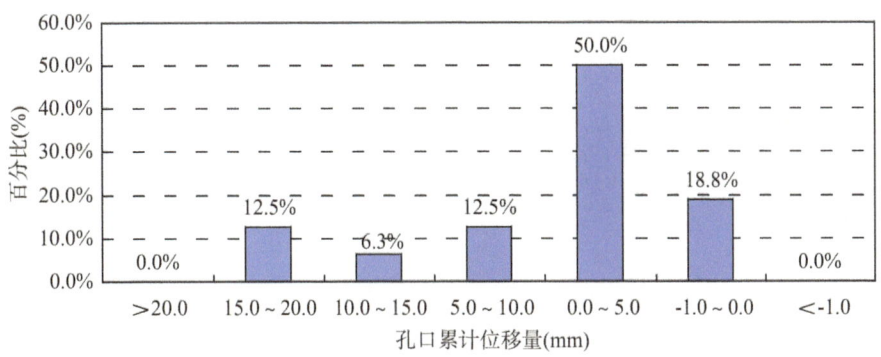

图 6-3-15　锦屏一级左岸边坡 EL.1 885 m 坝顶平台以下多点位移计孔口位移分布图

● 截至 2010 年 10 月底,EL.1 885 m 以下边坡 69 套监测锚索除个别锚索锚固力局部波动变化较大外,总体无明显变化,锚固力月变化量在 −54.4～42.6 kN,平均月变化量为 −1.7 kN,锚固力损失率在 −9.47%～18.56%,平均损失率为 3.83%。

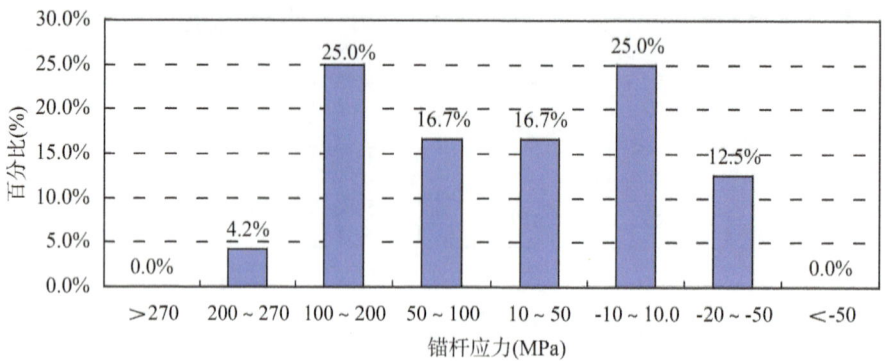

图 6-3-16　锦屏一级左岸边坡 EL.1 885 m 坝顶平台以下锚杆应力分布图

6.3.3.2　锦屏二级水电站

6.3.3.2.1　锦屏二级安全监测仪器种类和数量

表 6-3-4　锦屏二级安全监测仪器统计表

工程部位	仪器类型	累计采购数量（支或台）	仪器率定数量（支或台）	仪器率定合格率
闸坝与进水口	钢筋计	93	82	98.78%
	锚杆应力计	8	/	/
	锚索测力计	2	2	100%
	压应力计	18	18	100%
	测缝计（单、三向）	18	/	/
	应变计（双向及五向）	60	24	100%
	温度计	15	15	100%
	渗压计	/	/	/
	杆式沉降仪	8	8	100%
	倒垂及双金属标	/	/	/
	引张线及静力水准	/	/	/
	棱镜组	27	/	/
	读数仪	1	/	/
	小计	250	149	99.29%
引水隧洞工程	多点位移计	1 033	749	95.32%
	锚杆应力计	837	391	99.23%
	锚索测力计	10	10	100%

续表

工程部位	仪器类型	累计采购数量（支或台）	仪器率定数量（支或台）	仪器率定合格率
引水隧洞工程	钢筋计	312	43	100%
	压应力计	52	/	/
	应变计	224	9	100%
	无应力计	58	/	/
	渗压计	188	56	100%
	测缝计	124	12	100%
	钢拱架应力计	33	/	/
	锚筋桩应力计	18	12	100%
	收敛棱镜	1 863	/	/
	读数仪	16	/	/
	电缆(km)	371.828	/	/
	小计	4 768	1 282	97.27%
地下厂房枢纽工程	多点位移计	1 138	911	98.47%
	锚杆应力计	705	626	98.40%
	钢筋计	186	131	100%
	锚索测力计	208	208	
	渗压计	92	15	
	压应力计	24	24	
	测缝计	76	48	
	钢板应力计	68	10	
	钢管缝隙计	56	3	
	五向应变计	150	6	
	无应力计	30	2	
	断面收敛仪	6	/	/
	水准仪	1	/	/
	收敛棱镜(个)	113	/	/
	电缆(km)	170.482	/	/
	读数仪	4	/	/
	小计	2 857	1 984	98.79%
	合计	7 867	3 408	98.45%

6.3.3.2.2 进水口工程

(1) 进水口边坡变形、锚杆应力、渗透压力、锚索荷载及外观测点变形

截至 2010 年 6 月底，进水口边坡围岩变形累计位移最大值为 57.72 mm(Mj6)，外观测点各方向位移累计值均小于 17.0 mm。锚杆应力计实测应力最大值为 298.42 MPa，实测应力在 0～50 MPa 的有 13 支，占 43.33%；实测应力在 50～100 MPa 的 6 支，占 20.00%；实测应力在 100～200 MPa 的 5 支，占 16.67%；实测应力在 200～300 MPa 的 3 支，占 10.00%。39 台锚索测力计（4 台施工期），实测锚索荷载超设计荷载的 3 台，占 7.69%，目前实测荷载均在 1.25 倍设计荷载范围以内；实测荷载仍呈增长趋势的有 4 台，占 10.26%。

近期进水口边坡度汛结束，事故闸门井已下闸挡水，由于边坡岩塞段刚开挖完成不久，边坡 1 658 马道以下锚索及岩塞段支护完成时间较短，围岩变形和部分锚杆应力及锚索荷载还处于缓慢增长状态（尤其 EL.1 660.2 以下），边坡仍未完全稳定，但总体上近期荷载增加速率减小，整个边坡开始趋于稳定。要求三枯期间对变化较大监测仪器及时加密观测和加强巡视，密切关注围岩变形和应力调整变化趋势，确保边坡安全度汛。

图 6-3-17 锦屏二级进水口工程典型断面图

2010 年，安全监测管理中心（锦屏二级）根据监测数据和巡视检查情况及时发出了 2 期快报。

① 2010 年初多次对电站进水口边坡进行现场巡视检查，1 月 13 日发现边坡 1 658.7 马道与上部边坡交界面附近多条沿马道方向的裂缝发育并有贯通趋势，及时提交了《关于电站进水口边坡岩体松弛裂缝发育情况的报告》（2010 年第 1 期总 20 期）。

② 2010 年 1 月 28 日对电站进水口事故闸门室进行现场巡视检查，发现事故闸门室上游岩锚梁表面出现 1 条长约 2 m，宽约 1～3 mm 的纵向裂缝，及时提交了《关于进水口事故闸门室上游岩锚梁表面出现纵向裂缝情况报告》（2010 年第 2 期总 21 期）。

（2）进水口工程典型过程线

EL.1 658 m 马道以围岩变形呈缓慢增长趋势,岩塞段爆破开挖和支护完成时间较短。

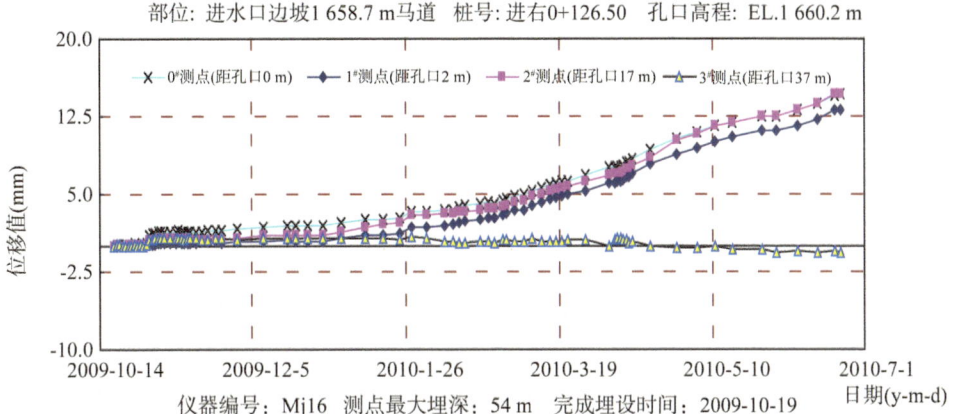

图 6-3-18　锦屏二级进水口多点位移计 Mj16 过程线图

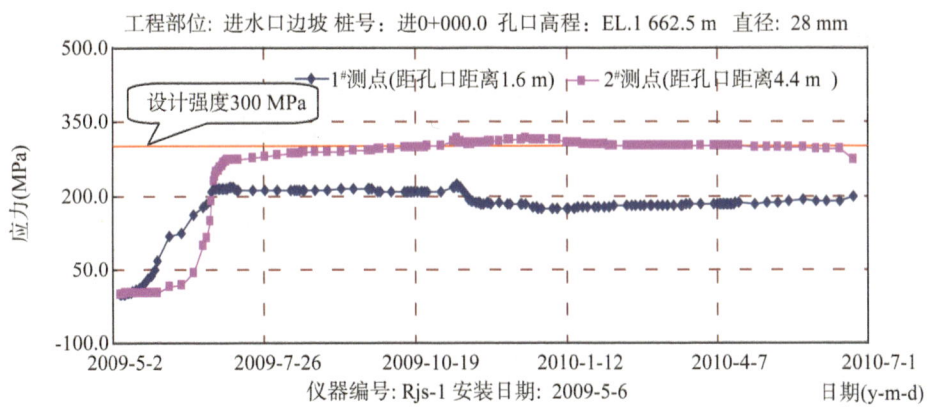

图 6-3-19　锦屏二级进水口锚杆应力计 Rjs-1 过程线图

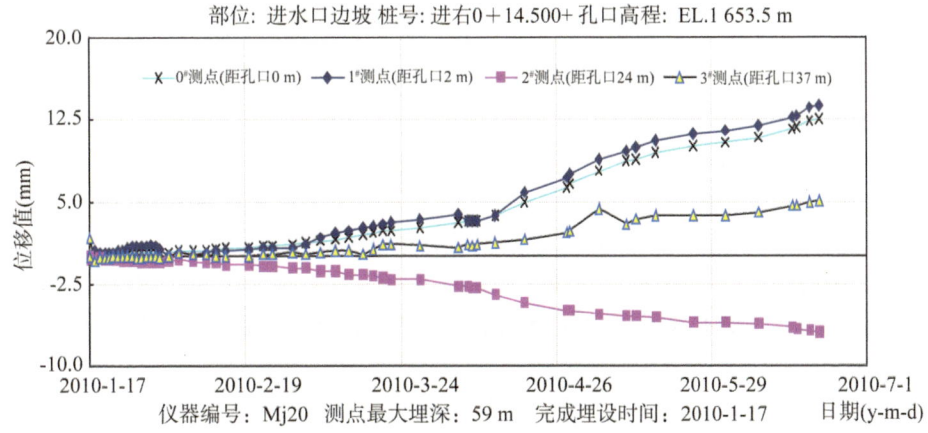

图 6-3-20　锦屏二级进水口多点位移计 Mj20 过程线图

169

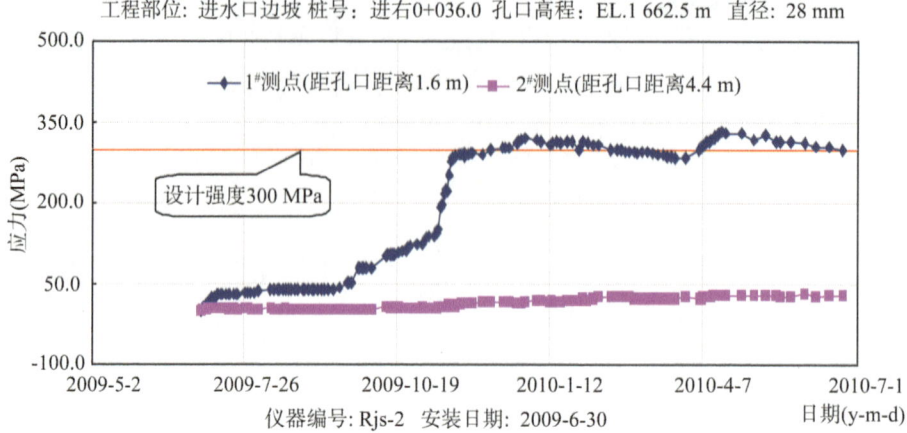

图 6-3-21　锦屏二级进水口锚杆应力计 Rjs-2 过程线图

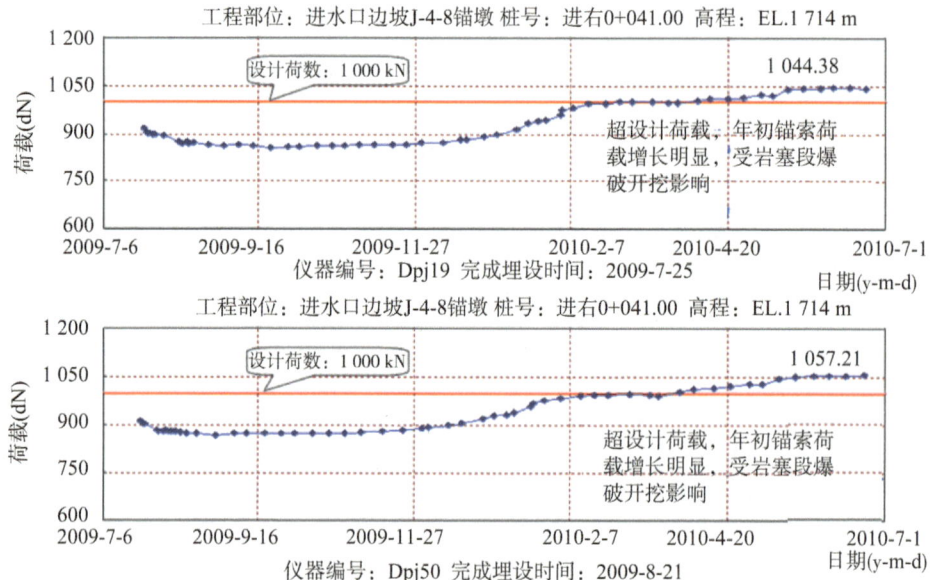

图 6-3-22　锦屏二级进水口边坡锚索测力计过程线图

6.3.3.2.3　引水隧洞工程

锦屏二级水电站引水隧洞(西端)1#至 4#洞均采用钻爆法分层掘进，已开挖揭露的围岩大致为大理岩→砂板岩→绿泥石片岩→砂板岩等，相间出现。

锦屏二级水电站引水隧洞(东端)从东到西主要经过盐塘组大理岩(T_2y)、白山组大理岩(T_2b)，1#和 3#引水隧洞采用 TBM 法全断面掘进，为了加快施工进度，辅引及排引施工支洞新增的掌子面采用钻爆法分层掘进；2#和 4#引水隧洞采用钻爆法分层掘进。

6.3.3.2.4　厂区枢纽工程

(1) 主副厂房：各部位土建开挖基本完成，目前(2010 年工作总结之时)已进入机电

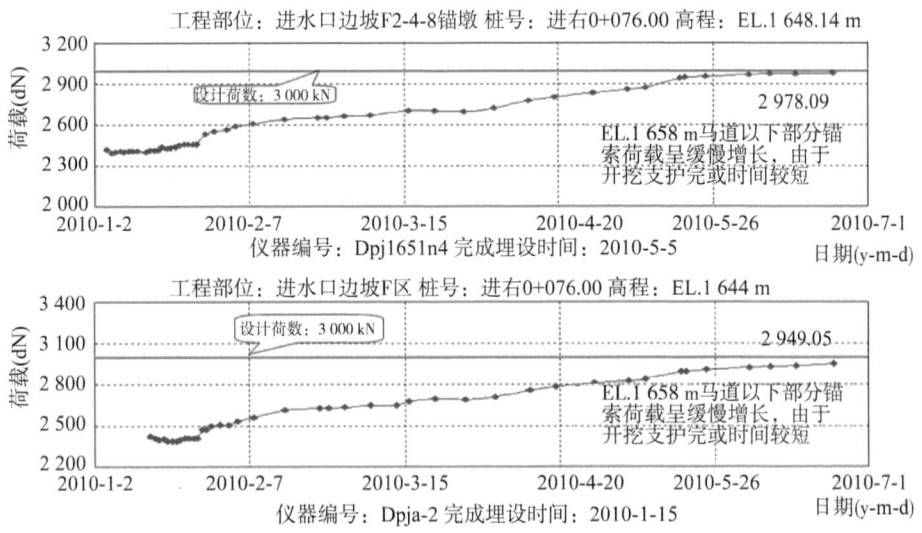

图 6-3-23　锦屏二级进水口 EL.1 658 m 马道以下锚索测力计过程线图

安装和混凝土浇筑阶段,近期各监测断面围岩变形总体变化较小,但部分锚杆应力计、锚索测力计测值变化较为明显,其中 2-2 断面下游侧 EL.1 357 m 锚杆应力、锚索荷载均呈缓慢增长状态,4-4 断面上游侧岩壁吊车梁以下部位锚索荷载呈持续缓慢增长,提请承包商于岩梁载荷运行期间,密切关注各部位测值变化较大的监测仪器,加强巡视检查力度。

(2) 主变室:围岩变形、锚杆应力较大,锚索运行荷载较高,近期局部围岩变形和应力仍呈缓慢调整,随着加强支护锚索(杆)的完成,各监测仪器总体实测数据变化趋缓,锚索(杆)约束围岩变形作用显现,建议施工单位尽快完成主变加强支护部分的施工,继续做好围岩变形和应力较大部位的加密观测和加强巡视检查工作。

(3) 尾闸室及尾水隧洞:实测最大累计位移值为 52.93 mm(1#尾闸下游边墙 EL.1 357 m,超设计量程,已完成补埋),近期尾闸室围岩位移变化量较小,锚杆应力变化缓慢,锚索荷载趋缓。目前尾闸室进行尾闸井的开挖支护,边墙高度进一步增加,提请承包商加强尾闸室巡视工作和爆破振动测试工作。尾水隧洞各工程部位监测数据近期变化较小。

(4) 调压室及高压管道:上游调压室各监测点实测孔口累计位移最大值为 36.13 mm(1#调压室竖井 2-2 断面),实测应力值最大为 162.50 MPa(1#调压室 4-4 断面左壁距孔口 2 m 处),实测锚索荷载最大值 1 795.50 kN(1#调压室竖井 2-2 断面)。目前各围岩位移、锚杆应力变化缓慢或基本稳定。高压管道各工程部位监测数据近期变化较小。提请施工单位加强爆破前后的加密观测和爆破振动测试工作。

7 真空激光准直系统

7.1 用途

基准线法是观测直线型建筑物水平位移的重要方法。由于激光具有良好的方向性、单色性、较长的相干距离,采用经准直的激光束来作为测量的基准线,可以实现有较长的工作距离、较高测量精度的位移自动化观测。

20世纪70年代末至80年代初,激光准直测量已在大坝观测中获得应用。与视准线法一样,激光束不可避免地受到大气折光的影响,在大气中传输时,会发生漂移、抖动和偏折。

真空激光准直系统在一个人为创造的真空环境中,完成各测点的测量采样,其观测精度受环境影响较小,能长期稳定可靠工作,测量精度可达 $0.5 \times 10^{-6} L$(L 为激光准直的长度)以上,可用于直线型混凝土大坝的水平、垂直方向位移监测。

真空激光准直系统是以激光准直光线为基准,测出各测点相对于该基准光线(轴)的位移变化。测值反映了各测点相对于系统的激光发射端和接收端的位移变化。因此一个完整的真空激光准直大坝位移监测系统还应包含激光发射端及接收端的位移监测部分(一般用正倒垂线组、双金属管标或静力水准测量系统)。

7.2 真空激光准直监测系统测量原理

真空激光准直系统采用激光器发出一束激光,穿过与大坝待测部位固结在一起的波带板(菲涅耳透镜),在接收端的成像屏上形成一个衍射光斑。利用CCD坐标仪测出光斑在成像屏上的位移变化,即可求得大坝待测部位相对于激光轴线的位移变化。其工作原理简图见图7-2-1。

设:波带板距光阑为 S,即波带板的物距为 S;

成像屏距波带板为 S',即经波带板成像的像距为 S';

成像屏至光阑的距离为 L,$L = S + S'$,即系统的准直距离为 L;

波带板的焦距应满足波带板的成像公式:

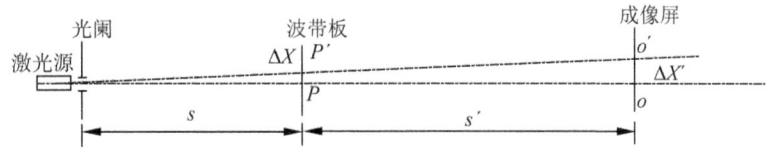

图 7-2-1　激光准直系统工作原理简图

$$\frac{1}{f} = \frac{1}{S} + \frac{1}{S'}$$

则通过小孔光阑的激光束经波带板会聚,将在成像屏上形成一个清晰的衍射光斑。

当波带板随坝体相对于准直光线轴移动了 ΔX,则其在像屏上的衍射斑将移动 $\Delta X'$,且有如下的关系式:

$$X = \frac{S}{L} \times \Delta X'$$

利用 CCD 坐标仪测出 $\Delta X'$ 的值,就可很方便地求得待测部位相对位移 ΔX。

如用其他监测手段测出发射端和接收端的位移为 ΔA 和 ΔO,则可利用测点间的几何关系求得待测部位 P 点的位移变化 ΔP。

由于发射端、接收端的位移,原先的基准轴 AO 已变为 $A''O''$(见图 7-2-2),而波带板中心位移了 ΔP,但相对于变化了的基准轴 $A''O''$ 只位移了 $P'O'' = \Delta X$,即:

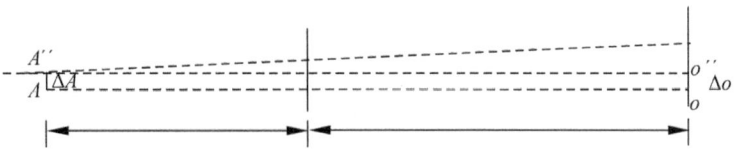

图 7-2-2　激光位移测量简图

$$\Delta P = P'P'' + PP''$$

$$PP'' = \left(1 - \frac{S}{L}\right)\Delta A + \frac{S}{L}\Delta O$$

$$\Delta X = \frac{S}{L} \times \Delta X'$$

$$\Delta P = \Delta A + \frac{S}{L}\Delta X' + \frac{S}{L}(\Delta O - \Delta A)$$

$$\Delta P = \left(1 - \frac{S}{L}\right)\Delta A + \frac{S}{L}(\Delta O + \Delta X')$$

式中:$\Delta X'$——波带板形成的衍射光斑中心在成像屏上的位移量($\Delta X' = O'O''$),由 CCD 坐标仪测出;

ΔA、ΔO——分别为发射端、接收端的位移变化,由正倒垂线组的坐标仪、双金属管标或静力水准仪等测出(水平位移和垂直位移);

S——波带板至光阑的距离。

7.3　波带板设计原理

　　波带板实质就是一个特殊的光阑,使光波奇数序的波带畅通无阻,而偶数序的波带完全被遮去。当光线通过波带板时,由于衍射作用,在像屏上所成的像的振幅是同位相的诸次波的叠加。这样,在像屏上就会得到最大的叠加振幅。波带板的半径 ρ 可以由下式求得:

$$\rho_j = \sqrt{j\lambda f}$$

式中：j——第 j 个圆环；
　　　λ——波长；
　　　f——焦距。

7.4　结构

　　真空激光准直系统由激光发射部件、测点部件、激光接收部件、真空管道、真空发生设备、真空度检测设备、激光装置控制箱、数据采集及控制系统等构成。其结构示意图如图 7-4-1 所示。

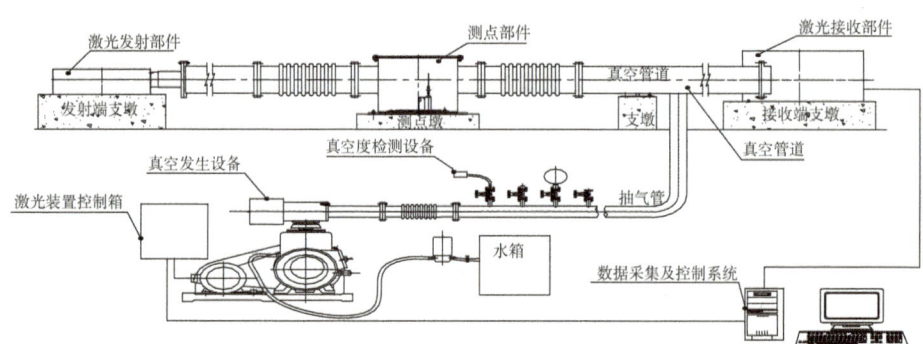

图 7-4-1　真空激光准直系统结构示意图

　　(1) 激光发射部件
　　采用激光器作为准直系统的光源,单色性好,光束光强分布均匀。激光管前置组合光阑,与发射端底板固定。激光管支撑在具有方向调节功能的支架上,便于激光管的维修更换。

　　(2) 测点部件
　　测点部件由在大坝待测部位设置的一块波带板及由单片机控制的翻转机构(均安装在密封的测点箱内)构成。在测量时,由微机发送命令,启动该测点单片机,举起波带板进入激光束内,完成测量后,即倒下波带板,退出激光束,每次测量时,仅举起一块波带板进入光束。

(3) 激光接收部件

激光接收部件由CCD激光检测仪、图像卡等组成,用于测量经波带板形成的激光衍射光斑的坐标位置。CCD坐标仪主要由两部分组成:成像屏和CCD成像系统。CCD成像系统将成像屏上的衍射光斑转化为相应的视频信号输出。

(4) 真空管道

包括密封测点箱、无缝钢管、波纹管及两端的密封平晶。

① 密封测点箱:测点箱内安装波带板、翻转机构及控制翻转的电路板。

② 无缝钢管:根据不同的准直距离需要,采用不同管径的无缝钢管焊制而成。对于测点位移较小的大坝可采用 $\phi 159 \times 5$ 或 $\phi 219 \times 7$ 无缝钢管,对于准直距离较长的可以选用口径更大的无缝钢管。

③ 不锈钢波纹管:用来补偿真空管道的热胀冷缩,减少热应力对测点的影响。安装时由波纹管将无缝钢管和测点箱连接成一体。

④ 平晶:真空管道两端用两块高精度的平晶密封,以形成通光条件,又不至于影响激光束的成像。

(5) 真空发生设备

包括真空泵、真空截止阀、冷却系统等设备。

(6) 真空度检测设备

包括检测粗真空的真空气压表和检测高真空的旋转式水银真空度计,也可选用电子数显真空计用以检测真空管道内的真空度。

(7) 激光装置控制箱

控制箱为激光系统工作的电气箱,由箱内的智能模块控制真空泵、冷却系统、激光源及各测点电源组成。必要时可由人工直接启动,控制激光系统的工作。

(8) 数据采集及控制系统

包括工控机、图像处理软件及数据采集软件和系统软件。工控机在专用软件的支持下,控制激光准直系统各部件有序地工作:打开激光电源、定时开启冷却系统、启动真空泵、依次控制各测点的测量、处理所得的数据、保存到数据库并显示。

7.5 "系统"精度

随着回归分析法在监测资料分析中得到应用,为了提高预报模型的精度,一些专家提出观测精度应保证回归分析成果中的标准差 S 和年变幅 Δ 之比小于1/10,最好能达到1/20。由于标准差中,除观测误差外,还包括模型拟合误差,恒大于观测误差,这就给观测精度提出了更高的要求,特别是对特别长、年变幅又小的大坝变形监测设施。

以葛洲坝为例,根据"系统"的位移变幅情况,如果按照最小年变幅 4 mm 的 1/8 作为必要的位移中误差限值,应为 0.5 mm,相应的垂直位移量中误差与年变幅的比值将在

1/8～1/12 之间；水平位移量中误差与年变幅的比值将在 1/12～1/18 之间，应该是可以接受的。如果按照 4 mm 的 1/10 作为位移量中误差的限值，即为 0.4 mm，这时垂直位移量中误差与年变幅的比值将达到 1/10～1/15，水平位移量中误差与年变幅的比值将达到 1/15～1/22.5，是比较理想的。

如何保证"系统"的误差不大于 0.4 mm 呢？下面我们对"系统"误差进行分析。

对真空激光准直监测系统来说，由真空激光准直监测原理可知，测点的绝对位移可由下式计算：

$$\Delta x_{绝} = \frac{S}{L}\Delta x' + A + \frac{S}{L} \times (B - A)$$

对真空激光准直监测系统各测点的误差也就可由上式得出。等式左边所计算的误差为测点的总误差，等式右边第一项为 CCD 坐标仪和光线传播时所产生的误差，第二和第三项为两端点所产生的误差。由此，误差计算可以建立如下的数学模型：

$$m_{总}^2 = m_D^2 + m_{折}^2 + m_{端}^2$$

式中：$m_{总}$——系统综合误差；

m_D——CCD 坐标系所引起的误差；

$m_{折}$——光线折射所引起的误差；

$m_{端}$——激光准直监测系统两端点测量误差折算到测点处的误差。

根据误差分析理论，综合误差是系统误差和偶然误差的综合值。对于激光准直监测系统来说，系统误差包括：光线的折光差；偶然误差包括：激光端点位移测量误差、CCD 坐标系统的测量误差。

下面分别对各个误差进行分析。

7.5.1 激光准直监测系统端点精度对系统的影响

在激光准直监测系统中，两个端点是根据垂线和双金属管标来测量的。精度由上述两种仪器的精度决定。另外，当激光光源点亮后，随着激光管温度的升高或者在不同的季节不同的温度下激光光束会发生微漂。一般情况下，当激光管点亮后半小时，激光管本身就会发生 300 μm 的漂移。由此可见，限制激光光束微漂对整个系统的测量精度有很重要的影响。为了解决激光光束微漂产生误差的问题，结合原国家电力公司科学技术项目"大型大坝工程安全监测自动化监测新技术研究"，南瑞设计了组合光阑，将其固定于激光光源前。一方面通过小孔改变激光光束的传播性质，使其可以看成为点光源。另一方面，光阑采用组合小孔光阑，靠近激光管的小孔的直径较大，离激光管远一些的小孔直径相对较小，两个小孔的中心线与激光光束在同一条直线上，这样，万一激光管发生故障，在更换激光管时，通过调节螺栓使激光光束通过组合光阑也就保证了原来的发射端端点的位置不发生变化，使整个系统能够长期连续测量。

激光端点位移误差对测点的误差影响通过误差传递理论进行计算如下：

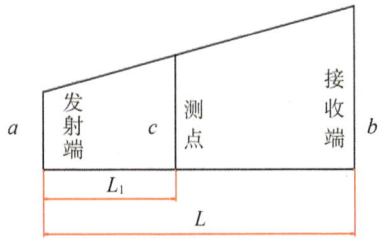

$$c_{测} = \left(1 - \frac{L_1}{L}\right)a + \frac{L_1}{L}b$$

两边取微分得：

$$dc_{测} = \left(1 - \frac{L_1}{L}\right)da + \frac{L_1}{L}db$$

则端点折算到测点的误差为：

$$m_{测}^2 = \left(1 - \frac{L_1}{L}\right)^2 m_a^2 + \left(\frac{L_1}{L}\right)^2 m_b^2$$

由于 $m_a = m_b = m_{端}$，则：

$$m_{测}^2 = \left[1 - 2\frac{L_1}{L} + 2\left(\frac{L_1}{L}\right)^2\right]m_{端}^2$$

7.5.2 折光差对系统精度的影响

真空激光准直监测系统的测量精度能达到 $3 \times 10^{-7}L$ 甚至更高，而光束在大气中传输时因受到折光差的影响导致测量精度下降甚至不能测量，为此我们采用真空状态下进行测量方式，使其能够达到设计精度。根据大气折光原理，折光差与大气气压和温度梯度成正比，与传输距离的平方成正比。真空管道中的稀薄气体可以认为是非轴对称非均匀媒质，其系统误差最大的位置为中点，其值为：

$$f(p) = \frac{l^2}{8}\alpha = \frac{l^2}{8} \cdot \frac{79}{n_0 T}\left(\frac{\partial p}{\partial r} - \frac{p \partial T}{T \partial r}\right) \times 10^{-6}$$

在真空管道中，由于压力变化相对来说较小，可以忽略，折射率变化由温度梯度产生。上式可变为：

$$f(p) = \frac{l^2}{8}\alpha = \frac{l^2}{8} \cdot \frac{79}{n_0 T}\left(-\frac{p \partial T}{T \partial r}\right) \times 10^{-6}$$

上式中 $T = 273k$、$n_0 = 1.0003$。

根据上式对于不同的温度梯度、不同的精度要求、不同的测量长度，可以计算出所需要的真空度。表 7-5-1 表为大朝山、葛洲坝所需真空度的比较。

177

表 7-5-1　大朝山、葛洲坝所需真空度

工程名称	长度(m)	温度梯度(℃/m)	真空度(Pa)	误差最大位移(mm)
大朝山	200	5	151.00	0.04
大朝山	200	5	37.75	0.01
葛洲坝	1 632	5	12.70	0.224
葛洲坝	1 632	5	22.68	0.4

7.5.3　CCD 坐标系统对监测系统精度的影响

CCD 坐标系统对监测系统精度的影响主要表现为光学畸变对监测系统的影响。

对理想光学系统来说，一对共轭物像平面上的垂轴放大率是常数，即物像平面上各部分的垂轴放大率都相等。但是，对于实际光学系统，只有当视场较小时才具有这一性质，而当视场较大时，像的垂轴放大率就要随视场而异，也就是物像平面上不同部分具有不同的垂轴放大率，这样就会使像相对于物体失去相似性，这种使像变形的成像缺陷称作畸变。当激光光斑偏离光轴较远时，就会产生光学畸变，对测量精度产生严重影响，如图 7-5-1 所示，图中虚线部分为理想像。

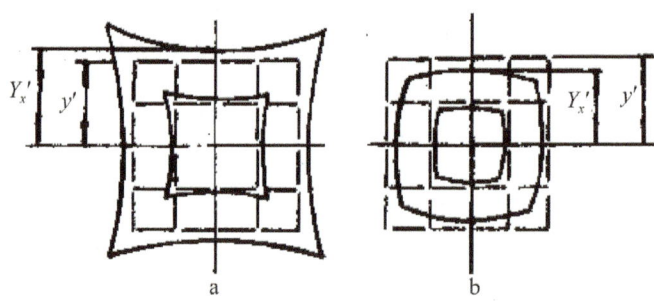

图 7-5-1　光学畸变示意图

线畸变为：

$$q = |y' - Y'|$$

畸变仅由主光线的光路决定，它只引起像的变形，而对像的清晰度并无影响。因此，对于一般的光学系统，只要接收器感觉不出它所成像的变形，这种畸变像差就无妨碍。比如在目视仪器中，畸变可允许到 4%。但对于真空激光准直监测系统来说，畸变就成为不可忽略的主要缺陷了，它直接影响测量精度，若我们以保守数字来算，设畸变为 2%，当光斑在像屏上移动 100 mm 时，其误差为 $\Delta = 100 \times 2\% = 2$ mm。这是一个非常大的误差。实际上 CCD 物镜的畸变要比 2% 大得多，因此畸变误差必须予以严格校正。

7.5.4 波带板对测量精度的影响

波带板是整个真空激光准直监测系统的关键设备之一,其透光间隙的精度和波带板的平整度以及耐腐蚀性将直接影响测量数据的准确性。

决定波带板质量好坏的因素有两个,一是波带板的材质,一是制作波带板的工艺。

可供波带板制作选择的材料有两种,铜薄片和不锈钢薄片。从材料的强度指标分析,铜材的强度约为 30(紫铜)~35(黄铜)kg/mm², 钢材的强度一般为 60 kg/mm² 左右。从材料的刚度指标分析,在同样几何尺寸的情况下,钢材的刚度要大于铜材。因此,选择不锈钢材料制作波带板比选择铜材制作波带板更能保证系统的测量精度。但由于波带板的制作要求很高,对不同的材质其加工难易程度也不一样。由于与不锈钢薄板相比,紫铜薄板的刚度较低,在实际运行过程中,翻转机构反复动作可能容易使波带板发生一些微小的变形,刚度小的薄片更容易变形。因此,应选择刚度较大的不锈钢薄片制作波带板。

为了使激光穿过波带板后形成衍射光斑,波带板的透光间隙是根据激光的波长经理论精确计算而得的,成孔与理论计算的透光间隙的误差要严密控制在 0.02 mm 之内。

7.6 真空技术分析

7.6.1 真空系统设计的主要参数

真空系统设计主要是决定系统如何配置,选择系统的基本结构,选配抽气设备、管道、阀门等真空元件。概括起来有如下几个主要参数:

① 真空管道的极限真空度;
② 真空管道的工作真空度;
③ 真空系统的抽气时间;
④ 真空泵的选择。

7.6.2 真空管道的极限真空度

极限真空度是经过长时间抽气后,管道内所能达到的真空度。根据真空技术理论,真空管道所能达到的极限真空由下式决定:

$$p_j = p_0 + \frac{Q_0}{S}$$

式中:p_j——真空管道所能达到的极限真空(Pa);

p_0——真空泵的极限真空(Pa);

Q_0——空载时,长期抽气后真空管道的气体负荷(包括漏气、材料表面出气等)(Pa·L/s);

S——真空管道抽气口附近泵的有效抽速（L/s）。

如果我们取真空泵的极限真空度为 1 Pa，Q_0 为 5 Pa·L/s，S 为 30 L/s（在 1 Pa 左右时流导约为 30 L/s）代入上式可以求得真空管道的极限真空度约为 1.2 Pa。

7.6.3 真空管道抽气口附近的有效抽速

根据真空技术理论，真空管道抽气系统的有效抽速随管道流导变化而变化，其计算公式为：

$$s = \frac{s_p \cdot U}{s_p + U}$$

式中：s——有效抽速；

s_p——名义抽速；

U——流导。

当管道的流导很大，即 $U \gg s_p$ 时，则 $s \approx s_p$，在此情况下，有效抽速 s 只受泵的限制。若 $U \ll s_p$ 时，则 $s \approx U$，在此情况下，有效抽速 s 就受到管道流导的限制。

对于长管道来说，其流导 U 由 Poiseuille 公式决定：

$$U = 3.27 \times 10^{-2} \frac{d^4}{\eta L} p$$

对于 20℃空气，长管道的流导为：

$$U = 1.3651 \times \frac{d^4}{L} p$$

式中：U——长管道的流导（L/s）；

d——管道直径（cm）；

L——管道长度（cm）；

η——气体黏滞系数[g/(cm·s)]；

p——管道中平均压强（Pa）。

对于管道串联的流导，其计算公式为：

$$\frac{1}{U_{总}} = \frac{1}{U_1} + \frac{1}{U_2} + \cdots + \frac{1}{U_n}$$

对葛洲坝真空系统应用上面的公式可以算出当管道中的压强由大气状态到保持状态时，总流导是远大于真空泵的名义抽速，因此，在真空管道中，抽真空系统的名义抽速就是有效抽速，当管道中的压强由维护真空度到测量真空度时，真空泵的有效抽速就降为管道中流导的速度。

7.6.4 抽气时间的计算

（1）真空管道用真空泵从大气状态开始抽气到所需的保持真空度，在此状态下，真空泵的有效抽速为名义抽速。其抽气时间用下式计算：

$$t = 2.3 K_q \frac{V}{s_p} \lg \frac{p_i}{p}$$

式中：t——抽气时间(s)；

s_p——泵的名义抽速(L/s)；

V——真空管道的容积(L)；

p——经 t 时间抽气后的压强(Pa)；

p_i——管道开始抽气时的压强(Pa)；

K_q——修正系数。

取真空管道的设计容积为 $V=100\ m^3$；根据浙江乌溪江和云南大朝山的真空管道经验，取修正系数为1；从标准大气压到维持真空度(设维持真空度为10托即1 333.32 Pa)：

$$\begin{aligned}
t_1 &= 2.3 \times K_q \times \frac{V}{s_p} \lg \frac{p_i}{p} \\
&= 2.3 \times 1 \times \frac{100 \times 10^3}{400} \times \lg \frac{101\ 325}{1\ 333.32} \\
&= 1\ 082(s) \\
&\approx 18(min)
\end{aligned}$$

（2）真空管道用真空泵从保持真空度开始抽气到所需的测量真空度，在管道内真空度大于45 Pa 时，管道内的流导大于200 L/s。此时抽速为真空泵的名义抽速。当管道内的真空度小于45 Pa 时，管道内的流导小于真空泵的名义抽速，此时真空泵的有效抽速则为流导的速度。若采取在一端抽气的方式，则在压强较低时，真空泵的有效抽速约为80 L/s 左右。在这种情况下抽气速度很慢。若在两端抽气，则在管径较小一端的有效抽速大于100 L/s。在管径较大一端的真空泵的有效抽速则大于150 L/s。两端合起来大于250 L/s。这将大大减少抽气时间。另外，即使一台发生故障，另一台也可以延长抽气时间以达到测量要求，使整个测量系统能够不中断运行。若用两台真空泵进行抽气，从保持真空度抽到测量真空度约要30分钟左右。这个计算值是应用真空技术标准公式计算而得的，其经验系数要在实际调试中取得。

7.7　真空激光准直监测系统技术指标

CCD 坐标仪测量范围：100 mm，200 mm(准直距离 $L \leqslant 1\ 000\ m$)或根据现场订制(准直距离 $L > 1\ 000\ m$)。

最小读数：$\leqslant 0.01\ mm$。

测量精度：

当激光准直距离不大于300 m 时测量精度不低于0.2 mm；

当激光准直距离大于300 m 时测量精度不低于 $5 \times 10^{-7} L$ mm。

重复性误差：≤0.05%F.S.。

真空管道工作真空度：20~40 Pa(准直距离 L≤1 000 m)；10~20 Pa(准直距离 L>1 000 m)。

真空管道升压率：5~10 Pa/h。

7.8 系统软件功能

系统软件具有良好的人机交互界面，该软件具有如下功能。
(1) 实时图像监视功能；
(2) 定时自动测量功能；
(3) 单点重复测量、单点连续测量功能；
(4) 系统巡测功能；
(5) 单点测试功能；
(6) 辅助设备工作方式切换功能；
(7) 辅助设备控制功能；
(8) 测量数据自动校验、保存功能；
(9) 历史数据查询、打印功能。
系统提供如下两种工作模式。
(1) 人工手动工作模式：将系统设置在人工手动工作模式，由人工启动关闭抽真空控制系统，启动测量控制系统电源。该模式一般用于系统的调试、维修。
(2) 定时自动工作模式：将系统设置在自动工作模式，系统将按设定的间隔时间自动定时启动运行。

7.9 真空激光准直监测系统工程应用

南瑞 NJG 型真空激光准直监测系统已在湖北葛洲坝(全长 1 632 m)、喀腊塑克(2 条，全长 1 626 m)、官地(3 条，全长 1 200 m)、重庆狮子滩(3 条，全长 1 025 m)、潘家口(910 m)、水丰(904 m)、丰满(900 m)、云南大朝山(4 条，全长 800 m)、红花(620 m)、三湾(600 m)、红石(2 条，600 m)、海南大广坝(560 m)、丽江阿海(全长 380 m)、宁夏沙坡头(全长 360 m)、蜀河水电站(全长 310 m)、黄河炳灵(全长 270 m)、浙江乌溪江(全长 255 m)、黄河刘家峡、嘉陵江草街航电枢纽(全长 253 m)、伊犁特克斯山口水电站(全长 250 m)、闹德海水库(全长 240 m)等工程中投入运行，占据国内市场的 85%以上。

南瑞"真空激光准直技术研究"项目于 2008 年获国家电网公司科学技术进步二等奖。"混凝土重力坝长距离真空激光准直监测系统研究与应用"项目于 2015 年又获新疆维吾尔自治区科学技术进步三等奖。

下面以葛洲坝水利枢纽为例介绍真空激光准直监测系统工程的应用。葛洲坝是我国在长江干流上兴建的第一座特大型水利枢纽工程,也是长江三峡水利枢纽的反调节水库和航运梯级。大坝的坝轴线总长 2 606.5 m,坝体以闸坝式结构为主,基础岩性软弱。

葛洲坝 68.3 m 高程设有专用观测廊道,内设引张线监测坝顶水平位移,坝顶还有多排水准测点。其中,1 号船闸至 2 号船闸之间的坝顶廊道全长 1 660 m,布置了连续引张线,用以监测坝顶水平位移及检测基础引张线倒垂锚固点的相对稳定性。由于环境和设备技术上的多种原因,未取得设计预期效果,1989 年后停测。

葛洲坝坝顶真空激光准直系统设置在 1 号船闸至 2 号船闸之间的坝顶 68.3 m 高程廊道内,全长 1 629 m,71 个测点。该廊道最小断面 1.2 m×1.8 m(宽×高),廊道环境温度 5~45℃,沿线跨越黄草坝、二江电厂、二江泄水闸、大江电厂等坝段。系统于 2005 年建成,至今运行正常。

部分实测数据过程线如图 7-9-1 至 7-9-5。

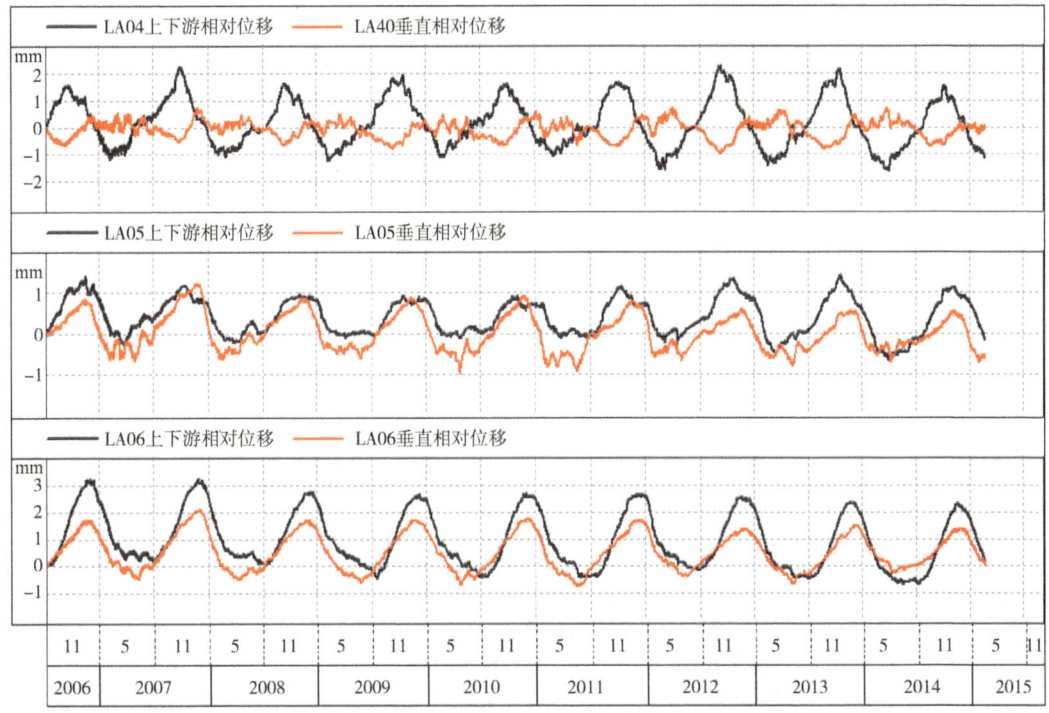

图 7-9-1 葛洲坝真空激光准直系统 LA04 至 LA06 位移过程线图

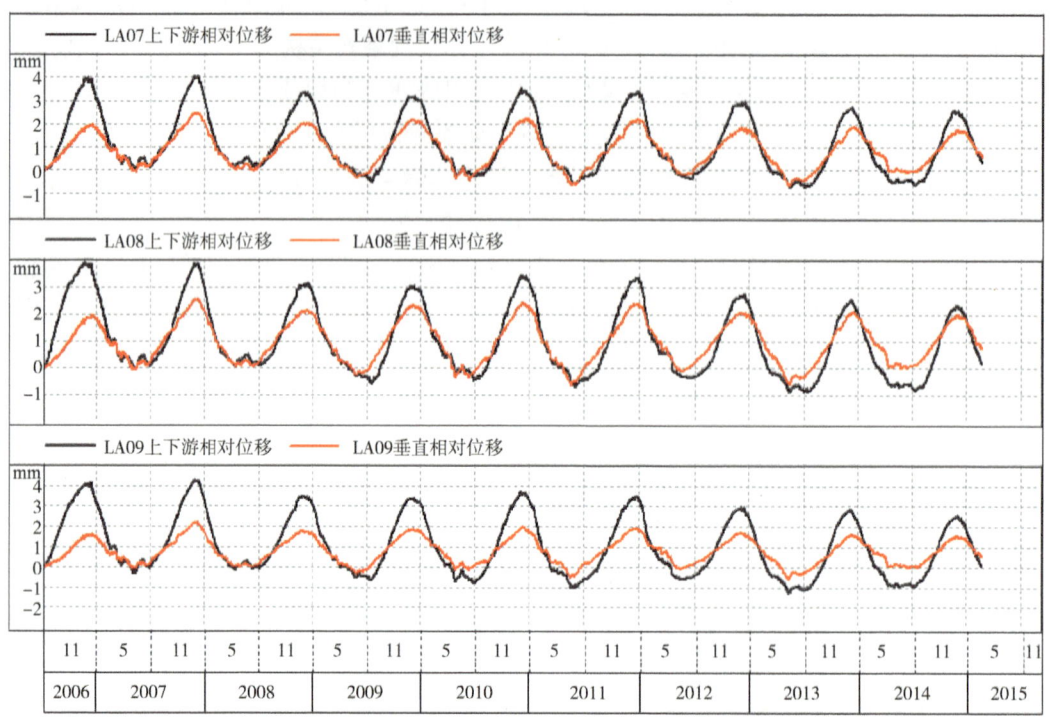

图 7-9-2 葛洲坝真空激光准直系统 LA07 至 LA09 位移过程线图

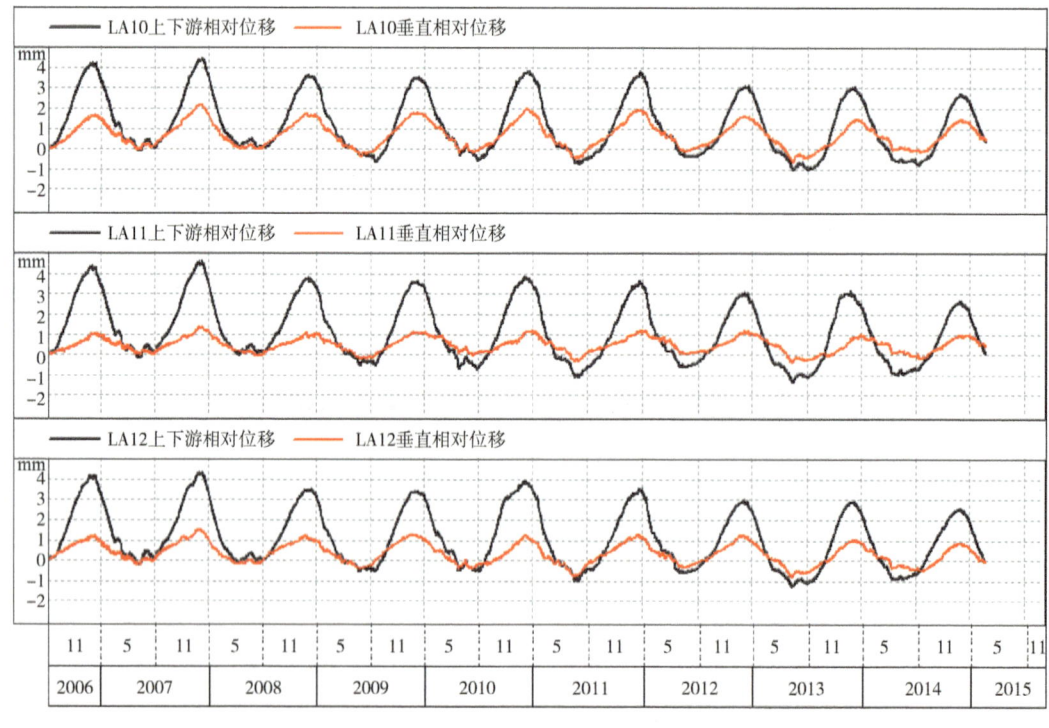

图 7-9-3 葛洲坝真空激光准直系统 LA10 至 LA12 位移过程线图

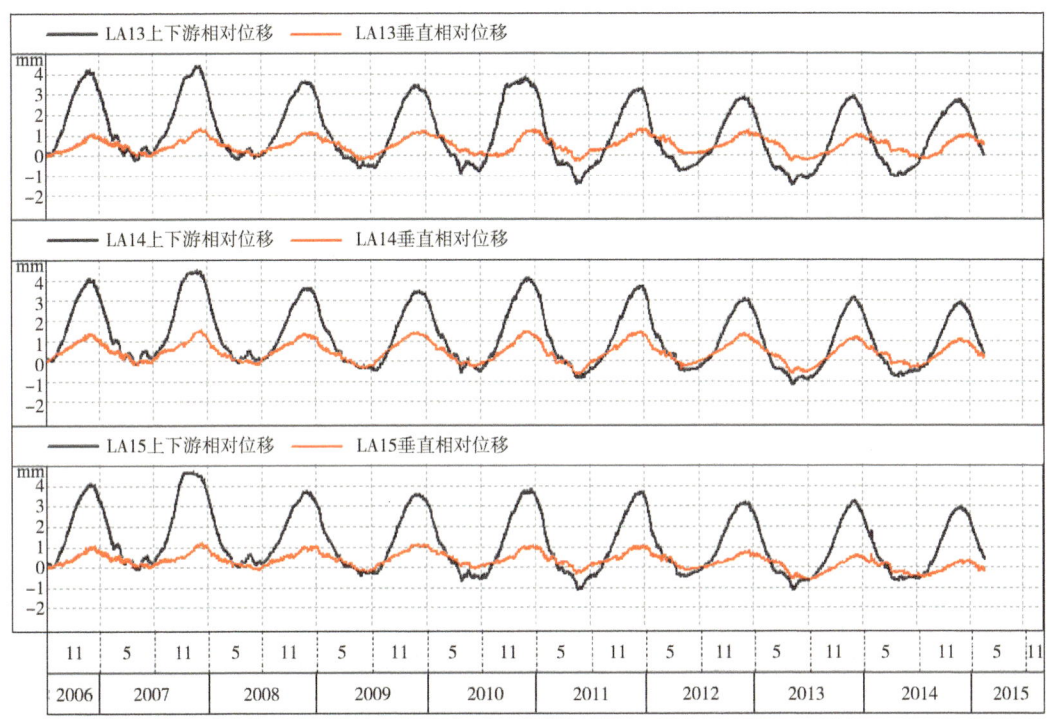

图 7-9-4 葛洲坝真空激光准直系统 LA13 至 LA15 位移过程线图

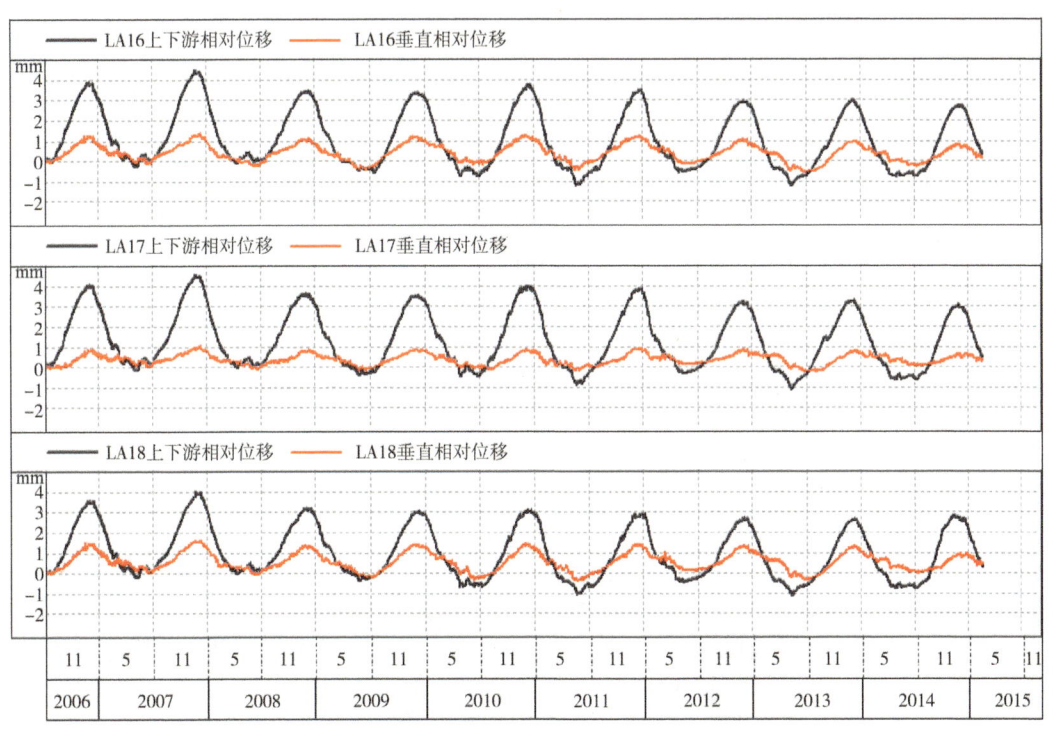

图 7-9-5 葛洲坝真空激光准直系统 LA16 至 LA18 位移过程线图

8 其他类型仪器

8.1 3DM 测缝计

3DM 型电位器式测缝计用于监测岩体和建筑物接缝或裂缝的相对位移,适用于埋设在面板堆石坝的周边缝、建筑物接缝、岩体边坡和地基断层等部位进行开度和变形监测,特别适合于三维、大变形和长期处于水下部位的位移监测。

(一)测量原理

3DM 型电位器式测缝计利用特制的坐标板构建三向、双向和单向位移测量。进行三向测量时,通过被测缝一侧的标点 P 相对于另一侧安装了三支传感器的坐标板的空间位移,来代表缝的三向位移。标点 P 为三支传感器钢丝的交点,通过测量三根钢丝长度的变化,而求出 P 点坐标的变化。各坐标分量的增量也就恰好代表了缝的张开、错动和沉降位移。此法的优点是避免了沿三个方向分别设置测缝计时,每个测值中包含其他方向分量的问题。其典型安装示意图如图 8-1-1 所示。

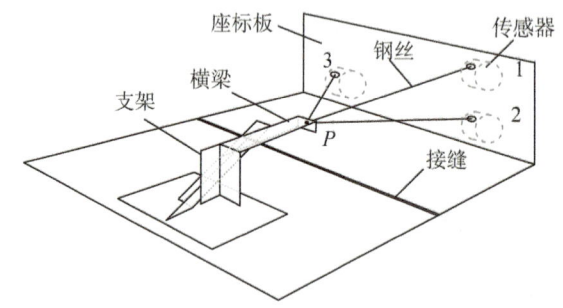

图 8-1-1 3DM 测缝计典型安装示意图

测缝计采用电位器式位移传感器,交点接近理想的点,几何尺寸很小,因此灵敏性好,能测出量级极小的变形。同时它的防水性能好,能适用于高水头下长期工作。

(二)系统组成

3DM 型电位器式测缝计由钢丝、绕线盘、电位器式位移传感器和扭簧等组成。

(1) 位移传感器:采用旋转式精密导电塑料电位器,适用于长期监测建筑物接缝或裂缝的相对变形。

(2) 钢丝:采用优质不锈钢丝。用于传递测点与仪器之间的变形量。

(3) 绕线盘:铜质绕线盘用于缠绕钢丝,为仪器提供充足的位移测量长度,并具有将建筑物的位移变化转变为电位器的角度变化的功能。

(4) 扭簧:提供一个与张拉反向的张紧力,当变形为收缩时能将钢丝收紧。

(三) 安装埋设

(1) 安装前应对测缝计进行查看。各防水部位的螺栓不应松动,钢丝应能伸缩自如,且检测仪读数应随钢丝伸缩连续变化。电位器机械转角为360°,而电气转角为350°,因此有一小盲区存在。当活动触点在盲区时,仪器读数跳动不定。只要拉动钢丝使触点越过盲区,就恢复正常。

(2) 在室内将测缝计1,2,3的钢丝拉到初读数大致为0.5000,0.7500,0.7500上,在±500个字的范围内均可以。然后用夹片固定。

(3) 测缝计支架和标点支架,尽量靠紧地安装在填料的两侧。

(4) 将测缝计按厂家的配置表规定的位置,对号入座。使其外螺纹出口管嘴,在坐标板的1,2,3孔中由后穿出,再用大六角螺母分别将其固定。

(5) 将测缝计1,2,3的钢丝分别穿过横梁上钢丝固定件的小孔,三钢丝穿过同一孔交于一点,在孔后用夹片夹紧,并分别绕在三个带有垫片的小螺栓上,穿过横梁上三个孔用螺母固定之。用钢板尺量出三钢丝的弦长(精确到mm)。

(6) 将测缝计组的7芯电缆接到检测仪上,将各测缝计的初读数A,仪器系数C及弦长L等原始资料存到检测仪的存储器中。其中C和L用键盘输入,而A由检测仪读入。

(7) 在钢丝出口处涂上硅脂。

(8) 用检测仪对该组测缝计进行测量。因为刚安装,可认为缝无变形,其三个方向变形值均应在0附近。

(9) 硫化电缆接头(或热塑)。

(10) 在坝顶上将测缝计组引出的长电缆,接在检测仪上,测读三向变形值。由于测值不受电缆长度影响,此数值均应仍在0的附近,并作为测量的初始记录留存在安装考证表中。

(11) 罩上弧形保护罩,并用膨胀螺栓固定在坝面上。

(12) 如测缝计组处于铺盖下,须在保护罩上开孔,向罩内灌满粉煤灰。当其上填土较高时,还须在保护罩外浇筑混凝土保护墩。如测缝计组处于铺盖上,则不需灌沙和浇筑混凝土保护墩。

(四) 数据读取

3DM型电位器式测缝计可采用人工测读和自动化采集两种方式进行量测。

(1) 人工测量

人工方式量测时,可采用3DM-3型便携式位移检测仪进行测量。

仪器电缆为7芯(三向、双向)或5芯(单向)电缆,分别与接入指示仪的连接电缆的对应颜色分线电缆用电缆夹相连。

(2) 自动测量

3DM 型电位器式测缝计安装埋设完毕，可接入"DAMS-IV 型智能分布式安全监测数据采集系统"进行测量，该系统能实现自动定时监测，自动存储数据及数据处理，并能实现远距离监控和管理。具体使用方法请参阅相关资料。

表 8-1-1　3DM 测缝计主要技术参数

	规格及型号	3DM-100	3DM-200
传感器尺寸参数	厚度 H (mm)	80	100
	直径 D (mm)	110	140
性能参数	测量范围 (mm)	100	225
	分辨力 (%F.S)	\leq0.05	
	精度 (%F.S)	\leq0.5	
	耐水压 (MPa)	\geq1.0, 2.0 (可选)	
	环境温度 (℃)	-30～+65	

8.2　电位器式位移计

(一) 仪器结构

电位器式测缝计的传感器由圆形和方形金属外壳、导电塑料及滑动导杆、导块组成。具有高精度、高稳定性、大行程的测量特性，适用于对建筑物接缝、裂缝和变形进行长期监测。

(二) 工作原理

电位器式测缝计的传感器是直滑式精密导电塑料电位器，传感器滑动导杆或导块的位移变化使电位器活动触点位置变化，从而将位移量转换为电信号输出，检测传感器的电信号即可测出监测对象的变位量。

常用电位器式测缝计的主要参数见表 8-2-1。

表 8-2-1　NDW 系列电位器式测缝计主要参数

	规格及型号	NDW-10	NDW-20	NDW-50	NDW-100	NDW-150	NDW-200	NDW-500
尺寸参数	标距 L (mm)	165	165	165	205	265	305	610
	直径 D (mm)	26	26	26	26	26	26	33×38
性能参数	测量范围 (mm)	10	20	50	100	150	200	500
	分辨力 (%F.S)	\leq0.05						
	精度 (%F.S)	\leq0.5						
	耐水压 (MPa)	\geq0.5, 2.0 (可选)						
	环境温度 (℃)	-25～+60						

电位器式位移计计算公式：

$$\Delta a = K_f \times (R_i - R_0)$$

式中：Δa——位移量(mm)；
R_0——初始位置电阻比；
R_i——测量位置电阻比；
K_f——仪器灵敏度系数(mm/电阻比)。

8.3 土石坝监测仪器

8.3.1 NSC 型水管式沉降测量装置原理、分类及构成

8.3.1.1 工作原理

水管式沉降测量装置亦称水管式沉降仪，即静水溢流管式沉降仪，它是利用液体在连通管两端口保持同一水平面原理制成，见图 8-3-1。

当观测人员在观测房内测出连通管一个端口的液面高程时，便可知另一端（测点）的液面高程，前后两次高程读数之差即为该测点的沉降量，计算公式如下：

$$S_1 = (H_0 - H_1) \times 1\,000$$

式中：S_1——测点的沉降量(mm)；
H_0——埋设时沉降测头的溢流测量管口的高程值(m)；
H_1——观测时刻测得的液面高程值(m)。

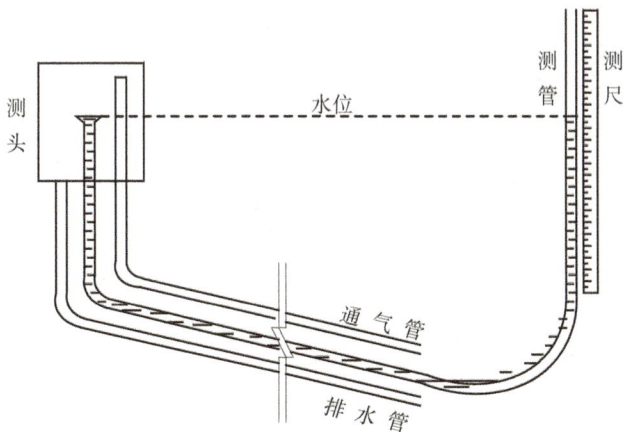

图 8-3-1 水管式沉降仪原理图

8.3.1.2 分类及构成

NSC 型水管式沉降测量装置根据工作方式不同分人工测量装置和自动测量装置两种。人工水管式沉降测量装置主要由沉降测头、管路和量测板（观测台）等三部分构成，参见图 8-3-2；自动水管式沉降测量装置还包含有液位传感器、测控单元及电磁阀等自动控制、测量部件，见图 8-3-3。

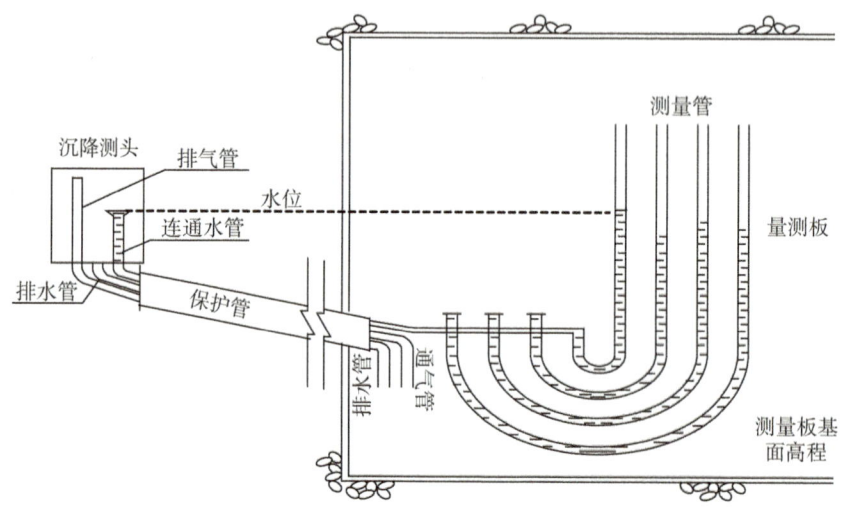

图 8-3-2　NSC 型水管式沉降测量装置构造示意图

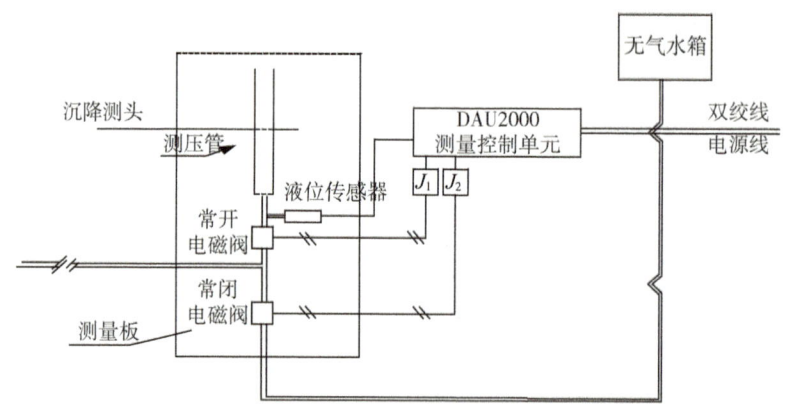

图 8-3-3　水管式沉降仪自动化测控原理图

将埋设在坝体内的水管式沉降测量装置的测头与观测站内的自动测控装置用管路连接，使其形成连通管。坝内沉降测量装置测头的溢流面高程与坝体外部观测站内的水管水位相同，当坝内沉降测量装置测点发生沉降时，坝体外部观测站内的水管水位变化值加上观测房自身的沉降即为坝体内沉降测量装置测头的沉降量。为了观测坝体外部观测站内水管水位变化，将在观测站的水管用连通管与液位传感器连接。在具有多个测量水管的情况下,使用电磁阀,依次将各个测量水管与液位传感器相连。

8.3.1.3　NSC-B1 型水管式自动沉降测量装置主要用途和功能

NSC-B1 型水管式自动沉降测量装置主要用于自动观测土石坝的沉降。自动沉降测量装置与计算机组成系统,使用南瑞大坝监测公司的数据采集软件,即可具备以下常用功能。

(1) 定时测量

可根据需要,设置所接入的沉降测点,实现定时自动测量、自动存储,起始测量时间及定时测量周期可由用户设置。

(2) 选测功能

根据需要对所接沉降测点进行选择,完成一次测量,并输出这些测点的测量数据。

(3) 自诊断功能

可对数据存储器、程序存储器、中央处理器、实时时钟电路、供电状况、电池电压、测量电路进行自检查,实现故障自诊断。

(4) 其他功能

NSC-B1 型水管式自动沉降测量装置还具有测量周期查询,测点群查询,定时测量的测量次数、测量时间和测量数据的查询及清除复位等功能;所有设置参数及自动定时测量数据都存储于专用的存储器内,可实现掉电后的可靠保存;电源线、通信线、传感器引线的入口均采取了抗雷击的措施,可有效地防范雷电影响。

8.3.1.4　NSC-B1 型水管式自动沉降测量装置主要部件及其用途

NSC-B1 型水管式自动沉降测量装置由贮水罐、水泵、注水罐、压力传感器、测量头、测量管、手动阀、电磁阀、压力传感器、NDA6700 模块、NDA1564 模块等部件组成。其中,NDA1564 模块安装在 DAU 测控单元中,负责沉降测量装置的自动化测量。

模块 NDA1564,NDA6700 的接线说明如下。

(1) 沉降测量装置的压力传感器为两线制 4~20 mA 输出,红线接入 NDA1564 的测量输入的 CH1+,蓝线接入 NDA1564 的测量输入的 CH1-。

(2) 沉降测量装置的注水罐水位控制感应器采用四芯电缆连接,红线接入 NDA1564 的控制输入的 DI1+,白线接入 NDA1564 的控制输入的 DI1-,黄线接入 NDA1564 的控制输入的 DI2+,绿线接入 NDA1564 的控制输入的 DI2-。

(3) NDA1564 模块控制输出采用 NDBZ5 与 NDA6700 模块控制输入相连,其中+5V 与+5V,G 与 G,DA 与 DA,CP 与 CP,OE 与 OE 一一对应连接。

(4) NDA1564 电源端口的 VIN+、VIN- 分别接电源模块 NDA5300 的 8V+、8V-;通信端口的 A,B,G 分别接 RS-485 的 A,B 和 G。

(5) NDA6700 的 220 V 端口应接交流 220 V 电源。

(6) NDA6700 的 AC1、AC3、AC5、AC7、AC9、AC11、AC13 依次接沉降测量装置 1 至 7 号测量管的注水电磁阀电源线,AC2、AC4、AC6、AC8、AC10、AC12、AC14 依次接

沉降仪 1 至 7 号测量管的测量电磁阀电源线，AC16 接水泵电源线。

8.3.2 NYW 型引张线式水平位移测量装置

8.3.2.1 工作原理

引张线式水平位移测量装置，人们通常亦称之为引张线式水平位移计。其工作原理是在设计的测点高程上，水平铺设能自由伸缩并经防锈处理的钢管（镀锌钢管），或硬质高强度塑料管（PVC 塑料管），从各设计测点引出线膨胀系数很小的不锈钢钢合金钢丝（安装在保护管内），至观测房固定标点，经导向滑轮，在引出线末端挂重锤，当测点发生水平位移时，带动钢丝移动，在固定标点处用游标卡尺或位移计即测量出钢丝的相对位移，见图 8-3-4。

因此，测点的位移大小等于某时刻 t 的读数与始读数之差，加相应观测房内固定标点的位移量。固定标点的水平位移由视准线法（或其他方法）测出。

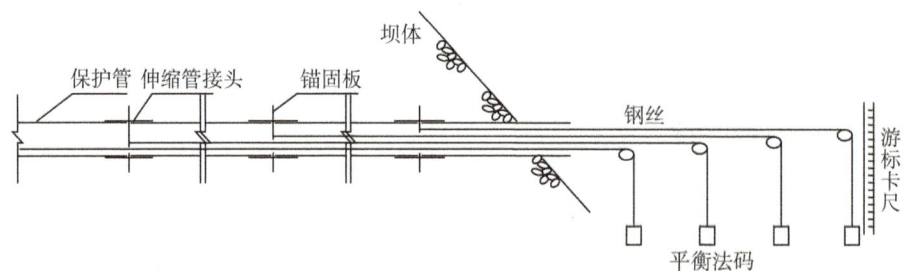

图 8-3-4　引张线水平位移测量装置原理示意图

8.3.2.2 分类及构成

NYW 型引张线式水平位移测量装置根据工作方式不同分为人工引张线式水平位移测量装置（NYW-A1 型）和自动引张线式水平位移测量装置（NYW-B1 型）两种。NYW-A1 型引张线式水平位移测量装置采用人工读数方式测量，主要由锚固板、不锈钢钢丝、钢丝头固定盘、分线盘、保护管、砝码及升降子部件、伸缩接头、固定标点台、位移测量游标卡尺等组成，见图 8-3-5。NYW-B1 型引张线式水平位移测量装置，可实现自动控制测量，因此其构成还包含有电机、位移传感器（位移计）及行程开关、测控单元等测量、控制部件。

NYW-B1 型引张线式水平位移测量装置一般均包含有人工测量的功能。

8.3.2.3 NYW-B1 型引张线式自动水平位移测量装置

在 NYW-A1 型基础上，如果要实现引张线式水平位移测量装置的全自动化监测，即成为 NYW-B1 型自动引张线式水平位移测量装置，除采用数据采集装置用对位移传感器自动采集外，引张线砝码加载、卸载必须实现自动控制。即每套引张线式水平位移测

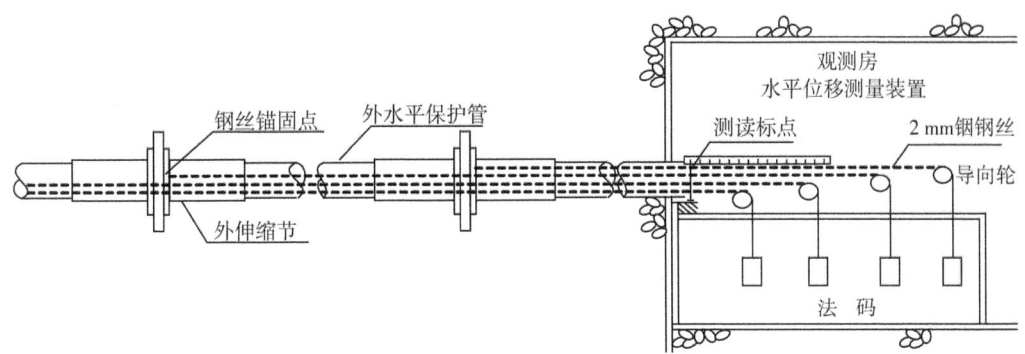

图 8-3-5　NYW 型引张线式水平位移测量装置构造示意图

量装置用 1 台同步电机控制监测房内各条引张线式水平位移测量装置的砝码块 B 的加载、卸载，数据采集智能模块 NDA6303 按引张线式水平位移测量装置测读要求进行过程控制、数据采集、存储。测量时控制砝码加载后进行采集数据，不测时控制卸载。原理图如图 8-3-6 所示。

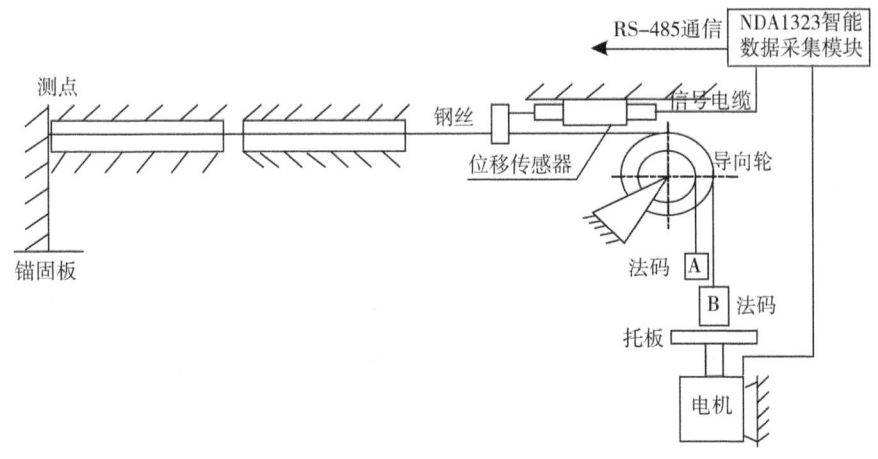

图 8-3-6　引张线式水平位移计自动化监测原理图

NYW-B1 型引张线式水平位移测量装置可灵活方便地组成分布式数据采集系统。测量装置主要由数据采集单元（DAU）、控制箱、电位器式（或其他类型）位移计、引张线自动加卸载机构等部分组成。数据采集单元（DAU）的核心为 NDA6303 智能模块，控制箱的核心为 NDA6710 控制模块，NDA6710 将 NDA6303 发出的控制信号进行隔离、功率放大后去控制电动机的正反转，实现引张线的自动卸载和加载。

NYW-B1 型引张线式水平位移测量装置配用电位器式位移计，通过位移计的滑杆随铟钢丝的移动来测量钢丝的位移量。在非测量状态下，电动机带动升降板停留在上行程开关位置，此时钢丝承受一半砝码的重量，这样可减小钢丝因长期承受拉力而产生的徐变。在测量状态下，电动机带动升降板停留在下行程开关位置，此时钢丝承受全部砝码的重量，电位器式位移计通过 NDA6303 数据采集智能模块把测量值传送到数据采集装置。电机由控制模块控制,整个过程全部实现自动化,大大降低了观测强度,可及时准确获取测量值。

8.3.2.4　NYW-B1 型引张线式水平位移测量装置组成及测控原理

NYW-B1 型引张线式水平位移测量装置的测控装置由数据采集单元(DAU)、控制箱、电位器式位移计、引张线自动加卸载机构等部分组成,如图 8-3-7 所示。

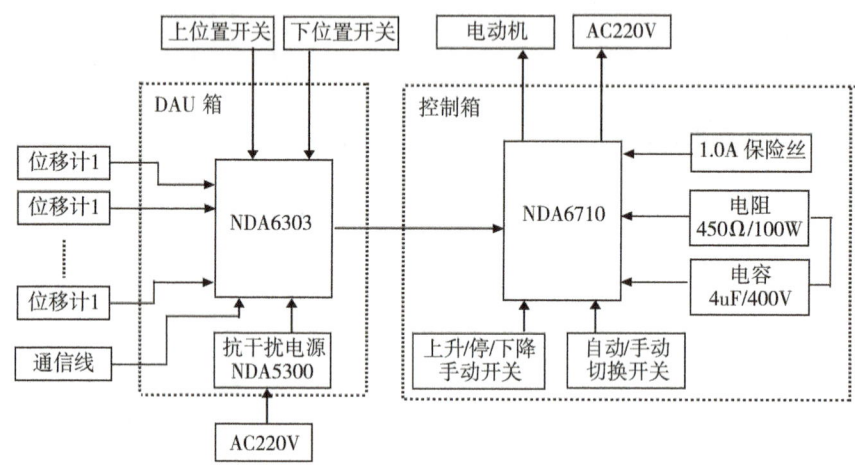

图 8-3-7　引张线式水平位移计测控装置组成框图

数据采集单元(DAU)的核心为 NDA6303 智能模块,NDA5300 抗干扰电源将 220 V 交流电源转换为 8 V 直流电源向 NDA6303 供电;NDA6303 可以感受自动加载和卸载机构的位置开关信号并对电容式位移计进行测量;自动加载和卸载机构的位置开关有上位置和下位置两个开关。开关为磁敏干簧管的一对常开触点;控制箱的核心为 NDA6710 控制模块,NDA6710 将 NDA6303 发出的控制信号进行隔离、功率放大后去控制电动机的正反转,实现引张线的自动卸载和加载。NDA6710 设有"自动/手动"控制接口,能够方便地对引张线的加载和卸载进行手动操作。

9 大坝及工程安全监测自动化系统

9.1 安全监测自动化系统的概念

大坝及工程安全监测自动化系统是利用电子计算机实现大坝观测数据的自动采集和自动处理,对大坝性态正常与否作出初步判断和分级报警的系统。安全监测自动化系统的作用是:①能从观测数据及时察觉观测系统或大坝性态的异常,便于及时采取措施加以处理,比人工识别事故快捷;②观测成果准确可靠,系统具有自校、检验和误差修正功能,对超值测值可以剔除并报警,这样在测量和数据处理过程中人工干预极少,保证了观测成果的可靠性;③能够节省大量用于观测、绘图、计算、维护所需要的人工费用。由于这三方面的作用,安全监测自动化系统在保证大坝安全运行方面与人工观测相比,具有显著的优越性。

9.2 DAMS-Ⅳ型大坝安全监测自动化系统

中国在大坝安全监控自动化方面的研究工作是20世纪70年代后期开始的,到80年代中期已经实现了差动电阻式仪器的数据采集和处理自动化。南瑞公司自主研发的DAMS-Ⅳ型大坝安全监测自动化系统由数据采集单元DAU、现场网络及计算机系统组成;其中,DAU数据采集单元包括21世纪初研制投产的DAU2000系列数据采集单元和近年研制成功的DAU3000数据采集单元。

DAMS-Ⅳ型大坝安全监测自动化系统主要应用于大坝及其他水工建筑物、高边坡、供水工程、隧道、桥梁、铁道、港口,等等,支持从中小型到大型、特大型等不同层次工程的自动化监测系统要求。

9.2.1 系统特点

(1) 智能模块化结构

DAMS-Ⅳ系统的DAU系列数据采集单元采用了高集成度智能模块化结构,由数据采集智能模块、通信模块和电源模块组成。各数据采集智能模块独立运行,互不干扰。

(2) 兼容性强

通过各类不同模块任意组合,使一台 DAU 可接入多种不同类型的仪器;DAMS-Ⅳ 系统允许 DAU2000 与 DAU3000 混合组网。

(3) 开放性体系结构

按开放式体系结构设计的 DAMS-Ⅳ 支持多种数据库平台,并可与其他数据库连接,可与各局域网和广域网互联;DAU 之间及 DAU 与监控主机之间的现场网络通信为标准 RS-485 或 CANbus,支持屏蔽双绞线、光纤、无线和公用电话网等通信媒介,用户可根据实际情况任选,系统功能扩充方便。

(4) 优良的防雷系统

采用有效的防雷措施,确保雷电对系统的破坏降到最低。

(5) 强大的自诊断功能

自诊断内容包括数据存储器、程序存储器、中央处理器、实时时钟电路、供电状态、测量电路以及传感器线路状态等。

(6) 免维护

由于采用了全封闭形式智能化模块,DAU2000 及 DAU3000 所面对用户的仅仅是接线端子,如果模块失效,只需拧开螺丝换上新模块即可,系统不停止运行。

9.2.2 DAU2000 数据采集单元

9.2.2.1 标准 DAU2000 数据采集单元

DAU2000 型智能数据采集单元由 NDA 系列数据采集智能模块、电源、防雷、除湿等部件组成。其核心部件为 NDA 系列数据采集智能模块,现有 8 种类型,如表 9-2-1 所示。每台 DAU2000 单元可根据接入的传感器类型选用表中相应 NDA 进行组合,再通过 RS-485 总线与上位机进行数据信息交换。

表 9-2-1 NDA 系列数据采集模块一览表

模块类型	系列编号	通道数	接入仪器类型
差阻式	NDA110*	8/16	差动电阻式传感器
电感式	NDA120*	8	电感式传感器
电容式	NDA130*	8	电容式传感器
振弦式	NDA140*	16/32	振弦式传感器
标准量式	NDA150*	8	输出电压或电流信号的仪器,如电介质倾斜仪
电位器式	NDA160*	8	电位器式传感器
测频/计数	NDA1700	8	浮子式水位计、雨量计、风向风速计等
混合式	NDA1712	8	输出电流量信号和开关量计数的仪器

（一）主要功能

（1）选配相应的 NDA 智能数据采集模块可采集各种类型的工程安全监测仪器所测数据。

（2）选配模拟输出模块,具有控制功能,如基于时间和测量参数可控以下对象:继电器,警报器,电磁阀,电阻负载,等等。

（3）具有电源管理功能,包括供电电源转换、电源调节、电源控制,具有电池供电功能,可在脱机情况下根据系统的设定自动采集和存储。

（4）具有掉电保护和时钟功能,能按任意设定的时间自动进行测量和暂存数据。

（5）可接收监控主机的命令以设定、修改时钟及测控参数。

（6）可接入便携式仪表实施现场测量,可用监控主机或便携式计算机从 DAU 2000 中获取全部测量数据。

（7）具有防雷、抗干扰功能。

（8）能防尘、防腐蚀,适用于恶劣温湿度环境。

（9）具有自检、自诊断功能,能自动检查各部位运行状态,将故障信息传输到管理计算机,以便用户维修。

（二）主要技术指标

（1）采用标准 RS-485 现场总线,支持 32 个节点(NDA 智能模块),传输距离与速率:1 200 bps/3 km,9 600 bps/1.2 km;南瑞的 RS-485 中继模块用于 485 总线的节点扩展、分支和延长通信距离。

（2）每个 DAU2000 的通道数:标准配置 8~32 个通道,即 1~2 个 NDA 数据采集智能模块。

（3）采样对象:电容式、电阻式、压阻式、电感式、振弦式(国内外、单双线圈),电位器式等传感器;此外还包括输出为电流、电压等带有变送器的传感器。

（4）采样定时间隔:1 分钟至 1 个月一次,可设置。

（5）采样时间:2~5 s/点。

（6）系统工作环境:温度—10℃~+50℃(—25℃~+60℃可选),湿度≤95%。

（7）系统防雷电感应:500~1 500 W。

（8）数据存储容量:大于 300 测次。

9.2.2.2 支持控制局域网络的 DAU2000 数据采集单元

（一）主要功能

（1）采用支持全分布式控制的、国际先进的现场总线技术——控制局域网络(CAN bus),CAN bus 符合国际标准 ISO 11898,它固化有国际标准化组织(ISO)的开放系统互连(OSI)七层协议,具有普通 RS-485 总线无法比拟的特性:

网络上任一个节点(DAU2000 或计算机)可在任意时刻主动向网络上其他节点发送信息,而无主、从机之分,通信灵活,这对于在 DAU 之间也要交换信息的场合是很合适的;

采用非破坏性总线仲裁技术,当两节点冲突时,优先级低的节点主动停止数据发送,优先级高的节点可不受影响地继续传送数据;

具有点对点、一点对多点(成组)及全局广播传送接收数据的功能;

CAN 系统内两个任意节点之间的最大传输距离与其速率有关,如使用双绞屏蔽电缆:10 km/5 kbps,1.3 km/50 kbps,40 m/1 Mbps;

CAN 系统内的节点数可达 110 个;

网络每帧信息都有 CRC 检验及其他检错措施,数据出错概率极低,可靠性极高;

网络节点在错误严重时,可自动切断它与总线的联系,以使总线上的其他操作不受影响。

(2) 远程通信接口可接光纤、RF 调制解调器、电话调制解调器、海事卫星(INMAR-SAT—C)、通信卫星(VSAT)、扩频电台(Spread Spectrum)等。

(3) 选配相应的 NDA 智能数据采集模块可采集各种类型的工程安全监测仪器所测数据。

(4) 选配模拟输出模块,具有控制功能,如基于时间和测量参数可控以下对象:继电器、警报器、电磁阀、电阻负载,等等。

(5) 操作系统和数采程序可通过通信线路加载、下载或修改,这可以充分满足大坝监测系统对汛期和非汛期、紧急情况和非紧急情况不同要求。

(6) 具有电源管理功能,包括供电电源转换、电源调节、电源控制,具有电池供电功能,可在脱机情况下根据系统的设定自动采集和存储。

(7) 具有掉电保护和时钟功能,能按任意设定的时间自动进行测量和存储数据。

(8) 可接收监控主机的命令设定、修改时钟和测控参数。

(9) 可接入便携式仪表实施现场测量,可用监控主机或便携式计算机从 DAU 中获取全部测量数据。

(10) 具有防雷、抗干扰功能。

(11) 具有自检、自诊断功能,能自动检查各部位运行状态,将故障信息输到管理计算机,以便用户维修。

(二) 主要技术指标

(1) 采用支持全分布式控制的、先进的串行通信网络——CAN 现场网络,构成多主结构,可实现各 DAU 和监控主站之间的任意通信,传输距离为 1 300~10 000 m,节点数量最大可达 110 个。

(2) 采样对象:电容式、电阻式、压阻式、电感式、振弦式(国内外、单双线圈)、电位器式等传感器;此外还包括输出为电流、电压等含变送器的传感器。

(3) 采样定时间隔:1 分钟至每月采样一次,可设置。

(4) 采样时间:2~5 s/点。

(5) 网络通信速率:5~50 kbps。

(6) 系统工作环境:温度 $-10\ ℃\sim +50\ ℃$($-25\ ℃\sim +60\ ℃$ 可选),湿度≤95%。

(7) 系统防雷电感应:500~1 500 W。

(8) 数据存储容量：大于 300 测次。

9.2.2.3 DAU2000 系列电源系统

南瑞 DAU2000 系列数据采集单元(DAU)设备，采用交流浮充或太阳能板浮充、蓄电池浮充供电方式。此种供电方式的特点如下。

(1) DAU 电源系统能在市电电压变化范围达±20%的恶劣供电情况下，保证 DAU 设备的测量、采集和通信正常工作。

(2) DAU 电源在市电因故掉电时，能保证 DAU 设备供电不中断并持续工作，确保测量数据的连续性。DAU2000 系列电源的标准配置，可保证市电掉电 7 天内，保持设备测量和采集正常进行。在市电供给可靠性很差的场合，还可按用户要求做出备选配置，以延长掉电后的供电时间。

(3) 在无市电供给的现场，我们采用太阳能电源板与浮充蓄电池等电源设备为 DAU2000 系列设备供电。具体配置需根据负载情况以及当地全年日照时间和最大连续无日照时间来选择太阳能板和蓄电池的容量。

(4) 具有很强的抗雷电干扰和防浪涌能力。雷电和瞬态感应沿供电线路袭击大坝观测设备是经常发生的。DAU 电源系统对来自电源线路的干扰采取了全面的保障措施，能保证设备用电的安全性和可靠性。

9.2.2.4 DAU2000 系列通信方式

南瑞 DAU2000 系列数据采集单元(DAU)与计算机之间，要求建立一个一点对多点或多点总线式的双向数据通信系统。该通信系统的建立可根据现场环境情况和用户要求，选择有线、无线或光纤通信等多种通信方法来实现。南瑞 DAU2000 系列数据采集单元(DAU)具备与以上三种通信方式直接接口的能力。

(1) 有线数据通信方式

这是 DAU2000 系列的典型通信方法，通常使用双绞屏蔽电缆作通信媒体，按 RS-485 通信接口方法构成二线平衡式半双工通信系统；也可在专用电话线路上开通此系统。这种通信系统设置简便，抗干扰能力强，工作可靠性高，有效通信距离可大于 3 km，数据速率可达 100 kbit/s，可同时接入多达 128 个用户，实现无误差的数据传输。

(2) 光纤通信方式

光纤通信属于有线通信范畴，但通信介质不是金属，而是由玻璃或塑料制成的光导纤维线缆或称光缆，传送信息的媒体是激光。由光缆连接的通信双方，在电气上处于完全隔离和绝缘状态，因此光纤通信具有较强的抗电磁干扰和防雷电袭击的能力。

DAU 设备及其通信系统若安装在强电磁干扰环境(例如 500 kV 超高压电路，变电设备或开关站以及雷电活动频繁地区)时，电力系统的运行操作或故障，雷电活动等都可能给 DAU 设备的通信系统带来破坏性干扰。在这些特殊环境下使用光纤通信可以有效地排除上述干扰。

南瑞 DAU2000 系列具有与光端机接口的能力，并开发了光纤数据通信模块。图 9-

2-1 为 NDA3400/RS-485 接口光端机外观。使用 LED 或 LD 发光器件及 PIN 光接收器，选用短波长多模光缆，有效通信距离大于 2 km，数据速率高于 1 Mbit/s。

图 9-2-1　NDA34 系列/RS-485 型接口光端机外观

（3）无线通信方式

南瑞 DAU2000 系列的无线通信模块（见图 9-2-2）可供建立监控中心计算机与 DAU 之间的双向无线数据传输系统。

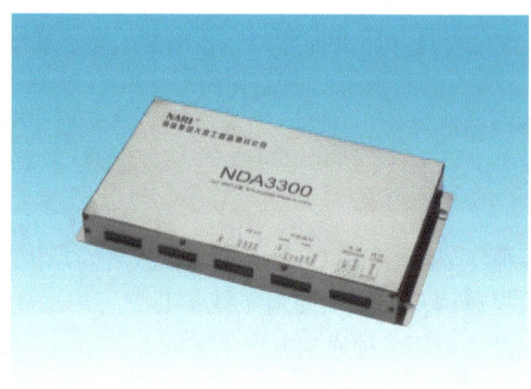

图 9-2-2　NDA-3300 型 RS-485 接口无线收发器

DAU 使用的无线通信频率属甚高频（VHF），国家无委会批给防汛遥测专用的甚高频频率为 230 MHz。发信功率限制为 10 W（40 dBm）。开阔地区有效传输距离可达数十千米。

无线通信的媒介是"以太"大气，信息传送的媒体是高频电磁波；因无线通信双方之间不须架设线路，具有很好跨越能力。又因信息媒体是甚高频电磁波，在近地大气中传输很稳定，并且不受电力系统干扰，也不存在雷电对线路的袭击问题。

DAU 距监控中心较远情况，以及雷电活动频繁地区使用无线通信可有良好效果。

（4）公用电话网通信方式

DAU2000 系列设备在配置 Modem 的情况下可以接入公用电话网进行长距离数据传送。

9 大坝及工程安全监测自动化系统

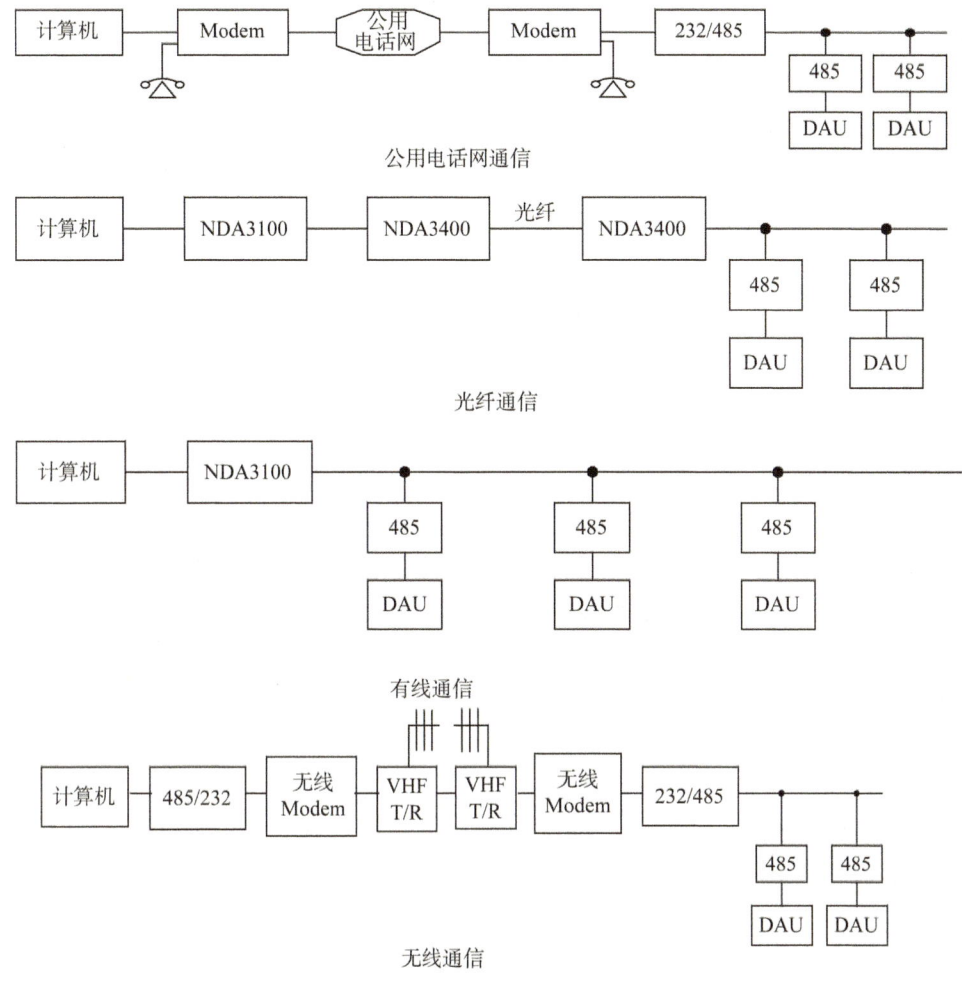

图 9-2-3 DAU2000 系列通信方式

9.2.2.5 DAU2000 系列设备及系统的防雷

雷电活动对于不设防的工程安全监测设备和系统，不仅会干扰其数据测量和信息的传送，在多数情况下还会造成系统设备的破坏。

(1) 防止雷电直击

DAU 设备安装运行于暴露环境中，尽管概率很小，但是遭受雷电直击的可能性仍然存在。设备遭遇雷电直击，后果是不堪想象的。因此，在系统设计中选择设备的安装位置时尽量减少设备遭遇雷电直击的可能，把设备安装在不易被雷击的地方。同时 DAU 设备安装时，一定要把机壳与当地有效的接地体相连接，并尽量降低接地电阻，以减少雷击的危害。

(2) 防止瞬态地电位差的冲击

雷电袭击对地放电时或超高压电网短路接地时，以接地点为圆心，向四周大地泄放电流并在一定范围内产生瞬态电位梯度场。

DAU 设备及系统常分布在数百米的范围内,当在附近有雷击放电或超高压电网短路接地时,很可能使得各 DAU 设备安装处的地电位之间产生瞬态电位差,当这个电位差的幅度很高,超出设备的耐压水平时,便会造成设备损坏。

南瑞 DAU2000 系列设备针对这种情况,采取了相应措施,降低了雷电危害的程度。

(3) 供电系统的防雷保护

通常 DAU 设备和系统的用电,由市电供给,或由电站和水库的厂用电系统供给。雷电活动时或强电系统故障、操作时,常会在电源线路上感应高压脉冲,形成浪涌,危及设备的电源供给安全。

南瑞 DAU2000 系列设备及系统的供电线路做了全面防雷和防浪涌保护。

(4) 通信线路和通信接口的防雷

DAU 设备之间、DAU 设备与监控中心之间一般有几百米的距离,个别情况会更远些。南瑞 DAU2000 系列的典型通信口是 RS-485,使用双绞屏蔽电缆实现数据传输,在现实工程中通信电缆的敷设是露天的,经常会有动力电缆与之并行,当有雷电活动时,或出现电力系统事故、操作时,在通信线上会感应过高的电位。

为此,南瑞 DAU2000 系列设备在通信线上采取了全面保护,并对通信线的敷设和连接提出相应要求。如果现场有 500 kV 超高压线与系统通信线平行或靠近超高压设备,这时建议选择光纤或无线通信方式以防雷电和强电干扰。

(5) 监控中心计算机房的防雷设置

监控中心计算机是系统的核心,是监测系统全部功能的集中体现。因此,机房的防雷是保证计算机运行不受雷害的关键。

机房建筑物应有一个良好有效的地线或地网,接地电阻值应小于 5 Ω。机房内应设置专用接地线并与室外地线或地网连接。这不仅是保护设备所必需的,也是保护人身安全保护所必需的。

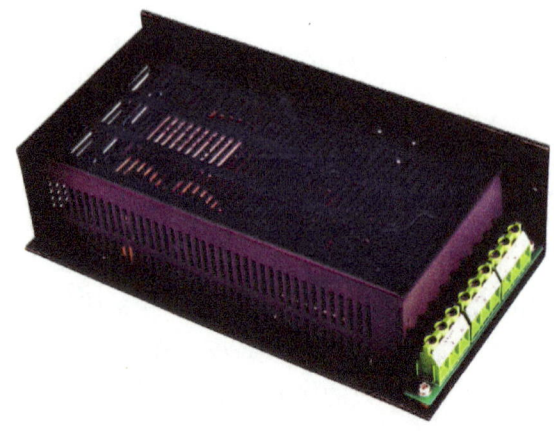

图 9-2-4　NDA3100 型防雷 RS-232/485 转换器外观图

机房内设备使用的电源应专线供给,并需经有效隔离和处理。进入机房的信号线、通信线都要做防雷处理。机房内的运行设备,其机壳应该接地。

南瑞 DAU2000 系列设备和系统采用以上全面防雷保护,其运行安全可靠。

9.2.3 DAU3000 数据采集单元

(一)概述

DAU3000 型智能数据采集单元由 NDA20 系列混合通道数据采集智能模块、电源、防雷、除湿等部件组成。其核心部件为 NDA2003/NDA2004 混合测量主模块、NDA2013/NDA2014 混合测量扩展模块,现有 2 种类型,如表 9-2-2 所示。由于 DAU3000 的核心采集模块的每个通道都可以接入多种类型传感器,所以仅需要根据测量的传感器通道数量叠加模块即可,DAU3000 对外通信方式有 RS-232、RS-485、有线以太网、WiFi、4G、蓝牙、LORA,支持 Webserver,系统内置大容量 FLASH 用于存储数据,数据通过 USB 接口导出。

表 9-2-2 NDA 系列数据采集模块一览表

模块类型	系列编号	通道数	接入仪器类型
混合测量主模块	NDA2003/NDA2004	8/16	差阻/电阻温度计、电位器、标准电流、标准电压、振弦式、热敏电阻、智能型
混合测量扩展模块	NDA2013/NDA2014	8/16	同上

(二)主要功能

(1)每个通道都可以接入多种类型传感器。

(2)对外通信接口众多,包括 RS-232、RS-485、有线以太网、WiFi、4G、蓝牙、LORA。

(3)具有电源管理功能,包括供电电源转换、电源调节、电源控制,具有电池供电功能,可在脱机情况下根据系统的设定自动采集和存储。

(4)具有掉电保护和时钟功能,能按任意设定的时间自动进行测量和暂存数据。

(5)可接收监控主机的命令以设定、修改时钟及测控参数。

(6)可接入便携式仪表实施现场测量,可用监控主机或便携式计算机从 DAU3000 中获取全部测量数据,也可以使用 U 盘导出数据。

(7)具有防雷、抗干扰功能。

(8)能防尘、防腐蚀,适用于恶劣温湿度环境。

(9)具有自检、自诊断功能,能自动检查各部位运行状态,将故障信息传输到管理计算机,以便用户维修。

(三)主要技术指标

- 电源

供电电压:10.5~28VDC

休眠功耗:<0.01 W,最大工作功耗:<3 W

- 差阻式传感器测量

测量范围

电阻比：0.800 0～1.200 0，电阻和：40.00～120.00 Ω

测量精度

电阻和：$|\Delta RT|\leqslant 0.02$ Ω

电阻比：$|\Delta Z|\leqslant 0.000\ 2$

分辨力

电阻和(RT)：0.01 Ω

电阻比(Z)：0.0001

- 振弦式传感器测量

测量范围

频率：400～5 000 Hz

温度：-20～80 ℃

测量精度

频率：0.1 Hz

温度：0.5 ℃

分辨力

频率：0.01 Hz

温度：0.1 ℃

- 电压测量

测量范围：-10.000～+10.000 V

测量精度：0.05%F.S

分辨力：0.01%F.S

- 电流测量

测量范围：0.000～20.000 mA

测量精度：0.05%F.S

分辨力：0.01%F.S

传感器供电采用单独一芯端子输出。

- 电位器测量

测量范围：0.000～1.000

测量精度：0.05%F.S

分辨力：0.01%F.S

- 接口

传感器接口：8×12Pin(凤凰端子，间距 3.81 mm)

人工比测接口：8Pin 凤凰端子(间距 3.81 mm)

- 电磁兼容等级

静电放电抗干扰度等级：3

工频磁场抗干扰等级：3

- 温度特性

工作温度范围：-20～+60℃

工作湿度：0～95%RH，无凝结

存储温度范围：-40～+85℃

9.3 NDA 系列智能数据采集模块

9.3.1 NDA1104 卡尔逊式仪器数据采集智能模块

(一) 概述

NDA1104 卡尔逊(Carlson)式(国内称差动电阻式)仪器数据采集智能模块用于采集卡尔逊式传感器的信号，可灵活方便地组成数据采集系统。该模块由单片微控制器及其外围电路组成，具有测量精度高、功能丰富、抗干扰能力强、运行稳定、操作方便等特点。

NDA1104 为模块盒式结构，采用抗雷击设计，自带备用电源，适用于水工建筑物、高边坡、道路、桥梁、隧洞等使用环境恶劣的工程安全监测。

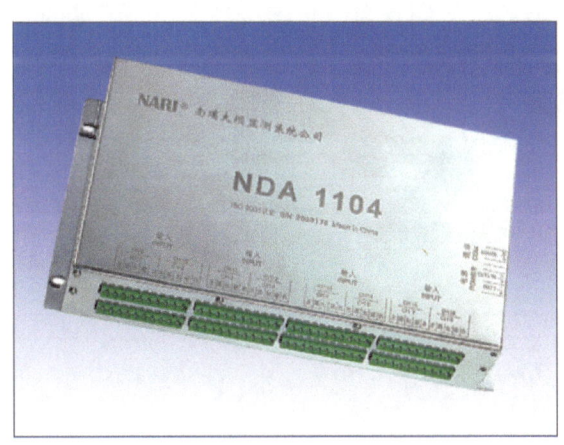

图 9-3-1　NDA1104 模块外观图

(二) 主要功能和特点

(1) 实时时钟管理

本模块自带实时时钟，可实现定时测量，自动存储，起始测量时间及定时测量周期可由用户设置。

(2) 参数及数据掉电保护

所有设置参数及自动定时测量数据都存储于专用的存储器内，可实现掉电后的可靠保存。

(3) 串行通信口

命令和数据均通过串行口通信，可方便地通过各种通信介质和上位主机联络。

(4) 电源备用系统

无论何时发生停电,本模块自动切换至备用电池供电,一节 6 V、4 Ah/3 Ah 可充电的免维护蓄电池可连续工作 7 天以上。

(5) 自诊断功能

本模块具有自诊断功能,可对数据存储器、程序存储器、中央处理器、实时时钟电路、供电状况、电池电压、测量电路以及卡尔逊式传感器线路进行自检查,实现故障自诊断。

(6) 抗雷击

本模块电源线、通信线、传感器引线的入口均采取了抗雷击的措施。

(7) 选测功能

根据需要可对传感器测点选择,完成一次测量并输出这些测点的测量数据。

(8) 单测功能

通过对某一传感器测点的选择,可实现对此测点的连续多次测量,测量次数可设定。

(9) 测点群设置功能

根据需要,可设置各传感器测点实现定时自动测量。

(10) 其他功能

另外,本模块还具有测量周期查询,测点群查询,定时测量的测量次数、测量时间和测量数据的查询及清除复位等功能。

(三) 主要技术参数

(1) 测点容量:16 支卡尔逊式仪器

(2) 测量精度

电阻和:$|\Delta RT| \leqslant 0.02\ \Omega$

电阻比:$|\Delta Z| \leqslant 0.000\ 2$

(3) 分辨力

电阻和(RT):$0.01\ \Omega$

电阻比(Z):$0.000 1$

(4) 测量时间:每通道 3~5 s

(5) 通信接口:EIA-485,屏蔽双绞线,1 200 bps,大于 3 km;光纤、无线和公用电话网通信方式备选。

(6) 数据存储容量:大于 300 测次

(7) 电源系统

电池:6.0~7.0 VDC(6 V、4 Ah/3 Ah)

充电输入:7.4~7.6 VDC,1 A

功耗掉电:200 μA

    待机:小于 10 mA

    正常:60 mA

    测量:小于 250 mA

(8) 工作温度:-10~+50℃(-25~+60℃可选)

储藏温度:-20~+70℃

(9) 尺寸:28 cm×15.5 cm×3.3 cm

(四) 接口定义

(1) 输入(INPUT)

Un:兰线,Bn:黑线,Rn:红线,Gn:绿线,Wn:白线;

$n=1,2,\cdots,16$

(2) 电源(POWER)

BATT +:接电池正极

　　　 －:接电池负极

CHG IN +:接充电器正极

　　　　 －:接充电器负极

(3) 通信(COM)

EIA-485 A:RS-485 接口通信线 A

　　　　 B:RS-485 接口通信线 B

ISOG:RS-485 接口隔离参考地

9.3.2　NDA1203 差动电感式数据采集智能模块

(一) 概述

NDA1203 差动电感式数据采集智能模块用于采集各种差动电感式传感器的信号,可灵活方便地组成数据采集系统。该模块由单片微控制器及其外围电路组成,具有测量精度高、功能丰富、抗干扰能力强、运行稳定、操作方便等特点。

NDA1203 模块为盒式结构,采用抗雷击设计,自带备用电源,适用于水工建筑物、高边坡、道路、桥梁、隧洞等使用环境恶劣的工程安全监测。

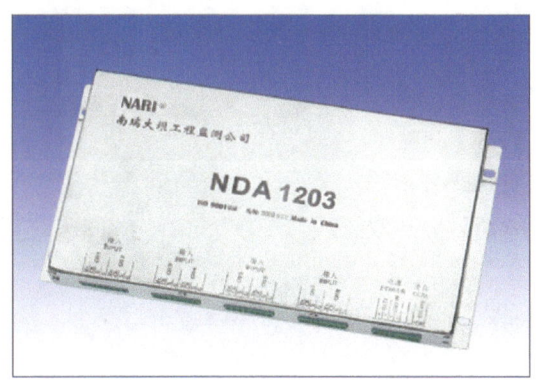

图 9-3-2　NDA1203 模块外观图

(二) 主要功能和特点

(1) 实时时钟管理

本模块自带实时时钟,可实现定时测量、自动存储,起始测量时间及定时测量周期可由用户设置。

(2) 参数及数据掉电保护

所有设置参数及自动定时测量数据都存储于专用的存储器内,可实现掉电后的可靠保存。

(3) 串行通信口

命令和数据均通过串行口通信,可方便地通过各种通信介质和上位主机联络。

(4) 电源备用系统

无论何时发生停电,本模块自动切换至备用电池供电,一节 6V、4Ah/3Ah 可充电的免维护蓄电池可连续工作 7 天以上。

(5) 自诊断功能

本模块具有自诊断功能,可对数据存储器、程序存储器、中央处理器、实时时钟电路、供电状况、电池电压、测量电路以及振弦式传感器线路进行自检查,实现故障初诊断。

(6) 抗雷击

本模块电源线、通信线、传感器引线的入口均采取了抗雷击的措施。

(7) 选测功能

根据需要,可通过对传感器测点的选择,完成一次测量并输出这些测点的测量数据。

(8) 单测功能

通过选择某一传感器测点,可实现对此测点的连续多次测量,测量次数可设定。

(9) 测点群设置功能

根据需要,可设置各传感器测点实现定时自动测量。

(10) 其他功能

另外,本模块还具有测量周期查询,测点群查询,定时测量的测量次数、测量时间和测量数据的查询及清除复位等功能。

(三) 主要技术参数

(1) 测点容量:4 线 8 通道

(2) 测量精度:0.5‰F.S

(3) 分辨力:0.1‰F.S

(4) 测量时间:每通道 2~4 s

(5) 通信接口:EIA-485,屏蔽双绞线,1 200 bps,大于 3 km;光纤、无线和公用电话网通信方式备选。

(6) 数据存储容量:大于 300 测次

(7) 电源系统

电池:6.0~7.0 VDC(6 V,4 Ah)

充电输入:7.4~7.6 VDC,1 A

功耗待机:10 mA

  正常:60 mA

  测量:小于 500 mA

(8) 工作温度－10～50℃（－25～＋60℃可选）

储藏温度－20～70℃

(9) 尺寸 28 cm×15.5 cm×3.3 cm

(四) 接口定义

(1) CHn V＋:接通道 n 差动电感式传感器电源引线芯线(红)

CHn CK:接通道 n 差动电感式传感器控制引线芯线(黄)

CHn S:接通道 n 差动电感式传感器信号引线芯线(绿)

CHn GND:接通道 n 差动电感式传感器地线引线芯线(黑或蓝)

$n＝1,2,\cdots,8$

(2) 电源(POWER)

BATT ＋:接电池正极

　　　－:接电池负极

CHG IN ＋:接充电器正极

　　　　－:接充电器负极

(3) 通信(COM)

EIA-485 A:RS-485 接口通信线 A

　　　　B:RS-485 接口通信线 B

　　　　ISOG:RS-485 接口隔离参考地

9.3.3 NDA1303 差动电容式数据采集智能模块

(一) 概述

NDA1303 差动电容式数据采集智能模块用于采集各种差动电容式传感器的信号，可灵活方便地组成数据采集系统。该模块由单片微控制器及其外围电路组成，具有测量精度高、功能丰富、抗干扰能力强、运行稳定、操作方便等特点。

NDA1303 模块为盒式结构，采用抗雷击设计，自带备用电源，适用于水工建筑物、高边坡、道路、桥梁、隧洞等使用环境恶劣的工程安全监测。

(二) 主要功能和特点

(1) 实时时钟管理

本模块自带实时时钟，可实现定时测量、自动存储，起始测量时间及定时测量周期可由用户设置。

(2) 参数及数据掉电保护

所有设置参数及自动定时测量数据都存储于专用的存储器内，可实现掉电后的可靠保存。

(3) 串行通信口

命令和数据均通过串行口通信，可方便地通过各种通信介质和上位主机联络。

(4) 电源备用系统

无论何时发生停电，本模块自动切换至备用电池供电，一节 6 V、4 Ah/4 Ah 可充电

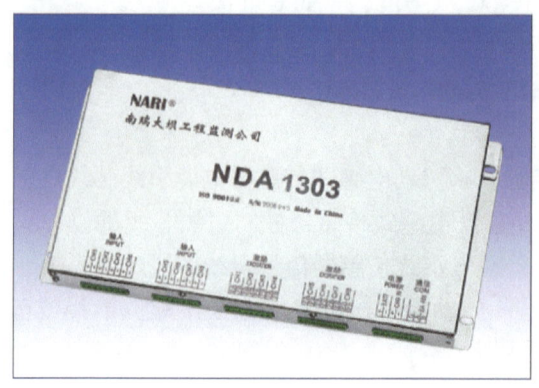

图 9-3-3　NDA1303 模块外观图

的免维护蓄电池可连续工作 7 天以上。

(5) 自诊断功能

本模块具有自诊断功能,可对数据存储器、程序存储器、中央处理器、实时时钟电路、供电状况、电池电压、测量电路以及电容传感器线路进行自检查,实现故障自诊断。

(6) 抗雷击

本模块电源线、通信线、传感器引线的入口均采取了抗雷击的措施。

(7) 选测功能

根据需要对传感器测点选择,完成一次测量并可输出这些测点的测量数据。

(8) 单测功能

通过选择某一传感器测点,可实现对此测点的连续多次测量,测量次数可设定。

(9) 测点群设置功能

根据需要,可设置各传感器测点实现定时自动测量。

(10) 其他功能

另外,本模块还具有测量周期查询、测点群查询、定时测量的测量次数、测量时间和测量数据的查询及清除复位等功能。

(三) 主要技术参数

(1) 测点容量:8 通道

(2) 测量精度:0.1%F.S

(3) 分辨力:0.02%F.S

(4) 测量时间:每通道 2~4 s

(5) 通信接口:EIA-485,屏蔽双绞线,1 200 bps,大于 3 km;光纤、无线和公用电话网通信方式备选。

(6) 数据存储容量:大于 300 测次

(7) 电源系统

电池:6.0~7.0 VDC(6 V,4 Ah/3 Ah)

充电输入:7.4~7.6 VDC,1 A

功耗掉电:200 μA
　　休眠:10 mA
　　待机:60 mA
　　测量:小于 250 mA

(8) 工作温度:-10~+50℃(-25~+60℃可选)

储藏温度:-20~+70℃

(9) 尺寸:28 cm×15.5 cm×3.3 cm

(四) 接口定义

(1) 输入(INPUT)

Chn +:接通道 n 差动电容传感器中间极引线芯线
　　 -:接通道 n 差动电容传感器中间极引线屏蔽线

$n=1,2,\cdots,8$

(2) 激励(EXCITATION)

Chn PA:接通道 n 差动电容传感器极板 A 引线芯线
　　 PB:接通道 n 差动电容传感器极板 B 引线芯线

$n=1,2,\cdots,8$

(3) 电源(POWER)

BATT +:接电池正极
　　 -:接电池负极

CHG IN +:接充电器正极
　　　 -:接充电器负极

(4) 通信(COM)

EIA-485 A:RS-485 接口通信线 A
　　　　 B:RS-485 接口通信线 B
　　　　 ISOG:RS-485 接口隔离参考地

9.3.4 NDA1403 振弦式数据采集智能模块

(一) 概述

NDA1403 振弦式数据采集智能模块用于采集各种振弦式传感器的信号,可灵活方便地组成数据采集系统。该模块由单片微控制器及其外围电路组成,具有测量精度高、功能丰富、抗干扰能力强、运行稳定、操作方便等特点。

NDA1403 模块为盒式结构,采用抗雷击设计,自带备用电源,适用于水工建筑物、高边坡、道路、桥梁、隧洞等使用环境恶劣的工程安全监测。

(二) 主要功能和特点

(1) 实时时钟管理

本模块自带实时时钟,可实现定时测量、自动存储,起始测量时间及定时测量周期可由用户设置。

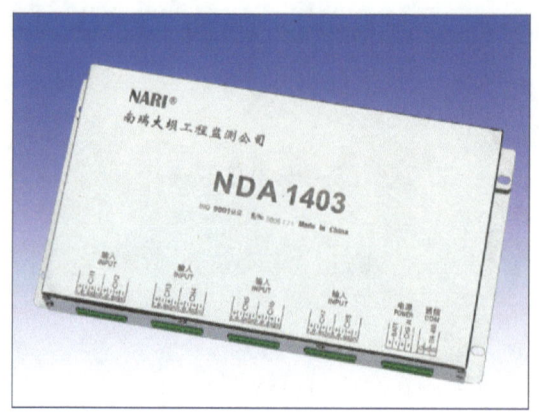

图 9-3-4　NDA1403 模块外观图

（2）参数及数据掉电保护

所有设置参数及自动定时测量数据都存储于专用的存储器内,可实现掉电后的可靠保存。

（3）串行通信口

命令和数据均通过串行口通信,可方便地通过各种通信介质和上位主机联络。

（4）电源备用系统

无论何时发生停电,本模块自动切换至备用电池供电,一节 6 V、4 Ah/3 Ah 可充电的免维护蓄电池可连续工作 7 天以上。

（5）自诊断功能

本模块具有自诊断功能,可对数据存储器、程序存储器、中央处理器、实时时钟电路、供电状况、电池电压、测量电路以及振弦式传感器线路进行自检查,实现故障初诊断。

（6）抗雷击

本模块电源线、通信线、传感器引线的入口均采取了抗雷击的措施。

（7）选测功能

根据需要,对传感器测点进行选择,完成一次测量并可输出这些测点的测量数据。

（8）单测功能

通过选择某一传感器测点,可实现对此测点的连续多次测量,测量次数可设定。

（9）测点群设置功能

根据需要,可设置各传感器测点实现定时自动测量。

（10）其他功能

另外,本模块还具有测量周期查询,测点群查询,定时测量的测量次数、测量时间和测量数据的查询及清除复位等功能。

（三）主要技术参数

（1）测点容量:4 线 8 通道或 2 线 16 通道

（2）测量精度

频率:≤0.2 Hz

温度:≤0.5℃

(3) 分辨力

频率:0.1 Hz

温度:0.1℃

(4) 测量时间:每通道 2～4 s

(5) 通信接口:EIA-485,屏蔽双绞线,1 200 bps,大于 3 km;光纤、无线和公用电话通信方式备选。

(6) 数据存储容量:大于 300 测次

(7) 电源系统

电池:6.0～7.0 VDC(6 V,4 Ah)

充电输入:7.4～7.6 VDC,1 A

功耗掉电:200 μA

  休眠:10 mA

  待机:60 mA

  测量:小于 500 mA

(8) 工作温度:－10～＋50℃(－25～＋60℃可选)

储藏温度:－20～＋70℃

(9) 尺寸:28 cm×15.5 cm×3.3 cm

d. 接口定义

(1) CHn C＋:接通道 n 振弦式传感器线圈引线芯线(红)

CHn C－:接通道 n 振弦式传感器线圈引线芯线(黑)和屏蔽线

$n=1,2,\cdots,8$

(2) CHn R＋:接通道 n 振弦式传感器温度电阻引线芯线(白)

CHn R－:接通道 n 振弦式传感器温度电阻引线芯线(绿)

如果振弦式传感器不测温度电阻,则 CHn R＋,CHn R－接口定义为:

CHn R＋:接通道 $n+8$ 振弦式传感器线圈引线芯线(红)

CHn R－:接通道 $n+8$ 振弦式传感器线圈引线芯线(黑)和屏蔽线

$n=1,2,\cdots,8$

(3) 电源

BATT ＋:接电池正极

   －:接电池负极

CHG IN ＋:接充电器正极

   －:接充电器负极

(4) 通信(COM)

EIA-485 A:RS-485 接口通信线 A

   B:RS-485 接口通信线 B

ISOG：RS-485 接口隔离参考地

9.3.5　NDA1514 二线制变送器电流信号数据采集智能模块

（一）概述

NDA1514 二线制变送器电流信号数据采集智能模块内置二线制变送器的 24 V 直流激励电压源，用于测量各种与传感器配套的二线制变送器输出的电流信号，可灵活方便地组成分布式数据采集系统。NDA1514 模块由单片微控制器及其外围电路组成，具有测量精度高、功能丰富、抗干扰能力强、运行稳定、操作方便等特点。

NDA1514 模块为盒式结构，采用抗雷击设计，自带备用电源，适用于大坝安全监测等使用环境恶劣的场合。

图 9-3-5　NDA1514 模块外观图

（二）主要功能和特点

（1）实时时钟管理

模块自带实时时钟，可实现定时测量、自动存储，起始测量时间及定时测量周期可由用户设置。

（2）参数及数据掉电保护

所有设置参数及自动定时测量数据都存储于专用的存储器内，可实现掉电后的可靠保存。

（3）串行通信口

命令和数据均通过串行口通信，可方便地通过由各种通信介质构成的现场总线或网络和上位主机联络。

（4）低功耗、电源热备用

停电时模块切换至备用电池供电，一节 6 V、4 Ah/3 Ah 可充电的免维护蓄电池可连续工作 7 天以上。

（5）自诊断功能

模块具有自诊断功能，可对数据存储器、程序存储器、中央处理器、实时时钟电路、供电状况、电池电压、测量电路以及变送器线路进行自检查，实现故障自诊断。

(6) 抗雷击

模块的电源线、通信线、传感器引线的入口均采取了有效的抗雷击措施,确保雷电对系统的破坏降到最低。

(7) 高可靠性、强抗干扰、免维护

采用全封闭模块化结构及特有的抗干扰措施,使得模块具有高可靠性和强抗干扰能力。如果模块失效,只需更换模块,用户免于维护。

(8) 选测功能

根据需要对传感器测点进行选择,完成一次测量并可输出这些测点的测量数据。

(9) 单测功能

通过选择某一传感器测点,可实现对此测点的连续多次测量,测量次数可设定。

(10) 测点群设置功能

根据需要,可设置各传感器测点实现定时自动测量。

(11) 其他功能

另外,本模块还具有测量周期查询,测点群查询,定时测量的测量次数、测量时间和测量数据的查询及清除复位等功能。

(三) 主要技术参数

(1) 测点容量:16 通道,内置 24 V 直流电压源
(2) 测量范围:0～20 mA
(3) 测量精度:0.1%F.S
(4) 分辨力:0.01%F.S
(5) 测量时间:每通道 1～4 s
(6) 通信接口:EIA-485
(7) 数据存储容量:大于 300 测次
(8) 电源系统

电池:6.0～7.0 VDC(6 V,4 Ah)

充电输入:7.4～7.6 VDC,1 A

功耗掉电:200 μA

   休眠:10 mA

   待机:60 mA

   测量:小于 250 mA

(9) 工作温度:－10～＋50℃

储藏温度:－25～＋70℃

(10) 尺寸:28 cm×15.5 cm×3.3 cm

d. 接口定义

(1) 输入(INPUT)

CHn ＋:接通道 n 二线制变送器正端引线

    －:接通道 n 二线制变送器负端引线

$n=1,2,\cdots,16$

（2）电源（POWER）

BATT＋:接电池正极

　　　－:接电池负极

CHG IN＋:接充电器正极

　　　　－:接充电器负极

（3）通信（COM）

EIA-485 A:RS-485 接口通信线 A

　　　　B:RS-485 接口通信线 B

　　　ISOG:RS-485 接口隔离参考地

9.3.6　NDA1564 和 NDA6700 水管式沉降测量装置测控模块

NDA1564 数据采集模块用以自动采集水管式沉降仪传感器的输出信号。

配套使用的 NDA6700 控制模块用于接受 NDA1564 发出的控制信号对系统实施控制。

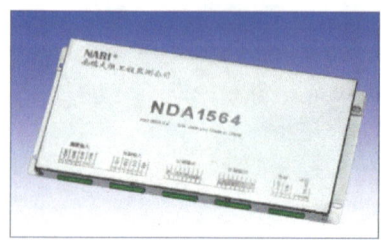 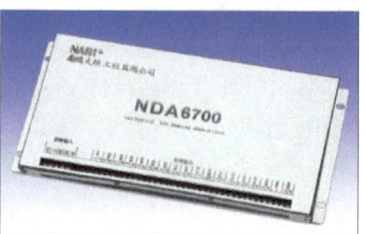

图 9-3-6　NDA1564 和 NDA6700 模块外观图

主要技术指标

测量通道:4 通道（用于两线制 4～20 mA 传感器的测量）；

4 通道用于机械开关量输入；

1 个接口用于控制 NDA6700 开关模块；

8 个 TTL 电平输出。

测量范围:4～20 mA（电流测量）

分辨力:0.01％F.S（电流测量）

精度:0.05％F.S（电流测量）

测量时间:2～4 s/CH（不包括加水及其稳定时间）

通信接口:EIA-485

存储容量:＞300 测次

9.3.7　NDA1603 电位器式传感器数据采集智能模块

（一）概述

NDA1603 电位器式传感器数据采集智能模块用于采集各种电位器式传感器的输出

信号,可灵活方便地组成分布式数据采集系统。NDA1603模块由单片微控制器及其外围电路组成,具有测量精度高、功能丰富、抗干扰能力强、运行稳定、操作方便等特点。

NDA1603模块为盒式结构,采用抗雷击设计,自带备用电源,适用于大坝安全监测等使用环境恶劣的场合。

图9-3-7　NDA1603模块外观图

（二）主要功能和特点

（1）实时时钟管理

模块自带实时时钟,可实现定时测量、自动存储,起始测量时间及定时测量周期可由用户设置。

（2）参数及数据掉电保护

所有设置参数及自动定时测量数据都存储于专用的存储器内,可实现掉电后的可靠保存。

（3）串行通信口

命令和数据均通过串行口通信,可方便地通过由各种通信介质构成的现场总线或网络和上位主机联络。

（4）低功耗、电源热备用

停电时,模块切换至备用电池供电,一节6 V、4 Ah/3 Ah可充电的免维护蓄电池可连续工作7天以上。

（5）自诊断功能

模块具有自诊断功能,可对数据存储器、程序存储器、中央处理器、实时时钟电路、供电状况、电池电压、测量电路进行自检查,实现故障自诊断。

（6）抗雷击

模块的电源线、通信线、传感器引线的入口均采取了有效的抗雷击的措施,确保雷电对系统的破坏降到最低。

（7）高可靠性、强抗干扰、免维护

采用全封闭模块化结构及特有的抗干扰措施,使得模块具有高可靠性和强抗干扰能力。如果模块失效,只需更换模块,用户免于维护。

(8) 选测功能

根据需要对传感器测点进行选择,完成一次测量并可输出这些测点的测量数据。

(9) 单测功能

通过选择某一传感器测点,可实现对此测点的连续多次测量,测量次数可设定。

(10) 测点群设置功能

根据需要,可设置各传感器测点实现定时自动测量。

(11) 其他功能

另外,本模块还具有测量周期查询,测点群查询,定时测量的测量次数、测量时间和测量数据的查询及清除复位等功能。

(三) 主要技术参数

(1) 测点容量:12 通道 3 线制电位器式传感器

(2) 测量范围:电位器活动触点位置为 0.000 1~1.000 0

(3) 测量精度:0.05%F.S±1 个字±传感器精度

(4) 分辨力:0.01%F.S

(5) 测量时间:每通道 2~5 s

(6) 通信接口:EIA-485

(7) 数据存储容量:大于 300 测次

(8) 电源系统

电池:6.0~7.0 VDC(6 V,4 Ah)

充电输入 7.4~7.6 VDC,1 A

功耗掉电:200 μA

  休眠:10 mA

  待机:60 mA

  测量:小于 200 mA

(9) 工作温度:−10~+50℃

储藏温度:−25~+70℃

(10) 尺寸:28 cm×15.5 cm×3.3 cm

(四) 接口定义

(1) 输入(INPUT)

CHn:n=1,2,…,12

H:激励电压源正端,接电位器上固定端

M:接电位器活动触点端引线

L:激励电压源负端,接电位器下固定端

(2) 电源(POWER)

BATT +:接电池正极

   −:接电池负极

CHG IN +:接充电器正极

一:接充电器负极

(3) 通信(COM)

EIA-485 A:RS-485 接口通信线 A

　　　　B:RS-485 接口通信线 B

　　　　ISOG:RS-485 接口隔离参考地

9.3.8　NDA1663/NDA6710 引张线式水平位移计测量装置测控模块

NDA1663 数据采集模块用以自动采集引张线式水平位移计传感器的输出信号。

配套使用的 NDA6710 控制模块用于接受 NDA1663 发出的控制信号对系统实施控制。

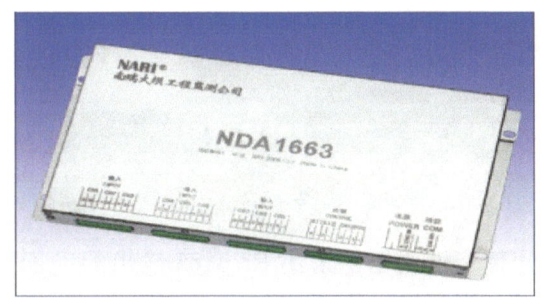

图 9-3-8　NDA1663 模块外观图

主要技术指标

测点容量:9

测量范围:电位器电阻比(Z)为 0.000 0～1.000 0

测量精度:0.05%F.S

分辨力:0.01%F.S

测量时间:2～4 s/CH(不包括引张线加载及其稳定时间)

通信接口:EIA-485

存储容量:>300 测次

9.3.9　NDA1700 数据采集智能模块

NDA1700 数据采集智能模块用于自动采集开关量输出的雨量计、RS-485 输出的水位计、RS-485 输出的风速风向仪等环境量监测仪器的输出信号,测量精度高、功能齐全、抗干扰能力强、运行稳定。

主要技术指标

通道数:8

量程:同智能传感器

精度:0.05%F.S+1LSD

分辨力:0.01%F.S

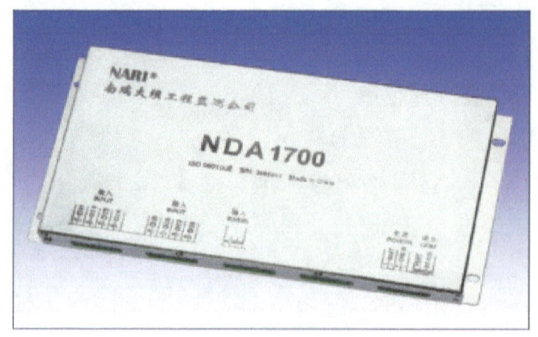

图 9-3-9　NDA1700 模块外观图

测量时间：2～5 s/点
通信接口：EIA-RS-485
存储容量：>300 测次
工作温度：−10～+50℃，−25～+60℃可选

9.3.10　NDA1705 数据采集智能模块

NDA1705 数据采集智能模块用于采集 RS-485 输出的浮子式水位计或其他采用 RS-485 通信方式的智能传感器输出信号。

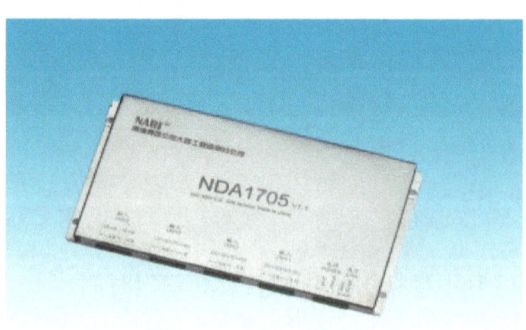

图 9-3-10　NDA1705 模块外观图

主要技术指标
通道数：8 或 32（可分别单独接 8 个单支 RS485 输出的传感器或接 32 个以总线方式连接的 RS485 输出的传感器）
量程：同智能传感器
分辨力：同智能传感器
精度：同智能传感器
测量时间：2～5 s/点
通信接口：EIA-RS-485

存储容量:100 测次

电源:6～7 VDC

功耗:掉电为 200 μA;休眠为 10 mA

待机:60 mA;测量:≤150 mA

工作温度:-10～+50℃

相对湿度:5%～95%

9.3.11　NDA2003/NDA2004 混合式测量主模块

(一) 概述

NDA2003/NDA2004 混合测量主模块是混合测量平台的核心部分,内嵌电源转换模块,为整套系统提供工作所需的电源,负责系统的工作参数存储、运行时的任务调度、内部高速总线控制、数据存储以及对外通信。NDA2003 包含 8 路混合测量传感器接口,NDA2004 包含 16 路混合测量传感器接口。模块外形及对外提供的各种接口如图 9-3-11 所示。

图 9-3-11　NDA2003/NDA2004 模块外观图

(二) 主要功能和特点

(1) 每个通道都可以接入多种类型传感器。

(2) 对外通信接口众多,包括 RS-232、RS-485、有线以太网、WiFi、4G、蓝牙、LORA。

(3) 具有电源管理功能,包括供电电源转换、电源调节、电源控制,具有电池供电功能,可在脱机情况下根据系统的设定自动采集和存储。

（4）具有掉电保护和时钟功能，能按任意设定的时间自动进行测量和暂存数据。

（5）可接收监控主机的命令以设定、修改时钟及测控参数。

（6）可接入便携式仪表实施现场测量，可用监控主机或便携式计算机从 NDA2003/NDA2004 中获取全部测量数据，也可以使用 U 盘导出数据。

（7）具有防雷、抗干扰功能。

（8）能防尘、防腐蚀，适用于恶劣温湿度环境。

（9）具有自检、自诊断功能，能自动检查各部位运行状态，将故障信息传输到管理计算机，以便用户维修。

（三）主要技术参数

（1）电源

供电电压：10.5～28 VDC

休眠功耗：＜0.01 W；最大工作功耗：＜3 W

（2）CPU

主频：150 MHz，1 MB Flash，192 KB RAM

外部 RAM：2 MB

（3）Nandflash：512 MB，用于数据存储，存储测次 1 万以上

（4）通信

RS232 接口：1 路

RS485 接口：1 路

10/100 M 自适应网口：1 路

无线通信接口：WiFi、4G、LORA，任选一路

蓝牙通信：1 路

USB 接口：1 路

（5）差阻式传感器测量

测量范围

电阻比：0.800 0～1.200 0；电阻和：40.00～120.00 Ω

测量精度

电阻和：$|\Delta RT| \leqslant 0.02$ Ω

电阻比：$|\Delta Z| \leqslant 0.000\ 2$

分辨力

电阻和（RT）：0.01 Ω

电阻比（Z）：0.000 1

（6）振弦式传感器测量

测量范围

频率：400～5 000 Hz

温度：－20～＋80 ℃

测量精度

频率：0.1 Hz

温度：0.5℃

分辨力

频率：0.01 Hz

温度：0.1℃

(7) 电压测量

测量范围：−10.000～+10.000 V

测量精度：0.05%F.S

分辨力：0.01%F.S

(8) 电流测量

测量范围：0.000～20.000 mA

测量精度：0.05%F.S

分辨力：0.01%F.S

传感器供电采用单独一芯端子输出

(9) 电位器测量

测量范围：0.000～1.000

测量精度：0.05%F.S

分辨力：0.01%F.S

(10) 接口

电源和通信接口：6×2 双排针

传感器接口：8×12Pin(凤凰端子，间距 3.81 mm)

人工比测接口：8Pin 凤凰端子(间距 3.81 mm)

(11) 电磁兼容等级

静电放电抗干扰等级：3

工频磁场抗干扰等级：3

(12) 温度特性

工作温度范围：−20～+60℃

存储温度范围：−40～+85℃

(13) 机械特性

尺寸：90 mm×60 mm×24 mm

重量：0.2 kg

(四) 接口定义

(1) 直接供电 CHG+、CHG−

(2) 电池供电 BATT+、BATT−

(3) RS-232：R、T、G

(4) RS-485-1：B、A、G

(5) RS-485-2：B、A、G

(6) 开关量输入/雨量计:IN1、IN2
(7) 开关量输出:OUT＋、OUT－
(8) 人工比测接口:MANU1～6 定义与传感器接口相同
(9) 传感器接口,每个 12 针凤凰端子可以接入 2 只传感器,6 针对一只传感器

表 9-3-1　NDA2003/NDA2004 接线示意图

传感器类型/端子序号	1	2	3	4	5	6
差阻/电阻温度计	蓝	黑	红	绿	白	NC
电位器	蓝	黑	红	绿	白	NC
弦式	C+	C−	C+	C−	MASK	NC
热敏电阻	R+	R−	R+	R−	NC	NC
标准电流(2/3/4 线)	NC	S+	NC	S−	V−	V+
标准电压	NC	S+	NC	S−	V−	V+
数字量(RS485)	NC	A	NC	B	V−	V+

9.3.12　NDA2013/NDA2014 混合扩展模块

(一) 概述

NDA2013/NDA2014 是南京南瑞水电公司研制的一款混合测量扩展模块,该产品是 DAU3000 分布式数据采集装置 NDA2 系列模块中的一种,需要配合 NDA2003/NDA2004 主控模块使用。该模块和 NDA2003/NDA2004 模块之间通过内部的高速 RS-485 总线进行数据交换,由 NDA2003/NDA2004 模块将自身采集的混合通道数据通过网络、光纤、RS-485、GPRS 等通道发给中心站数据采集软件。

(二) 主要功能和特点

(1) 每个通道都可以接入多种类型传感器。

(2) 对外支持高速 RS-485 通信。

(3) 具有电源管理功能,包括供电电源转换、电源调节、电源控制,具有电池供电功能,可在脱机情况下根据系统的设定自动采集和存储。

(4) 具有掉电保护和时钟功能,能按任意设定的时间自动进行测量和暂存数据。

(5) 可接收监控主机的命令以设定、修改时钟及测控参数。

(6) 可接入便携式仪表实施现场测量,可用监控主机或便携式计算机从 NDA2013/NDA2014 中获取全部测量数据,也可以使用 U 盘导出数据。

(7) 具有防雷、抗干扰功能。

(8) 能防尘、防腐蚀,适用于恶劣温度和湿度环境。

(9) 具有自检、自诊断功能,能自动检查各部位运行状态,将故障信息传输到管理计算机,以便用户维修。

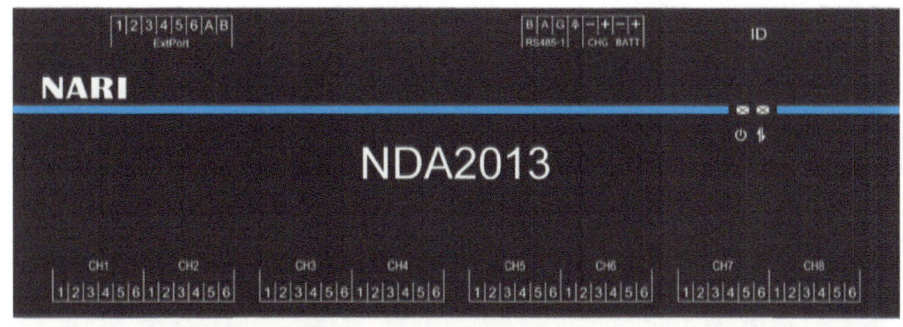

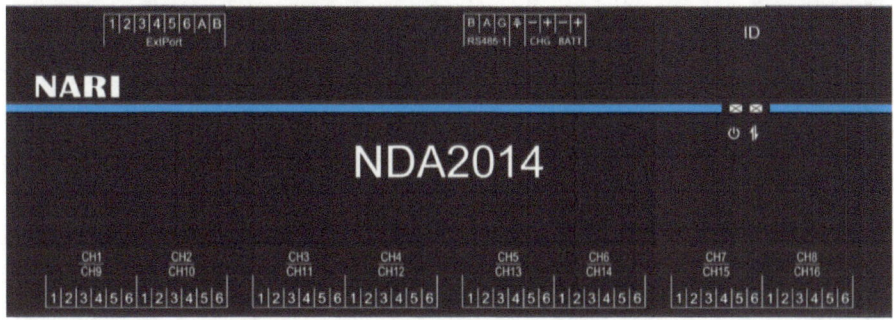

图 9-3-12　NDA2003/NDA2004 模块外观图

(三) 主要技术参数

(1) 电源

供电电压：10.5~28 VDC

休眠功耗：<0.01 W；最大工作功耗：<3 W

(2) CPU

主频：72 MHz，1 MB Flash，96 KB RAM

外部 RAM：2 MB

(3) 数据存储：大于 1 000 测次

(4) 通信

RS-485 接口：2 路

(5) 差阻式传感器测量

测量范围

电阻比：0.800 0~1.200 0；电阻和：40.00~120.00 Ω

测量精度

电阻和：$|\Delta RT| \leqslant 0.02$ Ω

电阻比：$|\Delta Z| \leqslant 0.000\ 2$

分辨力

电阻和（RT）：0.01 Ω

电阻比（Z）：0.000 1

(6) 振弦式传感器测量

测量范围

频率:400～5 000 Hz

温度:-20～+80℃

测量精度

频率:0.1 Hz

温度:0.5℃

分辨力

频率:0.01 Hz

温度:0.1℃

(7) 电压测量

测量范围:-10.000～+10.000 V

测量精度:0.05%F.S

分辨力:0.01%F.S

(8) 电流测量

测量范围:0.000～20.000 mA

测量精度:0.05%F.S

分辨力:0.01%F.S

传感器供电采用单独一芯端子输出

(9) 电位器测量

测量范围:0.000～1.000

测量精度:0.05%F.S

分辨力:0.01%F.S

(10) 接口

电源和通信接口:6×2 双排针

传感器接口:8×12Pin(凤凰端子,间距 3.81 mm)

人工比测接口:8Pin 凤凰端子(间距 3.81 mm)

(11) 电磁兼容等级

静电放电抗干扰等级:3

工频磁场抗干扰等级:3

(12) 温度特性

工作温度范围:-20～+60℃

存储温度范围:-40～+85℃

(13) 机械特性

尺寸:90 mm×60 mm×24 mm

(四) 接口定义

(1) 直接供电 CHG+、CHG-

(2) 电池供电 BATT+、BATT−
(3) RS-232:R、T、G
(4) RS-485-1:B、A、G
(5) 人工比测接口:MANU1～6 定义与传感器接口相同
(6) 传感器接口,每个 12 针凤凰端子可以接入 2 只传感器,6 针对一只传感器

表 9-3-2 NDA2013/NDA2014 接线示意图

传感器类型/端子序号	1	2	3	4	5	6
差阻/电阻温度计	蓝	黑	红	绿	白	NC
电位器	蓝	黑	红	绿	白	NC
弦式	C+	C−	C+	C−	MASK	NC
热敏电阻	R+	R−	R+	R−	NC	NC
标准电流(2/3/4 线)	NC	S+	NC	S−	V−	V+
标准电压	NC	S+	NC	S−	V−	V+
数字量(RS485)	NC	A	NC	B	V−	V+

9.4 NWA 系列无线数据采集装置

9.4.1 NWA3111 差阻式无线采集适配器

(一) 概述

NWA3111 差阻式无线采集适配器是一种采用 ZIGBEE@DIGIMESH 无线通信技术的智能化无线数据采集装置,用于工程安全或地质灾害监测领域中对差动电阻式(卡尔逊式)传感器的信号采集,是一款集信号采集和无线传输一体化的测量装置,可与无线通信管理单元和其他类型无线采集装置方便地构建无线自动化测量系统。

(二) 主要功能和特点

NWA3111 差阻式无线采集适配器具有以下主要功能和特点:

(1) 无线自组网,全网同步休眠唤醒,互为中继,适配器安装部署方便快捷;

(2) 无线网络工作于无线免费频段,使用过程中无须流量付费;

(3) 低功耗设计,标配四节 5 号普通碱性干电池组可支持系统正常工作一年,选配单节 3.6V 大容量锂离子电池可支持系统正常工作三年;

(4) 装置工作于低功耗模式时,命令发出五分钟内适配器可被唤醒,且最近一次命令操作后保持一分钟的唤醒状态,一分钟后适配器自动休眠;

(5) 供电方式可选,太阳能供电系统情况下可修改休眠唤醒周期,减少操作等待时间;

(6) 可实现对 1 个通道的差阻式传感器的差动电阻式信号采集;

(7) 具备电池电压监测功能,可获取当前的适配器电池电压数据;

(8) 具备通道单检、模块自检、定时周期测量存储及定时自报等常规自动化测量功能。

（三）主要技术参数

(1) 工作温度:－10～＋50℃

(2) 环境湿度:＜95%

(3) 供电方式:4 节普通 5 号碱性干电池组(标配),或 1 节 3.6 V 锂离子电池(选配)

(4) 工作功耗:休眠守候电流＜100 uA,常态工作电流＜60 mA;瞬态工作电路＜350 mA

(5) 电池工作时间:1 年@碱性电池组(标配),或 3 年@锂离子电池(选配)

(6) 无线通信技术:ZigBee 技术

(7) 无线通信距离:视通环境下 500 m

(8) 传感器通道数:1 个

(9) 测量范围:电阻比 0.800 0～1.200 0;电阻和 40.02～12.02 Ω

(10) 测量精度:电阻比误差 $|\Delta Z|\leqslant 0.000\ 2$;电阻和误差 $|\Delta RT|\leqslant 0.02\ \Omega$

(11) 分辨力:电阻比 0.0001;电阻和 0.01 Ω

(12) 尺寸:直径 $D=200$ mm,高度 $H=263$ mm

(13) 防水等级:IP65

图 9-4-1　差阻式无线采集适配器 NWA3111 实物图

9.4.2　NWA3411 振弦式无线采集适配器

（一）概述

NWA3411 振弦式无线采集适配器是一种采用 ZIGBEE@DIGIMESH 无线通信技术的智能化无线数据采集装置,用于工程安全或地质灾害监测领域中对多通道振弦式传感器的信号采集,是一款集信号采集和无线传输一体化的测量装置,可与无线通信管理单元和其他类型无线采集装置方便地构建无线自动化测量系统。

（二）主要功能和特点

NWA3411 振弦式无线采集适配器具有以下主要功能和特点:

(1) 无线自组网,全网同步休眠唤醒,互为中继,适配器安装部署方便快捷;

(2) 无线网络工作于无线免费频段,使用过程中无须流量付费;

(3) 低功耗设计,标配四节 5 号普通碱性干电池组可支持系统正常工作一年,选配单节 3.6 V 大容量锂离子电池可支持系统正常工作三年;

(4) 装置工作于低功耗模式时,命令发出五分钟内适配器可被唤醒,且最近一次命令操作后保持一分钟的唤醒状态,一分钟后适配器自动休眠;

(5) 供电方式可选,太阳能供电系统情况下可修改休眠唤醒周期,减少操作等待时间；

(6) 可实现对 6 个通道的振弦式传感器的频率信号采集以及一个通道的温度信号采集；

(7) 具备电池电压监测功能，可获取当前的适配器电池电压数据；

(8) 具备通道单检、模块自检、定时周期测量存储及定时自报等常规自动化测量功能。

(三) 主要技术参数

(1) 工作温度：$-10\sim+50$ ℃

(2) 环境湿度：$<95\%$

(3) 供电方式：4 节普通 5 号碱性干电池组(标配)，或 1 节 3.6 V 锂离子电池(选配)

(4) 工作功耗：休眠守候电流<100 uA，常态工作电流<60 mA；瞬态工作电路<350 mA

(5) 电池工作时间：1 年@碱性电池组(标配)，或 3 年@锂离子电池(选配)

(6) 无线通信技术：ZigBee 技术

(7) 无线通信距离：视通环境下 500 m

(8) 传感器通道数：6 个频率信号测量通道，1 个温度电阻测量通道

(9) 测量范围：频率 $400\sim5\,000$ Hz；温度 $-20\sim+80$ ℃

(10) 测量精度：频率误差$\leqslant0.2$ Hz；温度误差$\leqslant0.5$ ℃

(11) 分辨力：频率 0.1 Hz；温度 0.2 ℃

(12) 尺寸：直径 $D=200$ mm，高度 $H=263$ mm

(13) 防水等级：IP65

图 9-4-2　振弦式无线采集适配器 NWA3411 实物图

9.4.3　NWA3511 标准量式无线采集适配器

(一) 概述

NWA3511 标准量式无线采集适配器是一种采用 ZIGBEE@DIGIMESH 无线通信技术的智能化无线数据采集装置，用于工程安全或地质灾害监测领域对标准电压量($-10\sim10$ V)及标准电流量($4\sim20$ mA)变送器的信号采集，是一款集信号采集和无线传输一体化的测量装置，可与无线通信管理单元和其他类型无线采集装置方便地构建无线自动化测量系统。

(二) 主要功能和特点

NWA3511 标准量式无线采集适配器具有以下主要功能和特点：

(1) 无线自组网，全网同步休眠唤醒，互为中继，适配器安装部署方便快捷；

(2) 无线网络工作于无线免费频段，使用过程中无须流量付费；

(3) 低功耗设计，标配的四节 5 号普通碱性干电池组可支持系统正常工作一年，选配

单节 3.6 V 大容量锂离子电池可支持系统正常工作三年；

（4）装置工作于低功耗模式时，命令发出五分钟内适配器可被唤醒，且最近一次命令操作后保持一分钟的唤醒状态，一分钟后适配器自动休眠；

（5）供电方式可选，太阳能供电系统情况下可修改休眠唤醒周期，减少操作等待时间；

（6）可实现对 1 个通道的标准电压量变送器输出的电压信号（±10 V，±5 V，±2.5 V 范围）采集以及 1 个通道的标准电流量变送器输出的电流信号（4~20 mA）的采集；

（7）具备电池电压监测功能，可获取当前的适配器电池电压数据；

（8）具备通道单检、模块自检、定时周期测量存储及定时自报等常规自动化测量功能。

图 9-4-3　标准量式无线采集适配器 NWA3511 实物图

（三）主要技术参数

(1) 工作温度：−10~+50℃

(2) 环境湿度：<95%

(3) 供电方式：4 节普通 5 号碱性干电池组（标配），或 1 节 3.6 V 锂离子电池（选配）

(4) 工作功耗：休眠守候电流<100 uA，常态工作电流<60 mA；瞬态工作电路<350 mA

(5) 电池工作时间：1 年@碱性电池组（标配），或 3 年@锂离子电池（选配）

(6) 无线通信技术：ZigBee 技术

(7) 无线通信距离：视通环境下 500 m

(8) 变送器通道数：1 个标准电压量信号测量通道，1 个标准电流量信号测量通道

(9) 测量范围

电压：−5.000~+5.000 V，−10.000~+10.000 V；−2.500~+2.500 V

电流：4.000~20.000 mA

(10) 测量精度：≤0.05%F.S

(11) 分辨力：≤0.01%F.S

(12) 尺寸：直径 $D=200$ mm，高度 $H=263$ mm

(13) 防水等级：IP65

9.4.4　NWA3711 数字量式无线采集适配器

（一）概述

NWA3711 数字量式无线采集适配器是一种采用 ZIGBEE@DIGIMESH 无线通信技术的智能化无线数据采集装置，用于工程安全或地质灾害监测领域对数字量式传感器/变送器的信号采集，是一款集信号采集和无线传输一体化的测量装置，可与无线通信管理单元和其他类型无线采集装置方便地构建无线自动化测量系统。

(二) 主要功能和特点

NWA3711 数字量式无线采集适配器具有以下主要功能和特点：

(1) 无线自组网，全网同步休眠唤醒，互为中继，适配器安装部署方便快捷；

(2) 无线网络工作于无线免费频段，使用过程中无须流量付费；

(3) 低功耗设计，标配四节 5 号普通碱性干电池组可支持系统正常工作一年，选配单节 3.6 V 大容量锂离子电池可支持系统正常工作三年；

(4) 装置工作于低功耗模式时，命令发出五分钟内适配器可被唤醒，且最近一次命令操作后保持一分钟的唤醒状态，一分钟后适配器自动休眠；

(5) 供电方式可选，太阳能供电系统情况下可修改休眠唤醒周期，减少操作等待时间；

图 9-4-4 数字量式无线采集适配器 NWA3711 实物图

(6) 可实现对 6 个通道的振弦式传感器的频率信号采集以及一个通道的温度信号采集；

(7) 具备电池电压监测功能，可获取当前的适配器电池电压数据；

(8) 具备通道单检、模块自检、定时周期测量存储及定时自报等常规自动化测量功能。

(三) 主要技术参数

(1) 工作温度：$-10 \sim +50$ ℃

(2) 环境湿度：<95%

(3) 供电方式：4 节普通 5 号碱性干电池组（标配），或 1 节 3.6 V 锂离子电池（选配）

(4) 工作功耗：休眠守候电流<100 uA，常态工作电流<60 mA；瞬态工作电路<350 mA

(5) 电池工作时间：1 年@碱性电池组（标配），或 3 年@锂离子电池（选配）

(6) 无线通信技术：ZigBee 技术

(7) 无线通信距离：视通环境下 500 m

(8) 传感器接口数：1 个 RS-485 通信口及直流输出口（四芯接口）

(9) 传感器直流输出口电压：12 VDC

(10) 传感器直流输出口电流：最大 80 mA

(11) 传感器通信口接口方式：RS-485 总线

(12) 传感器通信接口波特率：1 200 bps

(13) 尺寸：直径 $D=200$ mm，高度 $H=263$ mm

(14) 防水等级：IP65

9.4.5　NJX11-15PW-G 无线点式测斜仪

（一）概述

NJX11-15PW-G 无线点式测斜仪是一种采用 ZIGBEE@DIGIMESH 无线通信技术的智能化无线倾斜传感器，用于工程安全或地质灾害监测领域中监测大坝、岩土工程建筑物及地基的倾斜变形，是一款集传感、信号采集和无线传输一体化的智能传感器，可与无线通信管理单元和其他类型无线采集装置方便地构建无线自动化传感测量系统。

（二）主要功能和特点

NJX11-15PW-G 无线点式测斜仪具有以下主要功能和特点：

（1）无线自组网，全网同步休眠唤醒，互为中继，无任何外部引线，一体化封装，无线点式测斜仪安装部署方便快捷；

（2）无线网络工作于无线免费频段，使用过程中无须流量付费；

（3）低功耗设计，标配的四节 5 号普通碱性干电池组可支持系统正常工作一年，选配单节 3.6 V 大容量锂离子电池可支持系统正常工作三年；

（4）装置工作于低功耗模式时，命令发出五分钟内无线点式测斜仪可被唤醒，且最近一次命令操作后保持一分钟的唤醒状态，一分钟后装置自动休眠；

图 9-4-5　无线点式测斜仪 NJX11-15PW-G 实物图

（5）供电方式可选，太阳能供电系统情况下可修改休眠唤醒周期，减少操作等待时间；

（6）具备电池电压监测功能，可获取当前的装置电池电压数据；

（7）具备通道单检、模块自检、定时周期测量存储及定时自报等常规自动化测量功能。

（三）主要技术参数

（1）工作温度：$-10 \sim +50℃$

（2）环境湿度：$<95\%$

（3）供电方式：4 节普通 5 号碱性干电池组（标配），或 1 节 3.6 V 锂离子电池（选配）

（4）工作功耗：休眠守候电流<100 uA，常态工作电流<60 mA；瞬态工作电路<350 mA

（5）电池工作时间：1 年@碱性电池组（标配），或 3 年@锂离子电池（选配）

（6）无线通信技术：ZigBee 技术

（7）无线通信距离：视通环境下 500 m

（8）测量范围：$\pm 15°$（标配）、$\pm 30°$（选配）

（9）测量精度：$\leqslant 0.1\%$F.S

（10）分辨力：$14''$

（11）尺寸：直径 $D=200$ mm，高度 $H=263$ mm

（12）防水等级：IP65

9.4.6 NWA4100 无线通信网关

（一）概述

NWA4100ZigBee-GPRS 无线通信网关是一种采用 ZIGBEE@MESH 及 GPRS 无线通信技术的智能化无线通信网络管理单元，用于实现对 ZIGBEE 的 MESH 无线局域网络中各采集单元的管理以及 GPRS 无线数据远传通信管理，适用于工程安全及地质灾害监测等领域。

图 9-4-6　NWA4100 无线通信网关外观图

（二）主要功能和特点

NWA4100 无线通信网关具有以下主要功能和特点：

(1) 具备 ZigBee 和 GPRS 两种无线通信功能，可快捷组建无线测量网络，工程适用性广；

(2) 可实现对 ZigBee 网络的自适应管理，网络整体功耗低，频段使用无需付费；

(3) 具备多种扩展通信接口，装置功能可扩展性强；

(4) 具备程序远程更新功能，系统升级方便快捷；

(5) 具备保护箱门开闭监视功能，野外环境下设备的安全性高；

(6) 具备宽电压工作范围，多种供电方式可选，工程应用方便；

(7) 具备实时时钟管理、参数掉电保护、数据自报、历史数据存储导出、模块状态自检等常规功能。

（三）主要技术参数

(1) 电源及功耗

电源范围：6.0~28 V

待机功耗：<5 mA@12.0 V

工作功耗：<300 mA@12.0 V

(2) 通信接口

通信格式：8 位数据，1 位停止，无奇偶校验

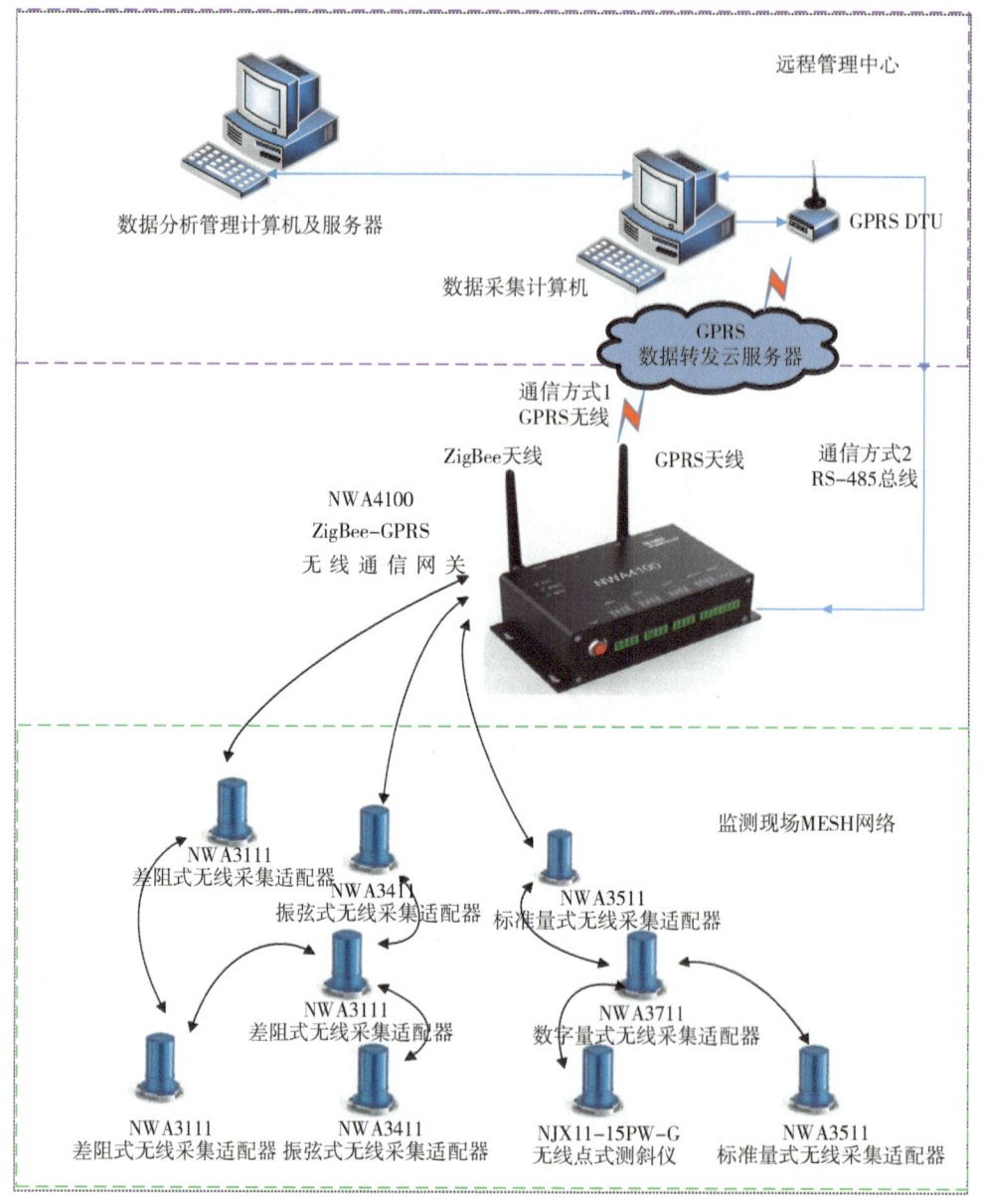

图 9-4-7　无线通信网关 NWA4100 构建的无线测量网络示意图

基本通信接口:无线 GPRS,采用 UDP 协议

扩展通信接口波特率:COM1—115 200 bps,COM2—可设置,RS-485—可设置

管理无线局域网的 ZIGBEE 无线通信频段:902～928 MHz 免费频段

(3) 温度特性

工作温度范围:$-10\sim+50$℃

存储温度范围:$-40\sim+60$℃

(4) 外形尺寸:139 mm×86 mm

10 结语

从20世纪80年代到2022年,我国水电事业高速发展,世界级水平的高坝大库大量兴建,所有差阻式仪器在量程、耐水压等方面一系列仪器指标都不断提高。国家"七五"攻关项目"差阻式仪器测量系统"为差阻式仪器实现长距离、高精度稳定测量奠定了基础。差阻式仪器测量装置在葛洲坝大坝和东江水电站大坝投入运行,是我国水电高速发展40年中差阻式仪器测量系统大量投入应用的开始,为我国大中型、特大型水电站的施工安全、蓄水安全和以后长期运行安全保驾护航。从20世纪80年代到2022年,南瑞公司为工程提供各类差阻式仪器50多万台套。为满足水电工程对差阻式系列仪器年产量达1万多台套的需求,南瑞水电公司开发出差阻式仪器自动装配生产线及智能型仪器标定系统,保证了仪器质量和性能,也满足了工程对大批量差阻式仪器的需求。

我国振弦式仪器的水平已达国际先进水平。我们将国外三个厂家各3台渗压计与南瑞公司生产的5台渗压计在试验室进行长达10年的稳定性测量对比试验,将数据曲线列出并比较。作为振弦式仪器最核心的稳定性技术,南瑞产品性能名列第一。南瑞生产并投入运行的产品已达40多万台套,满足了国内工程的需求。南瑞公司自主研制开发、批量生产的振弦式仪器系统拥有核心专利技术十余项,公司花大量人力、物力开发出振弦式仪器自动装配线,并开发智能型仪器标定系统,保证了仪器质量和性能,也满足了工程对大批量振弦式仪器的需求。

创新型大坝电容式双向、三向垂线坐标仪,电容式单向、双向引张线仪,电容式系列静力水准仪等仪器研制开发成功并在工程大量应用。在大坝变形监测中,要求仪器在长年高/低温、高湿度环境中长期高稳定、高精度测量,要求与垂线、引张线等进行非接触测量,仪器测量要求零漂移,且仪器在大坝中不能密封,这几项要求使得大坝外部变形监测成为难度最大的项目。国内外所有其他厂家生产的此类仪器在我国特大型工程中应用,没有一家仪器性能过关。南瑞研制开发大量变形监测仪器,为我国水电建设事业带来了极高的经济效益和社会效益。统计截至2021年底,用于国内外工程垂线坐标仪共计4750台套,单向、双向引张线仪6830多台套,电容式变位计、量水堰仪5960多台套。电容式静力水准仪应用在我国城市地铁、桥梁、高铁等大型建筑,1990—2021年,其数量达13 080多台套。特别在我国城市地铁建设中应用达万台以上,为我国城市地铁高速发展作出了重要贡献。

　　本书也列出了部分核心期刊文献，介绍南瑞电容式静力水准仪在工程中的应用、实践效果以及对工程安全作出的贡献。本书还列出了八座大型水电站安装电容式变形监测仪器的珍贵资料。新丰江水电站电容式垂线坐标仪、电容式引张线仪从1994年安装到2023年，整整运行了29年，创造了大型建筑物变形高精度、高稳定测量的世界纪录。大化水电站基础廊道引张线是所在环境湿度最大的一条引张线，本书列出其9台引张线仪长达11年的资料，测出年变幅仅0.2～0.4 mm；两条倒垂年变幅仅0.9 mm。9台引张线仪实测过程线呈现平滑的周期性变化规律。大化基础廊道引张线水平位移测量，创造了在高/低温、高湿度等恶劣环境下，能精确、可靠、长期测量大型混凝土结构建筑物极小变形的世界纪录。

参考文献

[1] 中国水力发电工程学会,中国水电工程顾问集团公司,中国水利水电建设集团公司. 中国水力发电科学技术发展报告[M]. 北京:中国电力出版社,2013.

[2] 魏本现. DAMS静力水准自动化监测系统在广州地铁中的实践[J]. 测绘与空间地理信息,2012,35(12):166-168.

[3] 张成平,张顶立,骆建军,等. 地铁车站下穿既有线隧道施工中的远程监测系统[J]. 岩土力学,2009,30(6):1861-1866.

[4] 付和宽. 地铁隧道内静力水准观测的精度分析[J]. 现代测绘,2011,34(1):43-46.

[5] 张建坤,徐俊峰,徐国双. 静力水准监测系统在地铁8号线第三方监测中的应用[J]. 现代城市轨道交通,2011(S1):136-139.

[6] 崔天麟,肖红渠,王刚. 自动化监测技术在新建地铁穿越既有线中的应用[J]. 隧道建设. 2008,28(3):359-361.

[7] 李伟,孙立光. 静力水准监测在地铁盾构下穿建筑物过程中的应用[J]. 铁道建筑,2011(4):51-54.

[8] 戴加东,褚伟洪. 静力水准自动化监测系统在工程测量中应用[J]. 低温建筑技术,2011,33(8):104-105.

[9] 李喆,张子新. 相邻隧道施工对上海地铁二号线的影响分析[J]. 岩石力学与工程学报,2005(A1):5125-5129.

附 图

(一) 步进电机式垂线坐标仪

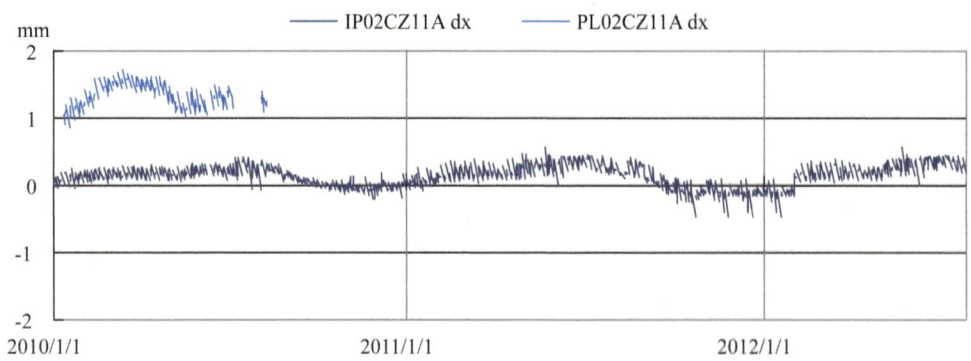

附图 1-1　永久船闸一闸室北边墙 X 方向水平位移过程线图

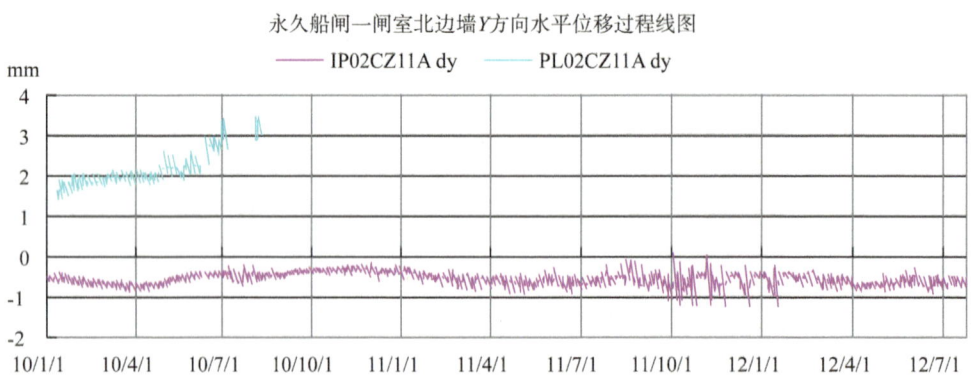

附图 1-2　永久船闸一闸室北边墙 Y 方向水平位移过程线图

附图 1-3　永久船闸二闸首北边墙 Y 方向水平过程线图

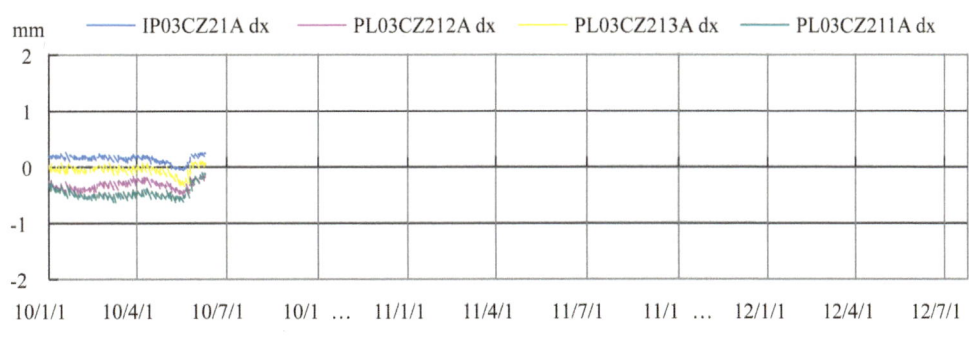

附图 1-4　永久船闸二闸首北边墙 X 方向水平过程线图

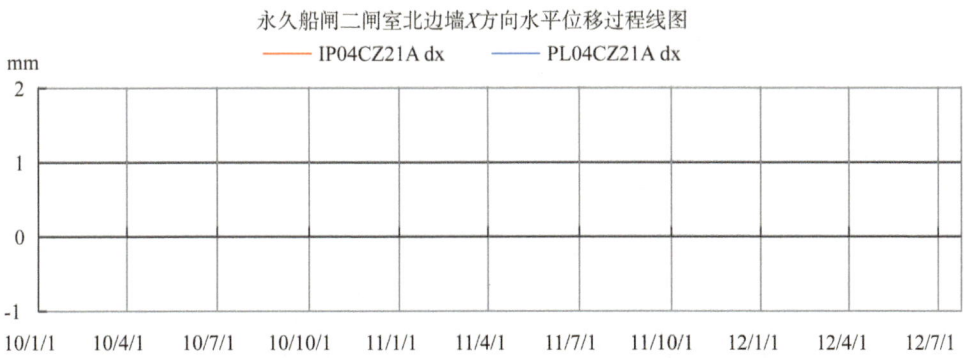

附图 1-5　永久船闸二闸室北边墙 X 方向水平位移过程线图

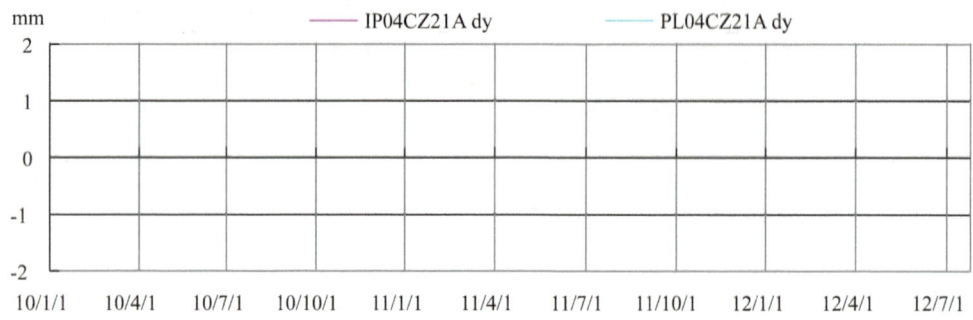

附图 1-6　永久船闸二闸室北边墙 Y 方向水平位移过程线图

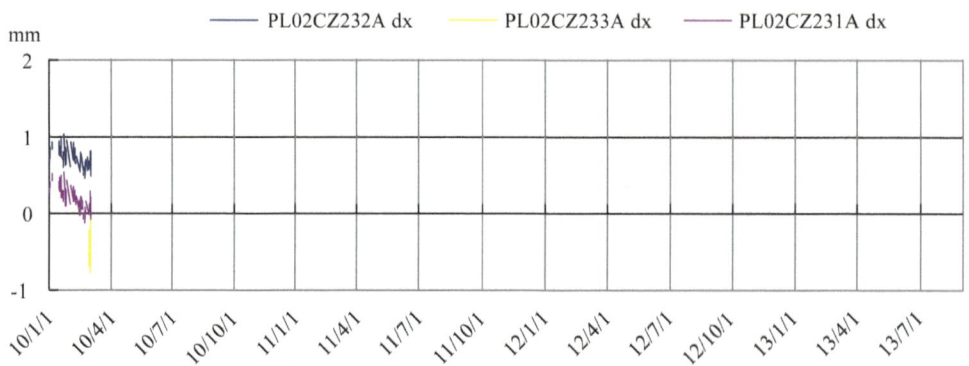

附图 1-7　永久船闸二闸首中北边墙 X 方向水平位移过程线图

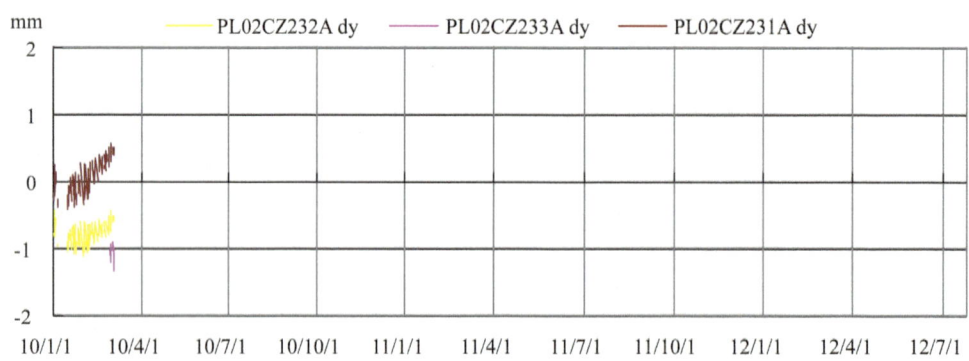

附图 1-8　永久船闸二闸首中北边墙 Y 方向水平位移过程线图

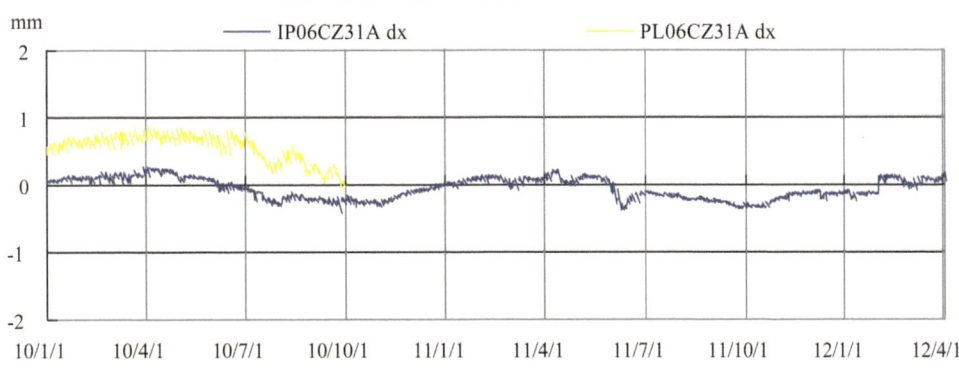

附图 1-9　永久船闸三闸室北边墙 X 方向水平位移过程线图

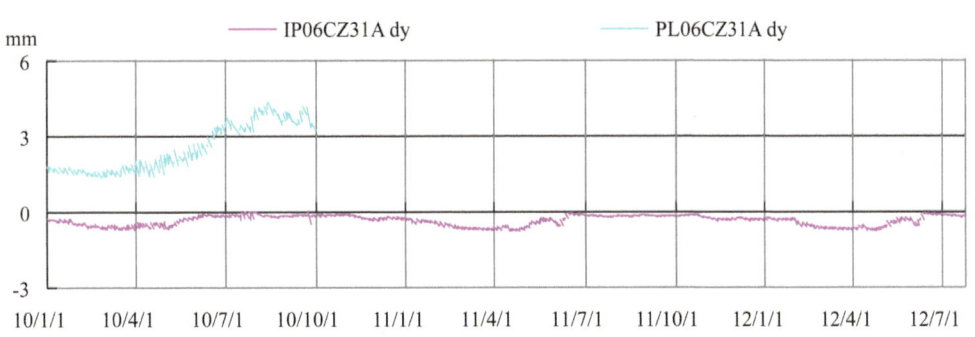

附图 1-10　永久船闸三闸室北边墙 Y 方向水平位移过程线图

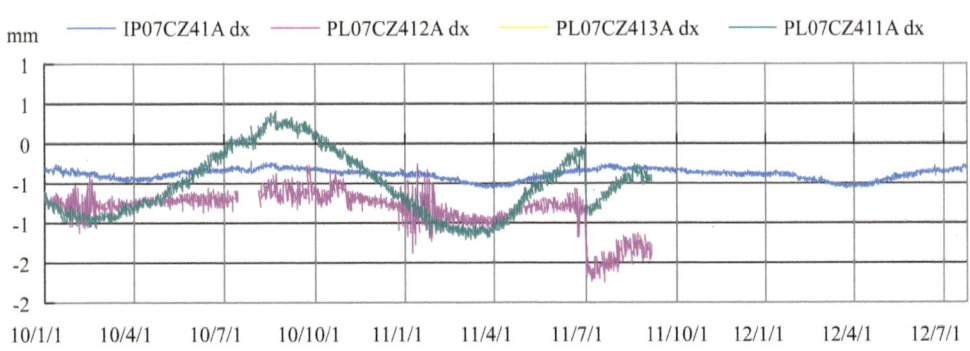

附图 1-11　永久船闸四闸首北边墙 X 方向水平位移过程线图

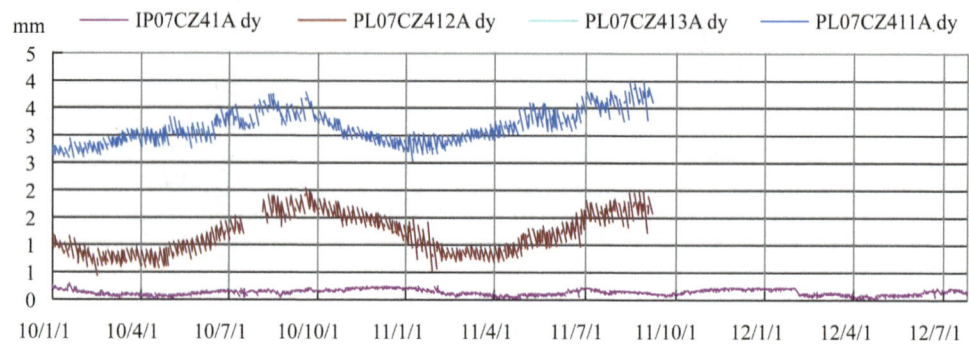

附图 1-12　永久船闸四闸首北边墙 Y 方向水平位移过程线图

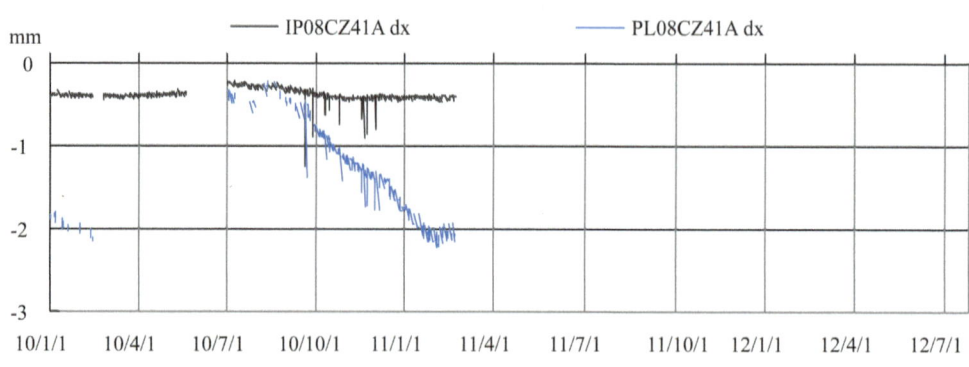

附图 1-13　永久船闸四闸室北边墙 X 方向水平位移过程线图

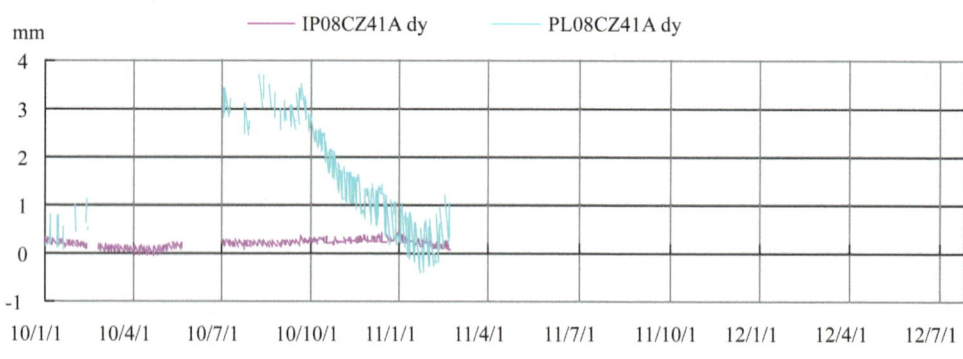

附图 1-14　永久船闸四闸室北边墙 Y 方向水平位移过程线图

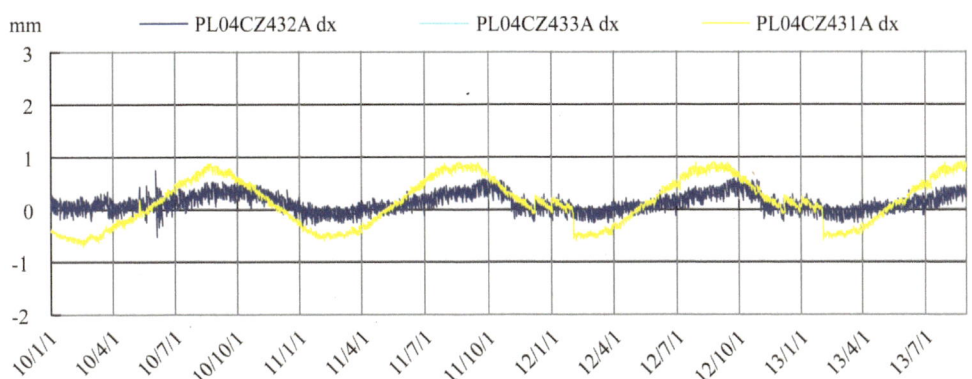

附图 1-15　永久船闸四闸首中北边墙 X 方向水平位移过程线图

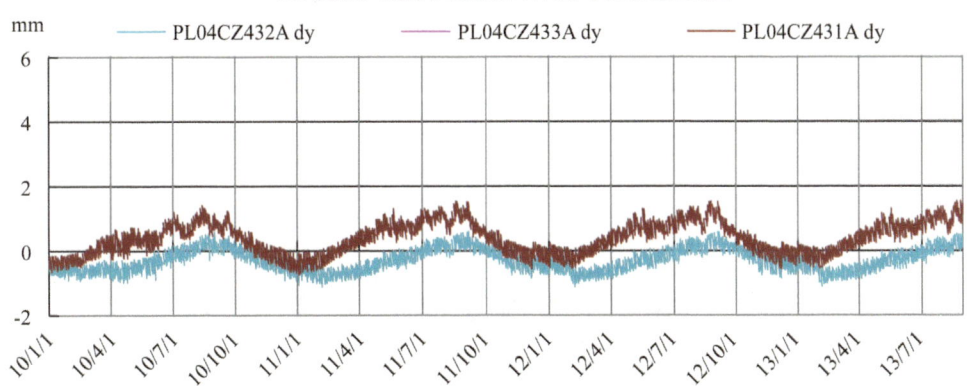

附图 1-16　永久船闸四闸首中北边墙 Y 方向水平位移过程线图

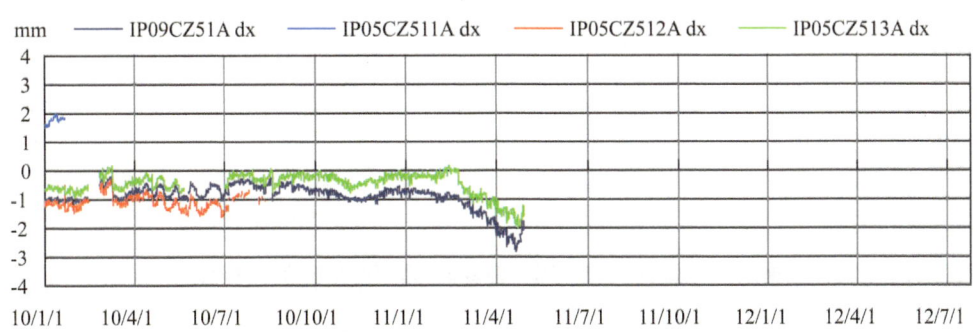

附图 1-17　永久船闸五闸首北边墙 X 方向水平位移过程线图

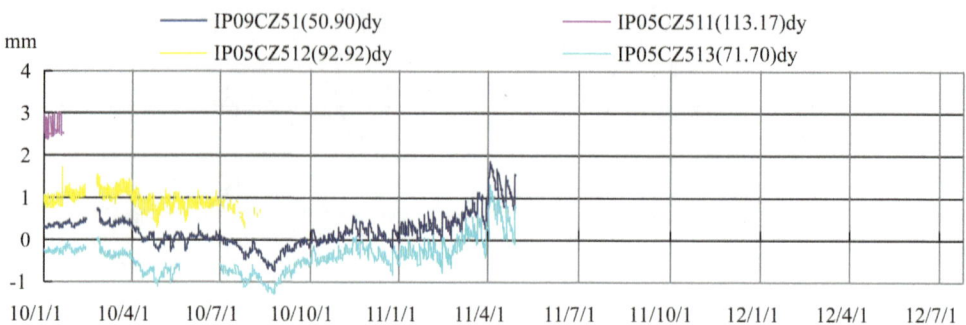

附图 1-18　永久船闸五闸首北边墙 Y 方向水平位移过程线图

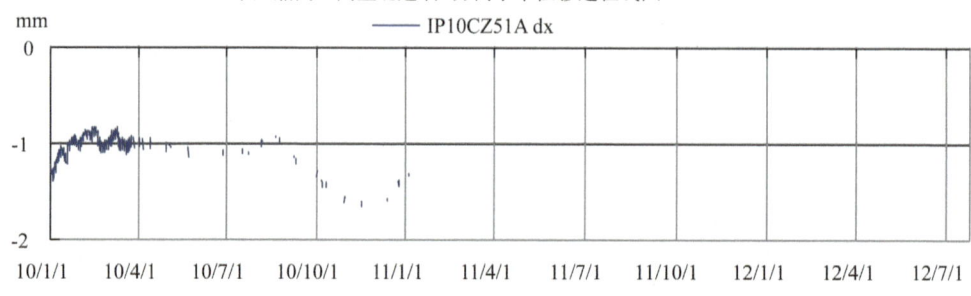

附图 1-19　永久船闸五闸室北边墙 X 方向水平位移过程线图

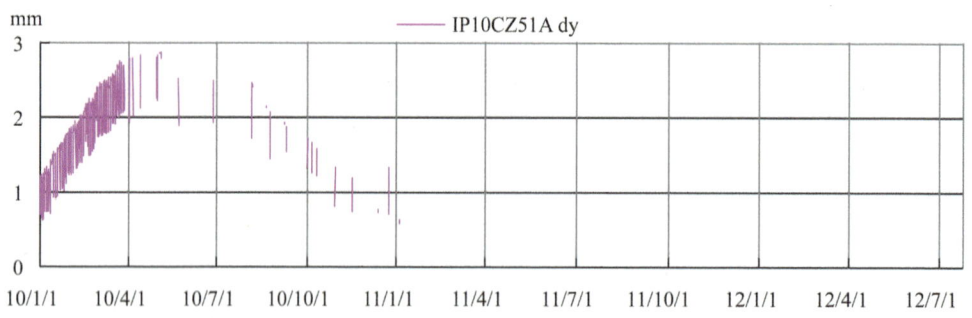

附图 1-20　永久船闸五闸室北边墙 Y 方向水平位移过程线图

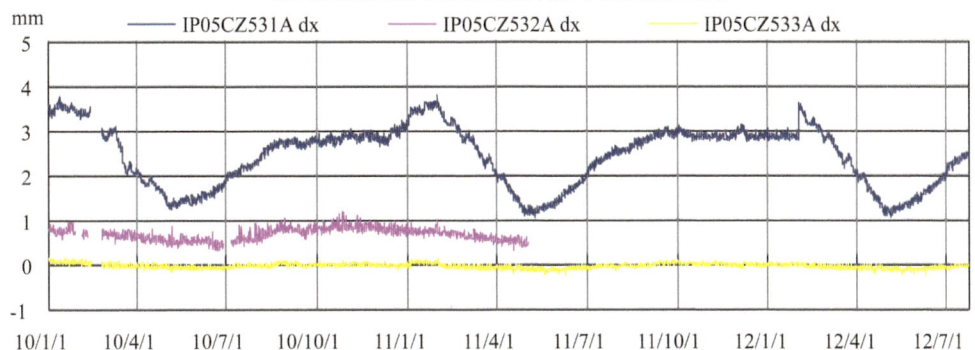

附图 1-21　永久船闸五闸首中北边墙 X 方向水平位移过程线图

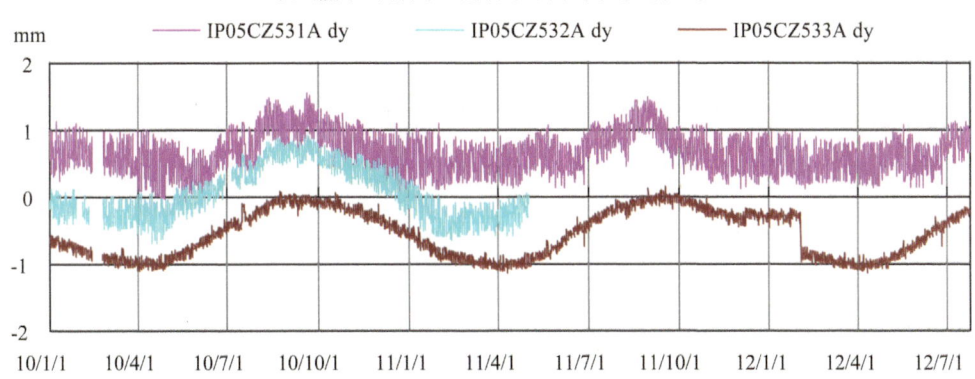

附图 1-22　永久船闸五闸首中北边墙 Y 方向水平位移过程线图

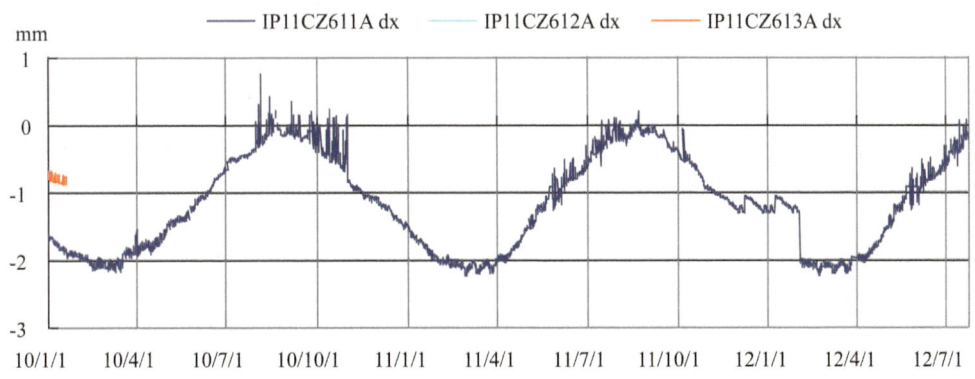

附图 1-23　永久船闸六闸首北边墙 X 方向水平位移过程线图

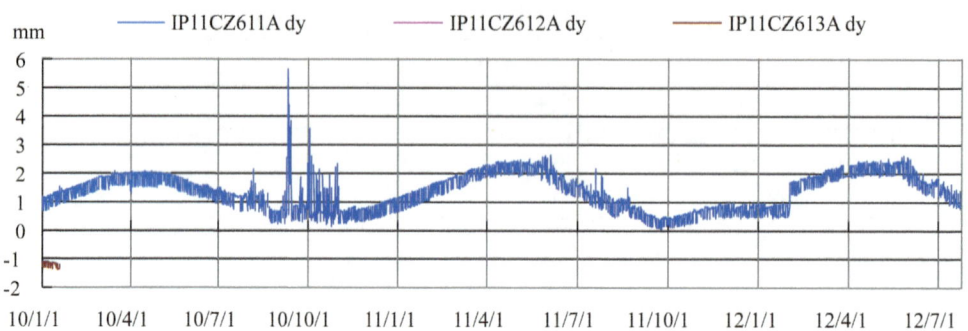

附图 1-24　永久船闸六闸首北边墙 Y 方向水平位移过程线图

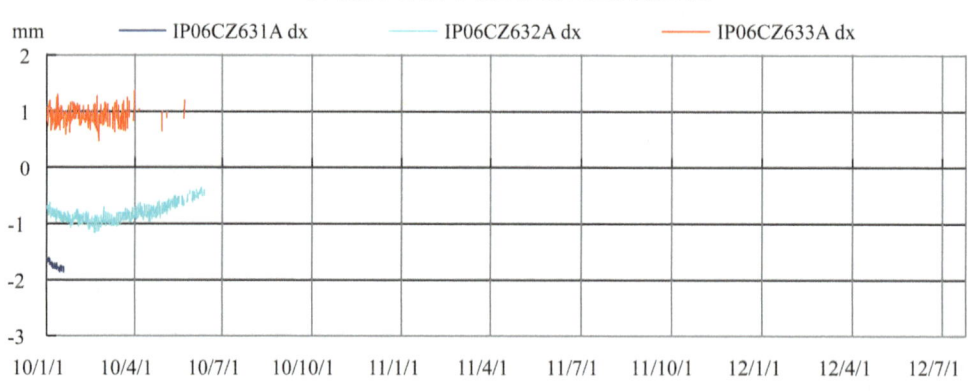

附图 1-25　永久船闸六闸首中北边墙 X 方向位移过程线图

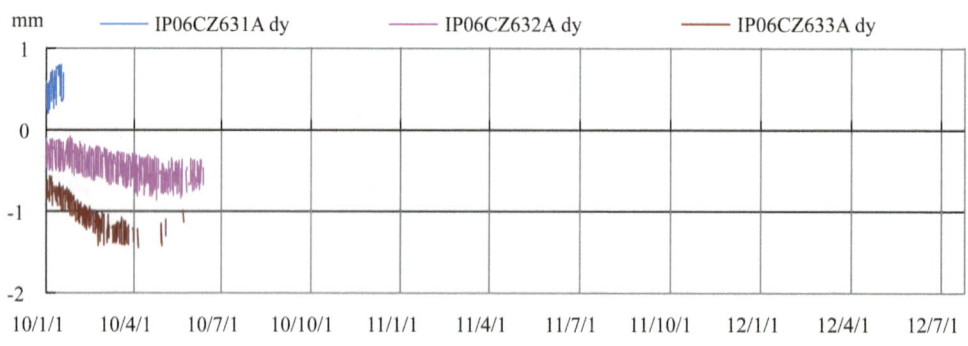

附图 1-26　永久船闸六闸首中北边墙 Y 方向位移过程线图

(二) 磁场差动式垂线坐标仪

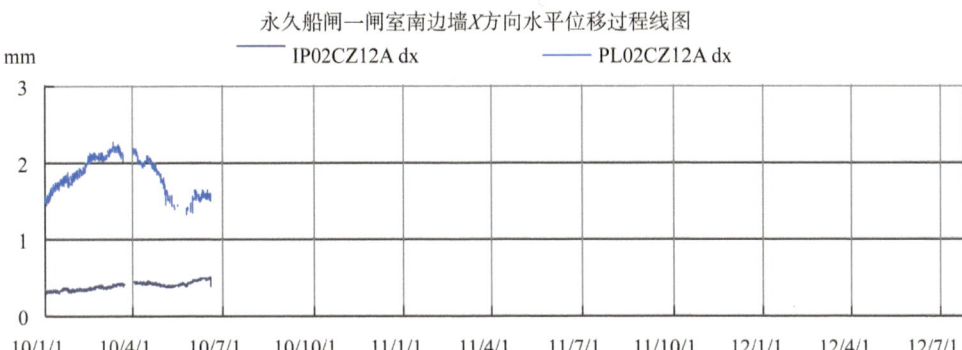

附图 2-1　永久船闸一闸室南边墙 X 方向水平位移过程线图

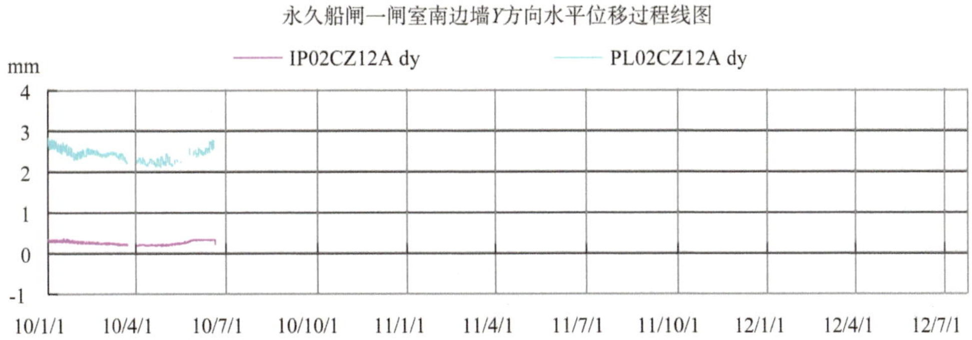

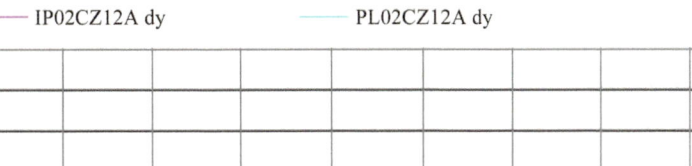

附图 2-2　永久船闸一闸室南边墙 Y 方向水平位移过程线图

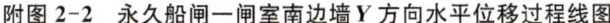
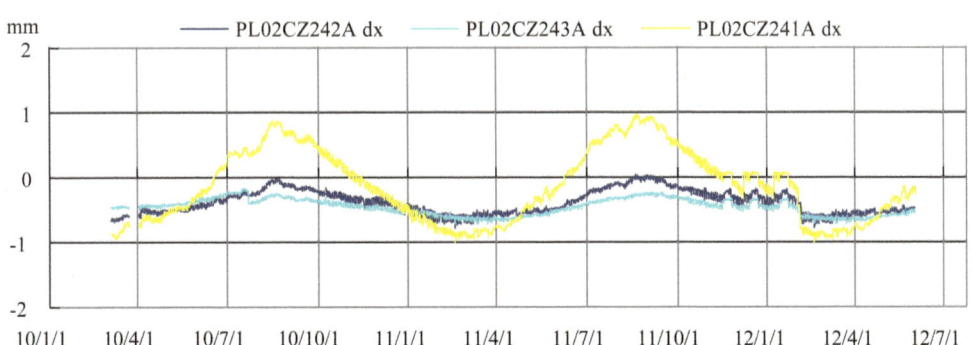

附图 2-3　永久船闸二闸首中南边墙 X 方向水平位移过程线图

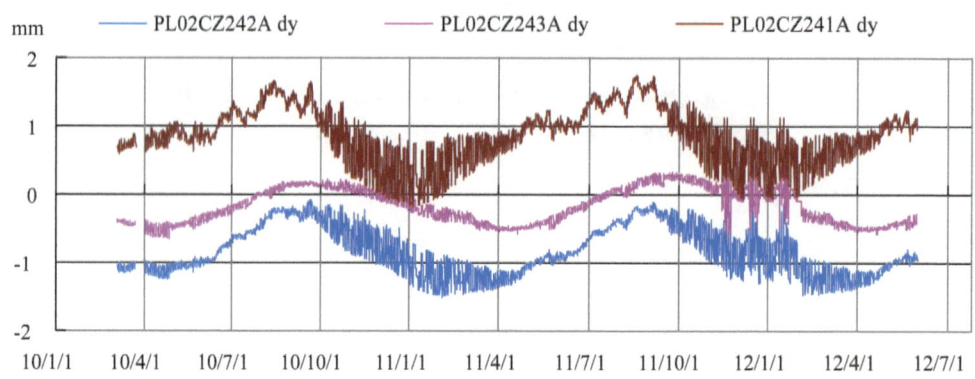

附图 2-4　永久船闸二闸首中南边墙 Y 方向水平位移过程线图

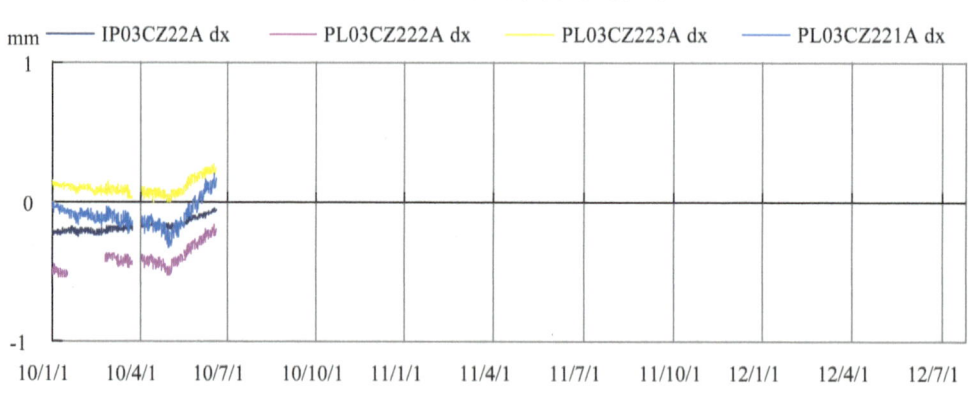

附图 2-5　永久船闸二闸首南边墙 X 方向水平位移过程线图

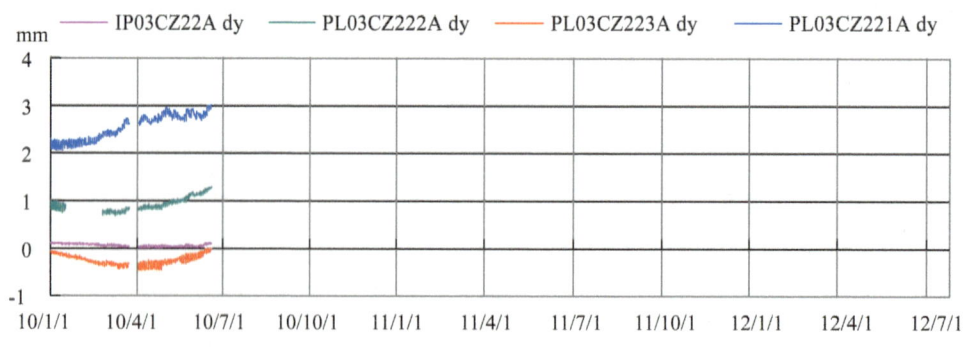

附图 2-6　永久船闸二闸首南边墙 Y 方向水平位移过程线图

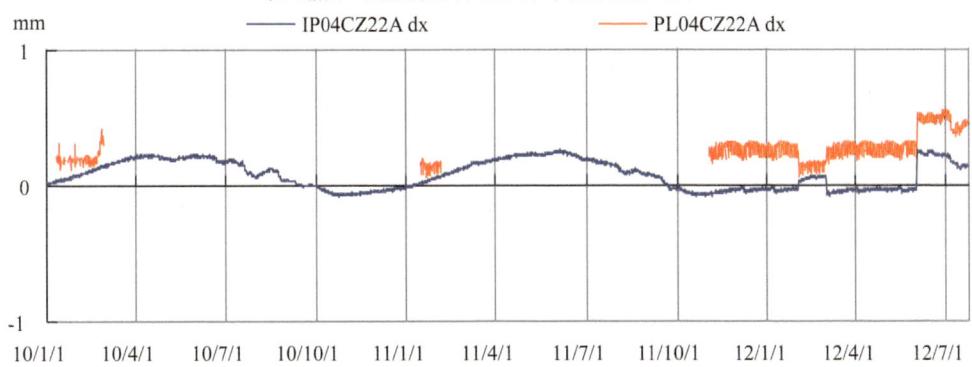

附图 2-7　永久船闸二闸室南边墙 X 方向水平位移过程线图

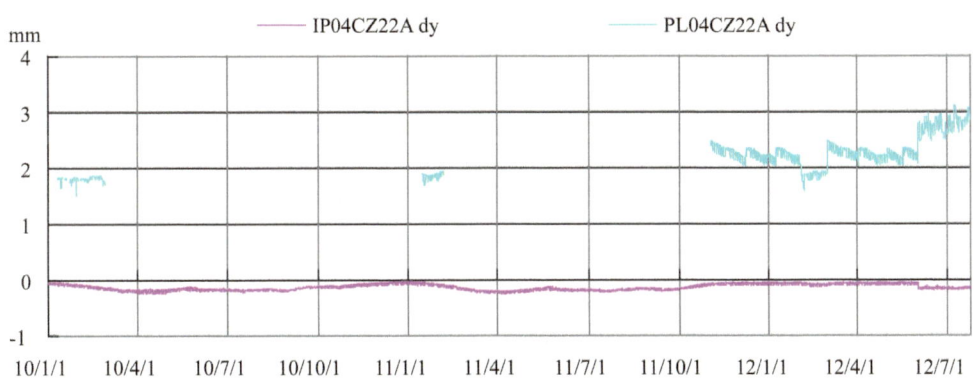

附图 2-8　永久船闸二闸室南边墙 Y 方向水平位移过程线图

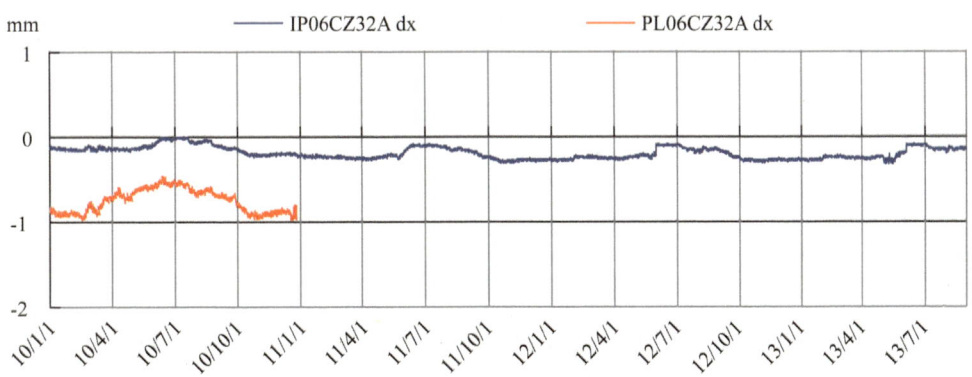

附图 2-9　永久船闸三闸室南边墙 X 方向水平位移过程线图

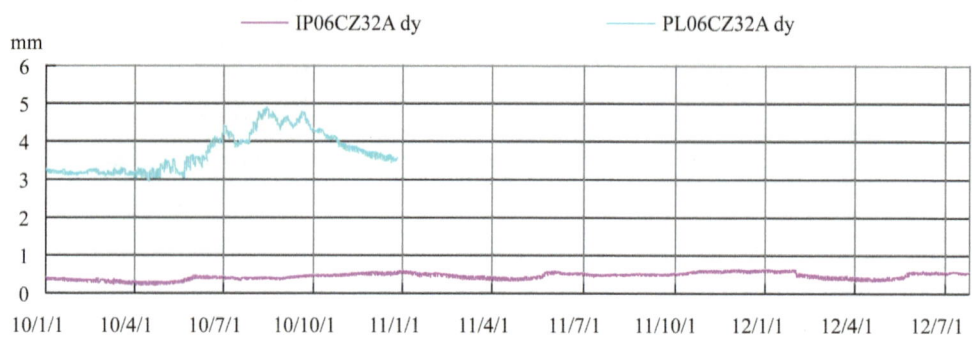

附图 2-10　永久船闸三闸室南边墙 Y 方向水平位移过程线图

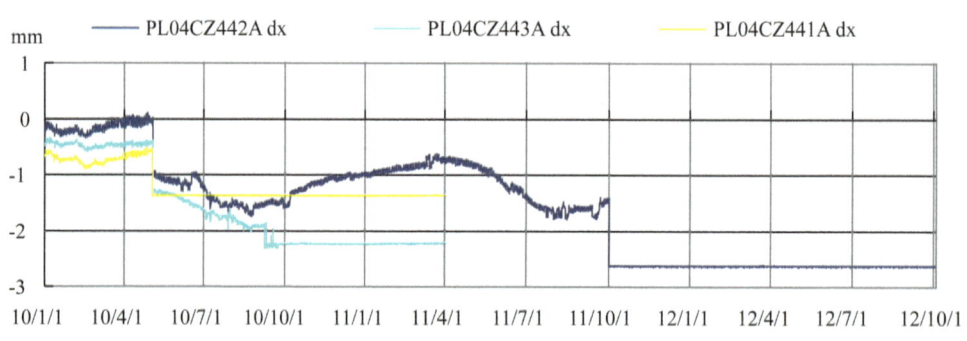

附图 2-11　永久船闸四闸首中南边墙 X 方向水平位移过程线图

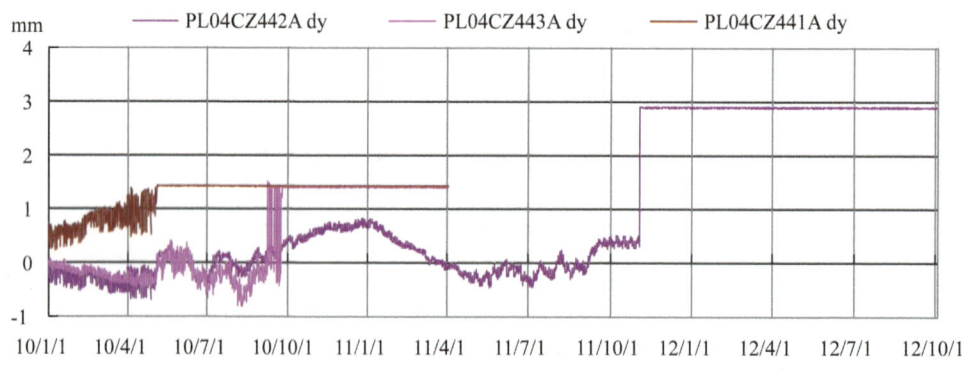

附图 2-12　永久船闸四闸首中南边墙 Y 方向水平位移过程线图

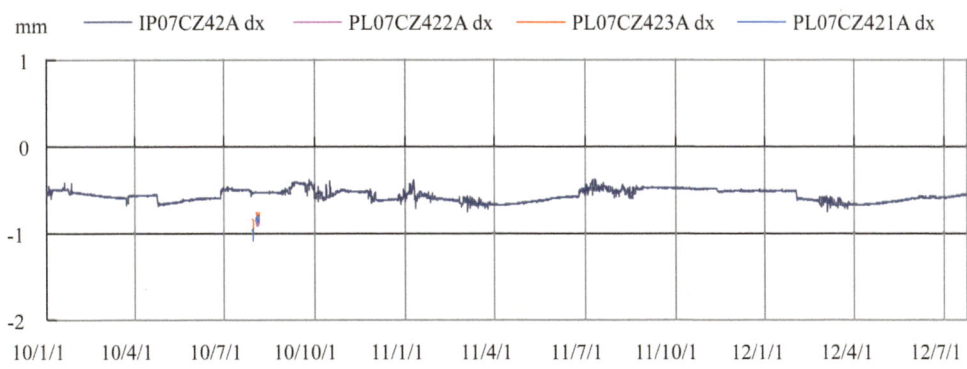

附图 2-13　永久船闸四闸首南边墙 X 方向水平位移过程线图

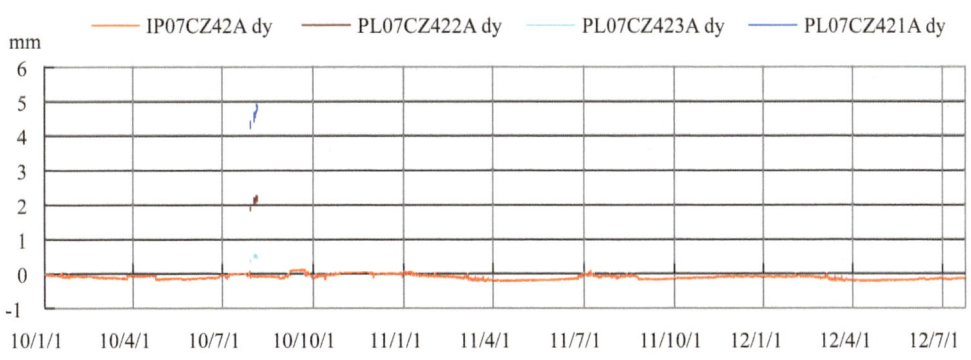

附图 2-14　永久船闸四闸首南边墙 Y 方向水平位移过程线图

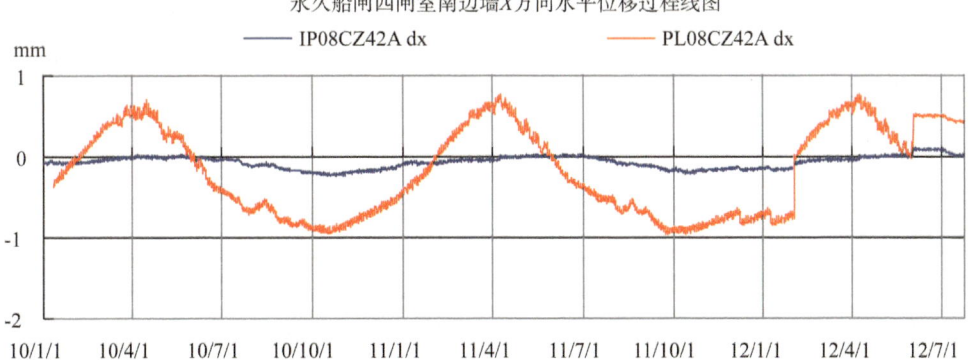

附图 2-15　永久船闸四闸室南边墙 X 方向水平位移过程线图

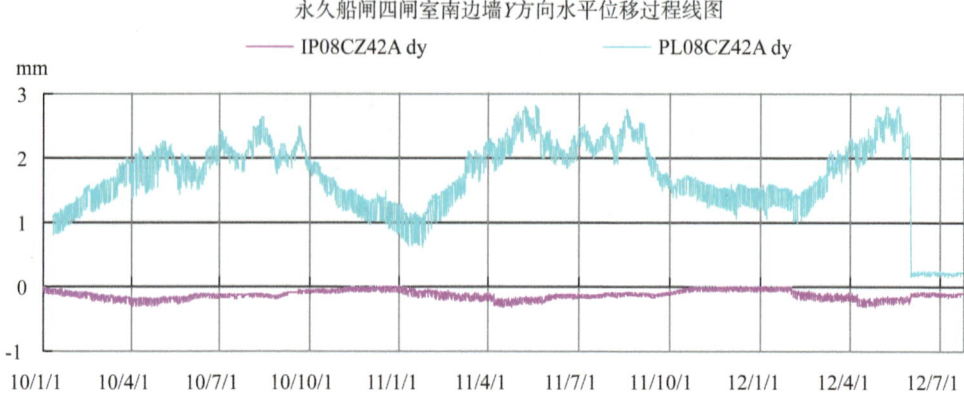

附图 2-16　永久船闸四闸室南边墙 Y 方向水平位移过程线图

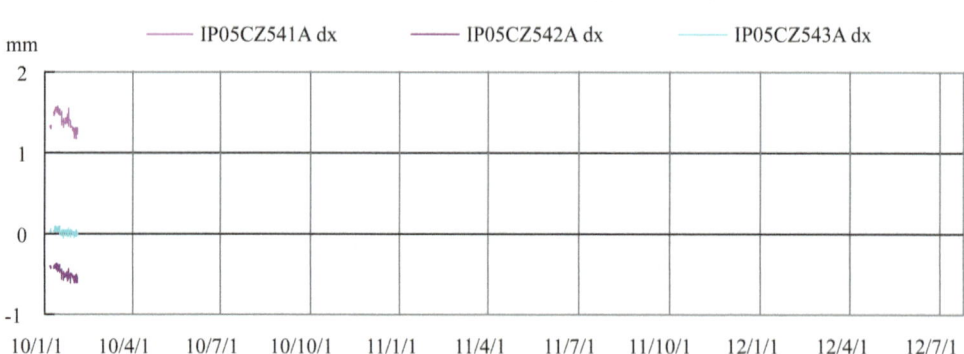

附图 2-17　永久船闸五闸首中南边墙 X 方向水平位移过程线图

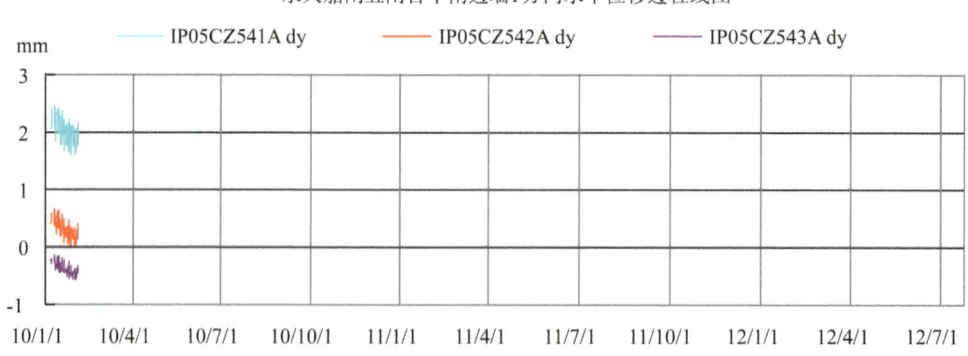

附图 2-18　永久船闸五闸首中南边墙 Y 方向水平位移过程线图

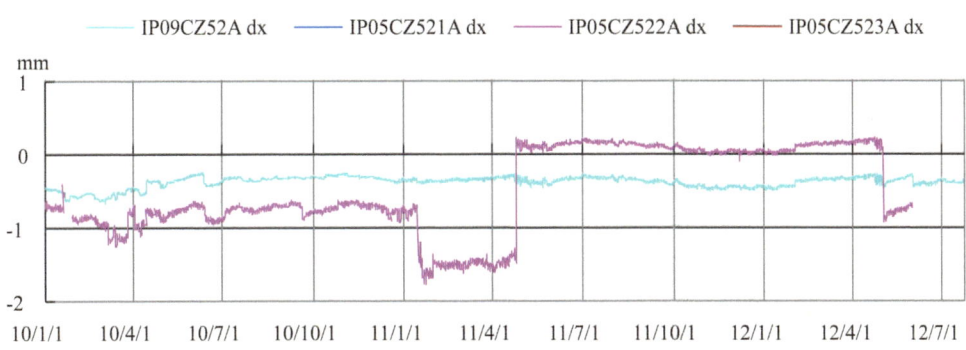

附图 2-19　永久船闸五闸首南边墙 X 方向水平位移过程线图

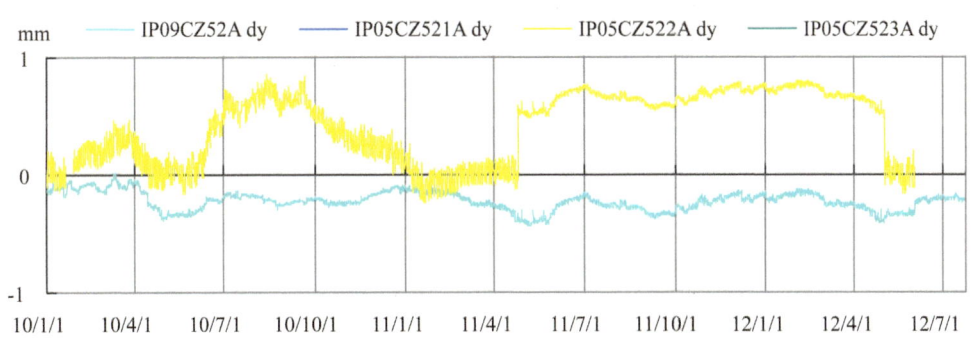

附图 2-20　永久船闸五闸首南边墙 Y 方向水平位移过程线图

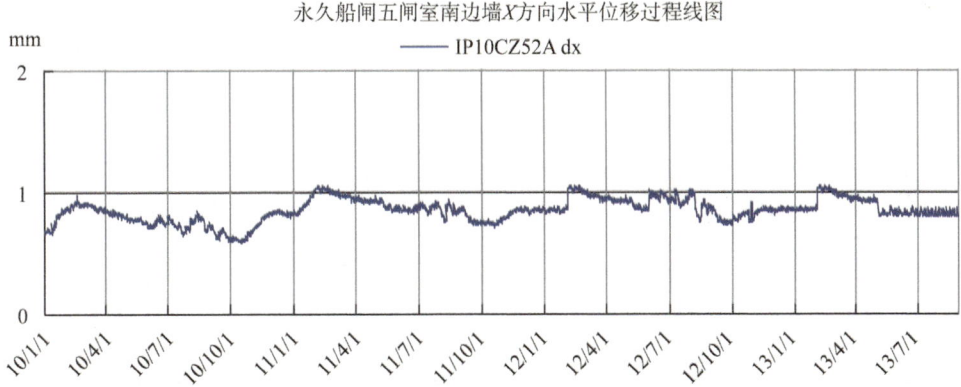

附图 2-21　永久船闸五闸室南边墙 X 方向水平位移过程线图

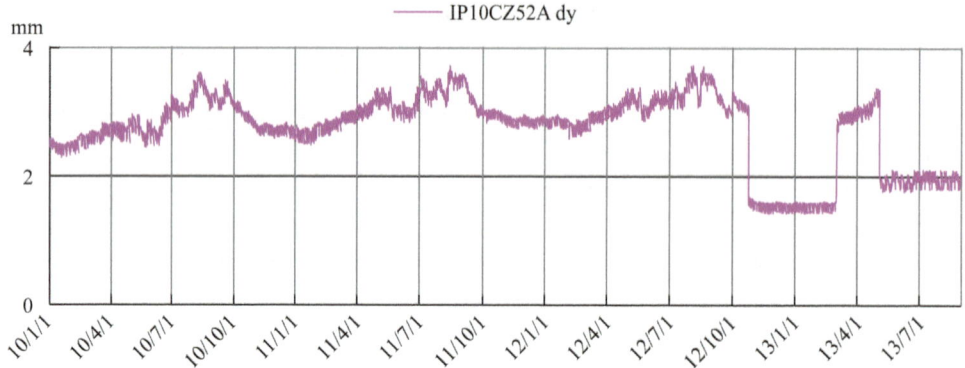

附图 2-22　永久船闸五闸室南边墙 Y 方向水平位移过程线图

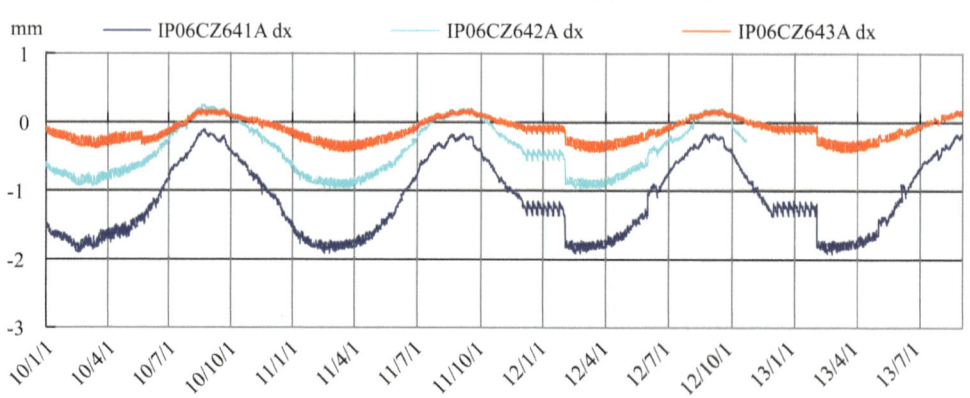

附图 2-23　永久船闸六闸首中南边墙 X 方向水平位移过程线图

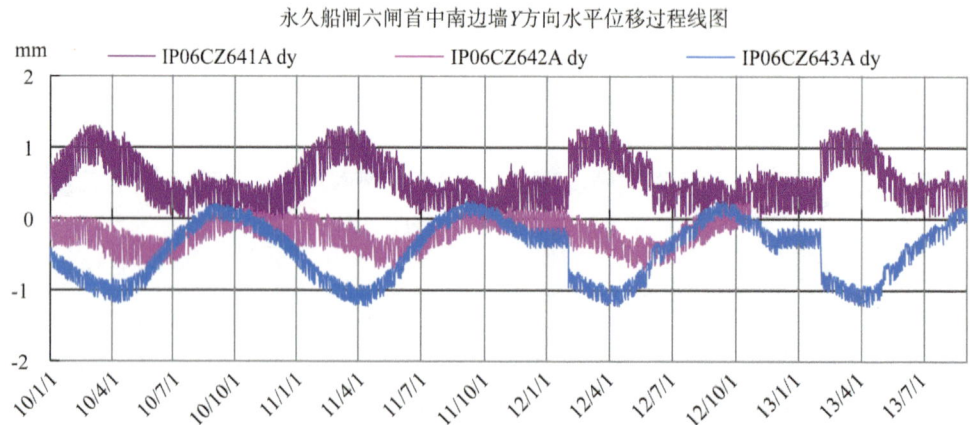

附图 2-24　永久船闸六闸首中南边墙 Y 方向水平位移过程线图

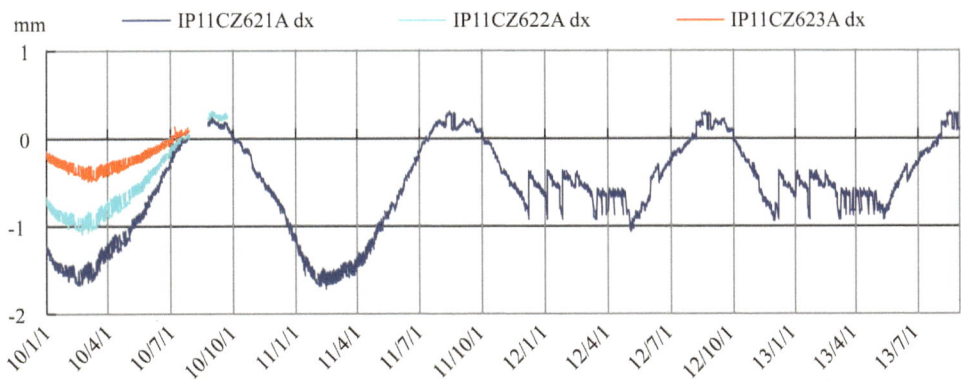

附图 2-25　永久船闸六闸首南边墙 X 方向水平位移过程线图

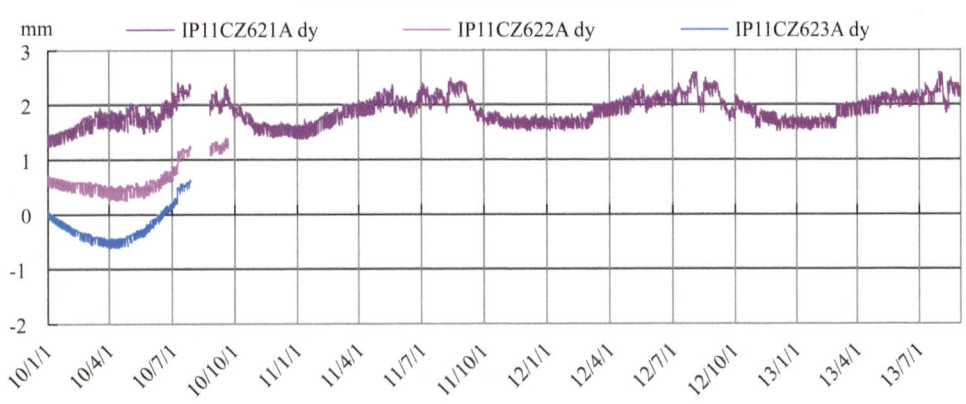

附图 2-26　永久船闸六闸首南边墙 Y 方向水平位移过程线图

（三）瑞士 CCD 式垂线坐标仪、加拿大 CCD 式垂线坐标仪

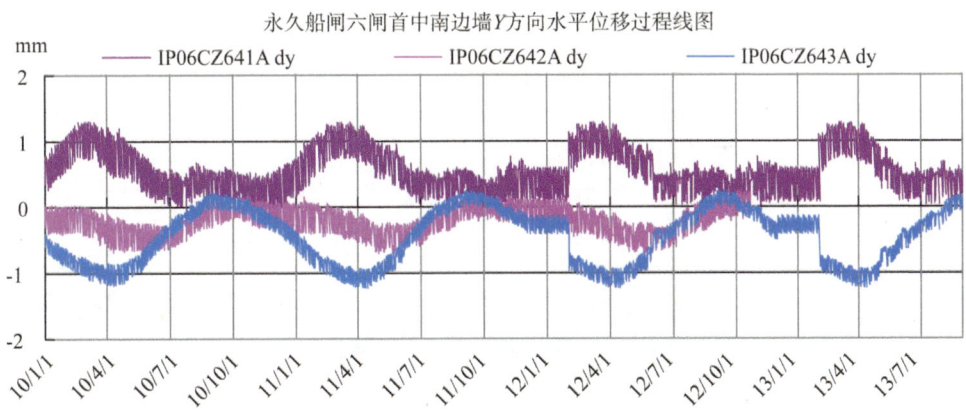

附图 3-1　永久船闸六闸首中南边墙 Y 方向水平位移过程线图

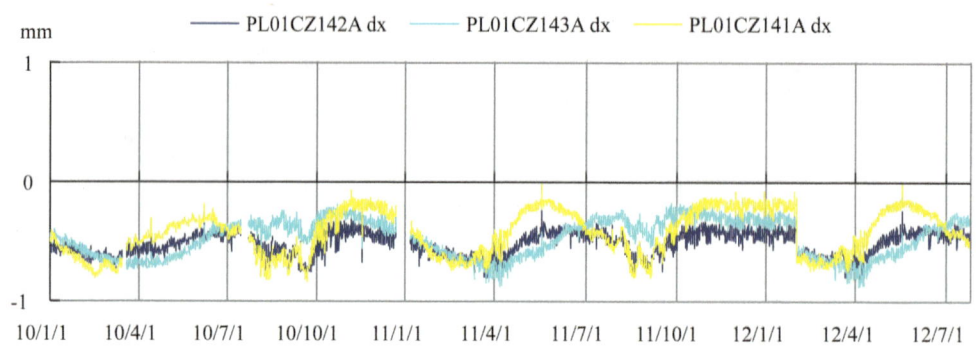

附图3-2　永久船闸一闸首中南边墙 X 方向水平位移过程线图

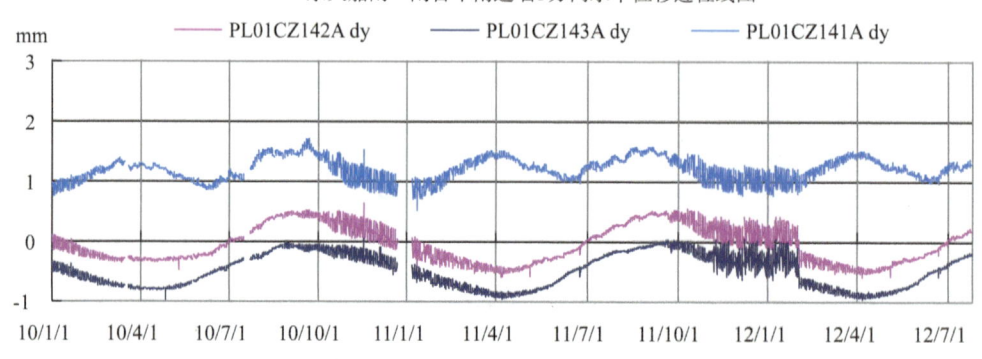

附图3-3　永久船闸一闸首中南边墙 Y 方向水平位移过程线图

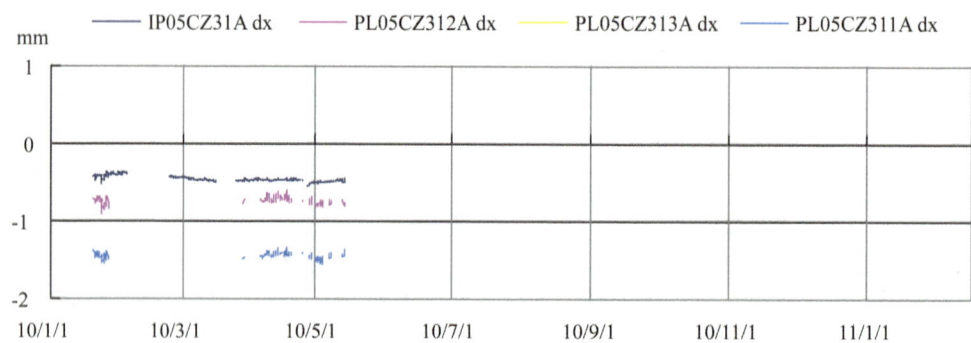

附图3-4　永久船闸三闸首北边墙 X 方向水平位移过程线图

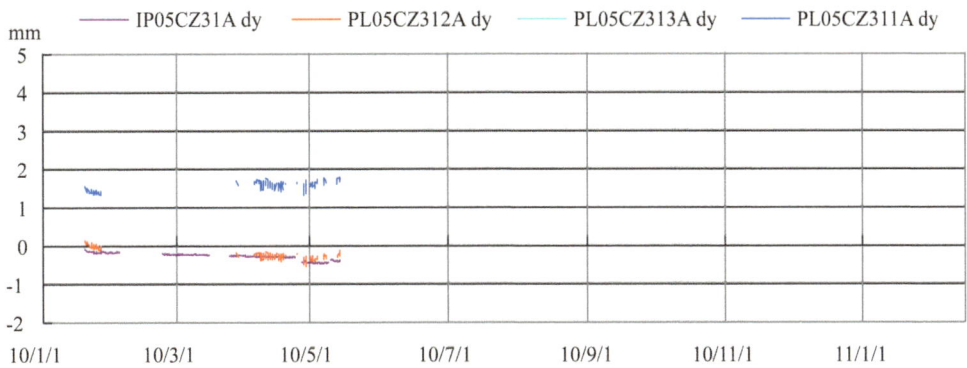

附图 3-5　永久船闸三闸首北边墙 Y 方向水平位移过程线图

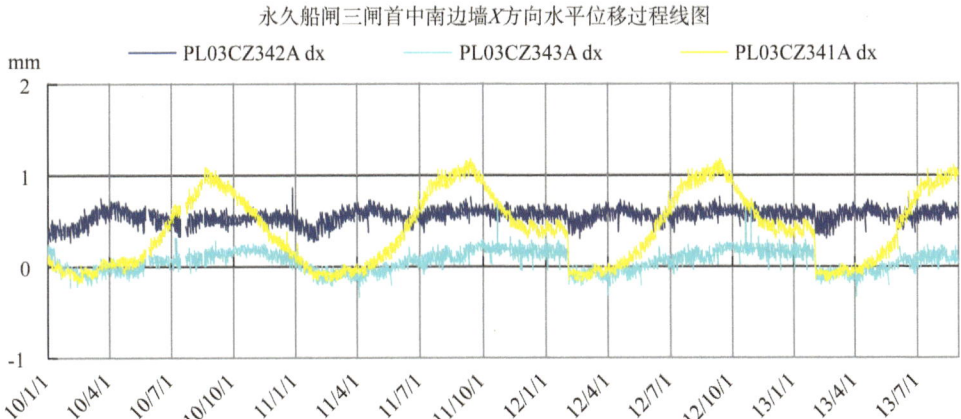

附图 3-6　永久船闸三闸首中南边墙 X 方向水平位移过程线图

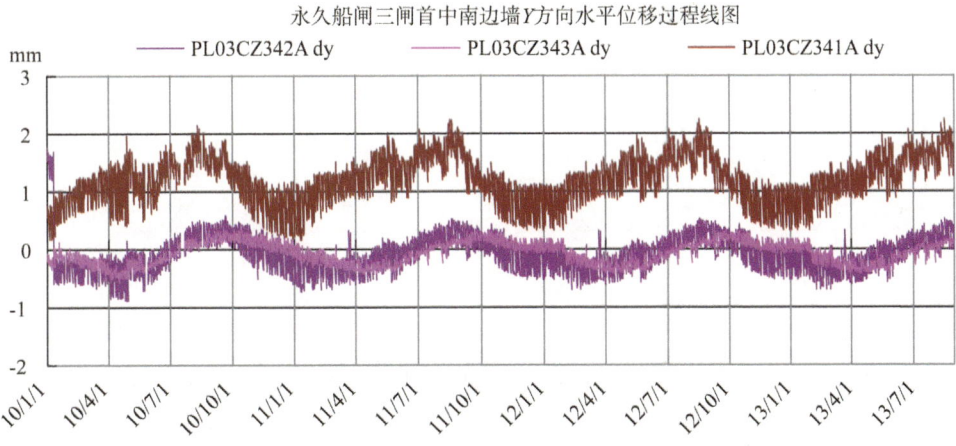

附图 3-7　永久船闸三闸首中南边墙 Y 方向水平位移过程线图

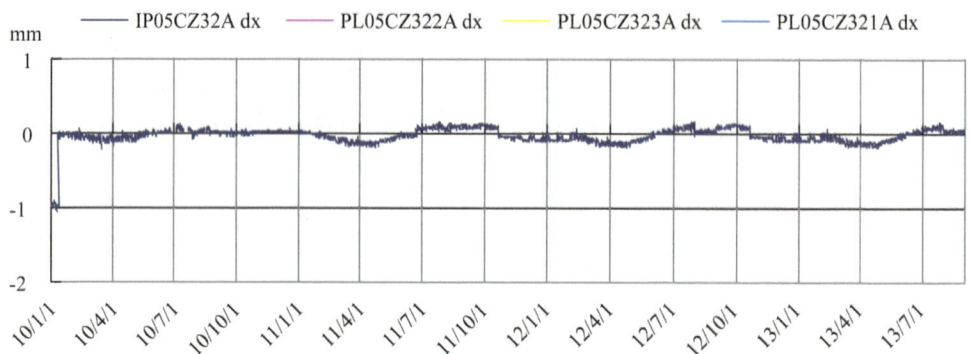

附图 3-8　永久船闸三闸首南边墙 X 方向水平位移过程线图

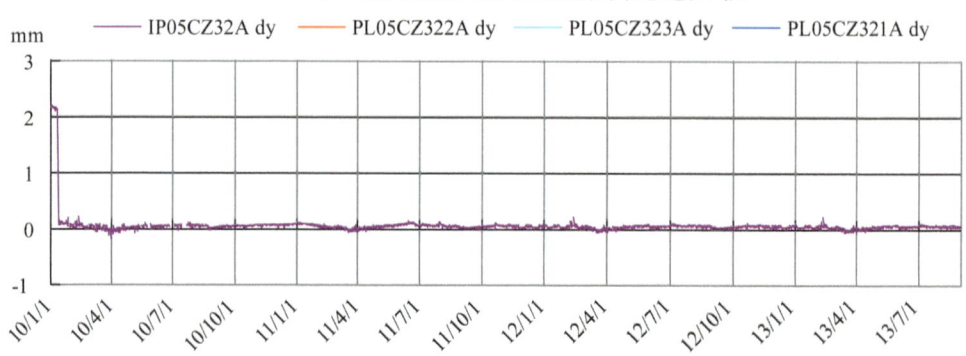

附图 3-9　永久船闸三闸首南边墙 Y 方向水平位移过程线图

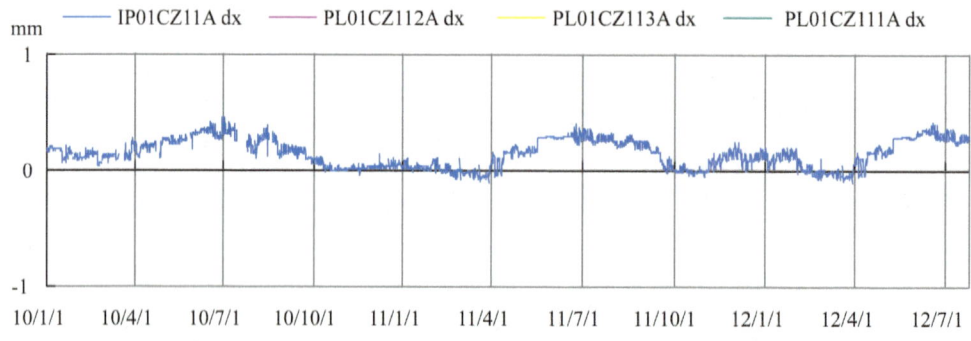

附图 3-10　永久船闸一闸首北边墙 X 方向水平位移过程线图

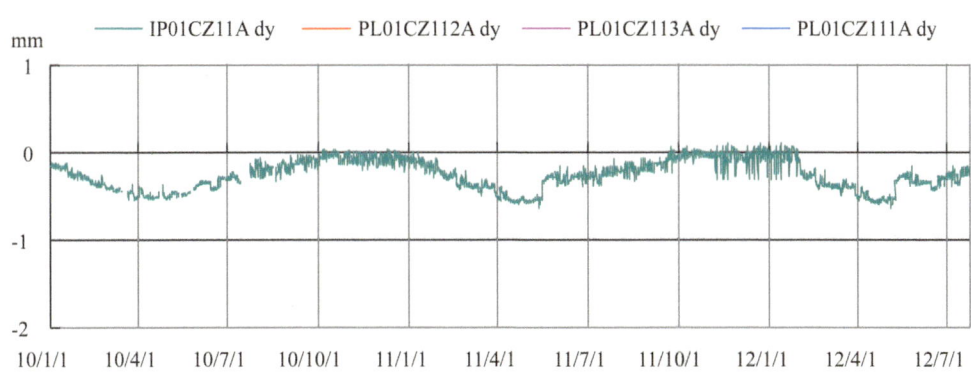

附图 3-11　永久船闸一闸首北边墙 Y 方向水平位移过程线图

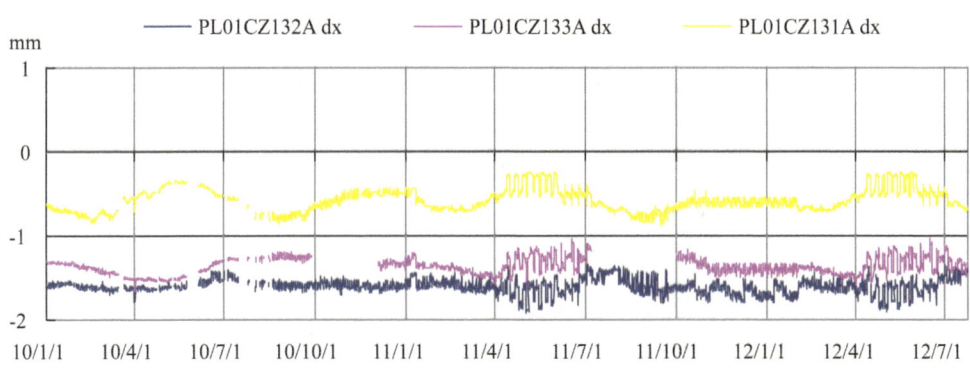

附图 3-12　永久船闸一闸首中北边墙 X 方向水平位移过程线图

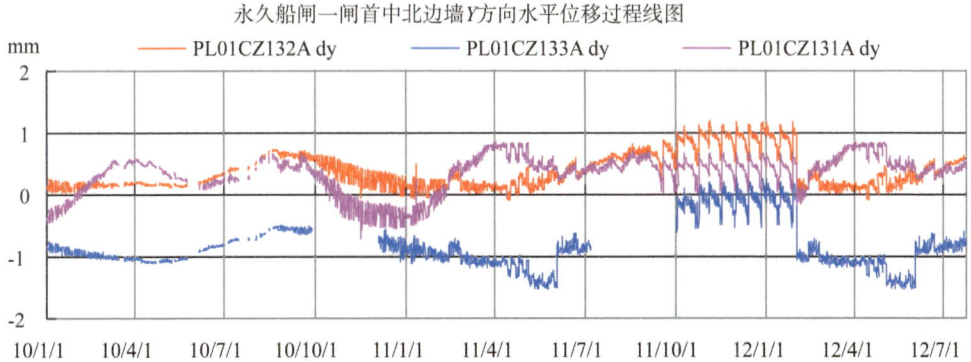

附图 3-13　永久船闸一闸首中北边墙 Y 方向水平位移过程线图

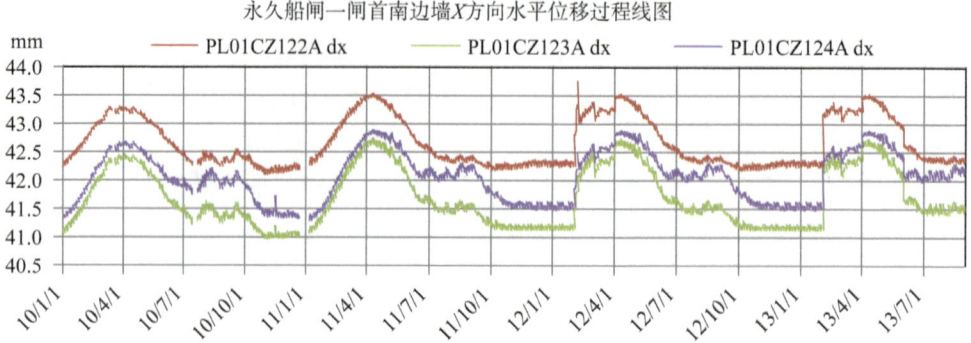

附图 3-14　永久船闸一闸首中南边墙 X 方向水平位移过程线图

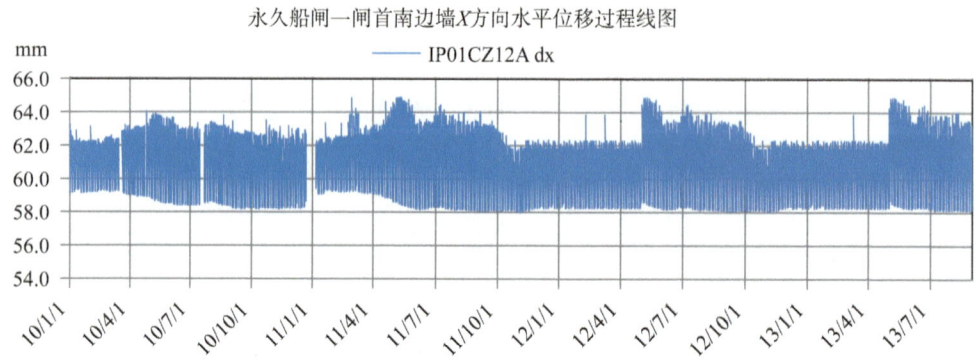

附图 3-15　永久船闸一闸首南边墙 X 方向水平位移过程线图

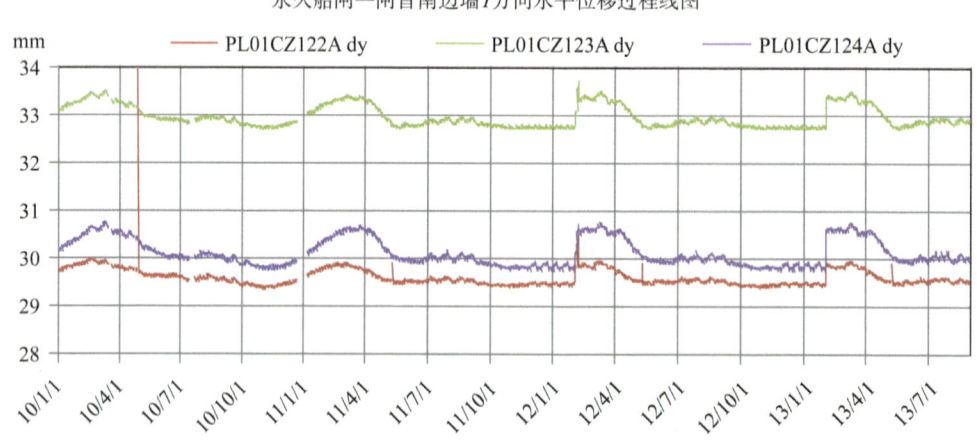

附图 3-16　永久船闸一闸首南边墙 Y 方向水平位移过程线图

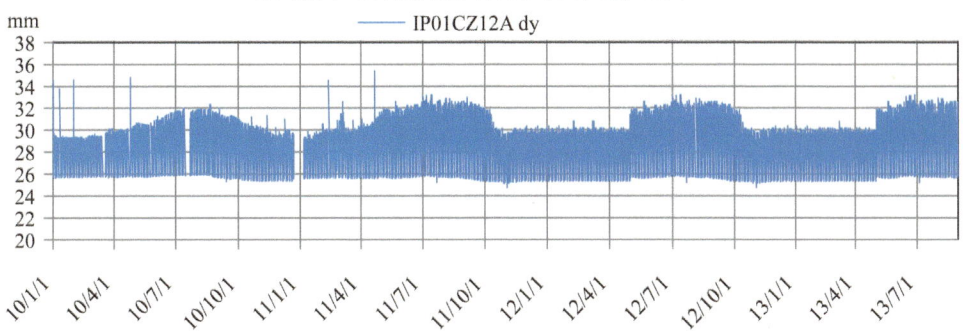

附图 3-17　永久船闸一闸首南边墙 Y 方向水平位移过程线图

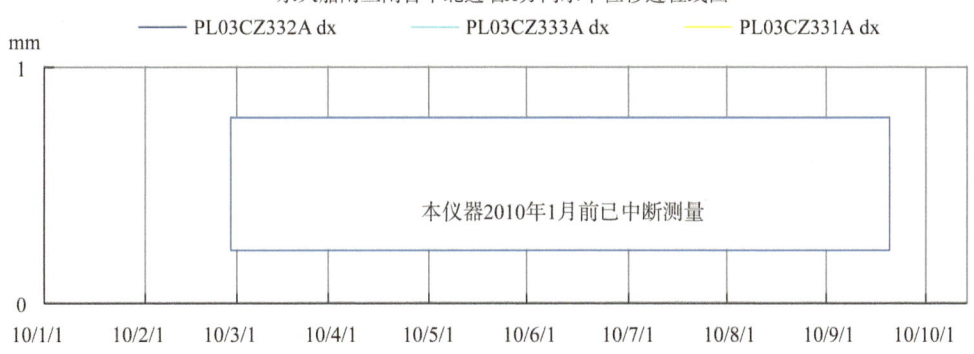

附图 3-18　永久船闸三闸首中北边墙 X 方向水平位移过程线图

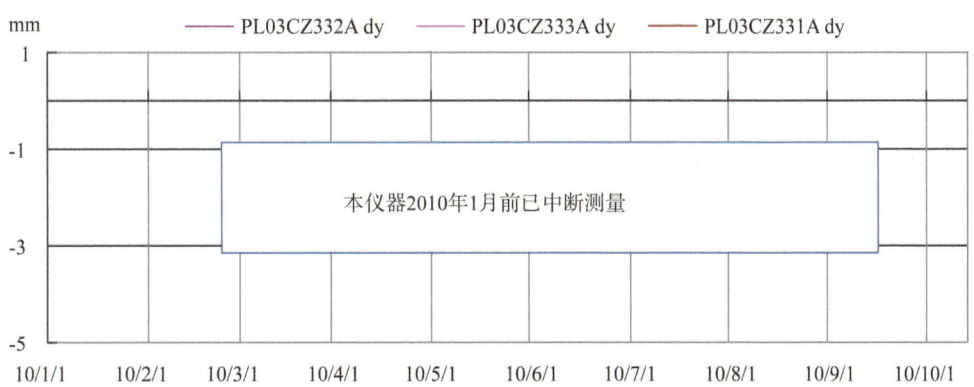

附图 3-19　永久船闸三闸首中北边墙 Y 方向水平位移过程线图

(四)电容感应式垂线坐标仪及引张线仪

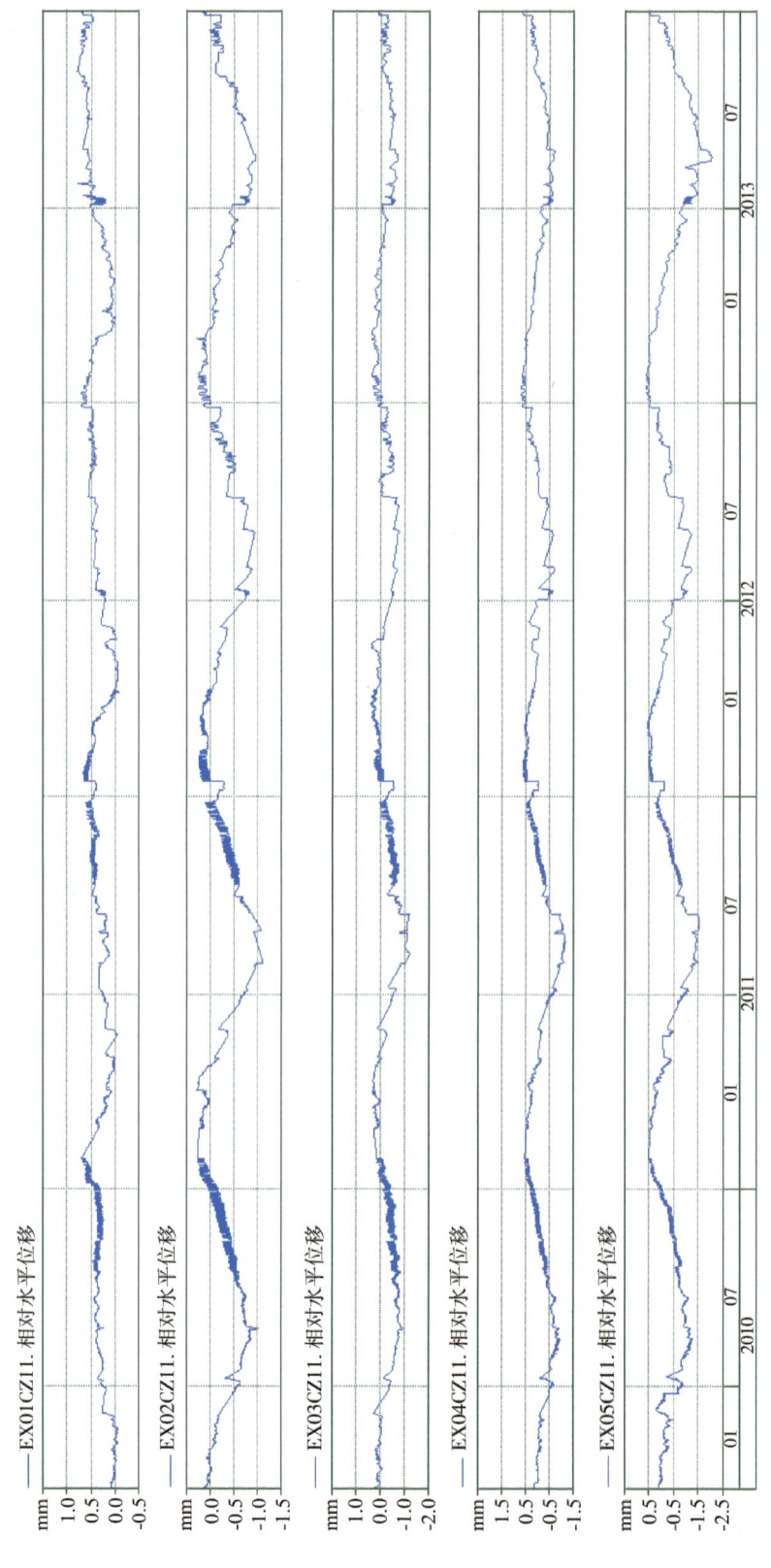

附图 4-1　EX01CZ11、EX02CZ11、EX03CZ11、EX04CZ11、EX05CZ11 位移过程线图

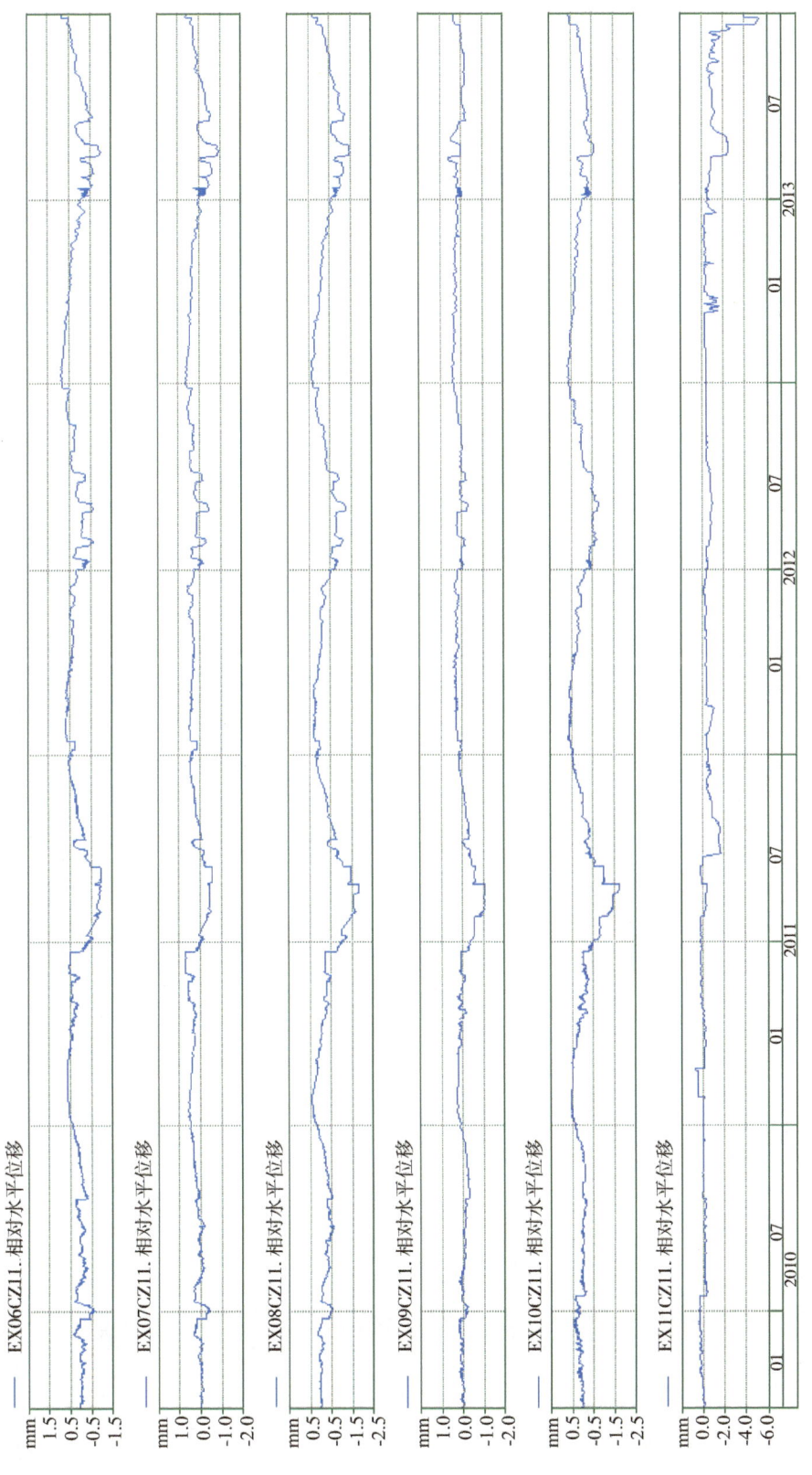

附图 4-2　EX06CZ11,EX07CZ11,EX08CZ11,EX09CZ11,EX10CZ11,EX11CZ11 位移过程线图

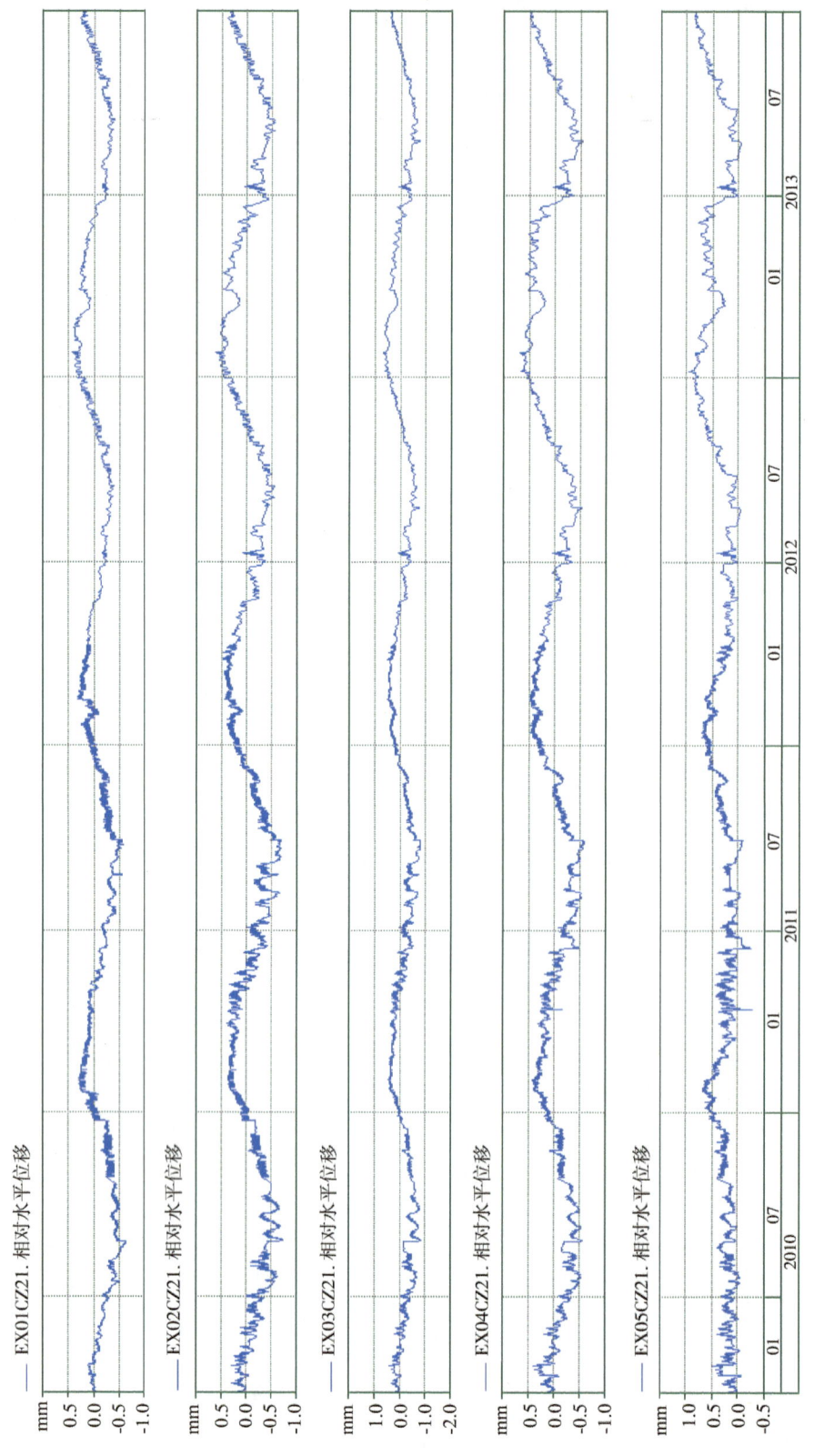

附图 4-3 EX01CZ21、EX02CZ21、EX03CZ21、EX04CZ21、EX05CZ21 位移过程线图

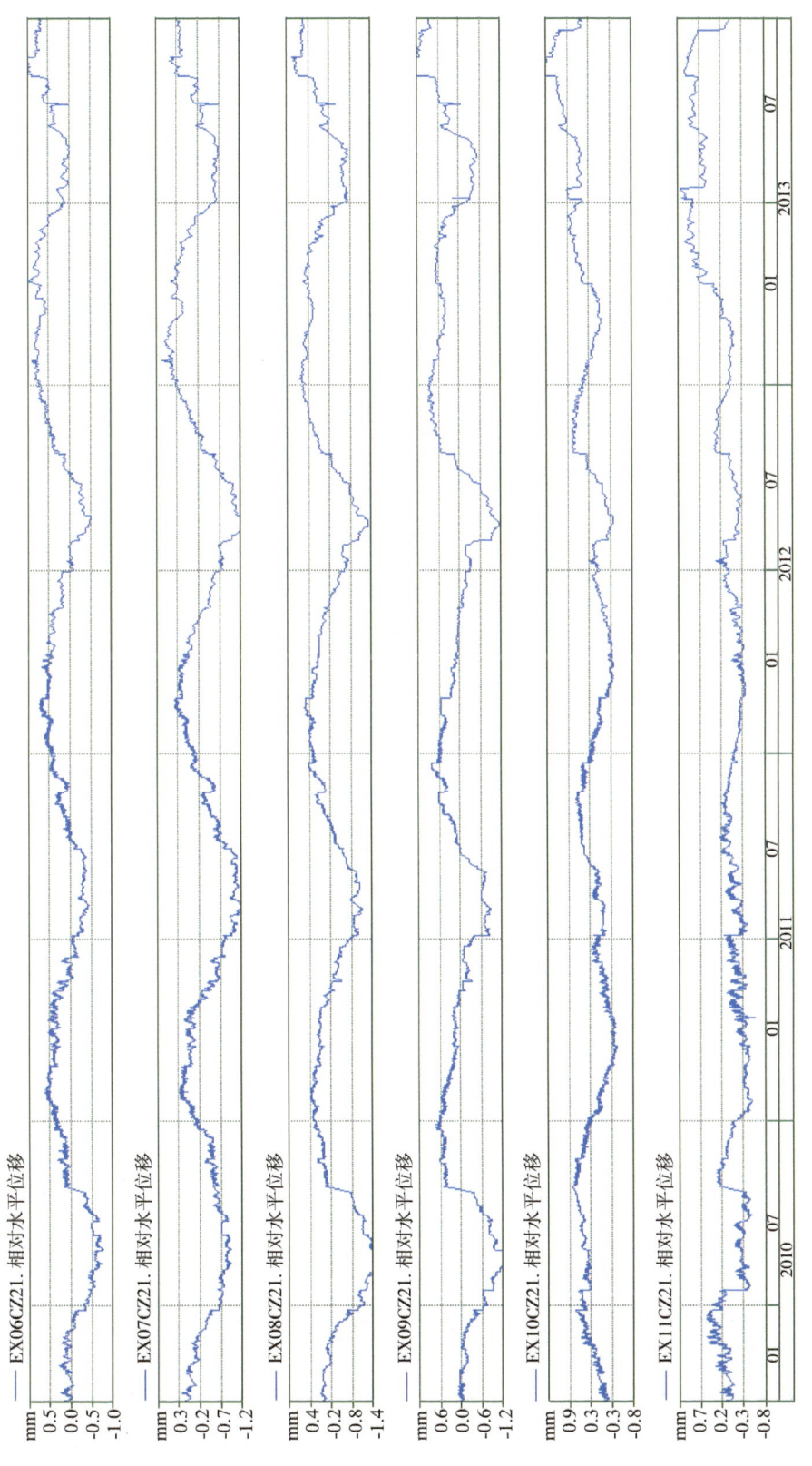

附图 4-4 EX06CZ21、EX07CZ21、EX08CZ21、EX09CZ21、EX10CZ21、EX11CZ21 位移过程线图

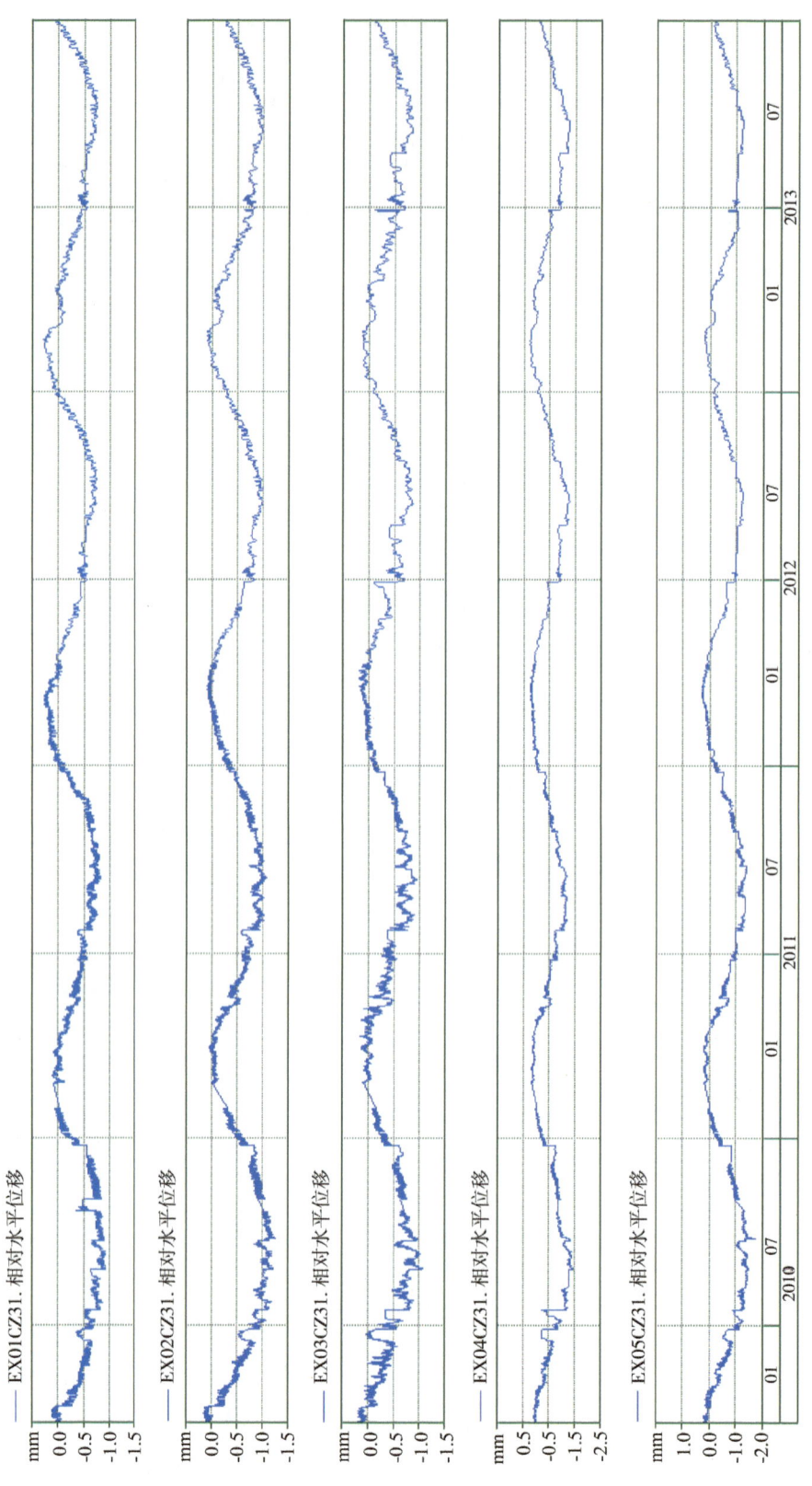

附图 4-5　EX01CZ31，EX02CZ31，EX03CZ31，EX04CZ31，EX05CZ31 位移过程线图

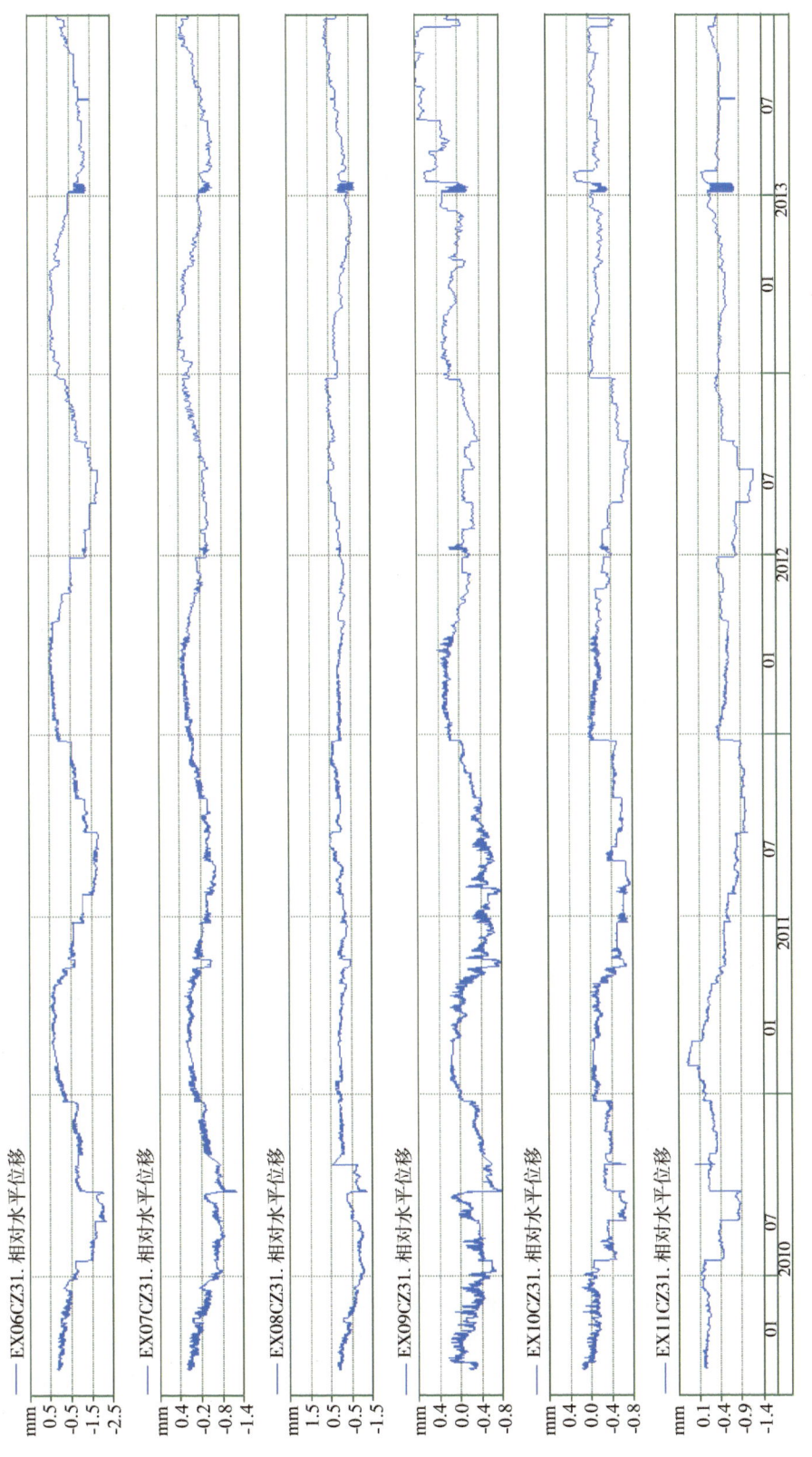

附图 4-6　EX06CZ31,EX07CZ31,EX08CZ31,EX09CZ31,EX10CZ31,EX11CZ31 位移过程线图

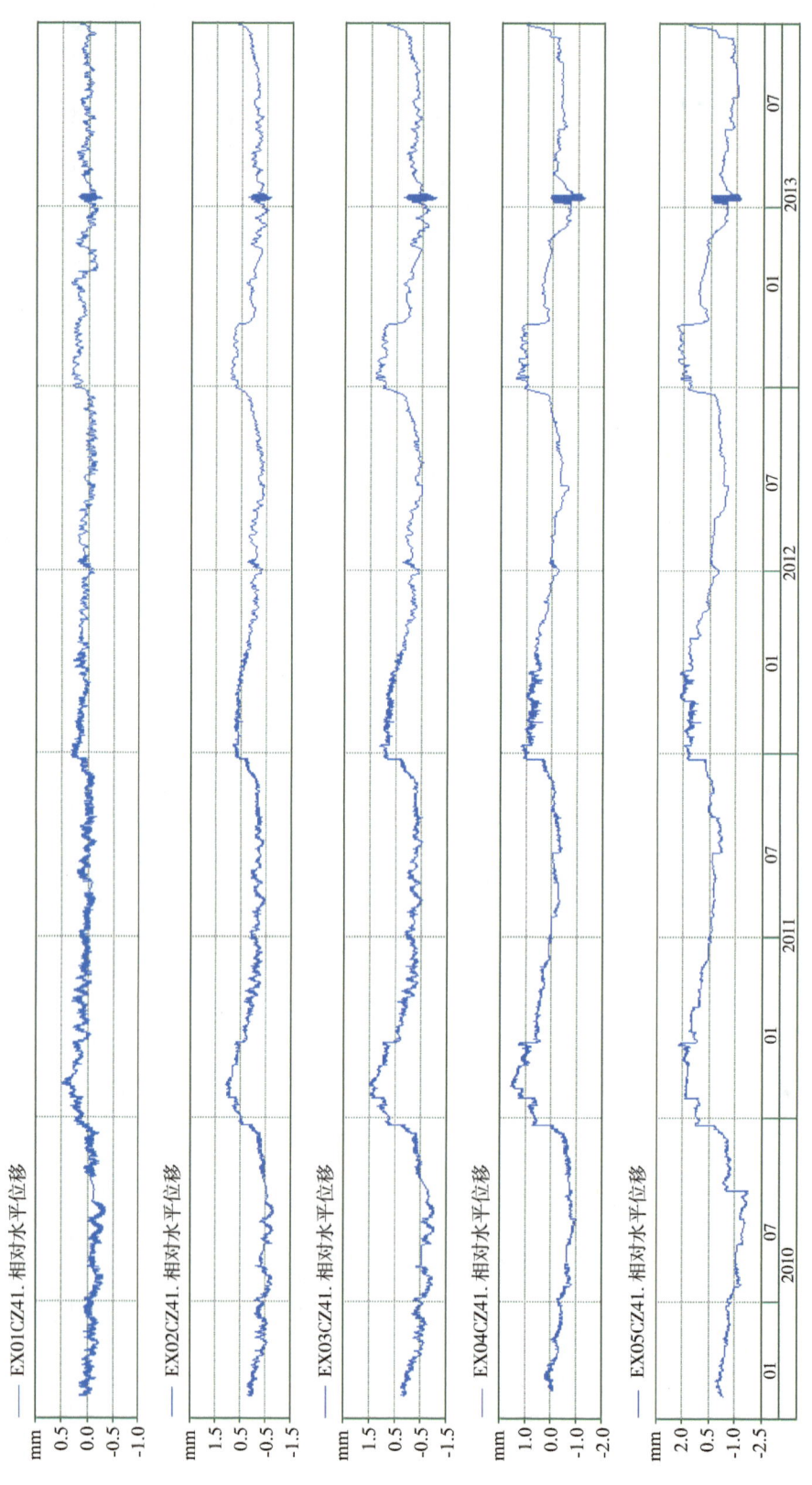

附图 4-7 EX01CZ41,EX02CZ41,EX03CZ41,EX04CZ41,EX05CZ41 位移过程线图

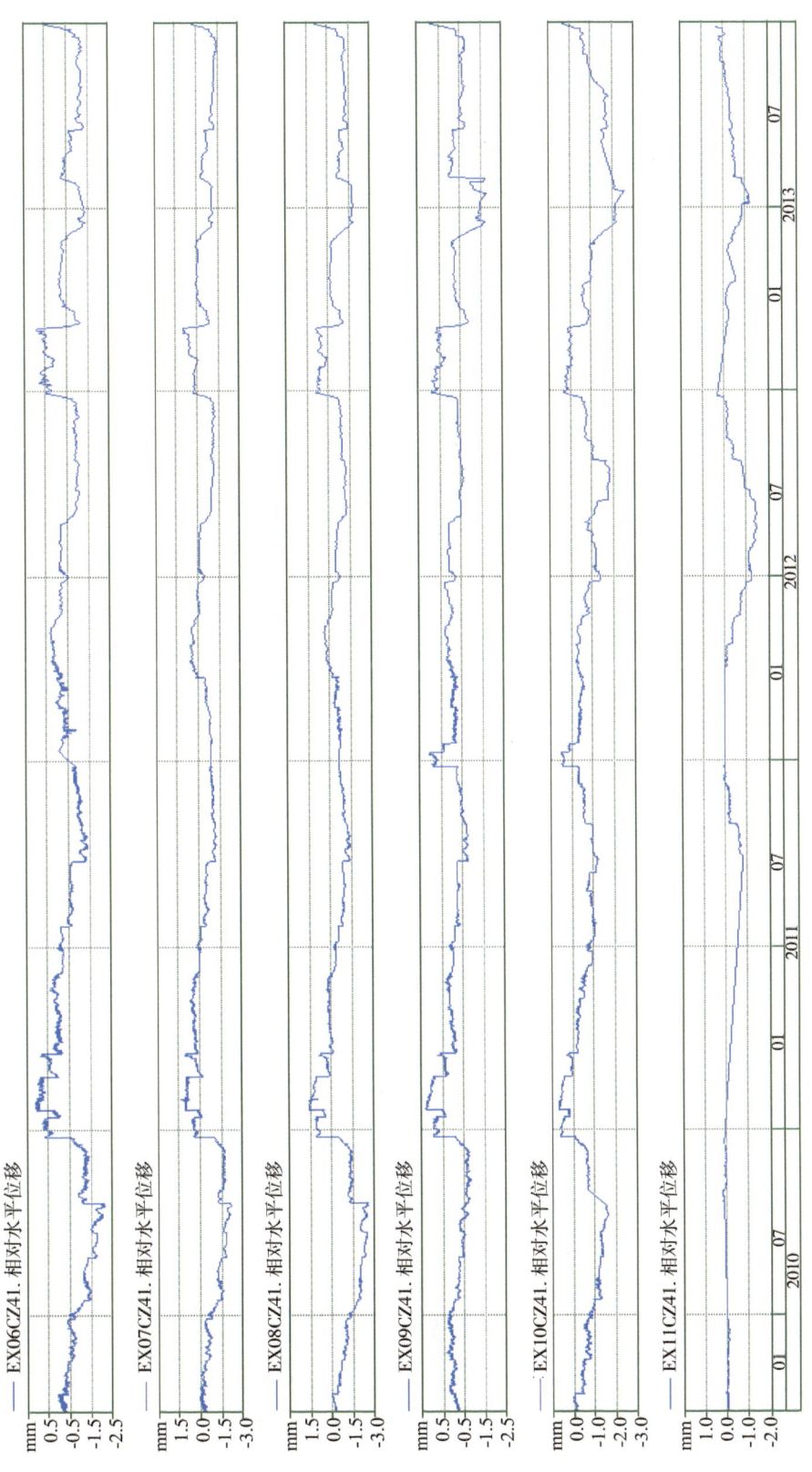

附图 4-8 EX06CZ41、EX07CZ41、EX08CZ41、EX09CZ41、EX10CZ41、EX11CZ41 位移过程线图

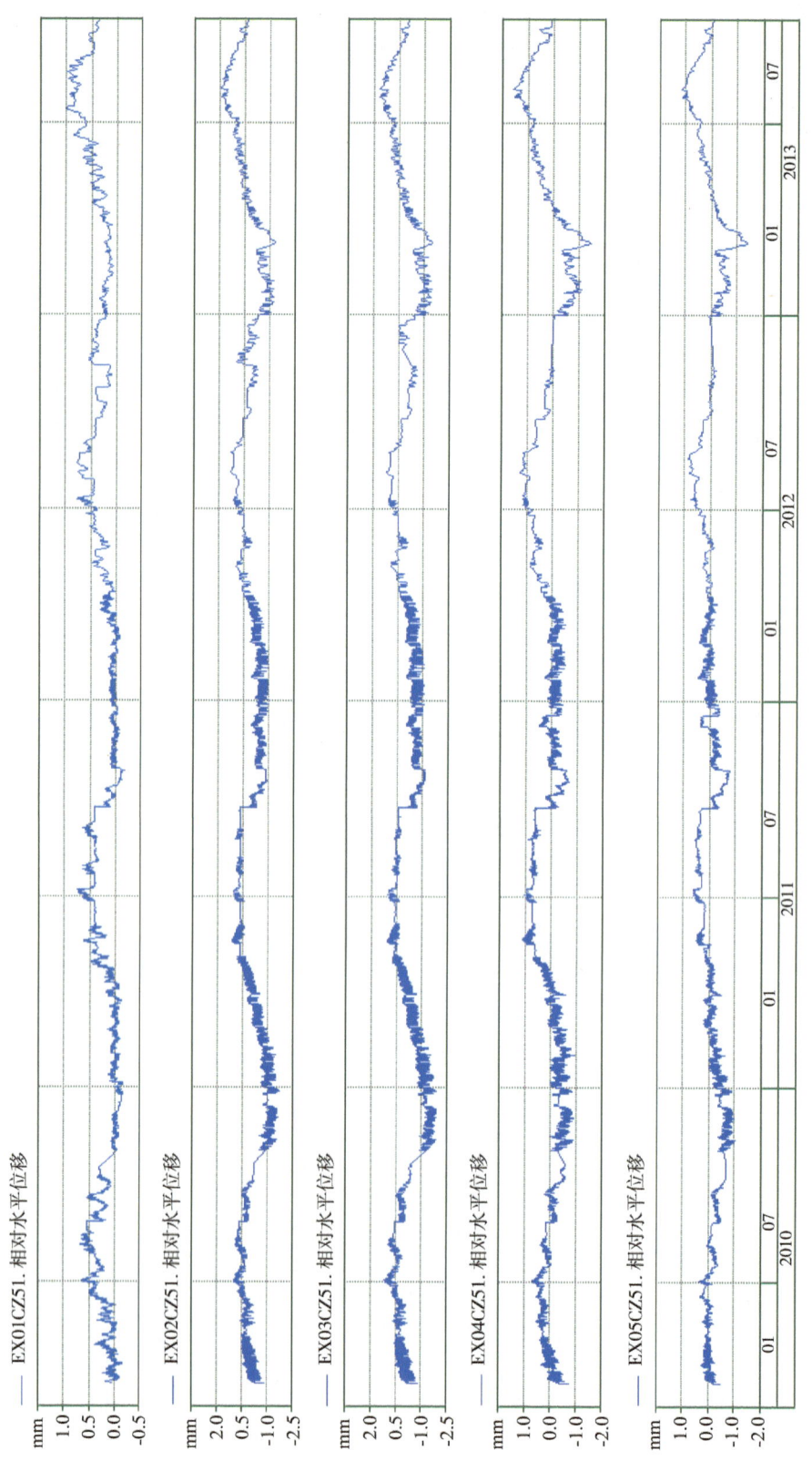

附图 4-9 EX01CZ51,EX02CZ51,EX03CZ51,EX04CZ51,EX05CZ51 位移过程线图

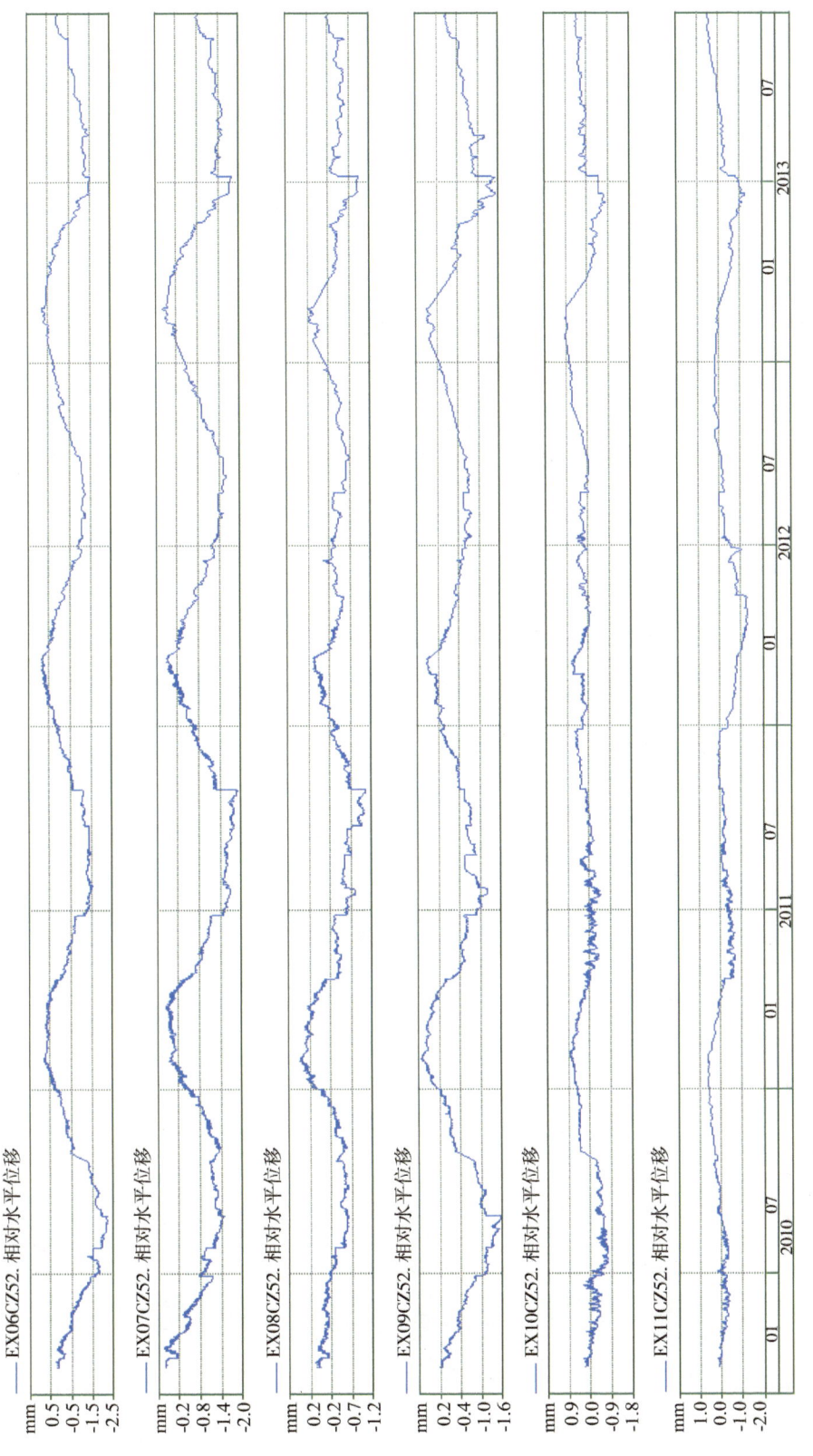

附图 4-10 EX06CZ52、EX07CZ52、EX08CZ52、EX09CZ52、EX10CZ52、EX11CZ52 位移过程线图

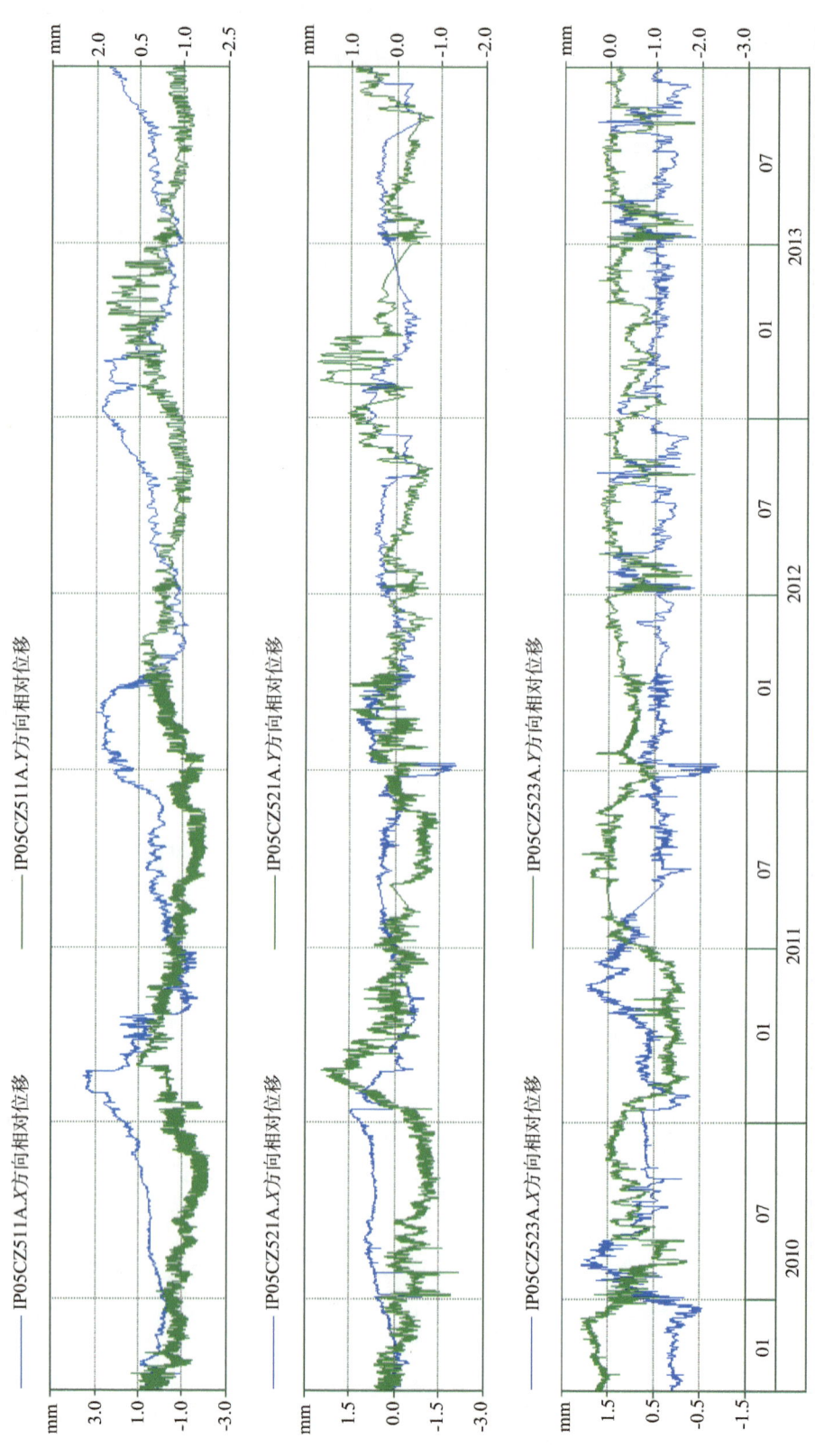

附图 4-11　IP05CZ511A、IP05CZ521A、IP05CZ523A 位移过程线图

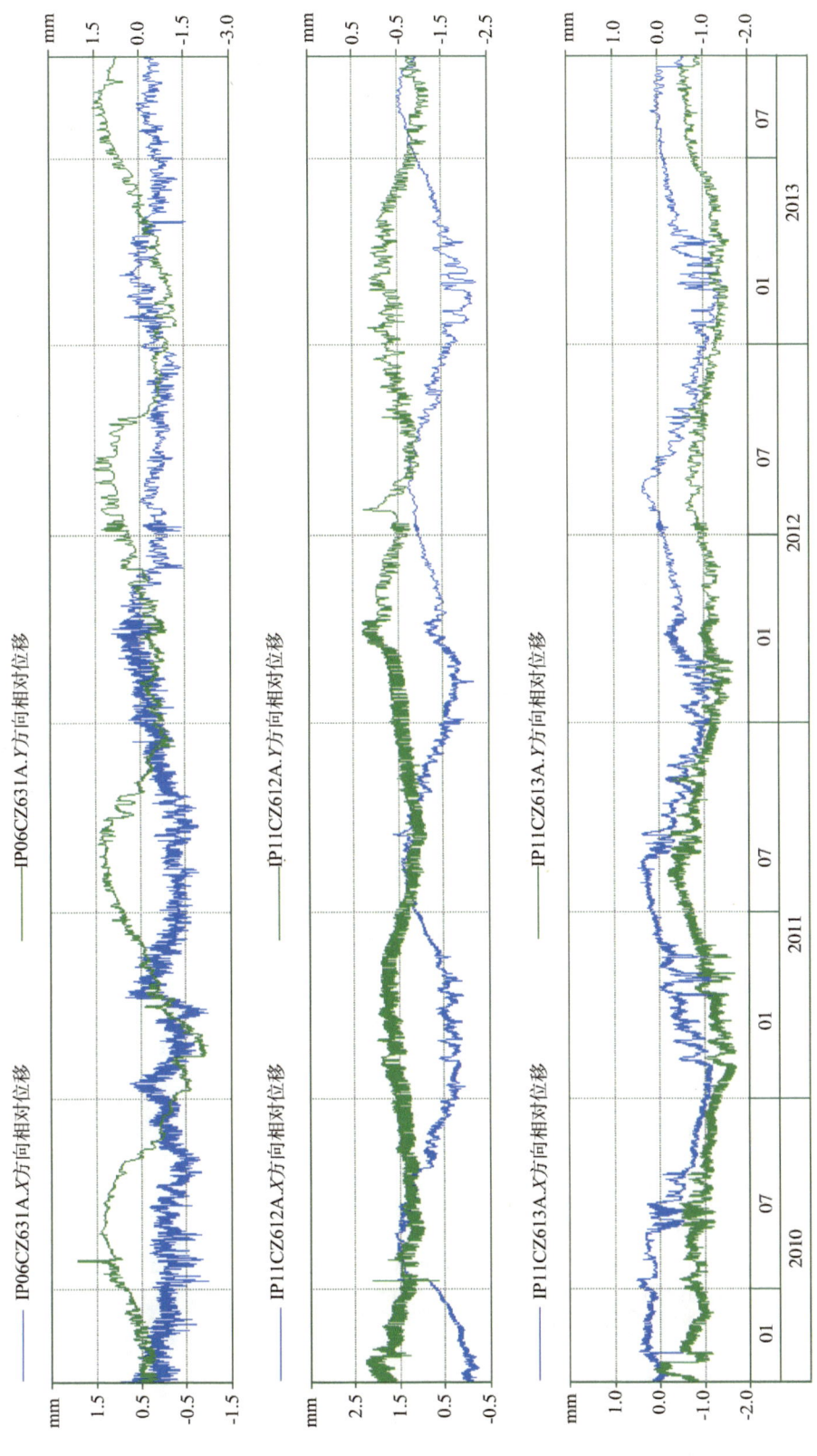

附图 4-12　IP06CZ631A、IP11CZ612A、IP11CZ613A 位移过程线图

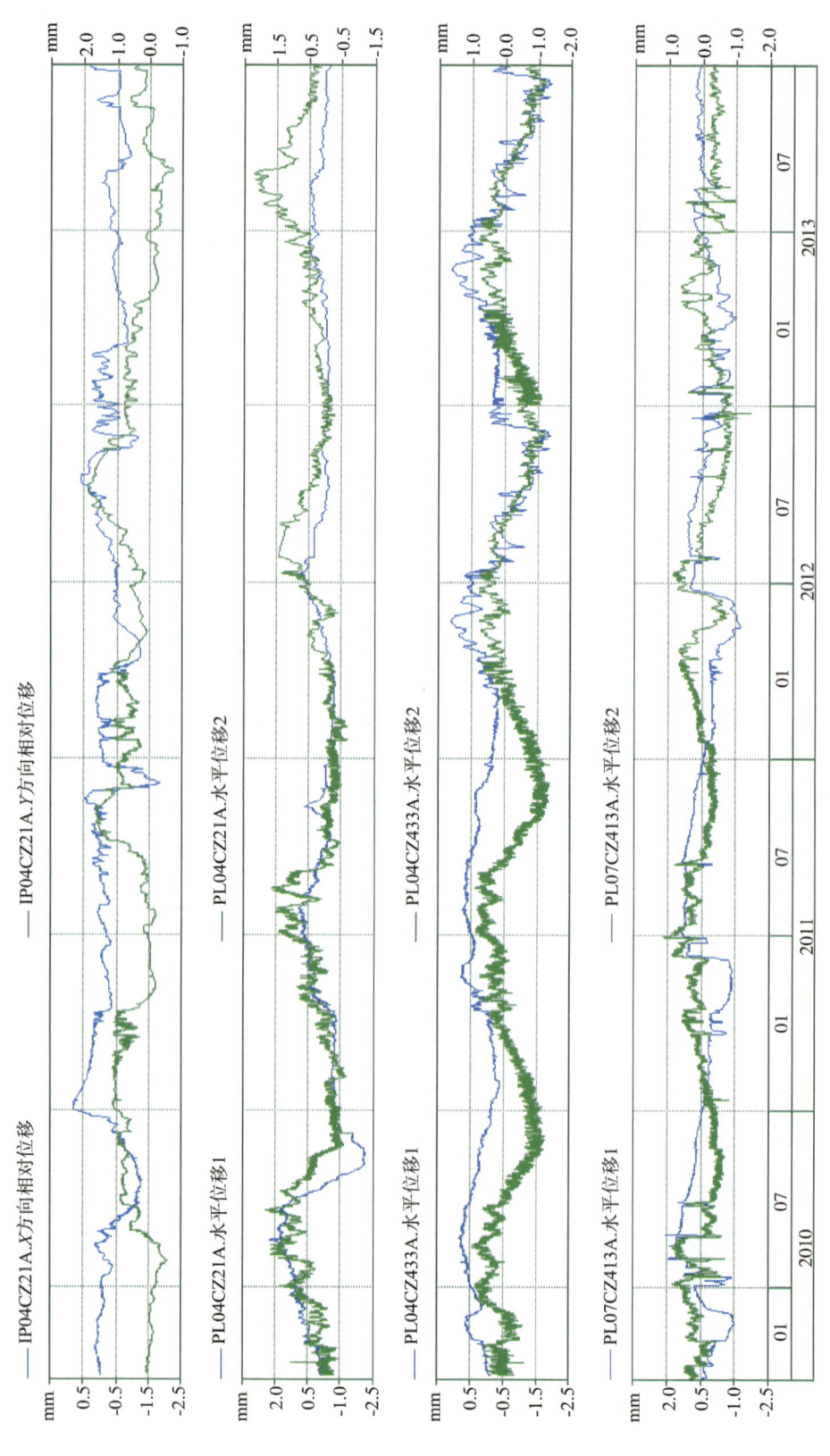

附图4-13 IP04CZ21A、PL04CZ21A、PL04CZ433A、PL07CZ413A位移过程线图